第四次全国中药资源普查（湖北省）系列丛书
湖北中药资源典藏丛书

总 编 委 会

主　　任：涂远超

副 主 任：张定宇　姚　云　黄运虎

总 主 编：王　平　吴和珍

副总主编（按姓氏笔画排序）：

王汉祥　刘合刚　刘学安　李　涛　李建强　李晓东　余　坤

陈家春　黄必胜　詹亚华

委　　员（按姓氏笔画排序）：

万定荣　马　骏　王志平　尹　超　邓　娟　甘啓良　艾中柱

兰　州　邬　姗　刘　迪　刘　渊　刘军锋　芦　妤　杜鸿志

李　平　杨红兵　余　瑶　汪文杰　汪乐原　张志由　张美娅

陈林霖　陈科力　明　晶　罗晓琴　郑　鸣　郑国华　胡志刚

聂　晶　桂　春　徐　雷　郭承初　黄　晓　龚　玲　康四和

森　林　程桃英　游秋云　熊兴军　潘宏林

湖北安陆

药用植物志

○ **组　编**

○ 安陆市中医院

○ **主　编**

○ 程少民　　蒯梦婷

○ **副主编**

○ 敖钢城　张向东　柳成盟　涂春峰

○ **编　委**（按姓氏笔画排序）

○ 朱　渊　　杨祥明　　张向东　　胡宏书

　　柳成盟　　骆宝宁　　敖钢城　　徐毓宏

　　高卫东　　郭清蓉　　涂春峰　　程少民

　　蒯梦婷

○ **摄　影**

○ 柳成盟

华中科技大学出版社
http://www.hustp.com
中国·武汉

内容简介

本书是安陆市第一部资料齐全、内容翔实、分类系统的地方性著作。本书系统记载和论述了安陆市野生和常见栽培植物，共收载药用植物 99 科 320 种，介绍其中文名、拉丁名、别名、基源、形态特征、生境、分布、采收加工、性味功能、主治用法等内容，并附上原植物彩色图片。

本书图文并茂，具有系统性、科学性和科普性等特点。本书可供中药植物研究、资源开发利用及科普教育等领域人员参考使用。

图书在版编目 (CIP) 数据

湖北安陆药用植物志 / 程少民，蒯梦婷主编 . — 武汉：华中科技大学出版社，2022.1
ISBN 978-7-5680-7750-7

Ⅰ.①湖… Ⅱ.①程… ②蒯… Ⅲ.①药用植物−植物志−安陆 Ⅳ.① Q949.95

中国版本图书馆CIP数据核字(2021)第258518号

湖北安陆药用植物志 程少民　蒯梦婷　主编
Hubei Anlu Yaoyong Zhiwuzhi

策划编辑： 罗　伟

责任编辑： 罗　伟　马梦雪

封面设计： 廖亚萍

责任校对： 李　弋

责任监印： 周治超

出版发行： 华中科技大学出版社 (中国·武汉)　　电话： (027)81321913
　　　　　武汉市东湖新技术开发区华工科技园　　邮编： 430223

录　　排： 华中科技大学惠友文印中心

印　　刷： 湖北恒泰印务有限公司

开　　本： 889mm×1194mm　1/16

印　　张： 19.75　　插页： 2

字　　数： 528 千字

版　　次： 2022 年 1 月第 1 版第 1 次印刷

定　　价： 299.00 元

＼ 前 言 ＼

安陆市隶属于湖北省，由孝感市代管，位于鄂中腹地，是楚文化发祥地，是历史上郧子国、安陆郡（安州）德安府所在地。全市总面积1355平方千米，人口62.3万，辖9镇4乡，2个街道办事处，1个经济开发区。安陆市地处桐柏山、大洪山余脉的丘陵与江汉平原北部交汇地带，地势北高南低，北部为丘陵岗地，南部为河谷平原。安陆市属于北亚热带季风气候，春秋短，冬夏长，四季分明，夏季炎热多雨，年平均降水量为1100毫米，年平均气温为16.0℃。

安陆市所处地理位置植物资源比较丰富，被誉为"银杏之乡"，已知药用植物超过300种。2018年，按国家中医药管理局的统一部署，安陆市成为第四次全国中药资源普查湖北省第四批中药资源普查试点县市。受安陆市人民政府委托，安陆市中医院组建专业普查队，承担此项任务，历时一年半，完成38块样地和185个样方套调查；采集药用植物320种，制作腊叶标本1200余份；拍摄照片12000余张，圆满完成此项普查任务。

为了让读者更直观地认识和了解安陆市药用植物情况，我们将这些药用植物以文字描述和彩色图片的形式编撰成《湖北安陆药用植物志》。本书共收录安陆市药用植物99科320种，每种植物以中文名、拉丁名、别名、基源、形态特征、生境、分布、采收加工、性味功能、主治用法等条目进行记录，书后附有中文名索引和拉丁名索引。性味功能与主治用法主要参考《中国药用植物志》《中国植物志》以及中国医药信息查询平台等图书和网站中的相关内容。

本书主要从植物资源与利用的角度介绍安陆市药用植物，填补了安陆市无系统介绍本地药用植物类图书的空白。本书可供中药植物研究、资源开发利用及科普教育等领域人员参考使用。

由于时间仓促，编者水平有限，书中难免存在不足和错误，恳请读者批评指正。

关于本书中提及的附方，在使用时应因人而异，需遵照医嘱，切勿擅自服用。

编　者

\ 目录 \

真 菌 门

Eumycota

一、多孔菌科 Polyporaceae

1. 赤芝 *Ganoderma lucidum*（Leyss. ex Fr.）Karst.

【别名】赤芝、灵芝、丹芝、潮红灵芝。

【基源】为多孔菌科真菌赤芝 *Ganoderma lucidum*（Leyss. ex Fr.）Karst. 的子实体。

【形态特征】子实体一年生，有柄，栓质。菌盖半圆形或肾形，直径 10 ～ 20 cm，盖肉厚 1.5 ～ 2 cm，盖表褐黄色或红褐色，盖边渐趋淡黄色，有同心环纹，微皱或平滑，有亮漆状光泽，边缘微钝。菌肉乳白色，近管处淡褐色。菌管长达 1 cm。管口近圆形，初呈白色，后呈淡黄色或黄褐色。菌柄圆柱形，侧生或偏生，偶中生；长 10 ～ 19 cm，粗 1.5 ～ 4 cm，与菌盖色泽相似。皮壳部菌丝呈棒状，顶端膨大。菌丝系统三体型，生殖菌丝透明，薄壁；骨架菌丝黄褐色，厚壁，近乎实心；缠绕菌丝无色，厚壁弯曲，均分枝。孢子

卵形，双层壁，顶端平截，外壁透明，内壁淡褐色，有小刺，大小为（9 ～ 11）μm ×（6 ～ 7）μm。子实体多在秋季成熟，华南及西南地区可延至冬季成熟。

【生境】生于山中的深谷处，向阳的壳斗科和松科松属等植物根际或枯树桩上。

【分布】分布于孛畈镇、接官乡、王义贞镇。

【采收加工】全年均可采收，除去杂质，剪除附有朽木、泥沙或培养基质的下端菌柄，阴干或在 40 ～ 50 ℃烘干。

【性味功能】味苦，性平；增益心气，增长智慧，增强记忆力。

【主治用法】用于胸中郁结不舒。内服：煎汤，6 ～ 12 g；研末吞服，1.5 ～ 3 g。

【附方】（1）治神经衰弱，心悸头晕，夜寐不宁：灵芝 1.5 ～ 3 g，水煎服，日服 2 次。（《中国药用真菌》）

（2）治积年胃病：灵芝 1.5 g，切碎，用老酒浸泡服用。（《杭州药用植物志》）

二、灰包科 Lycoperdaceae

2. 紫色马勃 *Calvatia lilacina*（Mont. et Berk.）Lloyd

【别名】马粪包、马屁泡。

【基源】马勃（中药名）。为灰包科真菌紫色马勃 *Calvatia lilacina*（Mont. et Berk.）Lloyd 的干燥子实体。

【形态特征】子实体近扁球形，直径 1.5 ～ 12 cm，基部缢缩，有根束与基质相连。外表淡紫堇色至污褐色，成熟后表面有网状裂纹。内部的造孢层初呈白色，后转成黄色至浓紫色。基部为营养菌丝所交织，海绵质，乳白色兼带淡紫褐色；孢子淡紫色，球形，一端具短柄，壁具刺突，大小为（5 ～ 5.5）μm ×（6 ～ 6.5）μm。孢丝长而多分枝，有隔膜，菌丝粗 5 ～ 6 μm。

【生境】夏、秋季多生于草地开阔地。

【分布】分布于宇畈镇、接官乡、雷公镇。

【采收加工】7—10 月子实体成熟时及时采收，干燥。

【性味功能】味辛，性平；清热解毒，利咽，止血。

【主治用法】用于咽喉肿痛，咳嗽失音，吐血衄血，外伤出血。内服：煎汤，1.5 ～ 6 g，布包煎；或入丸、散。外用：适量，研末撒，或调敷患处，或作吹药。

蕨类植物门

Pteridophyta

三、木贼科 Equisetaceae

3. 节节草 *Equisetum ramosissimum* Desf.

【别名】土木贼、锁眉草、笔筒草。

【基源】为木贼科木贼属植物节节草 *Equisetum ramosissimum* Desf. 的全草。

【形态特征】中小型植物。根茎直立，横走或斜升，黑棕色，节和根疏生黄棕色长毛或光滑无毛。地上枝多年生。枝一型，高 20～60 cm，中部直径 1～3 mm，节间长 2～6 cm，绿色，主枝多在下部分枝，常形成簇生状；幼枝的轮生分枝明显或不明显；主枝有脊 5～14 条，脊的背部弧形，有一行小瘤或有浅色小横纹；鞘筒狭长达 1 cm，下部灰绿色，上部灰棕色；鞘齿 5～12 枚，三角形，灰白色、黑棕色或淡棕色，边缘（有时上部）为膜质，基部扁平或弧形，早落或宿存，齿上气孔带明显或不明显。侧枝较硬，圆柱状，有脊 5～8 条，脊上平滑或有一行小瘤或有浅色小横纹；鞘齿 5～8 个，披针形，革质但边缘膜质，上部棕色，宿存。孢子囊穗短棒状或椭圆形，长 0.5～2.5 cm，中部直径 0.4～0.7 cm，顶端有小尖突，无柄。

【生境】生于潮湿路旁、溪边及沙地。

【分布】全县域均有分布。

【采收加工】四季可采，割取地上全草，洗净，晒干。

【性味功能】味甘、微苦，性平；清热，利尿，明目退翳，祛痰止咳。

【主治用法】用于目赤肿痛，角膜云翳，肝炎，咳嗽，支气管炎，尿路感染。用量 9～30 g。

【附方】（1）治火眼：笔筒草、金钱草、四叶草、珍珠草、谷精草各五钱，煎水内服。（《重庆草药》）

（2）治眼雾：笔筒草适量，煎水洗并内服。（《重庆草药》）

（3）治急淋：节节草一两，冰糖半两，加水煎服。（《福建民间草药》）

（4）治肠风下血，赤白带下，跌打损伤：节节草二钱，水煎服。（《湖南药物志》）

（5）治尿血：节节草、羊蹄、鳢肠各五钱，檵木花一两，白茅根四两，水煎服。（《浙江民间常用草药》）

（6）治肾盂肾炎：节节草、一包针、车前草、马蹄金各五钱，黄毛耳草、活血丹各一两，水煎服。（《浙江民间常用草药》）

（7）治疟疾：节节草一钱，水煎服，或捣烂敷大椎穴。（《湖南药物志》）

（8）治跌打骨折：整复后，用鲜节节草一握，调红糖捣烂外敷。（《福建民间草药》）

四、海金沙科 Lygodiaceae

4. 海金沙 *Lygodium japonicum*（Thunb.）Sw.

【别名】金沙藤、左转藤、海金砂。

【基源】为海金沙科海金沙属植物海金沙 *Lygodium japonicum*（Thunb.）Sw. 的干燥成熟孢子。

【形态特征】多年生攀援草质藤本，长 1～5 m。根须状，黑褐色，被毛；根状茎近褐色，细长而横走。叶二型，多数，草质，对生于叶轴的短枝两侧，短枝顶端有被毛茸的休眠芽；营养叶尖三角形，二回羽状；一回羽片 2～4 对，互生，卵圆形，长 4～8 cm，宽 3～6 cm，有具狭翅的短柄；二回羽片 2～3 对，卵状三角形，掌状 3 裂，裂片短而阔，顶生的长 2～3 cm，宽 6～8 mm，边缘有不规则的浅圆齿。孢子叶卵状三角形，长、宽近相等，为 10～20 cm；一回羽片 4～5 对，互生，长圆状披针形，长 5～10 cm，宽 4～6 cm；二回羽片 3～4 对，卵状三角形，多收缩成撕裂状。羽片下面边缘生流苏状孢子囊穗，黑褐色；孢子表面有小疣。

【生境】生于阴湿山坡灌丛中或路边林缘。

【分布】全县域均有分布。

【采收加工】秋季孢子未脱落时采割藤叶，晒干，搓揉或打下孢子，除去藤叶。

【性味功能】味甘、咸，性寒；清热利湿，通淋止痛。

【主治用法】用于血淋，砂淋，石淋，膏淋，热淋，湿疹，带下，咽喉肿痛，疟腮，水肿等。内服：煎汤，5～9 g，包煎；或研末，每次 2～3 g。

五、鳞毛蕨科 Dryopteridaceae

5. 贯众 *Cyrtomium fortunei* J. Sm.

【别名】药渠、贯节、贯渠。

【基源】为鳞毛蕨科贯众属植物贯众 *Cyrtomium fortunei* J. Sm. 的带叶柄基部的干燥根茎。

【形态特征】植株高 25～50 cm。
根茎直立，密被棕色鳞片。叶簇生，叶柄长 12～26 cm，基部直径 2～3 mm，禾秆色，腹面有浅纵沟，密生卵形及披针形棕色有时中间为深棕色鳞片，鳞片边缘有齿，有时向上部秃净；叶片矩圆状披针形，长 20～42 cm，宽 8～14 cm，先端钝，基部不变狭或略变狭，奇数一回羽状；侧生羽片 7～16 对，互生，近平伸，柄极短，披针形，多少上弯成镰状，中部的长

5～8 cm，宽 1.2～2 cm，先端渐尖少数成尾状，基部偏斜，上侧近截形有时略有钝的耳状突起，下侧楔形，边缘全缘有时有前倾的小齿；具羽状脉，小脉联结成 2～3 行网眼，腹面不明显，背面微凸起；顶生羽片狭卵形，下部有时有 1 或 2 个浅裂片，长 3～6 cm，宽 1.5～3 cm。叶为纸质，两面光滑；叶轴腹面有浅纵沟，疏生披针形及线形棕色鳞片。孢子囊群遍布羽片背面；囊群盖圆形，盾状，全缘。

【生境】生于空旷地石灰岩缝或林下，海拔 2400 m 以下。

【分布】分布于王义贞镇、孛畈镇。

【采收加工】秋季采挖，削去叶柄、须根，除去泥沙，干燥。

【性味功能】味苦，性微寒；清热解毒，凉血止血，杀虫。

【主治用法】用于风热感冒，温毒发斑，血热出血，虫疾。内服：煎汤，4.5～9 g。杀虫及清热解毒宜生用；止血宜炒炭用。外用：适量。

六、水龙骨科 Polypodiaceae

6. 石韦 *Pyrrosia lingua*（Thunb.）Farwell

【别名】小石韦、飞刀剑、石皮。

【基源】为水龙骨科石韦属植物石韦 *Pyrrosia lingua*（Thunb.）Farwell 的干燥叶。

【形态特征】植株高 10 ～ 30 cm。根状茎细长，横生，叶柄密被棕色披针形鳞片，顶端渐尖，盾状着生，中央深褐色，边缘淡棕色，有睫毛状毛。叶远生，近二型；叶柄长 3 ～ 10 cm，深棕色，有浅沟，幼时被星芒状毛，以关节着生于根状茎上；叶片革质，披针形至长圆状披针形，长 6 ～ 20 cm，宽 2 ～ 5 cm，先端渐尖，基部渐狭并下延于叶柄，全缘；上面绿色，偶有星芒状毛和凹点，下面密被灰棕色的

星芒状毛；不育叶和能育叶同型或略短而阔；中脉上面稍凹，下面隆起，侧脉多少可见，小脉网状。孢子囊群满布于叶背面或上部幼时密被星芒状毛，成熟时露出；无囊群盖。

【生境】附生于海拔 100 ～ 1800 m 的林中树干或溪边石上。

【分布】分布于王义贞镇、孛畈镇。

【采收加工】全年均可采收，除去根茎，干燥。

【性味功能】味甘、苦，性微寒；利尿通淋，清肺止咳，凉血止血。

【主治用法】用于淋证，肺热咳喘，血热出血，崩漏，痢疾，金创，痈疽等。内服：煎汤，9 ～ 15 g；或研末。外用：研末涂患处。

七、苹科 Marsileaceae

7. 苹 *Marsilea quadrifolia* L. Sp.

【别名】田字草、四叶草、四叶莲。

【基源】为苹科苹属植物苹 *Marsilea quadrifolia* L. Sp. 的全草。

【形态特征】多年生水生草本。根状茎细长而横走，常匍匐泥中。叶柄长 5 ～ 20 cm，顶端有小叶

4片，"十"字形对生，故又名田字草、十字草；小叶倒三角形，长 10 ～ 20 mm，全缘，外缘圆形，无毛。叶脉扇形分叉，网状，夏、秋季叶柄基部生有单一或分叉的短柄，顶部着生孢子果，果斜卵形，长 3 ～ 4 mm，坚硬，幼时外面有密毛，后变无毛。

【生境】生于池边、沟边及水田的浅水中。有水时，叶柄没于水中，叶片漂浮于水面。

【分布】全县域均有分布。

【采收加工】春、夏、秋季采收，鲜用或晒干。

【性味功能】味甘，性寒。清热解毒，利尿消肿，安神，截疟。

【主治用法】用于尿路感染，肾炎水肿，肝炎，神经衰弱，急性结膜炎；外用治乳腺炎，疟疾，疔疮疖肿，蛇咬伤。内服：煎汤，15 ～ 30 g。外用：适量，鲜品捣烂敷患处。

裸子植物门

Gymnospermae

八、苏铁科 Cycadaceae

8. 苏铁 *Cycas revoluta* Thunb.

【别名】铁树、凤尾棕、凤尾蕉。

【基源】为苏铁科苏铁属植物苏铁 *Cycas revoluta* Thunb. 的叶、根、花及种子。

【形态特征】常绿树，高 1～4（20）m，直立。干粗壮，圆柱形，不分枝，密被宿存的叶基和叶痕。叶丛生于茎顶，羽状叶长 0.5～2 m，基部两侧有刺；羽片达 100 对以上，质坚硬，条形，长 9～18 cm，宽 4～6 mm，先端坚硬，呈刺状，边缘背卷，深绿色，有光泽，背被疏毛。夏季开花，雌雄异株，雄球花圆柱形，长 30～70 cm，有短梗，小孢子叶长方状楔形，有急尖头，被黄褐色茸毛；大孢子叶扁平，长 12～22 cm，密被黄褐色长茸毛，上部顶片宽卵形，羽状分裂，其下方两侧着生数枚近球形胚珠。种子卵圆形，微扁，顶凹，长 2～4 cm，熟时朱红色。

【生境】性喜温暖，多栽培于庭园中。

【分布】全县域均有栽培。

【采收加工】四季可采根和叶，夏季采花，秋、冬季采种子，晒干。

【性味功能】味甘、淡，性平。叶：收敛止血，解毒止痛。花：理气止痛，益肾固精。种子：平肝，降血压。根：祛风活络，补肾。

【主治用法】叶：用于各种出血，胃炎，胃溃疡，高血压，神经痛，经闭，癌症。内服：煎汤，30～60 g。

花：用于胃痛，遗精，带下，痛经。内服：煎汤，30～60 g。

种子：用于高血压。内服：煎汤，9～15 g。

根：用于肺结核咯血，肾虚牙痛，腰痛，带下，风湿关节麻木疼痛，跌打损伤。内服：煎汤，9～15 g。

九、银杏科 Ginkgoaceae

9. 银杏 *Ginkgo biloba* L.

【别名】鸭掌树、公孙树、白果。

【基源】为银杏科银杏属植物银杏 *Ginkgo biloba* L. 的干燥叶、种子。

【形态特征】落叶大乔木，高 30～40 m，全株无毛，胸径可达 4 m，幼树树皮近平滑，浅灰色，大树之皮灰褐色，不规则纵裂，有长枝与生长缓慢的距状短枝。叶互生，在长枝上辐射状散生，在短枝上 3～5 枚成簇生状，有细长的叶柄，扇形，两面淡绿色，在宽阔的顶缘多少具缺刻或 2 裂，宽 5～8（15）cm，具多数叉状并列细脉。雌雄异株，稀同株，球花单生于短枝的叶腋；雄球花成柔荑花序状，雄蕊多数，各有 2 花药；雌球花有长梗，梗端常分 2 叉（稀 3～5 叉），叉端生 1 具有盘状珠托的胚珠，常 1 个胚珠发育成种子。种子成熟期 9—10 月。

【生境】喜生于向阳、湿润、肥沃的壤土及沙壤土中。

【分布】全县域均有分布，王义贞镇分布最密集。

【采收加工】叶：秋季叶尚绿时采收，及时干燥。种子：秋末种子成熟后采收，除去肉质外种皮，晒干，用时打碎取种仁。

【性味功能】叶：味苦，性凉；活血化瘀，通络止痛，敛肺平喘，化浊降脂。种子：味甘、苦、涩，性平；敛肺定喘，止带缩尿。

【主治用法】叶：用于瘀血阻络，胸痹心痛，中风偏瘫，肺虚咳喘，高脂血症。内服：煎汤，9～12 g。

种子：用于哮喘痰嗽，带下，白浊，尿频，遗尿。内服：煎汤，3～9 g；或捣汁。外用：捣敷，或切片涂。

【附方】（1）治喘：白果二十一枚（去壳砸碎，炒黄色），麻黄三钱，苏子二钱，甘草一钱，款冬花三钱，杏仁一钱五分（去皮、尖），桑皮三钱（蜜炙），黄芩一钱五分（微炒），法制半夏三钱（如无，用甘草汤泡七次，去脐用）。上用水三盅，煎二盅，作二服，每服一盅，不拘时。（《摄生众妙方》定喘汤）

（2）治梦遗：银杏三粒，酒煮食，连食四至五日。（《湖南药物志》）

（3）治赤白带下，下元虚惫：白果、莲肉、江米各五钱。为末，用乌骨鸡一只，去肠盛药煮烂，空心食之。（《李时珍濒湖集简方》）

（4）治小儿腹泻：白果二个，鸡蛋一个。将白果去皮研末，鸡蛋打破一孔，装入白果末，烧熟食。（《中草药新医疗法资料选编》）

（5）治诸般肠风脏毒：生银杏四十九个，去壳膜，烂研，入百药煎末，丸如弹子大。每服三丸，空心细嚼米饮下。（《证治要诀》）

（6）治牙齿虫露：生银杏，每食后嚼一个，良。（《永类钤方》）

（7）治头面癣疮：生白果仁切断，频擦取效。（《秘传经验方》）

（8）治下部疳疮：生白果，杵，涂之。（《济急仙方》）

（9）治乳痈溃烂：银杏半斤，以四两研酒服之，以四两研敷之。（《救急易方》）

十、松科 Pinaceae

10. 马尾松 *Pinus massoniana* Lamb.

【别名】黄松木、油松。

【基源】为松科松属植物马尾松 *Pinus massoniana* Lamb. 的松节、球果、松针。

【形态特征】乔木，高达 45 m，胸径 1.5 m；树皮红褐色，下部灰褐色，裂成不规则的鳞状块片；枝平展或斜展，树冠宽塔形或伞形，枝条每年生长一轮，但在广东南部则通常生长两轮，淡黄褐色，无白粉，稀有白粉，无毛；冬芽卵状圆柱形或圆柱形，褐色，顶端尖，芽鳞边缘丝状，先端尖或成渐尖的长尖头，微反曲。针叶 2 针一束，稀 3 针一束，长 12～20 cm，细柔，微扭曲，两面有气孔线，边缘有细锯齿；横切面皮下层细胞单型，第一层连续排列，第二层由个别细胞断续排列而成，树脂道 4～8 个，在背面边生，或腹面也有 2 个边生；叶鞘初呈褐色，后渐变成灰黑色，宿存。雄球花淡红褐色，圆柱形，弯垂，长 1～1.5 cm，聚生于新枝下部苞腋，穗状，长 6～15 cm；雌球花单生或 2～4 个聚生于新枝近顶端，淡紫红色，一年生小球果圆球形或卵圆形，直径约 2 cm，褐色或紫褐色，上部珠鳞的鳞脐具向上直立的短刺，下部珠鳞的鳞脐平钝无刺。球果卵圆形或圆锥状卵圆形，长 4～7 cm，直径 2.5～4 cm，有短梗，下垂，成熟前绿色，熟时栗褐色，陆续脱落；中部种鳞近矩圆状倒卵形，或近长方形，长约

3 cm；鳞盾菱形，微隆起或平，横脊微明显，鳞脐微凹，无刺，生于干燥环境者常具极短的刺；种子长卵圆形，长 4～6 mm，连翅长 2～2.7 cm；子叶 5～8 枚；长 1.2～2.4 cm；初生叶条形，长 2.5～3.6 cm，叶缘具疏生刺毛状锯齿。花期 4—5 月，球果第二年 10—12 月成熟。

【生境】在长江下游，垂直分布于海拔 700 m 以下；在长江中游，分布于海拔 1200 m 以下；在西部，分布于海拔 1500 m 以下。

【分布】全县域均有分布。

【采收加工】松节：全年均可采收，多于采伐时或木器厂加工时锯取之，经过选择修整，晒干或阴干。球果：春末夏初采集，鲜用或干燥备用。松针：全年均可采收，以 12 月采者最好，晒干或鲜用。

【性味功能】松节：味苦，性温；祛风燥湿，舒筋通络，活血止痛。球果：味甘、苦，性温；祛风除痹，化痰止咳平喘，利尿，通便。松针：味苦，性温；祛风燥湿，杀虫止痒，活血安神。

【主治用法】松节：用于风寒湿痹，历节风痛，脚痹痿软，跌打伤痛。内服：煎汤，10～15 g；或浸酒、醋等。外用：适量，浸酒涂擦；或炒研末调敷。

球果：用于风寒湿痹，白癜风，慢性支气管炎，淋浊，便秘，痔疮。内服：煎汤，9～15 g；或入丸、散。外用：适量，鲜果捣汁搽或煎水洗。

松针：用于风湿痹痛，脚气，湿疮，癣，风疹瘙痒，跌打损伤，神经衰弱，慢性肾炎，高血压，预防乙脑、流感。内服：煎汤，干品 6～15 g，鲜品 30～60 g；或浸酒。外用：适量，鲜品捣敷或煎水洗。

【附方】（1）松节：①治风湿性关节炎：松节 18 g，桑枝 30 g，木瓜 9 g，水煎服。（《陕甘宁青中草药选》）

②治大骨节病：松节 7.5 kg，蘑菇 0.75 kg，红花 0.5 kg，加水 50 kg，煮沸至 25 kg，滤过加白酒 5 kg。每次服 20 mL，每日 2 次。（《陕甘宁青中草药选》）

（2）球果：①治慢性腰腿痛：松球 60 g，泡酒 500 g，浸酒 7 日即可服。每次服 10 mL，每日 3 次。（《云南中草药选》）

②治慢性支气管炎：马尾松果实 95 g，紫苏、陈皮各 15 g，水煎服。（《福建药物志》）

（3）松针：①治慢性肾炎：马尾松松针（鲜）适量，剪去两头，捣烂取汁，每服 30 g，温开水送服。（《江西草药》）

②治神经衰弱，夜盲症，维生素 A、维生素 C 缺乏症：将松针洗净捣烂，加等量水煎汁。每服 200 mL，每日 3 次。（《陕甘宁青中草药选》）

③治冻疮：鲜松针 1 大把，煎水洗患处，每日 2 次。已溃未溃均适用。（《全国中草药汇编》）

④治体虚浮肿：鲜松针 500 g，加水 2500 g，煎至 500 g。去渣，加红糖 150 g，分 6 次服，每日 2 次。

⑤治脱发：鲜松针 60 g，煎汤洗头。（《内蒙古中草药》）

⑥治肋间神经痛：鲜松针 15 g，鸡蛋 2 个，水煮熟，喝汤吃蛋。（《浙江药用植物志》）

十一、柏科 Cupressaceae

11. 侧柏 *Platycladus orientalis*（L.）Franco

【别名】柏树、扁柏、香柏。

【基源】为柏科侧柏属植物侧柏 *Platycladus orientalis*（L.）Franco 的叶和种仁。

【形态特征】常绿乔木，高达 20 m，
胸径可达 1 m。树皮薄，浅灰褐色，纵裂成
条片。小枝扁平，直展，排成一平面。叶
鳞形，交互对生，长 1～3 mm，先端微钝，
位于小枝上下两面之叶露出部分呈倒卵状
菱形或斜方形，两侧的叶折覆于上下之叶
的基部两侧，呈龙骨状。叶背中部均有腺槽。
雌雄同株；球花单生于短枝顶端；雄球花
黄色，卵圆形，长约 2 mm。球果当年成熟，
卵圆形，长 1.5～2 cm，熟前肉质，蓝绿色，
被白粉；熟后木质，张开，红褐色；种鳞 4 对，扁平，背部近先端有反曲的尖头，中部种鳞各有种子 1～2
颗。种子卵圆形或长卵形，长 4～6 mm，灰褐色或紫褐色，无翅或有棱脊，种脐大而明显。花期 3—4 月，
球果 9—11 月成熟。

【生境】生于湿润肥沃地，石灰岩石地也有生长。

【分布】全县域均有栽培。

【采收加工】叶：全年均可采收，以 6—9 月采收者为佳。剪下大枝，干燥后取其小枝叶，扎成小把，
置通风处风干，不宜暴晒。种仁：秋、冬季采收成熟种子，晒干，除去种皮，生用。

【性味功能】叶：味苦、涩，性寒；凉血止血，化痰止咳。种仁：味甘，性平；养心安神，润肠通便。

【主治用法】叶：用于血热吐血、衄血、尿血、血痢等出血证，肺热咳嗽，血热脱发，须发早白。
内服：煎汤，6～15 g，或入丸、散。外用：煎水洗，捣敷或研末调敷。

种仁：用于心悸失眠，肠燥便秘。内服：煎汤，3～9 g。大便溏者宜用柏子仁霜代替柏子仁。

12. 刺柏 *Juniperus formosana* Hayata

【别名】叶如针、山刺柏、刺松。

【基源】为柏科刺柏属植物刺柏 *Juniperus formosana* Hayata 的根及根皮或枝叶。

【形态特征】常绿乔木或灌木，高达 12 m。树皮褐色，枝斜展或近直展。树冠窄塔形或窄圆锥形。
小枝下垂，常有棱脊，冬芽显著。叶全为刺形，3 叶轮生，条形或条状披针形，长 1.2～2 cm，稀达 3.2 cm，

宽 1.2～2 mm，先端渐尖，具锐尖头，上面微凹，中脉隆起，绿色，两侧各有1条白色、稀为紫色或淡绿色气孔带，气孔带较绿色边带稍宽，在叶端汇合，下面绿色，有光泽，具纵钝脊。球花单生于叶腋。球果近球形或宽卵圆形，长6～10 mm，直径6～9 mm，先端有时开裂，熟时淡红色或淡红褐色，被白粉或脱落。种子半月形，具3～4棱脊，近基部有3～4个树脂槽。

【生境】生于林中或小片稀疏纯林。

【分布】全县域均有分布。多见于绿化带。

【采收加工】根：秋、冬季采收，或剥取根皮。枝叶：全年均可采收，洗净，晒干。

【性味功能】味苦，性寒；清热解毒，燥湿止痒。

【主治用法】用于麻疹高热，湿疹，癣疮。内服：煎汤，6～15 g。外用：根皮适量，煎水洗。

【附方】（1）治麻疹高热：刺柏根12 g，金银花、白茅根各9 g，水煎服。（《福建药物志》）

（2）治麻疹发透至手足出齐后，疹点不按期收没，身热不退：刺柏根 12～15 g，金银花藤、夏枯草各9～12 g，水煎服。（《浙江天目山药用植物志》）

（3）治皮肤癣证：刺柏根皮或树皮适量，煎水洗患处。（《浙江药用植物志》）

被子植物门

Angiospermae

双子叶植物纲 Dicotyledoneae

十二、胡桃科 Juglandaceae

13. 化香树 *Platycarya strobilacea* Sieb. et Zucc.

【别名】山柳叶、小化香树、麻柳树。

【基源】为胡桃科化香树属植物化香树 *Platycarya strobilacea* Sieb. et Zucc. 的叶。

【形态特征】落叶灌木或小乔木，高5～15 m。幼枝通常被棕色茸毛。奇数羽状复叶互生；小叶7～23枚，对生，无柄；叶片薄革质，卵状披针形至长椭圆状披针形，长4～12 cm，宽2～4 cm，先端渐成细尖，基部宽楔形，稍偏斜，边缘有重锯齿，上面暗绿色，下面黄绿色，幼时有密毛，或老时光滑，仅脉腋有簇毛。夏、秋季开花，花单性，雌雄同株；花序穗状，直立，伞房状排列在小枝顶端，中央顶端

的1条常为两性花序，雌花序在下，雄花序在上，开花后脱落，仅留下雌花序部分。雄花苞片披针形，浅黄绿色，无小苞片及花被片；雄蕊8；雌花具1卵状披针形苞片，无小苞片，具2花被片，贴生于子房上，雌蕊1，无花柱，柱头2裂。果穗卵状椭圆形至长椭圆状圆柱形，长2.5～5 cm，直径2～3 cm，苞片宿存，膜质，褐色；小坚果扁平，圆形，具3窄翅。种子卵形，种皮膜质。花期5—6月，果期7—10月。

【生境】为中国原产树种。多生于向阳山坡或杂木林中。

【分布】分布于孛畈镇。

【采收加工】四季可采，洗净鲜用或晒干。

【性味功能】味辛，性温；解毒，止痒，杀虫。

【主治用法】用于疮疖肿毒，阴囊湿疹，顽癣。外用：适量，煎水洗。不能内服。

十三、壳斗科 Fagaceae

14. 栗 *Castanea mollissima* Bl.

【别名】板栗、栗子、毛栗、油栗。

【基源】为壳斗科栗属植物栗 *Castanea mollissima* Bl. 的种仁、叶、花或花序、外果皮、内果皮。

【形态特征】乔木，高 15～20 m。树皮深灰色，不规则深纵裂。枝条灰褐色，有纵沟，皮上有许多黄灰色的圆形皮孔，幼枝被灰褐色茸毛。冬芽短，阔卵形，被茸毛。单叶互生；叶柄长 0.5～2 cm，被细茸毛或近无毛；叶椭圆形或长椭圆状披针形，长 8～18 cm，宽 5.5～7 cm，先端渐尖或短尖，基部圆形或宽楔形，两侧不相等，叶缘有锯齿，齿端具芒状尖头，上面深绿色，有光泽，羽状侧脉 10～17 对，中脉上有毛，

下面淡绿色，有白色茸毛。花单性，雌雄同株；雄花序穗状，生于新枝下部的叶腋，长 9～20 cm，被茸毛，淡黄褐色，雄花着生于花序上部、中部，每簇具花 3～5 朵，雄蕊 8～10；雌花无梗，常生于雄花序下部，外有壳斗状总苞，2～3（5）朵生于总苞内，子房下位，花柱 5～9，花柱下部被毛。壳斗连刺直径 4～6.5 cm，密被紧贴星状柔毛，刺密生，每壳斗有 2～3 坚果，成熟时裂为 4 瓣；坚果直径 1.5～3 cm，深褐色，顶端被茸毛。花期 4—6 月，果期 9—10 月。

【生境】常栽培于海拔 100～2500 m 的低山丘陵、缓坡及河滩等地带。

【分布】全县域均有分布，王义贞镇分布最多。

【采收加工】栗子：总苞由青色转黄色，微裂时采收，放凉处散热，搭棚遮阴，棚四周夹墙，地面铺河沙，堆栗高 30 cm，覆盖湿砂，经常洒水保湿。10 月下旬至 11 月入窖储藏；或剥出种子，晒干。栗叶：夏、秋季采集，多鲜用。栗花：春季采集，鲜用或阴干。栗壳、栗莸：总苞由青色转黄色，微裂时采收种仁，剥取栗仁时收集，阴干。

【性味功能】栗子：味甘、微咸，性平；益气健脾，补肾强筋，活血消肿，止血。

栗叶：味微甘，性平；清肺止咳，解毒消肿。

栗花：味微苦、涩，性平；清热燥湿，止血，散结。

栗壳：味甘、涩，性平；降逆生津，化痰止咳，清热散结，止血。

栗莸：味甘、涩，性平；散结下气，养颜。

【主治用法】栗子：用于脾虚泄泻，反胃呕吐，脚膝酸软，筋骨折伤肿痛，瘰疬，吐血，衄血，便血。内服：适量，生食或煮食；或炒存性研末服，30～60 g。外用：适量，捣敷。

栗叶：用于百日咳，肺结核，咽喉肿痛，肿毒，漆疮。内服：煎汤，9～15 g。外用：适量，煎汤洗；或烧存性研末敷。

栗花：用于泄泻，痢疾，带下，便血，瘰疬，瘿瘤。内服：煎汤，9～15 g；或研末。

栗壳：用于反胃，呕哕，消渴，咳嗽痰多，百日咳，腮腺炎，瘰疬，衄血，便血。内服：煎汤，30～60 g；煅炭研末，每次3～6 g。外用：适量，研末调敷。

栗荴：用于骨鲠在喉，瘰疬，反胃，面有皱纹。内服：煎汤，3～5 g。外用：适量，研末吹咽喉；或外敷。

【附方】（1）栗子：①治幼儿腹泻：栗子磨粉，煮如糊，加白糖适量喂服。（《食物中药与便方》）

②治小儿脚弱无力，三四岁尚不能行步：日以生栗与食。（《食物本草》）

③治老年肾亏，小便频数，腰脚无力：每日早晚各食生栗子1～2枚，嚼食后咽。（《食物中药与便方》）

（2）栗叶：①防治百日咳：栗叶9～15 g，水煎服。（《广西中草药》）

②治漆疮：鲜栗叶适量，煎水外洗。（《广西中草药》）

（3）栗花：①治急性细菌性痢疾：栗花12 g，鸡冠花6 g，槟榔6 g，水煎服，每日1剂。（《新医药学杂志》）

②治小儿呕吐：栗花适量，水煎服。（《湖南药物志》）

（4）栗壳：①治便血，反胃，呕吐：板栗壳煅炭存性，研末。每服3 g，开水送服。（《安徽中草药》）

②治痰火瘰疬：栗壳和猪精肉煎汤服。（《岭南采药录》）

（5）栗荴：①治骨鲠在喉：栗子内薄皮，烧存性，研末，吹入喉中。（《本草纲目》）

②治栗子颈：栗蓬内膈断薄衣，捣敷之。（《食物本草》）

15. 麻栎 *Quercus acutissima* Carr.

【别名】青刚、橡碗树。

【基源】为壳斗科栎属植物麻栎 *Quercus acutissima* Carr. 的果实、树皮及叶。

【形态特征】落叶乔木，高达20 m。树皮灰黑色，具不规则深裂。小枝暗灰褐色，无毛，具多数浅黄色皮孔。幼枝有黄色茸毛，后变无毛。单叶互生，有柄；叶片长椭圆状披针形，长9～16 cm，宽3～4.5 cm，先端渐长尖，基部圆形或阔楔形，边缘具芒状锯齿，侧脉13～18对，直达齿端，上面深绿色，有光泽，下面淡绿色，幼时有黄色短细毛，后脱落，仅脉腋有毛。夏季开花。单性，雌雄同株；雄花成柔荑花序，通常数个集生于新枝叶腋，长6～12 cm，花被通常5裂，雄蕊4，罕较多；雌花1～3朵集生于新枝叶腋，子房3室，花柱3。壳斗杯形，包着坚果约1/2；鳞片窄披针形，呈覆瓦状排列反曲，被灰白色柔毛；坚果卵状球形或长卵形，果脐突起。

【生境】生于丘陵或山谷疏林。

【分布】分布于字畈镇、王义贞镇。

【采收加工】秋季采收果实，晒干备用，夏季采鲜叶入药。

【性味功能】味苦、涩，性微温。树皮、叶：收敛，止痢。果实：解毒消肿。

【主治用法】树皮、叶：用于久泻痢疾。果实：用于乳腺炎。内服：煎汤 3 ~ 9 g。

【附方】（1）治乳腺炎：麻栎 18 g，瓜蒌皮 15 g，紫花地丁 30 g，水煎服。（《安徽中草药》）

（2）治睾丸炎：麻栎焙焦存性研粉。每次 6 g，每日 2 次，黄酒冲服。（《安徽中草药》）

（3）治面䵟：以橡斗子仁碎为粉，和大豆澡面良。（《普济方》）

十四、榆科 Ulmaceae

16. 榔榆 *Ulmus parvifolia* Jacq.

【别名】鸡筹仔叶。

【基源】为榆科榆属植物榔榆 *Ulmus parvifolia* Jacq. 的叶。

【形态特征】落叶乔木，或冬季叶变为黄色或红色宿存至第二年新叶开放后脱落，高达 25 m，胸径可达 1 m；树冠广圆形，树干基部有时成板状根，树皮灰色或灰褐色，裂成不规则鳞状薄片剥落，露出红褐色内皮，近平滑，微凹凸不平；当年生枝密被短柔毛，深褐色；冬芽卵圆形，红褐色，无毛。叶质地厚，披针状卵形或窄椭圆形，稀卵形或倒卵形，中脉两侧长宽不等，长 1.7 ~ 8 cm（常 2.5 ~ 5 cm），宽 0.8 ~ 3 cm（常 1 ~ 2 cm），先端尖或钝，基部偏斜，楔形或一边圆形，叶面深绿色，有光泽，除中脉凹陷处有疏柔毛外，余处无毛，侧脉不凹陷，叶背色较浅，幼时被短柔毛，后变无毛或沿脉有疏毛，或脉腋有簇生毛，边缘从基部至先端有钝而整齐的单锯齿，稀重锯齿（如萌发枝的叶），侧脉每边 10 ~ 15 条，细脉在两面均明显，叶柄长 2 ~ 6 mm，仅上面有毛。花秋季开放，3 ~ 6 数在叶腋簇生或排成簇状聚伞花序，花被上部杯状，下部管状，花被片 4，深裂至杯状花被的基部或近基部，花梗极短，被疏毛。翅果椭圆形或卵状椭圆形，长 10 ~ 13 mm，宽 6 ~ 8 mm，除顶端缺口柱头面被毛外，

余处无毛，果翅稍厚，基部的柄长约 2 mm，两侧的翅较果核部分为窄，果核部分位于翅果的中上部，上端接近缺口，花被片脱落或残存，果梗较管状花被为短，长 1 ～ 3 mm，疏生短毛。花果期 8—10 月。

【生境】生于海拔 1300 m 以下的平原丘陵、山地及疏林中。

【分布】全县域均有分布。

【采收加工】夏、秋季采收，鲜用。

【性味功能】味甘、微苦，性寒；清热解毒，消肿止痛。

【主治用法】常用于热毒疮疡，牙痛。外用：适量，鲜叶捣敷；或煎汤含漱。

【附方】（1）治痈疽疔疖：榔榆叶适量，初起未成脓者，加红糖或酒精，捣烂，烤温，敷患处；已成脓者，捣烂，调蜜敷。（《福建药物志》）

（2）治牙痛：榔榆鲜叶煎汤，加醋少许，含漱。（《福建中草药》）

17. 朴树 *Celtis sinensis* Pers.

【别名】千粒树、朴榆。

【基源】为榆科朴属植物朴树 *Celtis sinensis* Pers. 的树皮、根皮、果实、叶。

【形态特征】落叶乔木，高达 20 m，树皮灰色，平滑；一年生枝密被毛，后渐脱落。叶互生；叶片革质，通常卵形或卵状椭圆形，先端急尖至渐尖，基部圆形或阔楔形，偏斜，中部以上边缘有浅锯齿，上面无毛，下面沿脉及脉腋疏被毛；基出 3 脉。花杂性，同株，1 ～ 3 朵，生于当年生枝的叶腋，黄绿色，花被片 4，被毛，雄蕊 4，柱头 2。核果单生或 2 个并生，近球形，熟时红褐色；果核有凹陷和棱脊。花期 4—5 月，果期 9—10 月。

【生境】生于疏林或密林中。偶见栽培。

【分布】孛畈镇、王义贞镇偶有分布。

【采收加工】树皮：5—9 月采剥，切片，晒干。根皮：7—10 月采收，刮去粗皮，鲜用或晒干。果实：9—10 月果实成熟时采摘，晒干。叶：5—7 月采收，鲜用或晒干。

【性味功能】根皮：味苦、辛，性平；祛风透疹，消食止泻。果实：味苦、涩，性平；清热利咽。叶：味微苦，性凉；清热，凉血，解毒。树皮：味辛、苦，性平；祛风透疹，消食化滞。

【主治用法】树皮：用于麻疹透发不畅，消化不良。内服：煎汤，15 ～ 60 g。

根皮：用于麻疹透发不畅，消化不良，食积泄泻。内服：煎汤，15 ～ 30 g。外用：鲜品适量，捣敷。

果实：清热利咽。内服：煎汤，3 ～ 6 g。

叶：用于漆疮，荨麻疹。外用：鲜品适量，捣敷；或捣烂取汁涂敷。

【附注】果实：孕妇忌服。

【附方】（1）治腰痛：朴树皮 120 ～ 150 g，苦参 60 ～ 90 g，水煎冲黄酒、红糖，早、晚空腹各服 1 次。（《浙江天目山药用植物志》）

（2）治风寒感冒，咳嗽声哑：朴树果实 6 g，水煎服。

（3）治痔疮下血，食滞腹泻，久痢不止：朴树根皮 30 g，水煎，调姜汁少许服。（《广西本草选编》）

（4）治跌打扭伤：朴树鲜根皮捣烂外敷，或取根皮 30 ～ 60 g 炖瘦猪肉服。（《广西本草选编》）

十五、杜仲科 Eucommiaceae

18. 杜仲 *Eucommia ulmoides* Oliver

【别名】思仙、思仲、木绵、石思仙、扯丝皮、丝棉皮。

【基源】为杜仲科杜仲属植物杜仲 *Eucommia ulmoides* Oliver 的树皮。

【形态特征】落叶乔木，高达 20 m。树皮灰褐色，粗糙，折断拉开有多数细丝。幼枝有黄褐色毛，后变无毛，老枝有皮孔。单叶互生；叶柄长 1 ～ 2 cm，上面有槽，被散生长毛；叶片椭圆形、卵形或长圆形，长 6 ～ 15 cm，宽 3.5 ～ 6.5 cm，先端渐尖，基部圆形或阔楔形，上面暗绿色，下面淡绿色，老叶略有皱纹，边缘有锯齿；侧脉 6 ～ 9 对。花单性，雌雄异株，花生于当年生枝基部，雄花无花被，花梗无毛；雄蕊长约  1 cm，无毛，无退化雌蕊；雌花单生，花梗长约 8 mm，子房 1 室，先端 2 裂，子房柄极短。翅果扁平，长椭圆形，先端 2 裂，基部楔形，周围具薄翅；坚果位于中央，与果梗相接处有关节。早春开花，秋后果实成熟。

【生境】生于海拔 300 ～ 500 m 的低山、谷地或疏林中。

【分布】分布于孛畈镇。

【采收加工】4—6 月采收，去粗皮堆置"发汗"至内皮成紫褐色，晒干。生用或盐水炒用。

【性味功能】味甘，性温；补肝肾，强筋骨，安胎。

【主治用法】用于肾虚腰痛及各种腰痛，胎动不安，习惯性流产。内服：煎汤，6 ～ 15 g。

十六、桑科 Moraceae

19. 构树 *Broussonetia papyrifera*（L.）L'Hert. ex Vent.

【别名】楮实子、楮树、沙纸树、谷木、谷浆树。

【基源】为桑科构属植物构树 *Broussonetia papyrifera*（L.）L'Hert. ex Vent. 的乳液、根皮、树皮、叶、果实及种子。

【形态特征】落叶乔木，高达 16 m。树皮暗灰色而平滑，有乳汁。单叶互生，叶柄长 2.5 ～ 8 cm；叶片阔卵形或矩圆状卵形，长 7 ～ 20 cm，宽 6 ～ 9 cm，先端渐尖，基部略偏斜心形，不分裂或不规则 3 ～ 5 深裂，边缘有粗锯齿，膜质或纸质，叶上面粗糙，下面密生柔毛，三出脉。春、夏季开淡绿色花，单性，雌雄异株；雄花序柔荑状，长 6 ～ 8 cm；雌花序头状，直径 1.2 ～ 1.8 cm。聚花果球形，直径约 3 cm，肉质，红色。

【生境】生于旷野村旁或杂树林中，也有栽培。喜温暖湿润气候，适应性较强，耐干旱，耐湿热。对土壤的要求不高，以向阳、土层深厚、疏松肥沃的土壤栽培为宜。

【分布】全县域均有分布。

【采收加工】夏、秋季采乳液、叶、果实及种子，冬、春季采根皮、树皮，鲜用或阴干备用。

【性味功能】种子：味甘，性寒。补肾，强筋骨，明目，利尿。

叶：味甘，性凉。清热，凉血，利湿，杀虫。

树皮：味平，性甘。利尿消肿，祛风湿。

【主治用法】种子：用于腰膝酸软，肾虚目昏，阳痿，水肿。用量 6 ～ 12 g。

叶：用于鼻衄，肠炎，痢疾。用量 9 ～ 15 g。

树皮：用于水肿，筋骨酸痛，外用割伤树皮取鲜浆汁外擦治神经性皮炎及癣证。用量 9 ～ 15 g。

20. 葎草 *Humulus scandens*（Lour.）Merr.

【别名】勒草、黑草、葛葎蔓。

【基源】为桑科葎草属植物葎草 *Humulus scandens*（Lour.）Merr. 的全草。

【形态特征】一年生或多年生蔓性草本。茎长达数米，淡绿色，有纵条棱，茎棱和叶柄上密生短倒

向钩刺。单叶对生；叶柄长 5～20 cm，稍有 6 条棱，有倒向短钩刺；掌状叶 5～7 深裂，直径 5～15 cm，裂片卵形或卵状披针形，先端急尖或渐尖，边缘有锯齿，上面有粗刚毛，下面有细油点，脉上有硬毛。花单性，雌雄异株；雄花序为圆锥花序，雌花序为短穗状花序；雄花小，具花被片 5，黄绿色，雄蕊 5，花丝丝状，短小；雌花每 2 朵具 1 苞片，苞片卵状披针形，被白色刺毛和黄色小腺点，花被片 1，灰白色，紧包雌蕊，子房单一，上部突起，疏生细毛。果穗绿色，近球形；瘦果淡黄色，扁球形。花期 6—10 月，果期 8—11 月。

【生境】生于路旁、沟边湿地、村寨篱笆上或林缘灌丛。

【分布】全县域均有分布。

【采收加工】9—10 月，选晴天，收割地上部分，除去杂质，晒干。

【性味功能】味甘、苦，性寒；清热解毒，利尿通淋。

【主治用法】用于肺热咳嗽，肺痈，虚热烦渴，热淋，水肿，小便不利，湿热泄泻，热毒疮疡，皮肤瘙痒。内服：煎汤，干品 10～15 g，鲜品 30～60 g；或捣汁。外用：适量，捣敷；或煎水熏洗。

21. 桑 *Morus alba* L.

【别名】桑实、乌椹、文武实、桑枣、桑椹。

【基源】为桑科桑属植物桑 *Morus alba* L. 的果穗、叶、枝、根皮。

【形态特征】乔木或为灌木，高 3～10 m 或更高，胸径可达 50 cm，树皮厚，灰色，具不规则浅纵裂；冬芽红褐色，卵形，芽鳞覆瓦状排列，灰褐色，有细毛；小枝有细毛。叶卵形或广卵形，长 5～15 cm，宽 5～12 cm，先端急尖、渐尖或圆钝，基部圆形至浅心形，边缘锯齿粗钝，有时叶为各种分裂，表面鲜绿色，无毛，背面沿脉有疏毛，脉腋有簇毛；叶柄长 1.5～5.5 cm，具柔毛；托叶披针形，早落，外面密被细硬毛。花单性，腋生或生于芽鳞腋内，与叶同时生出；雄花序下垂，长 2～3.5 cm，密被白色柔毛。雄花：花被片宽椭圆形，淡绿色。花丝在芽时内折，花药 2 室，球形至肾形，纵裂；雌花序长 1～2 cm，被毛，总花梗长 5～10 mm，被柔毛。雌花：无梗，花被片倒卵形，顶端圆钝，外面和边缘被毛，两侧紧抱子房，无花柱，柱头 2 裂，内面有乳头状突起。聚花果卵状椭圆形，长 1～2.5 cm，成熟时红色或暗紫色。花期 4—5 月，果期5—8月。

【生境】生于丘陵、山坡、村旁、田野等处，多为人工栽培。

【分布】全县域均有分布。

【采收加工】果穗：5—6月当桑的果穗变红色时采收，晒干或蒸后晒干。桑叶：初霜后采收，除去杂质，干燥。桑枝：春末夏初采收，去叶，晒干；或趁鲜切片，晒干；生用或炒用。桑白皮：秋末叶落时至次春发芽前挖根，刮去黄棕色粗皮，剥取根皮，晒干，切丝生用，或蜜炙用。

【性味功能】果穗：味甘、酸，性寒；滋阴补血，生津润肠。

桑叶：味甘、苦，性寒；疏散风热，清肺润燥，平抑肝阳，清肝明目。

桑枝：味微苦，性平；祛风湿，利关节。

桑白皮：味甘，性寒；泻肺平喘，利水消肿。

【主治用法】果穗：用于眩晕耳鸣，须发早白，血虚经闭，津伤口渴，内热消渴，肠燥便秘等。内服：煎汤，10～15 g；熬膏、生啖或浸酒。外用：适量，浸水洗。

桑叶：用于风热感冒，温病初起，肺热咳嗽，燥热咳嗽，肝阳眩晕，目赤昏花。内服：煎汤，5～9 g；或入丸、散。外用：适量，煎水洗眼。

桑枝：用于风湿痹证，肩臂、关节酸痛麻木。内服：煎汤，9～15 g。外用：适量，捣敷。

桑白皮：用于肺热咳喘，水肿。内服：煎汤，5～15 g。泻肺利水，平肝清火宜生用；肺虚咳嗽宜蜜炙用。

【附方】（1）治心肾衰弱不寐，或习惯性便秘：鲜桑椹一至二两，水适量煎服。（《闽南民间草药》）

（2）治瘰疬：文武实，黑熟者二斗许，以布袋取汁，熬成薄膏，白汤点一匙，日三服。（《素问病机气宜保命集》文武膏）

（3）治阴症腹痛：桑椹，绢包风干过，伏天为末。每服三钱，热酒下，取汗。（《李时珍濒湖集简方》）

22. 柘树 *Maclura tricuspidata* Carriere

【别名】山荔枝、野梅子、九重皮、大丁癀。

【基源】为桑科柘属植物柘树 *Maclura tricuspidata* Carriere 的果实、茎叶。

【形态特征】落叶灌木或小乔木，高达8 m。小枝暗绿褐色，具坚硬棘刺，刺长5～35 mm。单叶互生；叶柄长0.5～2 cm；托叶侧生，分离；叶片近革质，卵圆形或倒卵形，长5～13 cm，先端钝或渐尖，基部楔形或圆形，全缘或3裂，上面暗绿色，下面淡绿色，幼时两面均有毛，成长后除下面主脉略有毛，余均光滑无毛；基出脉3条，侧脉4～5对；花单性，雌雄异株；均为球形头状花序，具短梗，单个或成对着生于叶腋；雄花花被片4，长圆形，基部有苞片2或4，雄蕊4，花丝直立；雌花被片4，

花柱 1，线状。聚花果球形，肉质，橘红色或橙黄色，表面微皱缩，瘦果包裹在肉质的花被里。花期 5—6 月，果期 9—10 月。

【生境】生于海拔 200～1500 m 的阳光充足的荒坡、山地、林缘及溪旁。

【分布】全县域均有分布。

【采收加工】果实：秋季果实将成熟时采收，切片，鲜用或晒干。茎叶：夏、秋季采收，鲜用或晒干。

【性味功能】果实：味苦，性平；清热凉血，舒筋活络。

茎叶：味甘、微苦，性凉；清热解毒，舒筋活络。

【主治用法】果实：用于跌打损伤。内服：煎汤，15～30 g；或研末。

茎叶：用于疔腮，痈肿，瘾疹，湿疹，跌打损伤，腰腿痛。内服：煎汤，9～15 g。外用：适量，煎水洗；或捣敷。

【附方】（1）治疬子，湿疹：柘树茎叶适量，煎汤外洗。（《浙江民间常用草药》）

（2）治小儿身热，皮肤生恶疮：柘树叶适量，煎汤洗浴。（《浙江天目山药用植物志》）

（3）治腮腺炎，疖肿，关节扭伤：柘树鲜叶适量，捣烂敷患处。（《云南中草药》）

（4）治瘾疹瘙痒：柘树茎枝适量，煎水洗浴。（《安徽中草药》）

（5）治肺结核：柘树鲜叶 30 g，水煎服。（《福建中草药》）

十七、荨麻科 Urticaceae

23. 苎麻 *Boehmeria nivea*（L.）Gaudich.

【别名】家苎麻、白麻、圆麻。

【基源】为荨麻科苎麻属植物苎麻 *Boehmeria nivea*（L.）Gaudich. 的根、叶。

【形态特征】亚灌木或灌木，高 0.5～1.5 m；茎上部与叶柄均密被开展的长硬毛和近开展和贴伏的短糙毛。叶互生；叶片草质，通常圆卵形或宽卵形，少数卵形，长 6～15 cm，宽 4～11 cm，顶端骤尖，基部近截形或宽楔形，边缘在基部之上有齿，上面稍粗糙，疏被短伏毛，下面密被雪白色毡毛，侧脉约 3 对；叶柄长 2.5～9.5 cm；托叶分生，钻状披针形，长 7～11 mm，背面被毛。圆锥花序腋生，或植株上部的为雌性，其下的为雄性，或同一植株的全为雌性，长 2～9 cm；雄团伞花序直径 1～3 mm，有少数雄花；雌团伞花序直径 0.5～2 mm，有多数密集的雌花。雄花：花被片 4，狭椭圆形，长约 1.5 mm，合生至中部，顶端急尖，外面有疏柔毛；雄蕊 4，长约 2 mm，花药长约 0.6 mm；退化雌蕊狭倒卵球形，长约 0.7 mm，顶端有短柱头。雌花：花被椭圆形，长 0.6～1 mm，顶端有 2～3 小齿，外面有短柔毛，果期菱状倒披针形，长 0.8～1.2 mm；柱头丝形，长 0.5～0.6 mm。瘦果近球形，长约 0.6 mm，光滑，基部突缩成细柄。花期 8—10 月。

【生境】生于山谷林边或草坡，海拔 200～1700 m。

【分布】全县域均有分布。

【采收加工】冬初挖根，秋季采叶，洗净，切碎晒干或鲜用。

【性味功能】根：味甘，性寒；清热利尿，凉血安胎。

叶：味甘，性寒；止血，解毒。

【主治用法】根：用于感冒发热，麻疹高烧，尿路感染，肾炎水肿，孕妇腹痛，胎动不安，先兆流产；外用治跌打损伤，骨折，疮疡肿毒。内服：煎汤，9～15 g。外用：适量，捣敷。

叶：外用治创伤出血，虫、蛇咬伤。内服：煎汤，9～15 g。外用：适量，鲜品捣烂敷或干品研粉撒患处。

【附方】（1）治吐血不止：苎麻根、人参、白垩、蛤粉各10 g。上四味，捣罗为散，每服2 g，糯米饮调下，不拘时候。方中苎麻根止血，为君药。（《圣济总录》苎根散）

（2）治习惯性流产：苎麻干根30 g，莲子、怀山药各15 g，水煎服。方中苎麻干根安胎，为君药。（《福建中草药》）

十八、蓼科 Polygonaceae

24. 何首乌 *Fallopia multiflora*（Thunb.）Harald.

【别名】首乌、地精、赤敛。

【基源】为蓼科何首乌属植物何首乌 *Fallopia multiflora*（Thunb.）Harald. 的块根、藤茎、叶。

【形态特征】多年生缠绕藤本。根细长，末端成肥大的块根，外表红褐色至暗褐色。茎基部略呈木质，中空。叶互生；具长柄；托叶鞘膜质，褐色；叶片狭卵形或心形，长4～8 cm，宽2.5～5 cm，先端渐尖，基部心形或箭形，全缘或微带波状，

上面深绿色，下面浅绿色，两面均光滑无毛。圆锥花序。小花梗具节，基部具膜质苞片；花小，花被绿白色，5 裂，大小不等，外面 3 片的背部有翅；雄蕊 8，不等长，短于花被；雌蕊 1，柱头 3 裂，头状。瘦果椭圆形，有 3 棱，黑色，光亮，外包宿存花被，花被具明显的 3 翅。花期 8—10 月，果期 9—11 月。

【生境】生于草坡、路边、山坡石隙及灌丛中。

【分布】分布于字畈镇、王义贞镇、雷公镇。

【采收加工】何首乌：秋季落叶后或早春萌发前采挖，除去茎藤，将根挖出，洗净泥土，大的切成 2 cm 左右的厚片，小的不切；晒干或烘干即成。首乌藤：秋、冬季采割，除去残叶，捆成把，干燥，切段，生用。何首乌叶：7—10 月采收，鲜用。

【性味功能】何首乌：味苦、甘、涩，性微温；解毒，消痈，截疟，润肠通便。

首乌藤：味甘，性平；养血安神，祛风通络。

何首乌叶：味苦、甘、涩，性微温；解毒散结，杀虫止痒。

【主治用法】何首乌：用于疮痈，瘰疬，风疹瘙痒，久疟体虚，肠燥便秘。内服：煎汤，10 ～ 20 g；或熬膏、浸酒，或入丸、散。外用：适量，煎水洗、研末撒或调涂。

首乌藤：用于心神不宁，失眠，多梦，血虚身痛，风湿痹痛及风疹疥癣等皮肤瘙痒证。内服：煎汤，9 ～ 15 g。

何首乌叶：用于疮疡，瘰疬，疥癣。外用：生贴、煎水洗或捣涂。

25. 虎杖 *Reynoutria japonica* Houtt.

【别名】土地榆、酸通、雌黄连。

【基源】为蓼科虎杖属植物虎杖 *Reynoutria japonica* Houtt. 的干燥根茎和根。

【形态特征】多年生灌木状草本，高达 1 m 以上。根茎横卧地下，木质，黄褐色，节明显。茎直立，丛生，无毛，中空，散生紫红色斑点。叶互生；叶柄短；托叶鞘膜质，褐色，早落；叶片宽卵形或卵状椭圆形，长 6 ～ 12 cm，宽 5 ～ 9 cm，先端急尖，基部圆形或楔形，全缘，无毛。花单性，雌雄异株，成腋生的圆锥花序；花梗细长，中部有关节，上部有翅；花被 5 深裂，裂片 2 轮，外轮 3 片在果时增大，背部生翅；雄花雄蕊 8；雌

花花柱 3，柱头头状。瘦果椭圆形，有 3 棱，黑褐色。花期 6—8 月，果期 9—10 月。

【生境】生于山谷溪边。

【分布】分布于字畈镇。

【采收加工】春、秋季采挖，除去须根，洗净，趁新鲜切短段或厚片，晒干；生用或鲜用。

【性味功能】味微苦，性微寒；利湿退黄，清热解毒，散瘀止痛，化痰止咳。

【主治用法】用于湿热黄疸，淋浊，带下，水火烫伤，痈肿疮毒，毒蛇咬伤，经闭，癥瘕，跌打损伤，

风湿痹痛，肺热咳嗽等。内服：煎汤，10 ～ 15 g；或浸酒，或入丸、散。外用：研末调敷；或煎浓汁湿敷，或熬膏涂擦。

26. 短毛金线草 *Antenoron filiforme* var. *neofiliforme*（Nakai）A. J. Li

【别名】重阳柳、蟹壳草、毛蓼。

【基源】为蓼科金线草属植物短毛金线草 *Antenoron filiforme* var. *neofiliforme*（Nakai）A. J. Li 的全草。

【形态特征】多年生直立草本，高 50 ～ 100 cm。根茎横走，粗壮，扭曲。茎节膨大。叶互生；有短柄；托叶鞘筒状，抱茎，膜质；叶片椭圆形或长圆形，长 6 ～ 15 cm，宽 3 ～ 6 cm，叶先端长渐尖，两面有短糙伏毛，散布棕色斑点。穗状花序顶生或腋生；花小，红色；苞片有睫毛状毛；花被 4 裂；雄蕊 5；柱头 2 歧，先端钩状。瘦果卵圆形，棕色，表面光滑。花期秋季，果期冬季。

【生境】生于山地林缘、路旁阴湿地。

【分布】分布于王义贞镇、孛畈镇。

【采收加工】夏、秋季采收，晒干或鲜用。

【性味功能】味辛，苦，性凉；凉血止血，清热利湿，散瘀止痛。

【主治用法】用于咯血，吐血，便血，血崩，泄泻，痢疾，胃痛，经期腹痛，产后血瘀腹痛，跌打损伤，风湿痹痛，瘰疬，痈肿。内服：煎汤，9 ～ 30 g。外用：适量，煎水洗或捣敷。

27. 萹蓄 *Polygonum aviculare* L.

【别名】地萹蓄、编竹、粉节草。

【基源】为蓼科蓼属植物萹蓄 *Polygonum aviculare* L. 的干燥地上部分。

【形态特征】一年生或多年生草本，高 10 ～ 50 cm。植物体有白色粉霜。茎平卧地上或斜上伸展，基部分枝，绿色，具明显沟纹，无毛，基部圆柱形，幼枝具棱角。单叶互生，几无柄；托叶鞘抱茎，膜质；叶片窄长椭圆形或披针形，长 1 ～ 5 cm，宽 0.5 ～ 1 cm，先端钝或急尖，基部楔形，两面均无毛，侧脉明显。花小，常 1 ～ 5 朵簇生于叶腋；花梗短，顶端有关节；花被绿色，5 裂，裂片椭圆形，边缘白色或淡红色，结果后，边缘变为粉红色；雄蕊 8，花丝短。瘦果三角状卵形，棕黑色至黑色，具不明显细纹及小点，无光泽。花期 6—8 月，果期 6—9 月。

【生境】生于山坡、田野、路旁等处。

【分布】分布于李畈镇。

【采收加工】7—8 月生长旺盛时采收，齐地割取地上部分，晒干或鲜用。

【性味功能】味苦，性微寒；利尿通淋，杀虫止痒。

【主治用法】用于淋证，虫证，湿疹，阴痒，带下，疳积，阴蚀等。内服：煎汤，10～15 g；或入丸、散；杀虫单用 30～60 g，鲜品捣汁饮 50～100 g。外用：煎水洗，捣烂敷或捣汁搽。

28. 杠板归 *Polygonum perfoliatum* L.

【别名】河白草、贯叶蓼。

【基源】为蓼科蓼属植物杠板归 *Polygonum perfoliatum* L. 的干燥地上部分。

【形态特征】一年生攀援草本。茎略呈方柱形，有棱角，多分枝，直径可达 0.2 cm；表面紫红色或紫棕色，棱角上有倒生钩刺，节略膨大，节间长 2～6 cm，断面纤维性，黄白色，有髓或中空。叶互生，有长柄，盾状着生；叶片多皱缩，展平后呈近等边三角形，灰绿色至红棕色，下表面叶脉和叶柄均有倒生钩刺；托叶鞘包于茎节上或脱落。短穗状花序顶生或生于上部叶腋，苞片圆形，花小，多萎缩或脱落。

气微，茎味淡，叶味酸。常生于山谷、灌丛中或水沟旁。

【生境】生于荒芜的沟岸、河边及村庄附近。

【分布】全县域均有分布。

【采收加工】夏季开花时采割，晒干；除去杂质，略洗，切段，干燥。

【性味功能】味酸，性微寒；清热解毒，利水消肿，止咳。

【主治用法】用于咽喉肿痛，肺热咳嗽，小儿顿咳，水肿尿少，湿热泄泻，湿疹，疔肿，蛇虫咬伤。内服：煎汤，15～30 g。外用：适量，煎汤熏洗。

29. 水蓼 *Polygonum hydropiper* L.

【别名】蓼、蔷、蔷虞、虞蓼。

【基源】为蓼科蓼属植物水蓼 *Polygonum hydropiper* L. 的地上部分。

【形态特征】一年生草本，高 40～70 cm。茎直立，多分枝，无毛，节部膨大。叶披针形或椭圆状披针形，长 4～8 cm，宽 0.5～2.5 cm，顶端渐尖，基部楔形，边缘全缘，具缘毛，两面无毛，被褐色小点，有时沿中脉具短硬伏毛，具辛辣味，叶腋具闭花受精花；叶柄长 4～8 mm；托叶鞘筒状，膜质，褐色，长 1～1.5 cm，疏生短硬伏毛，顶端截形，具短缘毛，通常托叶鞘内藏有花簇。总状花序呈穗状，顶生或腋生，长 3～8 cm，通常下垂，花稀疏，下部间断，苞片漏斗状，长 2～3 mm，绿色，边缘膜质，疏生短缘毛，每苞内具 3～5 花；花梗比苞片长；花被 5 深裂，稀 4 裂，绿色，上部白色或淡红色，被黄褐色透明腺

点，花被片椭圆形，长 3～3.5 mm；雄蕊 6，稀 8，比花被短；花柱 2～3，柱头头状。瘦果卵形，长 2～3 mm，双凸镜状或具 3 棱，密被小点，黑褐色，无光泽，包于宿存花被内。花期 5—9 月，果期 6—10 月。

【生境】生于水边、路旁湿地。

【分布】全县域均有分布。

【采收加工】7—8 月花期，割取地上部分，铺地晒干或鲜用。

【性味功能】味辛、苦，性平；行滞化湿，散瘀止血，祛风止痒，解毒。

【主治用法】用于湿滞内阻，脘闷腹痛，泄泻，痢疾，小儿疳积，崩漏，血滞经闭，痛经，跌打损伤，风湿痹痛，便血，外伤出血，皮肤瘙痒，湿疹，风疹，足癣，痈肿，毒蛇咬伤。内服：煎汤，15～30 g（鲜品 30～60 g）；或捣汁。外用：适量，煎水浸洗；或捣敷。

【附方】（1）治痢疾，肠炎：水蓼全草 60 g，水煎服，连服 3 天。（《浙江民间常用草药》）

（2）治小儿疳积：水蓼全草 15～18 g，麦芽 12 g，水煎，早晚饭前 2 次分服，连服数日。（《浙江民间常用草药》）

（3）治风湿疼痛：水蓼 15 g，威灵仙 9 g，桂枝 6 g，水煎服。（《安徽中草药》）

（4）治蛇头疔：鲜水蓼、芋叶柄各 20 g，捣烂加热敷患处。（《福建药物志》）

（5）治咽喉肿痛：鲜水蓼花序 1 把，捣烂取汁，加白糖服，每次服 60 g。（《河南中草药手册》）

十九、商陆科 Phytolaccaceae

30. 垂序商陆 *Phytolacca americana* L.

【别名】夜呼、当陆、章陆。

【基源】为商陆科商陆属植物垂序商陆 *Phytolacca americana* L. 的根、叶、种子。

【形态特征】多年生草本，高达 1.5 m。全株光滑无毛。根粗壮，圆锥形，肉质，外皮淡黄色，有横长皮孔，侧根甚多。茎紫红色，棱角较为明显。单叶互生，具柄；柄的基部稍扁宽；叶片通常较上种略窄，

长 12～15 cm，宽 5～8 cm，先端急尖或渐尖，基部渐狭，全缘。总状果序下垂；花被片 5，初白色后渐变为淡红色；雄蕊 8～10；心皮 8～10 个，分离，但紧密靠拢。浆果，扁圆状，有宿萼，熟时呈深红紫色或黑色。种子肾形黑色。雄蕊及心皮通常 10 枚。花期 7—8 月，果期 8—10 月。

【生境】生于林下、路边及宅旁阴湿处。

【分布】全县域均有分布。

【采收加工】根：冬季倒苗时采挖，割去茎，挖出根部，横切成 1 cm 厚的薄片，晒干或炕干。叶：叶茂盛花未开时采收，除去杂质，干燥。种子：9—10 月采收，晒干。

【性味功能】根：味苦，性寒；逐水消肿，通利二便；外用解毒散结。

叶：味微苦，性凉；清热。

种子：味苦，性寒；利水消肿。

【主治用法】根：用于水肿胀满，二便不通；外治痈肿疮毒。内服：煎汤，3～10 g；或入散剂。外用：捣敷。内服宜醋制或久蒸后用；外用宜生品。

叶：用于脚气。内服：煎汤，3～6 g。

种子：用于水肿，小便不利。内服：煎汤，3～6 g。

【附方】（1）治水气肿满：生商陆（切如麻豆）、赤小豆各等份，鲫鱼三枚（去肠存鳞）。上三味，将二味实鱼腹中，以绵缚之，水三升，缓煮豆烂，去鱼，只取二味，空腹食之，以鱼汁送下，甚者过二日，再为之，不过三剂。（《圣济总录》商陆煮豆方）

（2）治十种水气，取水：商陆根（取自然汁一盏），甘遂末一钱。上用土狗一枚，细研，同调上药，只作一服，空心服，日午水下。忌食盐一百日，忌食甘草三日。（《杨氏家藏方》商陆散）

（3）治水气通身洪肿，喘呼气急，烦躁多渴，大小便不利，服热药不得者：泽泻、商陆、赤小豆（炒）、羌活（去芦）、大腹皮、椒目、木通、秦艽（去芦）、茯苓皮、槟榔。上等份，细切，每服四钱，水一盏半，生姜五片，煎七分，去滓温服，不拘时候。（《济生方》疏凿饮子）

二十、紫茉莉科 Nyctaginaceae

31. 紫茉莉 *Mirabilis jalapa* L.

【别名】苦丁香、野丁香、胭脂花。

【基源】为紫茉莉科紫茉莉属植物紫茉莉 *Mirabilis jalapa* L. 的果实、叶、根。

【形态特征】一年生草本，高可达 1 m。根肥粗，倒圆锥形，黑色或黑褐色。茎直立，圆柱形，多分枝，无毛或疏生细柔毛，节稍膨大。叶片卵形或卵状三角形，长 3 ～ 15 cm，宽 2 ～ 9 cm，顶端渐尖，基部截形或心形，全缘，两面均无毛，脉隆起；叶柄长 1 ～ 4 cm，上部叶几无柄。花常数朵簇生于枝端；花梗长 1 ～ 2 mm；总苞钟形，长约 1 cm，5 裂，裂片三角状卵形，顶端渐尖，无毛，具脉纹，果时宿存；花被紫红色、黄色、白色或杂色，高脚碟状，筒部长 2 ～ 6 cm，檐部直径 2.5 ～ 3 cm，5 浅裂；花午后开放，有香气，次日午前凋萎；雄蕊 5，花丝细长，常伸出花外，花药球形；花柱单生，线形，伸出花外，柱头头状。瘦果球形，直径 5 ～ 8 mm，革质，黑色，表面具皱纹；种子胚乳白粉质。花期 6—10 月，果期 8—11 月。

【生境】生于水沟边、房前屋后墙脚下或庭园中，常栽培。

【分布】全县域均有分布，多见于栽培。

【采收加工】果实：9—10 月果实成熟时采收，除去杂质，晒干。叶：叶生长茂盛花未开时采摘，洗净，鲜用。根：10—11 月挖起全根，洗净泥沙，鲜用，或去尽芦头及须根，刮去粗皮，去尽黑色斑点，切片，立即晒干或炕干，以免变黑，影响品质。

【性味功能】果实：味甘，性微寒；清热化斑，利湿解毒。

叶：味甘、淡，性微寒；清热解毒，祛风渗湿，活血。

根：味甘、淡，性微寒；清热利湿，解毒活血。

【主治用法】果实：用于面生斑痣，脓疱疮。外用：适量，去外壳研末搽；或煎水洗。

叶：用于痈肿疮毒，疥癣，跌打损伤。外用：适量，鲜品捣敷或取汁外搽。

根：用于热淋，白浊，水肿，赤白带下，关节肿痛，疮痈肿毒，乳痈，跌打损伤。内服：煎汤，15 ～ 30 g（鲜品 30 ～ 60 g）。外用：适量，鲜品捣敷。

【附方】（1）叶：①治疮疖，跌打损伤：紫茉莉叶（鲜）适量，捣烂外敷患处，每日 1 次。（《陕甘宁青中草药选》）

②治骨折，无名肿毒：紫茉莉叶（鲜）捣烂外敷，每日 1 次。（《陕甘宁青中草药选》）

③治疥疮：紫茉莉叶（鲜）一握，洗净捣烂，绞汁抹患处。（《福建民间草药》）

（2）根：①治淋证（小便不利）：胭脂花、猪鬃草各 15 g，切碎，煨白酒 60 g，温服。（《贵州草药》）

②治关节肿痛：紫茉莉根 24 g，木瓜 15 g，水煎服。（《青岛中草药手册》）

③治乳痈：紫茉莉根研末泡酒服，每次 6 ～ 9 g。（《泉州本草》）

二十一、番杏科 Aizoaceae

32. 粟米草 *Mollugo pentaphylla* L.

【别名】地麻黄、地杉树、鸭脚瓜子草。

【基源】为番杏科粟米草属植物粟米草 *Mollugo pentaphylla* L. 的全草。

【形态特征】一年生草本，高 10～30 cm，全体无毛。茎铺散，多分枝。基生叶呈莲座状，倒披针形；茎生叶常 3～5 片轮生或对生，披针形或条状披针形，长 1.5～3 cm，宽 3～7 mm；叶柄短或近无柄。二歧聚伞花序顶生或腋生；花柄长 2～6 mm；萼片 5，宿存，椭圆形或近圆形；无花瓣；雄蕊 3；子房上位，心皮 3。蒴果卵圆形或近球形，长约 2 mm，3 瓣裂。种子多数，肾形，黄褐色，有多数瘤状突起。花果期 8—9 月。

【生境】生于阴湿处或田边。

【分布】全县域均有分布。

【采收加工】秋季采收，晒干或鲜用。

【性味功能】味淡、涩，性凉；清热化湿，解毒消肿。

【主治用法】用于腹痛泄泻，痢疾，感冒咳嗽，中暑，皮肤热疹，目赤肿痛，疮疖肿毒，毒蛇咬伤，烧烫伤。内服：煎汤，10～30 g。外用：适量，鲜品捣敷或塞鼻。

【附方】（1）治中暑：粟米草全草 9～15 g，水煎服。（《浙江药用植物志》）

（2）治火眼：地麻黄嫩尖 7 朵，九里光嫩叶 7 片。两药混合捣绒，塞在鼻内，左眼痛塞左鼻，右眼痛塞右鼻，随时更换。（《贵州民间药物》）

二十二、马齿苋科 Portulacaceae

33. 马齿苋 *Portulaca oleracea* L.

【别名】马齿草、马苋、马齿菜。

【基源】为马齿苋科马齿苋属植物马齿苋 *Portulaca oleracea* L. 的干燥地上部分。

【形态特征】一年生草本，全株无毛。茎平卧或斜倚，伏地铺散，多分枝，圆柱形，长 10～15 cm，淡绿色或带暗红色。茎紫红色，叶互生，有时近对生，叶片扁平，肥厚，倒卵形，似马齿状，长 1～3 cm，宽 0.6～1.5 cm，顶端圆钝或平截，有时微凹，基部楔形，全缘，上面暗绿色，下面淡绿色或带暗红色，中脉微隆起；叶柄粗短。花无梗，直径 4～5 mm，常 3～5 朵簇生于枝端，午时盛开；苞片 2～6，叶状，膜质，近轮生；

萼片 2，对生，绿色，盔形，左右压扁，长约 4 mm，顶端急尖，背部具龙骨状突起，基部合生；花瓣 5，稀 4，黄色，倒卵形，长 3～5 mm，顶端微凹，基部合生；雄蕊通常 8，或更多，长约 12 mm，花药黄色；子房无毛，花柱比雄蕊稍长，柱头 4～6 裂，线形。蒴果卵球形，长约 5 mm，盖裂；种子细小，多数偏斜球形，黑褐色，有光泽，直径不及 1 mm，具小疣状突起。花期 5—8 月，果期 6—9 月。

【生境】生于菜园、农田、路旁，为田间常见杂草。

【分布】全县域均有分布。

【采收加工】除去残根和杂质，洗净，鲜用。或略蒸或烫后晒干，切段入药。

【性味功能】味酸，性寒；清热解毒，凉血止血，止痢。

【主治用法】用于热毒血痢，热毒疮疡，崩漏，便血。内服：煎汤，9～15 g（鲜品 30～60 g）。外用：适量，捣敷患处。

二十三、石竹科 Caryophyllaceae

34. 石竹 *Dianthus chinensis* L.

【别名】巨句麦、大兰、山瞿麦。

【基源】为石竹科石竹属植物石竹 *Dianthus chinensis* L. 的干燥地上部分。

【形态特征】多年生草木，高达 1 m。茎丛生，直立，无毛，上部二歧分枝，节明显。叶对生，线状披针形。苞片卵形，开张，长为萼筒的 1/2，先端尾状渐尖；基部成短鞘状抱茎，全缘，两面均无毛。两性花；花单生或数朵集成稀疏歧式分枝的圆锥花

序；花梗长达 4 cm；小苞片 4～6，排成 2～3 轮；萼筒长 2～2.5 cm，裂片宽披针形，边缘膜质，有细毛；花瓣 5，通常紫红色，先端深裂成细线状，基部有长爪；雄蕊 10；子房上位，1 室，花柱 2，细长。蒴果长圆形，与宿萼近等长。种子黑色。花期 4—8 月，果期 5—9 月。

【生境】生于海拔 1000 m 以下的山坡草丛中。

【分布】分布于字畈镇、赵棚镇、洑水镇。

【采收加工】夏、秋季花未开放前采收，栽培者每年可收割 2～3 次。割取全株，除去杂草、泥土，晒干。

【性味功能】味苦，性寒；利尿通淋，破血通经。

【主治用法】用于淋证，经闭，月经不调，痈肿，目赤翳障等。内服：煎汤，3～10 g；或入丸、散。外用：煎汤洗；或研末撒。

二十四、藜科 Chenopodiaceae

35. 菠菜 *Spinacia oleracea* L.

【别名】菠棱、波棱菜、红根菜。

【基源】为藜科菠菜属植物菠菜 *Spinacia oleracea* L. 的全草。

【形态特征】植物高可达 1 m，无粉。根圆锥状，带红色，较少为白色。茎直立，中空，脆弱多汁，不分枝或有少数分枝。叶戟形至卵形，鲜绿色，柔嫩多汁，稍有光泽，全缘或有少数牙齿状裂片。雄花集成球形团伞花序，再于枝和茎的上部排列成有间断的穗状圆锥花序；花被片通常 4，花丝丝形，扁平，花药不具附属物；雌花团集于叶腋；小苞片两侧稍扁，顶端残留 2 小齿，背面通常各具 1 棘状附属物；子房球形，柱头 4 或 5，外伸。胞果卵形或近圆形，直径约 2.5 mm，两侧扁；果皮褐色。

【生境】我国各地普遍栽培。

【分布】全县域均有栽培。

【采收加工】冬、春季采收，鲜用。

【性味功能】味甘，性平；解热毒，通血脉，利肠胃。

【主治用法】用于头痛，目眩，目赤，夜盲

症，消渴，便秘，痔疮。内服：适量，煮食；或捣汁饮。

36. 地肤 *Kochia scoparia*（L.）Schrad.

【别名】地葵、地麦、落帚子。

【基源】为藜科地肤属植物地肤 *Kochia scoparia*（L.）Schrad. 的成熟果实。

【形态特征】一年生草本，高 50 ～ 150 cm。茎直立，多分枝，淡绿色或浅红色，生短柔毛。叶互生；无柄；叶片狭披针形或线状披针形，长 2 ～ 7 cm，宽 3 ～ 7 mm，先端短渐尖，基部楔形，全缘，上面绿色无毛，下面淡绿色，无毛或有短柔毛；通常有 3 条主脉；茎上部叶较小，有一中脉。花单个或 2 个生于叶腋，集成稀疏的穗状花序；花下有时有锈色长柔毛；花小，两性或雌性；黄绿色，花被片 5，近球形，基部合生，果期背部生三角状横突起或翅，有时近扇形；雄蕊 5，花丝丝状；花柱极短，柱头 2，丝状。胞果
扁球形，果皮与种子离生，包于花被内。种子 1 颗，扁球形，黑褐色。花期 6—9 月，果期 8—10 月。

【生境】生于荒野、田边、路旁，栽培于庭园。

【分布】全县域均有分布，多见于栽培。

【采收加工】秋季果实成熟时采收植株，晒干，打下果实，除去杂质，生用。

【性味功能】味辛、苦，性寒；利尿通淋，清热利湿，止痒。

【主治用法】用于淋证，阴痒带下，风疹，湿疹。内服：煎汤，9 ～ 15 g。外用：适量，敷患处。

37. 土荆芥 *Chenopodium ambrosioides* L.

【别名】鹅脚草、天仙草、红泽兰。

【基源】为藜科藜属植物土荆芥 *Chenopodium ambrosioides* L. 的带果穗全草。

【形态特征】一年生或多年生草本，高 50 ～ 80 cm，有强烈香味。茎直立，多分枝，有色条及钝条棱；枝通常细瘦，有短柔毛并兼有具节的长柔毛，有时近于无毛。叶片矩圆状披针形至披针形，先端急尖或渐尖，边缘具稀疏不整齐的大锯齿，基部渐狭具短柄，上面平滑无毛，下面有散生油点并沿叶脉稍有毛，下部的叶长达 15 cm，宽达 5 cm，上部叶逐渐狭小而近全缘。花两性及雌性，通常 3 ～ 5 个团集，生于上部叶腋；花被裂片 5，较少为 3，绿色，果时通常闭合；雄蕊 5，花药长 0.5 mm；花柱不明显，柱头通常 3，较少为 4，丝形，伸出花被外。胞果扁球形，完全包于花被内。种子横生或斜生，黑色或暗红色，平滑，有光泽，边缘钝，直径约 0.7 mm。花期和果期的时间都很长。

【生境】生于村旁、路边、河岸等处。

【分布】分布于接官乡金台村。

【采收加工】8 月下旬至 9 月下旬收割全草，摊放在通风处，或捆束悬挂阴干，避免日晒及雨淋。

【性味功能】味辛、苦，性微温；祛风除湿，杀虫止痒，活血消肿。

【主治用法】用于钩虫病，蛔虫病，蛲虫病，头虱，皮肤湿疹，疥癣，风湿痹痛，经闭，痛经，口舌生疮，咽喉肿痛，跌打损伤，蛇虫咬伤。内服：煎汤，3～9 g（鲜品 15～24 g）；或入丸、散，或提取土荆芥油，成人常用量 0.8～1.2 mL，极量 1.5 mL。外用：煎水洗或捣敷。

【附方】（1）治钩虫病，蛔虫病：土荆芥嫩枝叶、果实阴干，研末为丸，成人每日服 5 g，分早晚 2 次，连服 3～6 天。或用鲜土荆芥取自然汁服，疗效更佳。（《草药手册》）

（2）治头虱：土荆芥适量，捣烂，加茶油敷。（《湖南药物志》）

二十五、苋科 Amaranthaceae

38. 空心莲子草 *Alternanthera philoxeroides*（Mart.）Griseb.

【别名】空心苋、革命草、水花生。

【基源】为苋科莲子草属植物空心莲子草 *Alternanthera philoxeroides*（Mart.）Griseb. 的全草。

【形态特征】一年生草本。茎基部匍匐，着地节处生根，上部直立，中空，具分枝。叶对生；叶片倒卵形或倒卵状披针形，长 3～5 cm，宽 1～1.8 cm，先端圆钝，有芒尖，基部渐窄，上面有贴生毛，边有睫毛状毛。夏季开白色花，头状花序单生于叶腋，总花梗长 1～4 cm；苞片和小苞片干膜质，宿存；花被片白色，矩圆形；雄蕊 5，花丝基部合生成杯状，花药 1 室，退化雄蕊顶端分裂成窄条。

【生境】生于水沟、池塘内。

【分布】全县域均有分布。

【采收加工】秋季采集，洗净，鲜用。

【性味功能】味苦、甘，性寒；清热利尿，凉血解毒。

【主治用法】用于流行性乙型脑炎，流感初期，肺结核咯血；外用治湿疹，带状疱疹，疔疮，毒蛇咬伤，流行性出血性结膜炎。外用：鲜全草 30 ～ 60 g，取汁外涂，或捣烂调蜜糖外敷。治眼病时用作眼药水，每日 3 ～ 4 次。

39. 牛膝 *Achyranthes bidentata* Blume

【别名】百倍、牛茎、脚斯蹬。

【基源】为苋科牛膝属植物牛膝 *Achyranthes bidentata* Blume 的根。

【形态特征】多年生草本，高 70 ～ 120 cm。根圆柱形，直径 5 ～ 10 mm，土黄色。茎有棱角或四方形，绿色或带紫色，有白色贴生或开展柔毛，或近无毛，分枝对生，节膨大。单叶对生；叶柄长 5 ～ 30 mm；叶片膜质，椭圆形或椭圆状披针形，长 5 ～ 12 cm，宽 2 ～ 6 cm，先端渐尖，基部宽楔形，全缘，两面被柔毛。穗状花序顶生及腋生，长 3 ～ 5 cm，花期后反折；总花梗长 1 ～ 2 cm，有白色柔毛；花多数，密生，长 5 mm；苞片宽卵形，长 2 ～ 3 mm，先端长渐尖；小苞片刺状，长 2.5 ～ 3 mm，先端弯曲，基部两侧各有 1 卵形膜质小裂片，长约 1 mm；花被片披针形，长 3 ～ 5 mm，光亮，先端急尖，有 1 中脉；雄蕊长 2 ～ 2.5 mm；退化雄蕊先端平圆，稍有缺刻状细锯齿。胞果长圆形，长 2 ～ 2.5 mm，黄褐色，光滑。种子长圆形，长 1 mm，黄褐色。花期 7—9 月，果期 9—10 月。

【生境】生于屋旁、林缘、山坡草丛中。

【分布】分布于王义贞镇、赵棚镇。

【采收加工】冬季苗枯时采挖，洗净，晒干。生用或酒炙用。

【性味功能】味苦、甘、酸，性平；活血通经，补肝肾，强筋骨，利水通淋，引火（血）下行。

【主治用法】用于瘀血阻滞经闭，痛经，经行腹痛，胞衣不下，跌打伤痛，腰膝酸痛，下肢痿软，淋证，水肿，小便不利，头痛，眩晕，齿痛，口舌生疮，吐血，衄血。内服：煎汤，6 ～ 15 g。活血通经，利水通淋，引火（血）下行宜生用；补肝肾，强筋骨宜酒炙用。

40. 土牛膝 *Achyranthes aspera* L.

【别名】杜牛膝。

【基源】为苋科牛膝属植物土牛膝 *Achyranthes aspera* L. 的根及根茎。

【形态特征】多年生草本，高 20 ～ 120 cm；根细长，直径 3 ～ 5 mm，土黄色；茎四棱形，有柔毛，节部稍膨大，分枝对生。叶片纸质，宽卵状倒卵形或椭圆状矩圆形，长 1.5 ～ 7 cm，宽 0.4 ～ 4 cm，顶端圆钝，具突尖，基部楔形或圆形，全缘或波状缘，两面密生柔毛，或近无毛；叶柄长 5 ～ 15 mm，密生柔毛或近无毛。穗状花序顶生，直立，长 10 ～ 30 cm，花期后反折；总花梗具棱角，粗壮，坚硬，密生白色伏贴或开展柔毛；花长 3 ～ 4 mm，疏生；苞片披针形，长 3 ～ 4 mm，顶端长渐尖，小苞片刺状，长 2.5 ～ 4.5 mm，坚硬，光亮，常带紫色，基部两侧各有 1 个薄膜质翅，长 1.5 ～ 2 mm，全缘，全部贴生在刺部，但易于分离；花被片披针形，长 3.5 ～ 5 mm，长渐尖，花后变硬且锐尖，具 1 脉；雄蕊长 2.5 ～ 3.5 mm；退化雄蕊顶端截状或细圆齿状，有具分枝流苏状长缘毛。胞果卵形，长 2.5 ～ 3 mm。种子卵形，不扁压，长约 2 mm，棕色。花期 6—8 月，果期 10 月。

【生境】生于山坡林下。

【分布】全县域均有分布。

【采收加工】全年均可采收，除去茎叶，洗净，鲜用或晒干。

【性味功能】味甘、微苦、微酸，性寒；活血祛瘀，泻火解毒，利尿通淋。

【主治用法】用于经闭，跌打损伤，风湿关节痛，痢疾，白喉，咽喉肿痛，疮痈，淋证，水肿。内服：煎汤，9 ～ 15 g（鲜品 30 ～ 60 g）。外用：适量，捣敷；或捣汁滴耳，或研末吹喉。

41. 鸡冠花 *Celosia cristata* L.

【别名】鸡髻花、鸡公花、鸡角枪。

【基源】为苋科青葙属植物鸡冠花 *Celosia cristata* L. 的干燥花序。

【形态特征】一年生直立草本，高 30 ～ 80 cm。全株无毛，粗壮。分枝少，近上部扁平，绿色或带红色，有棱纹突起。单叶互生，具柄；叶片长椭圆形至卵状披针形，长 5 ～ 13 cm，宽 2 ～ 6 cm，先端渐尖或长尖，基部渐窄成柄，全缘。穗状花序顶生，成扁平肉质鸡冠状、卷冠状或羽毛状，中部以下多花；花被片淡红色至紫红色、黄白色或黄色；苞片、小苞片和花被片干膜质，宿存；花被片 5，椭圆状卵形，端尖，雄蕊 5，花丝下部合生成杯状。胞果卵形，长约 3 mm，熟时盖裂，包于宿存花被内。种子肾形，黑色，光泽。花期 5—8 月，果期 8—11 月。

【生境】多见于栽培。

【分布】全县域偶有栽培。

【采收加工】夏、秋季采摘，以朵大而扁、色泽鲜艳者为佳，色红者次之。拣净杂质，除去茎及种子，剪成小块，晒干，生用。

【性味功能】味甘、涩，性凉；收敛止带，止血，止痢。

【主治用法】用于崩漏下血，经水不止，便血痔血，湿热或寒湿带下，赤白下痢，久痢不止等。内服：煎汤，9～15 g；或入丸、散。外用：煎汤熏洗；或研末调敷。

42. 青葙 *Celosia argentea* L.

【别名】草蒿、姜蒿、昆仑草。

【基源】为苋科青葙属植物青葙 *Celosia argentea* L. 的茎叶或根、花序、种子。

【形态特征】一年生草本，高 30～90 cm。全株无毛。茎直立，通常上部分枝，绿色或红紫色，具条纹。单叶互生；叶柄长 2～15 mm，或无柄；叶片纸质，披针形或长圆状披针形，长 5～9 cm，宽 1～3 cm，先端尖或长尖，基部渐狭且稍下延，全缘。花着生甚密，初为淡红色，后变为银白色，穗状花序单生于茎顶或分枝顶，呈圆柱形或圆锥形，长 3～10 cm，苞片、小苞片和花被片干膜质，白色光亮；花被片 5，白色或粉红色，披针形；雄蕊 5，下部合生成杯状，花药紫色。胞果卵状椭圆形，盖裂，上部帽状脱落，顶端有宿存花柱，包在宿存花被片内。种子扁圆形，黑色，光亮。花期 5—8 月，果期 6—10 月。

【生境】生于坡地、路边、平原较干燥的向阳处。

【分布】全县域均有分布，多见于野生。

【采收加工】茎叶：夏季采收，鲜用或晒干。花序：开花后采收，鲜用或晒干。种子：秋季果实成熟时采割植株或摘取果穗，干燥，收集种子，除去杂质。

【性味功能】茎叶：味苦，性寒；燥湿清热，杀虫止痒，凉血止血。

花序：味苦，性凉；凉血止血，清肝渗湿，明目。

种子：味苦，性微寒；清热泻火，明目退翳。

【主治用法】茎叶：用于湿热带下，小便不利，尿浊，泄泻，阴痒，疮疥，风瘙痒，痔疮，衄血，创伤出血。内服：煎汤，10 ～ 15 g。外用：适量，捣敷；或煎汤熏洗。

花序：用于吐血，衄血，崩漏，赤痢，血淋，热淋，带下，目赤肿痛，目生翳障。内服：煎汤，15 ～ 30 g；或炖猪肉等服。外用：适量，煎水洗。

种子：用于肝热目赤，目生翳膜，视物昏花，肝火眩晕。内服：煎汤，10 ～ 15 g。

【附方】（1）茎叶：①治风湿身疼痛：青葙根 30 g，猪脚节或鸡鸭炖服。（《泉州本草》）

②治小儿小便浑浊：青葙鲜全草 15 ～ 30 g，青蛙（田鸡）1 只，水炖服。（《福建中草药》）

③治痧气：青葙全草、腐婢、仙鹤草各 15 g，水煎，早、晚饭前服。（《草药手册》）

④治皮肤风热疮疹瘙痒：青葙茎叶，煎水洗患处，洗时须避风。（《草药手册》）

⑤治妇女阴痒：青葙茎叶 90 ～ 120 g，加水煎汁，熏洗患处。（《草药手册》）

⑥治支气管炎，胃肠炎：青葙茎叶 3 ～ 10 g，水煎服。（《广西本草选编》）

⑦治痈疮疖肿：青葙鲜茎叶，捣烂外敷。（《广西本草选编》）

（2）花序：①治吐血，血崩，赤痢：红青葙花 15 g，水煎服，或与猪瘦肉服。（《江西草药》）

②治肝热泪眼：青葙干花序 15 ～ 30 g，水煎服。（《福建中草药》）

③治头风痛：青葙干花序 15 ～ 30 g，水煎服。（《福建中草药》）

④治带下：白青葙花 60 g，猪瘦肉 90 g，水煎，服汤食肉。（《江西草药》）

⑤治月经不调：a.青葙干花序 30 g，土牛膝干全草 30 g，豆腐酌量，水炖服。（《福建中草药》）b.青葙花（布包）、白蜡各 6 g，煮猪脚食。（《草药手册》）

⑥治血淋：青葙鲜花序 60 g，水煎服。（《福建中草药》）

⑦治失眠：青葙花 15 g，铁扫帚根 30 g，煮汁炖猪蹄食。（《草药手册》）

⑧治吐泻：青葙花、杏仁、樟树皮各适量，泡水服。（《草药手册》）

⑨治鼻衄：青葙花 60 g，卷柏 30 g，红糖少许，水煎服。（《江西草药》）

⑩治视网膜出血：青葙花适量，煎水洗眼。（《江西草药》）

（3）种子：①治肝火上炎所致目赤肿痛，目生翳膜，视物昏花等，可配决明子、茺蔚子、羚羊角等用，如青葙丸（《证治准绳》）；治肝虚血热之视物昏花，配生地黄、玄参、车前子，如青葙丸（《医宗金鉴》）；治肝肾亏损，目昏干涩，配菟丝子、肉苁蓉、山药等药用，如绿风还睛丸（《医宗金鉴》）。

②治肝阳化火所致头痛，眩晕，烦躁不寐，常配石决明、栀子、夏枯草等。

二十六、木兰科 Magnoliaceae

43. 玉兰 *Magnolia denudata* Desr.

【别名】辛矧、侯桃、房木、辛夷。

【基源】为木兰科木兰属植物玉兰 *Magnolia denudata* Desr. 的花蕾。

【形态特征】落叶乔木，高 6 ～ 12 m。小枝粗壮，被柔毛；叶片通常倒卵形、宽倒卵形，先端宽圆、平截或稍凹缺，常具急短尖，基部楔形，叶柄及叶下面有白色细柔毛。花被片 9 片，白色，有时外面基部红色，倒卵状长圆形。花期 2—3 月，果期 8—9 月。

【生境】生于海拔 1200 m 以下的常绿阔叶与落叶阔叶混交林中，现庭园普遍栽培。

【分布】全县域偶有分布。

【采收加工】冬末春初花未开放时采收，除去枝梗，阴干。

【性味功能】味辛，性温；发散风寒，通鼻窍。

【主治用法】用于风寒感冒，鼻塞，鼻渊。内服：煎汤，3 ～ 9 g。辛夷有毛，易刺激咽喉，入汤剂宜用纱布包煎。

44. 铁箍散 *Schisandra propinqua* var. *sinensis* Oliv.

【别名】香血藤、五香血藤、黄龙藤、蛇毒药。

【基源】为木兰科五味子属植物铁箍散 *Schisandra propinqua* var. *sinensis* Oliv. 的根及叶。

【形态特征】落叶木质藤本，全株无毛，当年生枝褐色或变灰褐色，有银白色角质层。叶坚纸质，卵形、长圆状卵形或狭长圆状卵形，长 7 ～ 11（17）cm，宽 2 ～ 3.5（5）cm，先端渐尖或长渐尖，基部圆形或阔楔形，下延至叶柄，上面干时褐色，下面带苍白色，具疏离的腺脉质齿，有时近全缘，侧脉每边 4 ～ 8 条，网脉稀疏，干时两面均凸起。花橙黄色，常单生或 2 ～ 3 朵聚生于叶腋，或 1 花梗具数花

的总状花序；花梗长 6 ～ 16 mm，约具 2 小苞片。花被片椭圆形，雄蕊较少，6 ～ 9 枚；成熟心皮亦较小，10 ～ 30 枚。种子较小，肾形，近圆形，长 4 ～ 4.5 mm，种皮灰白色，种脐狭 "V" 形，约为宽的 1/3。花期 6—8 月，果期 8—9 月。

【生境】生于沟谷、岩石山坡林中，海拔 500 ～ 2000 m。

【分布】分布于王义贞镇钱冲村银杏谷。

【采收加工】秋季挖根，洗净晒干；夏季采叶，鲜用或晒干研粉。

【性味功能】味甘、辛，性平；祛风活血，解毒消肿，止痛。

【主治用法】根：用于风湿麻木，跌打损伤，胃痛，月经不调，血栓闭塞性脉管炎。

叶：外用治疮疖，毒蛇咬伤，外伤出血。内服：3～6钱，水煎或泡酒服。外用：适量，鲜叶捣烂敷患处，或干叶研粉撒患处。

二十七、蜡梅科 Calycanthaceae

45. 蜡梅 *Chimonanthus praecox*（L.）Link

【别名】黄梅花、黄蜡梅、蜡木。

【基源】为蜡梅科蜡梅属植物蜡梅 *Chimonanthus praecox*（L.）Link 的花蕾、根、根皮。

【形态特征】落叶灌木，高约 3 m，枝条方柱形，棕褐色，皮孔突出，嫩枝被柔毛，树皮内具油细胞。叶对生，具短柄；叶片椭圆状卵形，长 5～17 cm，宽 3～6.5 cm，先端渐尖，基部圆形或阔楔形，无毛，全缘。冬季至翌年春季开花，花先于叶开放，极芳香，花密生于已落叶的枝条节上；花被多层，螺旋状排列，内层小型，紫棕色，中层大型，黄色，外层呈鳞片状；雄蕊 5～6 枚；雌蕊多数，分离，生于壶形的花托内，花托口边缘有不孕性雄蕊，子房 1 室。瘦果包藏于花托内，花托成熟后形成假果，外被绢丝状毛。种子 1 粒。

【生境】生于山坡灌丛中或溪边。多见于栽培。

【分布】全县域偶有栽培。

【采收加工】冬末春初采收花蕾；根、根皮四季均可采集；烤干或晒干备用。

【性味功能】花蕾：味辛，性凉；解暑生津，开胃散郁，止咳。

根、根皮：味辛，性温；祛风，解毒，止血。

【主治用法】花蕾：用于暑热头晕，呕吐，气郁胃闷，麻疹，百日咳。外用：浸于花生油或菜油中成"蜡梅花油"，治烫火伤，中耳炎，用时搽患处或滴注耳心。内服：煎汤，3～6 g。

根：用于风寒感冒，腰肌劳损，风湿性关节炎。内服：15 g，水煎服。

根皮：外用治刀伤出血。外用：根皮（刮去外皮）研末，敷患处。

二十八、樟科 Lauraceae

46. 樟 *Cinnamomum camphora*（L.）Presl

【别名】乌樟、香樟、小叶樟、樟树。

【基源】为樟科樟属植物樟 *Cinnamomum camphora*（L.）Presl 的叶或枝叶。

【形态特征】常绿大乔木，高可达 30 m。树皮灰黄褐色，纵裂。枝、叶及木材均有樟脑气味，枝无毛。叶互生；叶柄细，长 2～3 cm，无毛；叶片薄革质，卵形或卵状椭圆形，长 6～12 cm，宽 2.5～5.5 cm，先端急尖，基部宽楔形或近圆形，全缘，有时边缘呈微波状，上面绿色，有光泽，下面灰绿色，微有白粉，两面无毛，或下面幼时略被微柔毛，离基三出脉，侧脉及支脉脉腋在叶下面有明显腺窝，叶上面明显隆起，窝内常被柔毛。圆锥花序腋生，长 3.5～7 cm，无毛，有时节上被白色或黄褐色微柔毛。

花两性，长约 3 mm，绿白色或黄绿色；花梗长 1～2 mm，无毛；花被筒倒锥形，长约 1 mm，花被裂片椭圆形，长约 2 mm，花被外面无毛，或被微柔毛，内面密被短柔毛；能育雄蕊 9，长约 2 mm，花丝被短柔毛；退化雄蕊 3，箭头形，位于最内轮，长 1 mm，柄被短柔毛；子房球形，直径约 1 mm，无毛，花柱长约 1 mm。果实近球形或卵球形，直径 6～8 mm，紫黑色；果托杯状，长约 5 mm，先端平截，直径达 4 mm。花期 4—5 月，果期 8—11 月。

【生境】生于山坡或沟谷，常栽培于低山平原。

【分布】全县域均有栽培。

【采收加工】3 月下旬以前及 5 月上旬后含油多时采集，鲜用或晾干。

【性味功能】味辛，性温；祛风，除湿，解毒，杀虫。

【主治用法】用于风湿痹痛，胃痛，水火烫伤，疮疡肿毒，慢性下肢溃疡，疥癣，皮肤瘙痒，毒虫咬伤。内服：煎汤，3～10 g；或捣汁、研末。外用：适量，煎水洗或捣敷。

【附方】（1）治肿毒：樟树叶适量，捣烂敷患处。（《湖南药物志》）

（2）治水火烫伤：樟树茎、叶煎浓汁，洗搽伤处。（《湖南药物志》）

（3）治蜈蚣咬伤：鲜樟树枝适量，水煎两碗服。（《香港中草药》）

（4）治钩虫病：樟嫩梢 250 g，水 1000 g，煎至 250 g，次晨空腹温服。（《江西草药》）

二十九、毛茛科 Ranunculaceae

47. 白头翁 *Pulsatilla chinensis*（Bunge）Regel

【别名】野丈人、胡王使者、白头公。

【基源】为毛茛科白头翁属植物白头翁 *Pulsatilla chinensis*（Bunge）Regel 的干燥根。

【形态特征】植株高 15 ～ 35 cm。根状茎粗 0.8 ～ 1.5 cm。基生叶 4 ～ 5，通常在开花时刚刚生出，有长柄；叶片宽卵形，长 4.5 ～ 14 cm，宽 6.5 ～ 16 cm，三全裂，中全裂片有柄或近无柄，宽卵形，三深裂，中深裂片楔状倒卵形，少有狭楔形或倒梯形，全缘或有齿，侧深裂片不等二浅裂，侧全裂片无柄或近无柄，不等三深裂，表面变无毛，背面有长柔毛；叶柄长 7 ～ 15 cm，有密长柔毛。花葶 1 ～ 2，有柔毛；苞片 3，基部合生成长 3 ～ 10 mm 的筒，三深裂，深裂片线形，不分裂或上部三浅裂，背面密被长柔毛；花梗长 2.5 ～ 5.5 cm，结果时长达 23 cm；花直立；萼片蓝紫色，长圆状卵形，长 2.8 ～ 4.4 cm，宽 0.9 ～ 2 cm，背面有密柔毛；雄蕊长约为萼片之半。聚合果直径 9 ～ 12 cm；瘦果纺锤形，扁，长 3.5 ～ 4 mm，有长柔毛，宿存花柱长 3.5 ～ 6.5 cm，有向上斜展的长柔毛。4—5 月开花。

【生境】生于平原或低山山坡草地、林缘或干旱多石的坡地。

【分布】分布于赵棚镇、孛畈镇、雷公镇。

【采收加工】春、秋季采挖，除去茎叶、泥沙，保留根头部白色茸毛，干燥。

【性味功能】味苦，性寒；清热解毒，凉血止痢。

【主治用法】用于热毒血痢，疮痈肿毒。内服：煎汤，9 ～ 15 g（鲜品 15 ～ 30 g）。外用：适量，捣敷患处。

48. 茴茴蒜 *Ranunculus chinensis* Bunge

【别名】水胡椒、蝎虎草、黄花草、土细辛、鹅巴掌。

【基源】为毛茛科毛茛属植物茴茴蒜 *Ranunculus chinensis* Bunge 的全草。

【形态特征】一年生草本植物。须根多数簇生。茎直立粗壮，高可达 70 cm，分枝多，与叶柄均密生开展的淡黄色糙毛。叶片宽卵形至三角形，裂片倒披针状楔形，顶端尖，两面伏生糙毛，侧生小叶柄较短，生开展的糙毛。花序有较多疏生的花，花梗贴生糙毛；萼片狭卵形，花瓣宽卵圆形，与萼片近等长或稍长，黄色或上面白色，花托在果期显著伸长，圆柱形。聚合果长圆形，瘦果扁平。花果期 5—9 月。

【生境】生于海拔 700 ～ 2500 m 的平原与丘陵、溪边、田旁的水湿草地。

【分布】分布于孛畈镇。

【采收加工】夏季采收，鲜用或晒干。

【性味功能】味辛，性温；消炎，止痛，截疟，杀虫。

【主治用法】用于肝炎，肝硬化，疟疾，胃炎，溃疡，哮喘，疮癣，牛皮癣，风湿关节痛，腰痛等。内服需久煎，外用可用鲜草捣汁或煎水洗。内服：煎汤，3 ～ 9 g。

49. 石龙芮 *Ranunculus sceleratus* L.

【别名】清香草、水堇。

【基源】为毛茛科毛茛属植物石龙芮 *Ranunculus sceleratus* L. 的全草。

【形态特征】一年生或二年生草本，高 10 ～ 50 cm。须根簇生。茎直立，上部多分枝，无毛或疏生柔毛。基生叶有长柄，长 3 ～ 15 cm；叶片轮廓肾状圆形，长 1 ～ 4 cm，宽 1.5 ～ 5 cm，基部心形，3 深裂，有时裂达基部，中央深裂片菱状倒卵形或倒卵状楔形，3 浅裂，全缘或有疏圆齿；侧生裂片不等 2 ～ 3 裂，无毛；茎下部叶与基生叶相同，上部叶较小，3 全裂，裂片披针形或线形，无毛，基部扩大成膜质宽鞘，

抱茎。聚伞花序有多数花；花两性，小，直径 4 ～ 8 mm，花梗长 1 ～ 2 cm，无毛；萼片 5，椭圆形，长 2 ～ 3.5 mm，外面有短柔毛；花瓣 5，倒卵形，长 1.5 ～ 3 mm，淡黄色，基部有短爪，蜜槽呈棱状袋穴；雄蕊多数，花药卵形，长约 0.2 mm；花托在果期伸长增大，呈圆柱形，长 3 ～ 10 mm，粗 1 ～ 3 mm，有短柔毛；心皮多数，花柱短。瘦果极多，近百枚，紧密排列在花托上，倒卵形，稍扁，长 1 ～ 1.2 mm，无毛，喙长 0.1 ～ 0.2 mm。花期 4—6 月，果期 5—8 月。

【生境】生于河沟边及平原湿地。

【分布】全县域均有分布。

【采收加工】夏季采收，洗净，晒干或鲜用。

【性味功能】味苦、辛，性平；消肿，拔毒散结，截疟。

【主治用法】用于淋巴结结核，疟疾，痈肿，蛇咬伤，慢性下肢溃疡。外用：适量，捣敷或煎膏涂患处及穴位。内服：煎汤，干品 3～9 g；或炒研为散服，每次 1～1.5 g。

50. 牡丹 *Paeonia suffruticosa* Andr.

【别名】丹皮。

【基源】为毛茛科芍药属植物牡丹 *Paeonia suffruticosa* Andr. 的干燥根皮。

【形态特征】落叶小灌木，高 1～2 m。根粗。茎直立，枝粗壮，树皮黑色。叶柄长 5～11 cm，无毛；叶通常为二回三出复叶，羽状复叶，近枝顶的叶为二小叶，顶生小叶常深 3 裂，长 7～8 cm，宽 5.5～7 cm。裂片 2～3 浅裂或不裂，上面绿色，无毛，下面淡绿色，有时被白粉，沿叶脉疏被短柔毛或近无毛，小叶柄长 1.2～3 cm；侧生小叶狭卵形或长圆状卵形，长 4.5～6.5 cm，宽 2.5～4 cm，2～3 浅裂或不裂，近无柄。花两性，单生于枝顶，直径 10～20 cm；花梗长 4～6 cm；苞片 5，长椭圆形，大小不等；萼片 5，宽卵形，大

小不等，绿色，宿存；花瓣 5，或为重瓣，倒卵形，长 5～8 cm，宽 4.2～6 cm，先端呈不规则的波状，紫色、红色、粉红色、玫瑰色、黄色、豆绿色或白色，变异很大；雄蕊多数长 1～1.7 cm，花丝亦具紫红等色，花药黄色；花盘杯状，革质，顶端有数个锐齿或裂片，完全包住心皮，在心皮成熟时裂开；心皮 5，稀更多，离生，绿色，密被毛。蓇葖长圆形，腹缝线开裂，被黄褐色硬毛。花期 4—5 月，果期 6—7 月。

【生境】生于疏松、深厚、肥沃、排水良好的中性沙壤土中。

【分布】王义贞镇有栽培。

【采收加工】9 月下旬至 10 月上旬地上部分枯萎时将根挖起，除去泥土、须根，趁鲜抽出木心，晒干，称"原丹皮"。刮去丹皮后，去除木心者，称"刮丹皮"。

【性味功能】味苦、辛，性微寒；清热凉血，活血化瘀。

【主治用法】用于温毒发斑，血热吐衄，温病伤阴，阴虚发热，夜热早凉，无汗骨蒸，血滞经闭及痛经，跌打伤痛，痈肿疮毒。内服：煎汤，6～9 g；或入丸、散。

51. 毛蕊铁线莲 *Clematis lasiandra* Maxim.

【别名】小木通。

【基源】为毛茛科铁线莲属植物毛蕊铁线莲 *Clematis lasiandra* Maxim. 的茎藤和根。

【形态特征】草质藤本。当年生枝条具开展的柔毛，叶对生，一至二回三出复叶；叶柄长3～6 cm，无毛，基部膨大隆起；小叶片卵状披针形或窄卵形，长3～6 cm，宽1.5～2.5 cm，先端渐尖，基部阔楔形或圆形，常偏斜，边缘有锯齿，上面被稀疏紧贴的柔毛，或两面无毛，叶脉在下面隆起；小叶柄短，或长达8 mm。聚伞花序腋生，常有1～3朵花，在花序分枝处有1对叶状苞片，花梗长1.5～2.5 cm，幼时

被柔毛，以后脱落；花两性，萼片4，长圆形或长方椭圆形，长1～1.5 cm，宽5～8 mm，粉红色或紫红色，钟状直立，先端反卷，直径约2 cm，两面无毛，边缘和反卷的先端被毛；花瓣无；雄蕊多数，稍短于萼片，花丝线形，外面及两侧被紧贴的柔毛，长超过花药，内面无毛，花药长方椭圆形，药隔外面被毛；心皮多数，比雄蕊短，被绢状毛。瘦果卵形，长约3 mm，被疏短柔毛，宿存花柱羽毛状，长2～3.5 cm。花期10月，果期11—12月。

【生境】生于沟边、山坡荒地及灌丛中。

【分布】分布于王义贞镇钱冲村银杏谷。

【采收加工】秋季采收，切段，晒干或鲜用。

【性味功能】味甘、淡、辛，性寒；舒筋活络，清热利尿。

【主治用法】用于风湿关节痛，跌打损伤，水肿，热淋，小便不利，痈疡肿毒。内服：煎汤，15～30 g。外用：适量，煎汤熏洗；或捣烂塞鼻。

【附方】（1）治筋骨疼痛，四肢麻木：毛蕊铁线莲藤15 g，大血藤15 g，熊柳60 g，木防己15 g，石蕨30 g，水煎服。（《湖南药物志》）

（2）治腹胀：毛蕊铁线莲根30 g，石菖蒲15 g，陈皮15 g，仙鹤草15 g，水煎服。（《湖南药物志》）

（3）治无名肿毒：毛蕊铁线莲全草适量，煎水洗患处。（《湖南药物志》）

（4）治眼起星翳：毛蕊铁线莲鲜根捣烂塞鼻孔，左目塞右，右目塞左。（《湖南药物志》）

52. 威灵仙 *Clematis chinensis* Osbeck

【别名】能消、铁脚威灵仙、灵仙。

【基源】为毛茛科铁线莲属植物威灵仙 *Clematis chinensis* Osbeck 的干燥根和根茎。

【形态特征】木质藤本，长3～10 m。干后全株变黑色。茎近无毛。叶对生；叶柄长4.5～6.5 cm；一回羽状复叶，小叶5，有时3或7；小叶片纸质，窄卵形、卵形、卵状披针形或线状披针形，长1.5～10 cm，宽1～7 cm，先端锐尖或渐尖，基部圆形、宽楔形或浅心形，全缘，两面近无毛，或下面疏生短柔毛。圆锥状聚伞花序，多花，腋生或顶生；花两性，直径1～2 cm；萼片4，长圆形或圆状倒卵形，长0.5～1.5 cm，宽1.5～3 mm，开展，白色，先端常突尖，外面边缘密生茸毛，或中间有短柔毛；花瓣无；

雄蕊多数，不等长，无毛；心皮多数，有柔毛。瘦果扁，卵形，长 3 ～ 7 mm，疏生紧贴的柔毛，宿存花柱羽毛状，长达 2 ～ 5 cm。花期 6—9 月，果期 8—11 月。

【生境】生于海拔 80 ～ 150 m 的山坡、山谷灌丛中或沟边路旁草丛中。

【分布】全县域均有分布。

【采收加工】9—11 月挖出，晒干，或切成段后晒干。

【性味功能】味辛、咸，性温；祛风湿，通络止痛，消骨鲠。

【主治用法】用于风湿痹证，骨鲠在喉，跌打伤痛，头痛，牙痛，胃脘痛，痰饮，噎膈，妇女癥瘕积块，乳房肿块等。内服：煎汤，6 ～ 9 g，治骨鲠在喉可用到 30 g；或入丸、散，或浸酒。外用：捣敷；或煎水熏洗，或作发泡剂。

三十、木通科 Lardizabalaceae

53. 木通 *Akebia quinata*（Houtt.）Decne.

【别名】通草、附支、丁翁。

【基源】为木通科木通属植物木通 *Akebia quinata*（Houtt.）Decne. 的干燥藤茎。

【形态特征】落叶木质缠绕藤本，长 3 ～ 15 cm。全株无毛。幼枝灰绿色，有纵纹。掌状复叶，簇生于短枝顶端；叶柄细长；小叶片 5，倒卵形或椭圆形，长 3 ～ 6 cm，先端圆常微凹至具一细短尖，基部圆形或楔形，全缘。短总状花序腋生，花单性，雌雄同株；花序基部着生 1 ～ 2 朵雌花，上部着生密而较细的雄花；花被 3 片；雄花具雄蕊 6 枚；雌花较雄花大，有离生雌蕊 2 ～ 13 枚。果肉质，浆果状，长椭圆形，

或略呈肾形，两端圆，长约 8 cm，直径 2～3 cm，熟后紫色，柔软，沿腹缝线开裂。种子多数，长卵形而稍扁，黑色或黑褐色。花期 4—5 月，果熟期 8 月。

【生境】生于山坡、山沟、溪旁等处的乔木与灌木林中。

【分布】分布于王义贞镇、孛畈镇。

【采收加工】秋、冬季采收，截取茎枝，干燥。

【性味功能】味苦，性寒；利尿通淋，清心除烦，通经下乳。

【主治用法】用于热淋涩痛，水肿，口舌生疮，心烦尿赤，经闭乳少，喉痹咽痛，湿热痹痛等。内服：煎汤，3～6 g；或入丸、散。

54. 三叶木通 *Akebia trifoliata*（Thunb.）Koidz.

【别名】通草、附支、丁翁。

【基源】为木通科木通属植物三叶木通 *Akebia trifoliata*（Thunb.）Koidz. 的干燥藤茎。

【形态特征】落叶木质藤本。茎皮灰褐色，有稀疏的皮孔及小疣点。掌状复叶互生或在短枝上的簇生；叶柄直，长 7～11 cm；小叶 3 片，纸质或薄革质，卵形至阔卵形，长 4～7.5 cm，宽 2～6 cm，先端通常钝或略凹入，具小突尖，基部截平或圆形，边缘具波状齿或浅裂，上面深绿色，下面浅绿色；侧脉每边 5～6 条，与网脉同在两面略凸起；中央小叶柄长 2～4 cm，侧生小叶柄长 6～12 mm。总状花序自短枝上簇生叶中抽出，下部有 1～2 朵雌花，以上有 15～30 朵雄花，长 6～16 cm；总花梗纤细，长约 5 cm。雄花：花梗丝状，长 2～5 mm；萼片 3，淡紫色，阔椭圆形或椭圆形，长 2.5～3 mm；雄蕊 6，离生，排列为杯状，花丝极短，药室在开花时内弯；退化心皮 3，长圆状锥形。雌花：花梗稍较雄花的粗，长 1.5～3 cm；萼片 3，紫褐色，近圆形，长 10～12 mm，宽约 10 mm，先端圆而略凹入，开花时广展反折；退化雄蕊 6 枚或更多，小，长圆形，无花丝；心皮 3～9 枚，离生，圆柱形，

直，长（3）4～6 mm，柱头头状，具乳突，橙黄色。果长圆形，长 6～8 cm，直径 2～4 cm，直或稍弯，成熟时灰白色略带淡紫色；种子极多数，扁卵形，长 5～7 mm，宽 4～5 mm，种皮红褐色或黑褐色，稍有光泽。花期 4—5 月，果期 7—8 月。

【生境】生于山坡、山沟、溪旁等处的乔木与灌木林中。

【分布】分布于雷公镇、孛畈镇、洑水镇。

【采收加工】秋、冬季采收，截取茎枝，干燥。

【性味功能】味苦，性寒；利尿通淋，清心除烦，通经下乳。

【主治用法】用于热淋涩痛，水肿，口舌生疮，心烦尿赤，经闭乳少，喉痹咽痛，湿热痹痛等。内服：煎汤，3～6 g；或入丸、散。

三十一、防己科 Menispermaceae

55. 木防己 *Cocculus orbiculatus*（L.）DC.

【别名】清风藤、睢鼓藤、白金丝蛇、大肠藤。

【基源】为防己科木防己属植物木防己 *Cocculus orbiculatus*（L.）DC. 的根。

【形态特征】木质藤本；小枝被茸毛至疏柔毛，或有时近无毛，有条纹。叶片纸质至近革质，形状变异极大，自线状披针形至阔卵状近圆形、狭椭圆形至近圆形、倒披针形至倒心形，有时卵状心形，顶端短尖或钝而有小突尖，有时微缺或 2 裂，边全缘或 3 裂，有时掌状 5 裂，长通常 3～8 cm，很少超过 10 cm，宽不等，两面被密柔毛至疏柔毛，有时除下面中脉外两面近无毛；掌状脉 3 条，很少 5 条，在下面微凸起；叶柄长 1～3 cm，很少超过 5 cm，被稍密的白色柔毛。聚伞花序少花，腋生，或排成多花，狭窄聚伞圆锥花序，顶生或腋生，长可达 10 cm 或更长，被柔毛。雄花：小苞片 2 或 1，长约 0.5 mm，紧贴花萼，被柔毛；萼片 6，外轮卵形或椭圆状卵形，长 1～1.8 mm，内轮阔椭圆形至近圆形，有时阔倒卵形，长达 2.5 mm 或稍过之；花瓣 6，长 1～2 mm，下部边缘内折，抱着花丝，顶端 2 裂，裂片叉开，渐尖或短尖；雄蕊 6，比花瓣短。雌花：萼片和花瓣与雄花相同；退化雄蕊 6，微小；心皮 6，无毛。核果近球形，红色至紫红色，直径通常 7～8 mm；果核骨质，直径 5～6 mm，背部有小横肋状雕纹。

【生境】生于山坡、灌丛、林缘、路边或疏林中。

【分布】全县域均有分布。

【采收加工】春、秋季采挖，以秋季采收质量较好，挖取根部，除去茎、叶、芦头，洗净，晒干。

【性味功能】味苦、辛，性寒；祛风除湿，通经活络，解毒消肿。

【主治用法】用于风湿痹痛，水肿，小便淋痛，经闭，跌打损伤，咽喉肿痛，疮疡肿毒，湿疹，毒蛇咬伤。内服：煎汤，5～10 g。外用：适量，煎水熏洗；捣敷；或磨浓汁涂敷。

【附方】（1）治产后风湿关节痛：木防己 30 g，福建胡颓子根 15 g，酌加酒，水煎服。（《福建药物志》）

（2）治风湿痛，肋间神经痛：木防己、牛膝各 15 g，水煎服。（《浙江药用植物志》）

（3）治水肿：木防己、黄芪、茯苓各 9 g，桂枝 6 g，甘草 3 g，水煎服。（《全国中草药汇编》）

（4）治肾炎水肿，尿路感染：木防己 9～15 g，车前子 30 g，水煎服。（《浙江药用植物志》）

（5）治肾病水肿及心源性水肿：木防己 21 g，车前草 30 g，薏米 30 g，瞿麦 15 g，水煎服。（《青岛中草药手册》）

56. 千金藤 *Stephania japonica*（Thunb.）Miers

【别名】金线吊乌龟、公老鼠藤。

【基源】为防己科千金藤属植物千金藤 *Stephania japonica*（Thunb.）Miers 的根或茎叶。

【形态特征】多年生落叶藤本，长可达 5 m。全株无毛。根圆柱状，外皮暗褐色，内面黄白色。老茎木质化，小枝纤细，有直条纹。叶互生；叶柄长 5～10 cm，盾状着生；叶片阔卵形或卵圆形，长 4～8 cm，宽 3～7 cm，先端钝或微缺，基部近圆形或近平截，全缘，上面绿色，有光泽，下面粉白色，两面无毛，掌状脉 7～9 条。花小，单性，雌雄异株；雄株为复伞形聚伞花序，总花序梗通常短于叶柄，小聚伞花序近无

梗，团集于假伞梗的末端，假伞梗挺直。雄花：萼片 6～8，排成 2 轮，卵形或倒卵形；花瓣 3～4；雄蕊 6，花丝合生成柱状。雌株也为复伞形聚伞花序，总花序梗通常短于叶柄，小聚伞花序和花均近无梗，紧密团集于假伞梗的顶端。雌花：萼片 3～4；花瓣 3～4；子房卵形，花柱 3～6 深裂，外弯。核果近球形，红色，直径约 6 mm，内果皮背部有 2 行高耸的小横肋状雕纹，每行通常 10 颗，胎座迹通常不穿孔。花期 6—7 月，果期 8—9 月。

【生境】生于山坡路边、沟边、草丛或山地丘陵灌丛中。

【分布】全县域均有分布。

【采收加工】7—8 月采收茎叶，晒干；9—10 月挖根，洗净，晒干。

【性味功能】味苦、辛，性寒；清热解毒，祛风止痛，利水消肿。

【主治用法】用于咽喉肿痛，痈肿疮疖，毒蛇咬伤，风湿痹痛，胃痛，脚气水肿。内服：煎汤，9～15 g；研末，每次 1～1.5 g，每日 2～3 次。外用：适量，研末撒或鲜品捣敷。

【附方】（1）治风湿性关节炎：千金藤根 15 g，水煎服，每日 1 剂，连服 7 天；然后，取根 30 g，

加白酒 500 mL，浸 7 天，每晚睡前服 1 小杯。（《浙江民间常用草药》）

（2）治痢疾，咽喉肿痛：千金藤根 15 g，水煎服。（《浙江民间常用草药》）

（3）治疟疾：千金藤根 15～30 g，水煎服。（《湖南药物志》）

（4）治胃痛：千金藤研为细末，1.5～3 g，开水吞服。（《湖北中草药》）

（5）治鹤膝风：千金藤 120 g，韭菜根 60 g，葱 3 根，大蒜头 1 个。先将千金藤研末，加后三味捣烂，用蜂蜜调均匀敷患处，逐渐发泡流水，再用消毒纱布覆盖，让其自愈。（《湖北中草药》）

三十二、睡莲科 Nymphaeaceae

57. 莲 *Nelumbo nucifera* Gaertn.

【别名】荷花、芙蓉。

【基源】为睡莲科莲属植物莲 *Nelumbo nucifera* Gaertn. 的花托、种子、种皮、花、莲须、花蕾、根节。

【形态特征】多年生水生草本。根茎横生，肥厚，节间膨大，内有多数纵行通气孔洞，外生须状不定根。节上生叶，露出于水面；叶柄着生于叶背中央，粗壮，圆柱形，多刺；叶片圆形，直径 25～90 cm，全缘或稍呈波状，上面粉绿色，下面叶脉从中央射出，有 1～2 次叉状分枝。花单生于花梗顶端，花梗与叶柄等长或稍长，也散生小刺；花直径 10～20 cm，芳香，红色、粉红色或白色；花瓣椭圆形或倒卵形，长5～10 cm，宽 3～5 cm；雄蕊多数，花药条形，花丝细长，着生于花托之下；心皮多数，埋藏于膨大的花托内，子房椭圆形，花柱极短。花后结"莲蓬"，倒锥形，直径 5～10 cm，有小孔 20～30 个，每孔内含果实 1 枚。坚果椭圆形或卵形，长 1.5～2.5 cm，果皮革质，坚硬，熟时黑褐色。种子卵形或椭圆形，长 1.2～1.7 cm，种皮红色或白色。花期 6—8 月，果期 8—10 月。

【生境】生于池塘、湖沼或水田内，野生或栽培。

【分布】全县域均有分布。

【采收加工】花托：秋季果实成熟时，割下莲蓬，除去果实（莲子）及梗，晒干。

种子：9—10 月果实成熟时，剪下莲蓬，剥出果实，趁鲜用快刀划开，剥皮，晒干。

种皮：9—10 月果实成熟时取种子，剥皮，晒干。

花：夏季采收，洗净，除去杂质，晒干。

莲须：夏季花开时选晴天采收，盖纸晒干或阴干。

花蕾：6—7月采收含苞未放的大花蕾或开放的花，阴干。

根节：秋、冬季或初春挖取根茎（藕），洗净泥土，切下节部，除去须根，晒干。

【性味功能】花托：味苦、涩，性平；散瘀止血。

种子：味甘、涩，性平；固精止带，补脾止泻，益肾养心。

种皮：味涩、微苦，性平；收涩止血。

花：味甘、苦，性平；消暑，解酒，定惊。

莲须：味甘、涩，性平；清心益肾，涩精止血。

花蕾：味苦、甘，性平；散瘀止血，祛湿消风。

根节：味甘、涩，性平；收敛止血。

【主治用法】花托：用于崩漏，月经过多，便血，尿血。内服：煎汤，5～10 g；或研末。外用：适量，研末敷患处或煎汤熏洗。

种子：用于脾虚久泻，食欲不振，肾气不足，精关不固之遗精滑精或心肾不交之小便白浊，梦遗滑精，脾虚失运，水湿下注之带下证以及心肾不交，虚烦失眠。内服：煎汤，6～15 g；或入丸、散。

种皮：用于吐血，衄血，下血。内服：煎汤，1～2 g。

花：用于中暑，醉酒烦渴，小儿惊风。内服：研末，2.5～5 g；或煎汤。外用：捣敷。

莲须：用于遗精，尿频，遗尿，带下，吐血，崩漏。内服：煎汤，1.5～5 g。

花蕾：用于损伤呕血，血淋，崩漏下血，天疱湿疮，疥疮瘙痒。内服：研末，1～1.5 g；煎汤，6～9 g。外用：适量，鲜者贴敷患处。

根节：用于吐血，咯血，衄血。内服：煎汤，10～30 g；鲜用捣汁，可用60 g左右取汁冲服；或入散剂。

【附方】（1）花托：①治诸窍出血：隔年莲蓬、败棕榈、头发。上药烧灰存性，等份，为末。每服二钱，煎南木香汤调下。（《仁斋直指方论》黑散子）

②治血崩不止，不拘冷热：莲蓬壳、荆芥穗各等份。各烧灰存性，研末。每服二钱，米汤调服。（《太平圣惠方》）

③治崩中血凝注：用干莲蓬、棕榈皮及毛各烧灰一两，香附子三钱炒，为末。每服三四钱，空心，米饮调下。（《卫生易简方》）

④治妇人经水重来：莲房、人发、棕榈、柏叶（各烧灰存性）、黄芩各等份，研末。每服二钱，米饮汤下，一日一服。（《胎产新书》五灵丹）

⑤治小便血淋：莲房（烧存性，为末）入麝香少许。每服二钱半，米饮调下，日二。（《本草纲目》）

⑥治红白淋带：莲蓬三十个，连根子取来。将十根连壳，用水五碗，煎三碗服之。不止，再服一剂；连服三剂，即除根。（《串雅内编》）

（2）种子：①治肾虚精关不固之遗精、滑精，常与芡实、龙骨等同用，如金锁固精丸（《医方集解》）。

②治脾虚久泻，食欲不振者，常与党参、茯苓、白术等同用，如参苓白术散（《太平惠民和剂局方》）。

（3）花：治小儿急慢惊风，用（睡莲花）七朵或十四朵，煎汤服。（《本草纲目拾遗》）

（4）莲须：治肾虚遗精滑泄，耳鸣，莲须可与沙苑、蒺藜、龙骨、牡蛎等同用，以补肾涩精，如金锁固精丸（《医方集解》）。

（5）花蕾：①治坠损呕血，坠跌积血，心胃呕血不止：干荷花，为末。每酒服方寸匕。（《医方摘要》）

②治天疱湿疮：荷花贴之。（《简便单方》）

（6）根节：①治咯血，可与阿胶、白及、枇杷叶等同用，如白及枇杷丸（《证治准绳》）。

②治血淋，尿血，常配小蓟、通草、滑石等同用，如小蓟饮子（《重订严氏济生方》）。

58. 芡实 *Euryale ferox* Salisb.

【别名】卵菱、鸡头实、雁喙实。

【基源】为睡莲科芡属植物芡实 *Euryale ferox* Salisb. 的成熟种子、叶、根、花茎。

【形态特征】一年生大型水生草本。全株具尖刺。根茎粗壮而短，具白色须根及不明显的茎。初生叶沉水，箭形或椭圆肾形，长 4～10 cm，两面无刺；叶柄无刺；后生叶浮于水面，革质，椭圆肾形至圆形，直径 10～130 cm，上面深绿色，多皱褶，下面深紫色，有短柔毛，叶脉凸起，边缘向上折。叶柄及花梗粗壮，长可达 25 cm。花单生，昼开夜合，长约 5 cm；萼片 4，披针形，长 1～1.5 cm，内面紫色；花瓣

多数，长圆状披针形，长 1.5～2 cm，紫红色，成数轮排列；雄蕊多数；子房下位，心皮 8 个，柱头红色，成凹入的圆盘状，扁平。浆果球形，直径 3～5 cm，海绵质，暗紫红色。种子球形，直径约 10 mm，黑色。花期 7—8 月，果期 8—9 月。

【生境】生于池塘、湖沼及水田中。

【分布】分布于棠棣镇、木梓乡。

【采收加工】种子：在 9—10 月分批采收，先用镰刀割去叶片，然后再收获果实。叶：6 月采集，晒干。根：9—10 月采收，洗净，晒干。花茎：6—8 月采集，晒干。

【性味功能】种子：味甘、涩，性平；益肾固精，健脾止泻，除湿止带。

叶：味苦、辛，性平；行气活血，祛瘀止血。

根：味咸、甘，性平；散结止痛，止带。

花茎：味咸、甘，性平；清虚热，生津液。

【主治用法】种子：用于肾气不固之腰膝酸软，遗精滑精，肾元不固之小便不禁或小儿遗尿，脾虚纳少，肠鸣便溏，或湿盛下注，久泻久痢，带下等。内服：煎汤，15～30 g；或入丸、散，亦可适量煮粥食。

叶：用于吐血，便血，妇女产后胞衣不下。内服：煎汤，9～15 g；或烧存性研末，冲服。

根：用于疝气疼痛，带下，无名肿毒。内服：煎汤，30～60 g；或煮食。外用：适量，捣敷。

花茎：用于虚热烦渴，口干咽燥。内服：煎汤，15～30 g。

【附方】（1）治无名肿毒：芡实根捣烂，敷患处。（《湖南药物志》）

（2）治带下，并治脾肾虚弱，白浊诸证：芡实根 250 g，炖鸡服。（《重庆草药》）

（3）治麻疹不透：芡实干根 15 ～ 18 g（鲜根 30 g），荔枝壳 6 ～ 7 个，水煎服。忌食葱、韭、大蒜。（《草药手册》）

（4）治难产：芡实鲜根 30 g，水煎，加白蜜、麻油、鸡蛋清各 1 匙，趁热服。（《草药手册》）

三十三、三白草科 Saururaceae

59. 蕺菜 *Houttuynia cordata* Thunb.

【别名】岑草、蕺、蒩菜。

【基源】鱼腥草（中药名）。为三白草科蕺菜属植物蕺菜 *Houttuynia cordata* Thunb. 的干燥地上部分。

【形态特征】腥臭草本，高 15 ～ 50 cm，有腥臭气。茎下部伏地，生根，上部直立。叶互生，心形或阔卵形，长 3 ～ 8 cm，宽 4 ～ 6 cm，先端渐尖，全缘，有细腺点，脉上被柔毛，下面紫红色；叶柄长 3 ～ 5 cm；托叶条形，下半部与叶柄合生成鞘状。穗状花序生于茎顶，与叶对生，基部有白色花瓣状苞片 4 枚；花小，无花被，有一线状小苞；雄蕊 3，花丝下部与子房合生；心皮 3，下部合生。蒴果卵圆形，顶端开裂。花期 5—8 月，果期 7—10 月。

【生境】生于山地、沟边、塘边、田埂或林下湿地。

【分布】分布于孛畈镇。

【采收加工】夏季生长茂盛、花穗多时采割，除去杂质，干燥或鲜用。

【性味功能】味辛，性微寒；清热解毒，消痈排脓，利尿通淋。

【主治用法】用于肺痈吐脓，肺热咳嗽，热毒疮痈，湿热淋证，湿热泄泻。内服：煎汤，15 ～ 25 g，鲜品用量加倍，水煎或捣汁服。外用：适量，捣敷或煎汤熏洗患处。

三十四、马兜铃科 Aristolochiaceae

60. 马兜铃 *Aristolochia debilis* Sieb. et Zucc.

【别名】都淋藤、三百两银、兜铃苗。

【基源】为马兜铃科马兜铃属植物马兜铃 *Aristolochia debilis* Sieb. et Zucc. 的干燥地上部分。

【形态特征】草质藤本。根圆柱形。茎柔弱，无毛。叶互生；叶柄长 1～2 cm，柔弱；叶片卵状三

角形、长圆状卵形或戟形，长 3～6 cm，基部宽 1.5～3.5 cm，先端钝圆或短渐尖，基部心形，两侧裂片圆形，下垂或稍扩展；基出脉 5～7 条，各级叶脉在两面均明显。花单生或 2 朵聚生于叶腋；花梗长 1～1.5 cm；小苞片三角形，易脱落；花被长 3～5.5 cm，基部膨大成球形，向上收狭成一长管，管口扩大成漏斗状，黄绿色，口部有紫斑，内面有腺体状毛；檐部一侧极短，另一侧渐延伸成舌片；舌片卵状披针形，顶端钝；花药贴生于合蕊柱近基部；子房圆柱形，具 6 棱；合蕊柱先端 6 裂，稍具乳头状突起，裂片先端钝，向下延伸形成波状圆环。蒴果近球形，先端圆形而微凹，具 6 棱，成熟时由基部向上沿室间 6 瓣开裂；果梗长 2.5～5 cm，常撕裂成 6 条。种子扁平，钝三角形，边缘具白色膜质宽翅。花期 7—8 月，果期 9—10 月。

【生境】生于山谷、沟边阴湿处或山坡灌丛中。

【分布】字畈镇偶见。

【采收加工】秋季采割，除去杂质，晒干；或闷润，切段，晒干，生用。

【性味功能】味苦，性温；理气，祛湿，活血止痛。

【主治用法】用于胃脘痛，疝气痛，产后腹痛，妊娠水肿，风湿痹痛，癥瘕积聚。内服：煎汤，4.5～9 g。

61. 寻骨风 *Aristolochia mollissima* Hance

【别名】清骨风、猫耳朵、地丁香。

【基源】为马兜铃科马兜铃属植物寻骨风 *Aristolochia mollissima* Hance 的地上部分。

【形态特征】多年生草质藤本。根茎

细长，圆柱形。嫩枝密被灰白色长绵毛。叶互生；叶柄长 2～5 cm，密被白色长绵毛。叶片卵形、卵状心形，长 3.5～10 cm，宽 2.5～8 cm，先端钝圆至短尖，基部心形，两侧裂片广展，弯缺深 1～2 cm，边全缘，上面被糙伏毛，下面密被灰色或白色长绵毛，基出脉 5～7 条。花单生于叶腋；花梗直立或近顶端向下弯；小苞片卵形或长卵形，两面被毛；花被管中部急剧弯曲，

弯曲处至檐部较下部短而狭，外面密生白色长绵毛；檐部盘状，圆形，浅黄色，并有紫色网纹，外面密生白色长绵毛，边缘浅3裂，裂片先端短尖或钝；喉部近圆形，稍呈领状突起，紫色；花药成对贴生于合蕊柱近基部；子房圆柱形，密被白色长绵毛；合蕊柱裂片先端钝圆，边缘向下延伸，并具乳头状突起。蒴果长圆状或椭圆状倒卵形，具6条呈波状或扭曲的棱或翅，成熟时自先端向下6瓣开裂。种子卵状三角形。花期4—6月，果期8—10月。

【生境】生于低山草丛、山坡灌丛及路旁。

【分布】全县域均有分布。

【采收加工】夏、秋季或5月开花前连根挖出，洗净，切段，晒干。

【性味功能】味辛、苦，性平；祛风通络，止痛。

【主治用法】用于风湿痹痛，胃痛，睾丸肿痛，跌打伤痛。内服：煎汤，10～15 g。外用：适量，捣敷。

三十五、山茶科 Theaceae

62. 油茶 *Camellia oleifera* Abel

【别名】油茶树、茶子树。

【基源】为山茶科山茶属植物油茶 *Camellia oleifera* Abel 的种子、叶、花、根。

【形态特征】常绿灌木或小乔木，高3～4 m，树皮淡黄褐色，平滑不裂；小枝微被短柔毛。单叶互生；叶柄有毛；叶片厚革质，卵状椭圆形或卵形，先端钝尖，基部楔形，边缘具细锯齿，上面亮绿色，无毛或中脉有硬毛，下面中脉基部有毛或无毛，侧脉不明显。花两性，1～3朵生于枝顶或叶腋，无梗；萼片通常5，近圆形，外被绢毛；花瓣白色，分离，倒卵形至披针形，先端常有凹缺，外面有毛；雄蕊多数，外轮花丝仅基部连合；子房上位，密被白色丝状茸毛，花柱先端3浅裂。果近球形，果皮厚，木质，室背2～3裂。种子背圆腹扁。花期10—11月，果期次年10月。

【生境】多见于栽培。

【分布】王义贞镇、雷公镇、孛畈镇、接官乡有栽培。

【采收加工】油茶子：9—10月果实成熟时采收。油茶叶：全年均可采收，鲜用或晒干。油茶花：11—12月采收。油茶根：全年均可采收，鲜用或晒干。

【性味功能】油茶子：味甘、苦，性温；润燥，滑肠，杀虫。

油茶叶：味微苦，性平；收敛止血，解毒。

油茶花：味苦，性微寒；凉血止血。

油茶根：味苦，性平；清热解毒，理气止痛，活血消肿。

【主治用法】油茶子：用于大便秘结，蛔虫病，钩虫病，疥癣。内服：煎汤，6～10 g；或入丸、散。外用：煎水洗或研末调涂。

油茶叶：用于鼻衄，皮肤溃烂瘙痒，疮疸。内服：煎汤，15～30 g。外用：煎汤洗，或鲜品捣敷。

油茶花：用于吐血，咯血，衄血，便血，子宫出血，水火烫伤。内服：煎汤，3～10 g。外用：研末，麻油调敷。

油茶根：用于咽喉肿痛，胃痛，牙痛，跌打肿痛，水火烫伤。内服：煎汤，15～30 g。外用：研末或烧灰研末，调敷。

【附方】（1）油茶子：①治食滞腹泻：油茶子心 9 g，浓煎服。（《陆川本草》）

②治大便秘结：油茶子 10 g，火麻仁 12 g，共捣烂，水煎兑蜂蜜服。（《四川中药志》）

③驱钩虫：油茶子 10～15 g，研末，吞服。（《四川中药志》）

④治皮肤瘙痒，水火烫伤：油茶子心 10～15 g，煎汤内服，或研末调敷。（《常见抗癌中草药》）

⑤治小儿阴茎红肿：油茶子、鸡屎藤、辣蓼各适量，煎水洗患处。（《岭南草药志》）

（2）油茶叶：①治鼻衄：油茶叶、冰糖各 30 g，水煎服。（《福建药物志》）

②治嘴角疸：油茶叶、桃树叶、黄糖各适量，捣烂敷患处。（《岭南草药志》）

（3）油茶根：①治白喉，急性咽喉炎：油茶根、盐霜柏根各 30 g，铁线草 15 g，水煎，含服。（《广东省惠阳地区中草药》）

②治胃痛：油茶干根 45 g，水煎服。（《福建中草药》）

③治跌打肿痛：油茶根 15～30 g，水煎冲酒服。（《广东省惠阳地区中草药》）

④治水火烫伤：油茶根适量，烧灰，研末，用茶油调匀，敷患处。（《福建药物志》）

三十六、藤黄科 Guttiferae

63. 黄海棠 *Hypericum ascyron* L.

【别名】牛心菜、山辣椒、大叶金丝桃、长柱金丝桃。

【基源】为藤黄科金丝桃属植物黄海棠 *Hypericum ascyron* L. 的全草。

【形态特征】多年生草本，高 0.5～1.3 m。茎直立或在基部上升，单一或数茎丛生，不分枝或上部具分枝，有时于叶腋抽出小枝条，茎及枝条幼时具 4 棱，后明显具 4 纵线棱。叶无柄，叶片披针形、长圆状披针形、长圆状卵形至椭圆形或狭长圆形，长（2）4～10 cm，宽（0.4）1～2.7（3.5）cm，先端渐尖、锐尖或钝形，基部楔形或心形而抱茎，全缘，坚纸质，上面绿色，下面通常淡绿色且散布淡色腺点，中脉、侧脉及近边缘脉下面明显，脉网较密。花序具 1～35 花，顶生，近伞房状至狭圆锥状，后者包括多数分枝。花直径（2.5）3～8 cm，平展或外反；花蕾卵珠形，先端圆形或钝形；花梗长 0.5～3 cm。

萼片卵形或披针形至椭圆形或长圆形，长（3）5～15（25）mm，宽1.5～7 mm，先端锐尖至钝形，全缘，结果时直立。花瓣金黄色，倒披针形，长1.5～4 cm，宽0.5～2 cm，十分弯曲，具腺斑或无腺斑，宿存。雄蕊极多数，5束，每束有雄蕊约30枚，花药金黄色，具松脂状腺点。子房宽卵珠形至狭卵珠状三角形，长4～7（9）mm，5室，具中央空腔；花柱5，长为子房的1/2至为其2倍，自基部或至上部4/5处分离。蒴果为或宽或狭的卵珠形或卵珠状三角形，长0.9～2.2 cm，宽0.5～1.2 cm，棕褐色，成熟后先端5裂，柱头常折落。种子棕色或黄褐色，圆柱形，微弯，长1～1.5 mm，有明显的龙骨状突起或狭翅和细的蜂窝纹。花期7—8月，果期8—9月。

【生境】生于山坡林下、林缘、灌丛、草丛或草甸中、溪旁及河岸湿地等处，也有广为庭园栽培的，海拔0～2800 m。

【分布】字畈镇、雷公镇、木梓乡、赵棚镇偶见。

【采收加工】夏、秋季果实近成熟时采割，用热水泡过后，晒干。

【性味功能】味苦，性凉；平肝，止血，败毒，消肿。

【主治用法】用于吐血，子宫出血，外伤出血，疮疖痈肿，风湿病，痢疾及月经不调等症。种子泡酒服，可治胃病，并可解毒和排脓。内服：煎汤，6～15 g。

64. 金丝桃 *Hypericum monogynum* L.

【别名】土连翘、五心花、金丝海棠。

【基源】为藤黄科金丝桃属植物金丝桃 *Hypericum monogynum* L. 的全草。

【形态特征】半常绿小灌木，高0.7～1 m。全株多分枝；小枝圆柱形，红褐色。单叶对生；无叶柄；叶片长椭圆状披针形，长3～8 cm，宽1～2.5 cm，先端钝尖，基部楔形或渐狭而稍抱茎，全缘，上面绿色，下面粉绿色，中脉稍凸起，密生透明小点。花两性，直径3～5 cm，单性或成聚伞花序生于枝顶；小苞片披针形；萼片5，卵形至椭圆状卵形；花瓣5，鲜黄色，宽倒卵形，长1.5～2.5 cm；雄蕊多数，花丝合生成5束，与花瓣等长或稍长；子房上位，花柱纤细，长约1.8 cm，柱头5裂。蒴果卵圆形，长约8 mm，先端室间开裂，花柱和萼片宿存。种子多数，无翅。花期6—7月，果期8月。

【生境】生于山麓、路边及沟旁，现广泛栽培于庭园。

【分布】安陆市各公园有栽培。

【采收加工】四季均可采收，晒干。

【性味功能】味苦，性凉；清热解毒，活血，祛风。

【主治用法】用于肝炎，肝脾肿大，咽喉肿痛，疮疖肿毒，跌打损伤，风湿腰痛，蛇咬伤，蜂蜇伤。内服：煎汤，15～30 g。外用：鲜根或鲜叶捣敷。

【附方】（1）治肝炎：鲜金丝桃根 30～60 g，煎水煮鸡蛋服；另与红枣煮饭吃 2～3 次。（《草药手册》）

（2）治风湿腰痛：金丝桃根 30 g，鸡蛋 2 个，水煎 2 h，吃蛋喝汤。（《浙江民间常用草药》）

（3）治疖肿：鲜金丝桃叶加食盐适量，捣烂外敷患处。（《浙江民间常用草药》）

（4）治蝮蛇、银环蛇咬伤：鲜金丝桃根加食盐适量，捣烂外敷伤处，每日换 1 次。（《浙江民间常用草药》）

（5）治漆疮，蜂蜇伤：金丝桃根磨粉，用麻油或烧酒调敷局部。（《浙江民间常用草药》）

65. 元宝草 *Hypericum sampsonii* Hance

【别名】相思、灯台、双合合。

【基源】为藤黄科金丝桃属植物元宝草 *Hypericum sampsonii* Hance 的全草。

【形态特征】多年生草本，高 0.2～0.8 m，全体无毛。茎单一或少数，圆柱形，无腺点，上部分枝。叶对生，无柄，其基部完全合生为一体而茎贯穿其中，或宽或狭的披针形至长圆形或倒披针形，长（2）2.5～7（8）cm，宽（0.7）1～3.5 cm，先端钝形或圆形，基部较宽，全缘，坚纸质，上面绿色，下面淡绿色，边缘密生黑色腺点，全面散生透明或间有黑色腺点，中脉直贯叶端，侧脉每边约 4 条，斜上升，近边缘弧状联结，与中脉两面明显，脉网细而稀疏。花序顶生，多花，伞房状，连同其下方常多达 6 个腋生花枝整体形成

一个庞大的疏松伞房状至圆柱状圆锥花序；苞片及小苞片线状披针形或线形，长达 4 mm，先端渐尖。花直径 6～10（15）mm，近扁平，基部为杯状；花蕾卵珠形，先端钝形；花梗长 2～3 mm。萼片长圆形或长圆状匙形或长圆状线形，长 3～7（10）mm，宽 1～3 mm，先端圆形，全缘，边缘疏生黑色腺点，全面散布淡色稀为黑色腺点及腺斑，果时直伸。花瓣淡黄色，椭圆状长圆形，长 4～8（13）mm，宽 1.5～4（7）mm，宿存，边缘有无柄或近无柄的黑色腺体，全面散布淡色或稀为黑色腺点和腺条纹。雄蕊 3 束，

宿存，每束具雄蕊 10～14 枚，花药淡黄色，具黑色腺点。子房卵珠形至狭圆锥形，长约 3 mm，3 室；花柱 3，长约 2 mm，自基部分离。蒴果宽卵珠形至或宽或狭的卵珠状圆锥形，长 6～9 mm，宽 4～5 mm，散布卵珠状黄褐色囊状腺体。种子黄褐色，长卵柱形，长约 1 mm，两侧无龙骨状突起，顶端无附属物，表面有明显的细蜂窝纹。花期 5—6 月，果期 7—8 月。

【生境】生于山坡草丛中或旷野路旁阴湿处。

【分布】王义贞镇钱冲村银杏谷偶见。

【采收加工】夏、秋季采收，洗净，晒干或鲜用。

【性味功能】味苦、辛，性寒；凉血止血，清热解毒，活血调经，祛风通络。

【主治用法】用于吐血，咯血，衄血，血淋，创伤出血，肠炎，痢疾，乳痈，痈肿疔毒，烫伤，蛇咬伤，月经不调，痛经，带下，跌打损伤，风湿痹痛，腰腿痛。外用还可治头癣，口疮，目翳。内服：煎汤，9～15 g（鲜品 30～60 g）。外用：适量，鲜品洗净捣敷，或干品研末外敷。

【附方】（1）治吐血，衄血：元宝草 30 g，银花 15 g，水煎服。（《福建药物志》）

（2）治肺结核咯血：元宝草 15～30 g，百部 12 g，仙鹤草、紫金牛、牯岭勾儿茶各 15 g，水煎服。一般需服药 1～3 个月。（《浙江药用植物志》）

（3）治溏泻：元宝草全草 9 g，水煎服。（《湖南药物志》）

三十七、罂粟科 Papaveraceae

66. 博落回 *Macleaya cordata*（Willd.）R. Br.

【别名】落回、号筒草、勃勒回、号桐树。

【基源】为罂粟科博落回属植物博落回 *Macleaya cordata*（Willd.）R. Br. 的根或全草。

【形态特征】多年生草本，高 1～2 m，全体带有白粉，折断后有黄汁流出。茎圆柱形，中空，绿色，有时带红紫色。单叶互生，阔卵形，长 15～30 cm，宽 12～25 cm，5～7 浅裂或 9 浅裂，裂片有不规则波状齿，上面绿色，光滑，下面白色，具密细毛；叶柄长 5～12 cm，基部膨大而抱茎。圆锥花序顶生或腋生，萼 2 片，白色，倒披针形，边缘薄膜质，早落；无花瓣；雄蕊多数，花丝细而扁；雌蕊 1，子房倒卵形，扁平，花柱短，柱头 2 裂。蒴果下垂，倒卵状长椭圆形，长约 2 cm，宽约 5 mm，扁平，红色，表面带白粉，花柱宿存。种子 4～6 粒，矩圆形，褐色而有光泽。花期 6—7 月，果期 8—11 月。

【生境】生于山坡、路边及沟边。

【分布】王义贞镇钱冲村银杏谷偶见。

【采收加工】9—12 月采收，根与茎叶分开，晒干。鲜用随时可采。

【性味功能】味辛、苦，性寒；散瘀，祛风，解毒，止痛，杀虫。

【主治用法】用于一切恶疮，顽癣，湿疹，蛇虫咬伤，跌打肿痛，风湿痹痛。外用：捣敷；煎水熏洗或研末调敷。

【附方】（1）治恶疮，瘰根，赘瘤，息肉，白癜风，蛊毒，溪毒，已上疮瘘者：博落回、百丈青、鸡桑灰各等份，为末敷。（《本草纲目拾遗》）

（2）治指疗：①博落回根皮、倒地拱根各等份，加食盐少许，同浓茶汁捣烂，敷患处。（《江西民间草药验方》）

②号桐树（连梗带叶）一把，水煎熏洗约 15 min，再将煎过的叶子贴患指，日二至三次。早期发炎者，如此反复熏洗，外贴三至六次愈。如已化脓，则须切开排脓，不适宜本药。（《江西医药》）

（3）治臁疮：博落回全草，烧存性，研极细末，撒于疮口内，或用麻油调搽，或同生猪油捣成膏敷贴。（《江西民间草药验方》）

（4）治蜈蚣咬伤，黄蜂蜇伤：取新鲜博落回茎，折断，有黄色汁液流出，以汁搽患处。（《江西民间草药验方》）

三十八、山柑科 Capparaceae

67. 白花菜 *Cleome gynandra* L.

【别名】羊角菜、屡析草、臭花菜。

【基源】为山柑科白花菜属植物白花菜 *Cleome gynandra* L. 的全草。

【形态特征】一年生草本，高约 1 m。常被腺毛。叶为 3～7 小叶的掌状复叶，叶柄长 2～7 cm，小叶倒卵状椭圆形、倒披针形或菱形，基部楔形至渐狭延成小叶柄，总状花序长 15～30 cm；苞片由 3 枚小叶组成；花梗长约 1.5 cm；萼片分离，披针形、椭圆形或卵形，被腺毛；花瓣白色，少有淡黄色或淡紫色，雄蕊 6，伸出花冠外；子房线柱形，花柱很短，柱头头状。果圆柱形，斜举。种子扁球形，黑褐色，表面有横向皱纹或更常为具瘤状小突起。花果期 7—10 月。

【生境】生于低海拔地区田野、荒地。

【分布】全县域均有分布。

【采收加工】6—8 月采收全草（地上部分）鲜用或晒干。

【性味功能】味辛、甘，性平；祛风除湿，清热解毒。

【主治用法】用于风湿痹痛，跌打损伤，淋浊带下，痔疮，痢疾，疟疾，蛇虫咬伤。内服：煎汤，9 ～ 15 g。外用：煎水洗或捣敷。

【附方】（1）治淋浊带下：白花菜鲜草 15 ～ 24 g，猪膀胱 1 个，水煎，饭前服。（《南京地区常用中草药》）

（2）治疟疾：白花菜鲜叶绞汁 1 杯（5 ～ 10 mL），黄酒等量，熬热，在发作前 1 h 服。（《南京地区常用中草药》）

三十九、十字花科 Cruciferae

68. 蔊菜 *Rorippa indica*（L.）Hiern

【别名】辣米菜、野油菜、塘葛菜。

【基源】为十字花科蔊菜属植物蔊菜 *Rorippa indica*（L.）Hiern 的全草。

【形态特征】一年生或二年生草本。植株较粗壮，高 20 ～ 50 cm，无毛或具疏毛。茎单一或分枝，直立或斜升。叶形多变化，基生叶和茎下部叶具长柄；叶片通常大头羽状分裂，长 4 ～ 10 cm，宽 1.5 ～ 2 cm，顶裂片大，边缘具不规则齿，侧裂片 1 ～ 3 对，上部叶片宽披针形或匙形，具短柄或耳状抱茎，边缘具疏齿。总状花序顶生或侧生，开花时花序轴逐渐向上延伸，花小，多数；萼片 4，直立，浅黄色而微带黄绿色，光滑无毛，宽披针形或卵状长圆形，长 2 ～ 4 mm，先端内凹；花瓣 4，鲜黄色，宽匙形或长倒卵形，长 2.5 ～ 4 mm，全缘，基部具短而细的爪；雄蕊 6，4 长 2 短；雌蕊 1，子房圆柱形，花柱短粗，柱头略膨大，顶部扁平。长角果线状圆柱形，较短而粗壮，长 1 ～ 2 cm，直立或稍弯曲，成熟时果瓣隆起。种子每室 2 行，多数，淡褐色，宽椭圆形、近三角形或不规则多角形，长 0.5 ～ 0.7 mm，

表面有凹陷的大网纹。花期4—5月，花后果实渐次成熟。

【生境】生于路旁、田边、园圃、沟河边、林缘、屋边墙脚下及山坡路旁潮湿处，海拔230～1450 m处均有生长。

【分布】全县域均有分布。

【采收加工】5—7月采收，晒干。

【性味功能】味辛、甘，性平；祛痰止咳，解表散寒，解毒利湿。

【主治用法】用于咳嗽痰喘，感冒发热，麻疹透发不畅，风湿痹痛，咽喉肿痛，疔疮痈肿，漆疮，经闭，跌打损伤，黄疸，水肿。内服：煎汤，10～30 g，鲜品加倍；或捣绞汁服。外用：捣敷。

69. 荠 *Capsella bursa-pastoris*（L.）Medic.

【别名】荠菜、靡草、护生草、芊菜、鸡心草。

【基源】为十字花科荠属植物荠 *Capsella bursa-pastoris*（L.）Medic. 的全草。

【形态特征】一年生或二年生草本，高20～50 cm。茎直立，有分枝，稍有分枝毛或单毛。基生叶丛生，呈莲座状，具长叶柄，达5～40 mm；叶片大头羽状分裂，长可达12 cm，宽可达2.5 cm，顶生裂片较大，卵形至长卵形，长5～30 mm，侧生者宽2～20 mm，裂片3～8对，较小，狭长，呈圆形至卵形，先端渐尖，浅裂或具不规则粗锯齿；茎生叶狭披针形，长1～2 cm，宽2～15 mm，基部箭形抱茎，边缘有缺刻或锯齿，两面有细毛或无毛。总状花序顶生或腋生，果期延长达20 cm；萼片长圆形；花瓣白色，匙形或卵形，长2～3 mm，有短爪。短角果倒卵状三角形或倒心状三角形，长5～8 mm，宽4～7 mm，扁平，无毛，先端稍凹，裂瓣具网脉，花柱长约0.5 mm。种子2行，呈椭圆形，浅褐色。花果期4—6月。

【生境】全国各地均有分布或栽培。

【分布】全县域均有分布。

【采收加工】3—5月采收，洗净，晒干。

【性味功能】味甘、淡，性凉；利水消肿，明目，止血。

【主治用法】用于水肿，肝热目赤，目生翳膜，血热出血，淋证，崩漏。内服：煎汤，15～30 g（鲜品60～120 g）；或入丸、散。外用：捣汁点眼。

【附方】（1）治内伤吐血：荠菜30 g，蜜枣30 g，水煎服。（《湖南药物志》）

（2）治崩漏及月经过多：荠菜30 g，龙芽草30 g，水煎服。（《广西中草药》）

（3）治尿血：鲜荠菜125 g，水煎，调冬蜜服，或加陈棕炭3 g，冲服。（《福建药物志》）

（4）治肺热咳嗽：荠菜全草用鸡蛋煮吃。

（《滇南本草》）

（5）治高血压：荠菜、夏枯草各 60 g，水煎服。（《全国中草药汇编》）

（6）治暴赤眼，疼痛碜涩：荠菜根适量，捣绞取汁，以点目中。（《太平圣惠方》）

（7）治风湿性心脏病：荠菜 60 g，鲜苦竹叶 20 个（去尖），水煎代茶饮，每日 1 剂，连服数月。（《青岛中草药手册》）

（8）治肿满腹大，四肢枯瘦，小便涩浊：甜葶苈（隔纸炒）、荠菜根各等份。上为末，蜜丸如弹子大。每服一丸，陈皮汤嚼下。（《三因极一病证方论》葶苈大丸）

70. 萝卜 *Raphanus sativus* L.

【别名】萝卜子、莱菔子。

【基源】为十字花科萝卜属植物萝卜 *Raphanus sativus* L. 的干燥成熟种子。

【形态特征】一年生或二年生直立草本，高 30～100 cm。直根，肉质，长圆形、球形或圆锥形，外皮绿色、白色或红色。茎分枝，无毛，稍具粉霜。基生叶和下部茎生叶大头羽状半裂，长 8～30 cm，宽 3～5 cm，顶裂片卵形，侧裂片 4～6 对，长圆形，有钝齿，疏生粗毛；上部叶长圆形，有锯齿或近全缘。总状花序顶生或腋生；萼片长圆形；花瓣 4，白色、紫色或粉红色，直径 1.5～2 cm，倒卵形，长 1～1.5 mm，具紫纹，下部有长 5 mm 的爪；雄蕊 6，4 长 2 短；雌蕊 1，子房钻状，柱头柱状。长角果圆柱形，长 3～6 cm，在种子间处缢缩，形成海绵质横隔，先端有喙长 1～1.5 cm；种子 1～6 颗，卵形，微扁，长约 3 mm，红棕色，并有细网纹。花期 4—5 月，果期 5—6 月。

【生境】全国各地均有栽培。

【分布】全县域均有分布。

【采收加工】夏、秋季果实成熟时采割植株，干燥，搓出种子，除去杂质，再干燥。

【性味功能】味辛、甘，性平；消食除胀，降气化痰。

【主治用法】用于食积气滞，咳喘痰多，胸闷食少。内服：煎汤，6～10 g。

71. 油菜 *Brassica campestris* L.

【别名】胡菜、寒菜、薹菜、芸薹菜。

【基源】为十字花科芸薹属植物油菜 *Brassica campestris* L. 的根、茎和叶。

【形态特征】二年生草本，高30～90 cm；茎粗壮，直立，分枝或不分枝，无毛或近无毛，稍带粉霜。基生叶大头羽裂，顶裂片圆形或卵形，边缘有不整齐弯缺牙齿状齿，侧裂片1至数对，卵形；叶柄宽，长2～6 cm，基部抱茎；下部茎生叶羽状半裂，长6～10 cm，基部扩展且抱茎，两面有硬毛及缘毛；上部茎生叶长圆状倒卵形、长圆形或长圆状披针形，长2.5～8（15）cm，宽0.5～4（5）cm，基部心形，抱茎，两侧有垂耳，全缘或有波状细齿。总状花序在花期成伞房状，以后伸长；花鲜黄色，直径7～10 mm；萼片长圆形，长3～5 mm，直立开展，顶端圆形，边缘透明，稍有毛；花瓣倒卵形，长7～9 mm，顶端近微缺，基部有爪。长角果线形，长3～8 cm，宽2～4 mm，果瓣有中脉及网纹，萼直立，长9～24 mm；果梗长5～15 mm。种子球形，直径约1.5 mm，紫褐色。花期3—4月，果期5月。

【生境】为栽培植物，喜肥沃、湿润的土地。

【分布】全县域均有分布。

【采收加工】2—3月采收，多鲜用。

【性味功能】味辛、甘，性平；凉血散血，解毒消肿。

【主治用法】用于血痢，丹毒，热毒疮肿，乳痈，风疹，吐血。内服：煮食，30～300 g；捣汁服，20～100 mL。外用：适量，煎水洗或捣敷。

四十、金缕梅科 Hamamelidaceae

72. 枫香树 *Liquidambar formosana* Hance

【别名】枫实、枫果、枫木、上球。

【基源】路路通（中药名）。为金缕梅科枫香树属植物枫香树 *Liquidambar formosana* Hance 的干燥成熟果序。

【形态特征】落叶乔木，高20～40 m。树皮灰褐色，方块状剥落。叶互生；叶柄长3～7 cm；托叶线形，早落；叶片心形，常3裂，幼时及萌发枝上的叶多为掌状5裂，长6～12 cm，宽8～15 cm，裂片卵状三角形或卵形，先端尾状渐尖，基部心形，边缘有细锯齿，齿尖有腺状突。花单性，雌雄同株，

无花被；雄花淡黄绿色，成柔荑花序再排
成总状，生于枝顶；雄蕊多数，花丝不等
长；雌花排成圆球形的头状花序；萼齿5，
钻形；子房半下位，2室，花柱2，柱头弯
曲。头状果序圆球形，直径2.5～4.5 cm，
表面有刺，蒴果有宿存花萼和花柱，两瓣
裂开，每瓣2浅裂。种子多数，细小，扁平。
花期3—4月，果期9—10月。

【生境】生于山地常绿阔叶林中。

【分布】分布于字畈镇、王义贞镇。

【采收加工】冬季果实成熟后采收，除去杂质，干燥，生用。

【性味功能】味苦，性平；祛风活络，利水，通经。

【主治用法】用于风湿痹痛，中风半身不遂，跌打损伤，水肿，经行不畅，经闭，乳少，乳汁不通，
风疹瘙痒。内服：煎汤，5～9 g。外用：适量，捣敷。

四十一、蔷薇科 Rosaceae

73. 草莓 *Fragaria × ananassa* Duch.

【别名】凤梨草莓。

【基源】为蔷薇科草莓属植物草莓 *Fragaria × ananassa* Duch. 的果实。

【形态特征】多年生草本，高 10～40 cm。茎低于叶或近相等，密被开展黄色柔毛，叶三出；叶柄
长 2～10 cm，密被开展黄色柔毛；小叶具短柄，倒卵形或菱形，稀几圆形，长 3～7 cm，宽 2～6 cm，
先端圆钝，基部阔楔形，侧生小叶基部偏斜，边缘具缺刻状锯齿，锯齿急尖，上面深绿色，几无毛，下
面淡白绿色，疏生毛，沿脉较密；叶片质地较厚。聚伞花序，有花 5～15 朵；花序下面具一短柄的小叶；
花两性，直径 1.5～2 cm；萼片卵形，比副萼片稍长，副萼片椭圆状披针形，全缘，稀深 2 裂，果时扩大；
花瓣白色，近圆形或倒卵状椭圆形，基部具不明显的爪；雄蕊 20，不等长；雌蕊极多。聚合果大，直径
达 3 cm，鲜红色，宿存萼片直立，紧贴于果实；瘦果尖卵形，光滑。花期 4—5 月，果期 6—7 月。

【生境】全国各地栽培。

【分布】安陆市郊有大面积栽培。

【采收加工】草莓开花后约 30 天即可成熟，在果面着色75%～80% 时即可采收，每隔 1～2 天采
收 1 次，可延续采摘 2～3 个星期。

【性味功能】味甘、微酸，性凉；清凉止渴，健胃消食。

【主治用法】用于口渴，食欲不振，消化不良。内服：适量，作食品。

74. 长叶地榆 *Sanguisorba officinalis* L. var. *longifolia*（Bertol.）Yu et Li

【别名】酸赭、豚榆系、白地榆。

【基源】为蔷薇科地榆属植物长叶地榆 *Sanguisorba officinalis* L. var. *longifolia*（Bertol.）Yu et Li 的根。

【形态特征】多年生草本，高 30 ～ 120 cm。根粗壮，多呈纺锤形，稀圆柱形，表面棕褐色或紫褐色，有纵皱及横裂纹，横切面黄白色或紫红色，较平正。茎直立，有棱，无毛或基部有稀疏腺毛。基生叶为羽状复叶，有小叶 4 ～ 6 对，叶柄无毛或基部有稀疏腺毛；小叶片有短柄，卵形或长圆状卵形，长 1 ～ 7 cm，宽 0.5 ～ 3 cm，顶端圆钝稀急尖，基部心形至浅心形，边缘有多数粗大圆钝稀急尖的锯齿，两面绿色，无毛；茎生叶较少，小叶片有短柄至几无柄，长圆形至长圆状披针形，狭长，基部微心形至圆形，顶端急尖；

基生叶托叶膜质，褐色，外面无毛或被稀疏腺毛，茎生叶托叶大，草质，半卵形，外侧边缘有尖锐锯齿。穗状花序椭圆形、圆柱形或卵球形，直立，通常长 1 ～ 3（4）cm，横径 0.5 ～ 1 cm，从花序顶端向下开放，花序梗光滑或偶有稀疏腺毛；苞片膜质，披针形，顶端渐尖至尾尖，比萼片短或近等长，背面及边缘有柔毛；萼片 4 枚，紫红色，椭圆形至宽卵形，背面被疏柔毛，中央微有纵棱脊，顶端常具短尖头；雄蕊 4 枚，花丝丝状，不扩大，与萼片近等长或稍短；子房外面无毛或基部微被毛，柱头顶端扩大，盘形，边缘具流苏状乳头。果实包藏在宿存萼筒内，外面有 4 棱。花果期 7—10 月。

【生境】生于山坡草地、溪边、灌丛中、湿草地及疏林中，海拔 100 ～ 3000 m。

【分布】分布于李畈镇、雷公镇、赵棚镇、接官乡、洑水镇、烟店镇。

【采收加工】秋季枯萎前后挖出，晒干，或趁鲜切片干燥。

【性味功能】味苦、酸、涩，性微寒；凉血止血，解毒敛疮。

【主治用法】用于血热便血，痔血，崩漏，水火烫伤，湿疹，疮疡痈肿。内服：煎汤，6 ～ 15 g（鲜品 30 ～ 120 g）；或入丸、散，亦可绞汁内服。外用：煎水或捣汁外涂；也可研末或捣烂外敷。

【附方】（1）治便血因于热甚者，常配伍生地黄、白芍、黄芩、槐花等，如约营煎（《景岳全书》）。

（2）治痔疮出血，血色鲜红者，常与槐角、防风、黄芩、枳壳等配伍，如槐角丸（《太平惠民和剂局方》）。

（3）治血热甚，崩漏量多色红，兼见口燥唇焦者，可与生地黄、黄芩、牡丹皮等同用，如治崩极验方（《女科要旨》）。

（4）本品苦寒兼酸涩，用于清热解毒，凉血涩肠而止痢，对于血痢不止者亦有良效，常与甘草同用，如地榆汤（《圣济总录》）。

75. 沙梨 *Pyrus pyrifolia*（Burm. f.）Nakai

【别名】梨子。

【基源】为蔷薇科梨属植物沙梨 *Pyrus pyrifolia*（Burm. f.）Nakai 的果皮。

【形态特征】乔木，高达 7 ～ 15 m；小枝嫩时具黄褐色长柔毛或茸毛，不久脱落，二年生枝紫褐色或暗褐色，具稀疏皮孔；冬芽长卵形，先端圆钝，鳞片边缘和先端稍具长茸毛。叶片卵状椭圆形或卵形，长 7 ～ 12 cm，宽 4 ～ 6.5 cm，先端长尖，基部圆形或近心形，稀宽楔形，边缘有刺芒锯齿；微向内合拢，上下两面无毛或嫩时有褐色绵毛；叶柄长 3 ～ 4.5 cm，嫩时被茸毛，不久脱落；托叶膜质，线状披针形，长 1 ～ 1.5 cm，先端渐尖，全缘，边缘具长柔毛，早落。伞形总状花序，具花 6 ～ 9 朵，直径 5 ～ 7 cm；总花梗和花梗幼时微具柔毛，花梗长 3.5 ～ 5 cm；苞片膜质，线形，边缘有长柔毛；花直径 2.5 ～ 3.5 cm；萼片三角状卵形，长约 5 mm，先端渐尖，边缘有腺齿，外面无毛，内面密被褐色茸毛；花瓣卵形，长 15 ～ 17 mm，先端啮齿状，基部具短爪，白色；雄蕊 20，长约等于花瓣之半；花柱 5，稀 4，光滑无毛，约与雄蕊等长。果实近球形，浅褐色，

有浅色斑点，先端微向下陷，萼片脱落；种子卵形，微扁，长 8 ～ 10 mm，深褐色。花期 4 月，果期 8 月。

【生境】适宜生长于温暖而多雨的地区，海拔 100 ～ 1400 m。

【分布】全县域均有栽培。

【采收加工】果实成熟后，削下果皮，晒干。

【性味功能】味甘、涩，性凉；清暑解渴，生津收敛。

【主治用法】用于干咳，热病烦渴，汗多等症。内服：鲜品 2 ～ 4 两，干品 3 ～ 5 钱，水煎服。

76. 龙芽草 *Agrimonia pilosa* Ldb.

【别名】仙鹤草、龙牙草。

【基源】为蔷薇科龙芽草属植物龙芽草 *Agrimonia pilosa* Ldb. 的干燥地上部分。

【形态特征】多年生草本，高 30～120 cm。根茎短，基部常有 1 或数个地下芽。茎被疏柔毛及短柔毛，稀下部被疏长硬毛。奇数羽状复叶互生；托叶镰形，稀卵形，先端急尖或渐尖，边缘有锐锯齿或裂片，稀全缘；小叶有大小 2 种，相间生于叶轴上，较大的小叶 3～4 对，稀 2 对，向上减少至 3 小叶，小叶几无柄，倒卵形至倒卵状披针形，长 1.5～5 cm，宽 1～2.5 cm，先端急尖至圆钝，稀渐尖，基部楔形，边缘有急尖到圆钝锯齿，上面绿色，被疏柔毛，下面淡绿色，脉上伏生疏柔毛，稀脱落无毛，有显著腺点。总状花序单一或 2～3 个生于茎顶，花序轴被柔毛，花梗长 1～5 mm，被柔毛；苞片通常 3 深裂，裂片带形，小苞片对生，卵形，全缘或边缘分裂；花直径 6～9 mm，萼片 5，三角状卵形；花瓣 5，长圆形，黄色；雄蕊 5～15；花柱 2，丝状，柱头头状。瘦果倒卵圆锥形，外面有 10 条肋，被疏柔毛，先端有数层钩刺，幼时直立，成熟时向内先靠合，连钩刺长 7～8 mm，最宽处直径 3～4 mm。花果期 5—12 月。

【生境】生于溪边、路旁、草地、灌丛、林缘及疏林下。

【分布】全县域均有分布。

【采收加工】枝叶茂盛未开花时，割取地上部分，切段，晒干或鲜用。

【性味功能】味苦、涩，性平；收敛止血，止痢，截疟，补虚。

【主治用法】用于各种出血证，久泻久痢，寒热疟疾，气血亏虚，脱力劳伤。内服：煎汤，10～15 g，大剂量可用 30 g；或入散剂。外用：捣敷；或熬膏涂敷。

77. 皱皮木瓜 *Chaenomeles speciosa*（Sweet）Nakai

【别名】木瓜实、铁脚梨、秋木瓜。

【基源】为蔷薇科木瓜属植物皱皮木瓜 *Chaenomeles speciosa*（Sweet）Nakai 的近成熟果实。

【形态特征】落叶灌木，高约 2 m。枝条直立开展，有刺；小枝圆柱形，微屈曲，无毛，紫褐色或黑褐色，有疏生浅褐色皮孔。叶片卵形至椭圆形，稀长椭圆形，长 3 ～ 9 cm，宽 1.5 ～ 5 cm，基部楔形至宽楔形，边缘有尖锐锯齿，齿尖开展，无毛或下面沿叶脉有短柔毛；叶柄长约 1 cm；托叶大型，草质，肾形或半圆形，边缘有尖锐重锯齿，无毛。花先于叶开放，3 ～ 5 朵簇生于二年生老枝上；花梗短粗，长约 3 mm 或近于无柄；花直径 3 ～ 5 cm；萼筒钟状，外面无毛；萼片直立，先端圆钝，全缘或有波状齿；花瓣倒卵形或近圆形，基部延伸成短爪，长 10 ～ 15 mm，宽 8 ～ 13 mm，猩红色，稀淡红色或白色；雄蕊 45 ～ 50，长约花瓣之半；花柱 5，基部合生，无毛或稍有毛，柱头头状，有不明显分裂，约与雄蕊等长。果实球形或卵球形，直径 4 ～ 6 cm，黄色或带黄绿色，有稀疏不明显斑点，味芳香；萼片脱落，果梗短或近于无梗。花期 3—5 月，果期 9—10 月。

【生境】栽培或野生。

【分布】全县域内偶有栽培。

【采收加工】夏、秋季果实呈绿黄色时采收，置沸水中烫至外皮灰白色，对半纵剖，晒干。

【性味功能】味酸，性温；舒筋活络、和胃化湿。

【主治用法】用于风湿痹痛，肢体酸重，筋脉拘挛，吐泻转筋，脚气水肿。内服：煎汤，5 ～ 10 g；或入丸、散。外用：适量，煎水熏洗。

78. 枇杷 *Eriobotrya japonica*（Thunb.）Lindl.

【别名】金丸、芦枝。

【基源】为蔷薇科枇杷属植物枇杷 *Eriobotrya japonica*（Thunb.）Lindl. 的果实、种子、叶。

【形态特征】常绿小乔木，高约 10 m。小枝粗壮，黄褐色，密生锈色或灰棕色茸毛。叶片革质；叶柄短或几无柄，长 6 ～ 10 mm，有灰棕色茸毛；托叶钻形，有毛；叶片披针形、倒披针形、倒卵形或长椭圆形，长 12 ～ 30 cm，宽 3 ～ 9 cm，先端急尖或渐尖，基部楔形或渐狭成叶柄，上部边缘有疏锯齿，上面光亮、多皱，下面及叶脉密生灰棕色茸毛，侧脉 11 ～ 21 对，圆锥花序顶生，总花梗和花梗密生锈色茸毛；花直径 1.2 ～ 2 cm；萼筒浅杯状，萼片三角状卵形，外面有锈色茸毛；花瓣白色，长圆形或卵形，长 5 ～ 9 mm，宽 4 ～ 6 mm，基部具爪，有锈色茸毛；雄蕊 20，花柱 5，离生，柱头头状，无毛。果实球形或长圆形，直径 3 ～ 5 cm，黄色或橘黄色；种子 1 ～ 5 颗，球形或扁球形，直径 1 ～ 1.5 cm，褐色，光亮，种皮纸质。花期 10—12 月，果期翌年 5—6 月。

【生境】常栽种于村边、平地或坡地。

【分布】全县域均有栽培。

【采收加工】果实：枇杷果实因成熟不一致，宜分次采收，采黄留青，采熟留生。种子：5—6月果实成熟时，鲜用，捡拾果核，晒干。叶：全年均可采收，晒干，刷去毛，切丝生用或蜜炙用。

【性味功能】果实：味甘、酸，性凉；润肺，止渴，下气。

种子：味苦，性平；化痰止咳，疏肝行气，利水消肿。

叶：味苦，性微寒；清肺止咳，降逆止呕。

【主治用法】果实：用于肺痿咳嗽吐血，衄血，燥渴，呕逆。内服：生食或煎汤，30～60 g。

种子：用于咳嗽痰多，疝气，水肿，瘰疬。内服：煎汤，6～15 g。外用：研末调敷。

叶：用于肺热咳嗽，气逆喘急，胃热呕吐，哕逆。内服：煎汤，5～10 g。止咳宜炙用，止呕宜生用。

【附方】（1）治咳嗽：枇杷核，晒干，捣碎，约6 g，煎汤，加少量糖，每日服用2次。（《浙江中医杂志》）

（2）治疝气，水肿：枇杷核9～15 g，水煎服。（《恩施中草药手册》）

（3）治瘰疬：枇杷干种子为末，调热酒敷患处。（《福建中草药》）

79. 粉团蔷薇 *Rosa multiflora* Thunb. var. *cathayensis* Rehd. et Wils.

【别名】野蔷薇。

【基源】为蔷薇科蔷薇属植物粉团蔷薇 *Rosa multiflora* Thunb. var. *cathayensis* Rehd. et Wils. 的干燥花或根。

【形态特征】攀援灌木，小枝无毛，有短粗稍弯曲皮刺。小叶5～9，近花序的小叶有时3，连叶柄长5～10 cm；小叶片倒卵形、长圆形或卵形，长1.5～5 cm，有尖锐单锯齿，稀混有重锯齿，上面无毛，下面有柔毛；小叶柄和叶轴有柔毛或无毛，有散生腺毛；托叶篦齿状，大部贴生于叶柄。圆锥状花序，花径1.5～2.5 cm，无毛或有腺毛，有时基部有篦齿状小苞片；萼片披

针形，有时中部具 2 个线形裂片，外面无毛，内面有柔毛；花单瓣，粉红色，宽倒卵形，先端微凹；花柱结合成束，无毛，比雄蕊稍长。蔷薇果近球形，直径 6 ～ 8 mm，红褐色或紫褐色，有光泽，无毛，萼片脱落。

【生境】生于山坡、灌丛或河边等处，海拔可达 1300 m。

【分布】全县域均有分布。

【采收加工】花期采花，晒干。春、秋季挖根，洗净，晒干。

【性味功能】味苦、涩，性寒。花：清暑热，化湿浊，顺气和胃。根：活血通络。

【主治用法】花：用于暑热胸闷，口渴，呕吐，不思饮食，口疮口糜。内服：煎汤，3 ～ 9 g。根：用于关节炎，面神经麻痹；外用研末适用于烫伤。内服：煎汤，15 ～ 30 g。外用：捣敷或煎汤含漱。

80. 金樱子 *Rosa laevigata* Michx.

【别名】刺榆子、刺梨子、金罂子。

【基源】为蔷薇科蔷薇属植物金樱子 *Rosa laevigata* Michx. 的成熟果实。

【形态特征】常绿攀援灌木，高约 5 m。茎无毛，有钩状皮刺和刺毛。羽状复叶，叶柄和叶轴具小皮刺和刺毛；托叶披针形，与叶柄分离，早落。小叶革质，通常 3，稀 5，椭圆状卵形或披针状卵形，长 2.5 ～ 7 cm，宽 1.5 ～ 4.5 cm，先端急尖或渐尖，基部近圆形，边缘具细齿状锯齿，无毛，有光泽。花单生于侧枝顶端，花梗和萼筒外面均密被刺毛；萼片 5；花瓣 5，白色，直径 5 ～ 9 cm；雄蕊多数；心皮多数，柱头聚生于花托口。果实倒卵形，长 2 ～ 4 cm，紫褐色，外面密被刺毛。花期 4—6 月，果期 7—11 月。

【生境】生于海拔 100 ～ 1600 m 的向阳的山野、田边、溪畔灌丛中。

【分布】全县域均有分布。

【采收加工】10—11 月，果实红熟时采摘，除去毛刺，晒干。

【性味功能】味酸、涩，性平；固精缩尿止带，涩肠止泻。

【主治用法】用于遗精滑精，遗尿尿频，带下，久泻久痢，崩漏，脱肛，子宫脱垂等。内服：煎汤，9 ～ 15 g；或入丸、散，或熬膏。

81. 小果蔷薇 *Rosa cymosa* Tratt.

【别名】山木香、鱼杆子、小金樱。

【基源】为蔷薇科蔷薇属植物小果蔷薇 *Rosa cymosa* Tratt. 的根和叶。

【形态特征】攀援灌木，高 2 ～ 5 m；小枝圆柱形，无毛或稍有柔毛，有钩状皮刺。小叶 3 ～ 5，

稀 7；连叶柄长 5 ~ 10 cm；小叶片卵状
披针形或椭圆形，稀长圆状披针形，长
2.5 ~ 6 cm，宽 8 ~ 25 mm，先端渐尖，
基部近圆形，边缘有紧贴或尖锐细锯齿，
两面均无毛，上面亮绿色，下面颜色较淡，
中脉突起，沿脉有稀疏长柔毛；小叶柄和
叶轴无毛或有柔毛，有稀疏皮刺和腺毛；
托叶膜质，离生，线形，早落。花多朵成
复伞房花序；花直径 2 ~ 2.5 cm，花梗长
约 1.5 cm，幼时密被长柔毛，老时逐渐脱

落近于无毛；萼片卵形，先端渐尖，常有羽状裂片，外面近无毛，稀有刺毛，内面被稀疏白色茸毛，
沿边缘较密；花瓣白色，倒卵形，先端凹，基部楔形；花柱离生，稍伸出花托口外，与雄蕊近等长，
密被白色柔毛。果球形，直径 4 ~ 7 mm，红色至黑褐色，萼片脱落。花期 5—6 月，果期 7—11 月。

【生境】多生于海拔 250 ~ 1300 m 的向阳山坡、路边灌丛或丘陵地。

【分布】全县域均有分布。

【采收加工】四季可采根、叶，洗净，切碎，晒干。

【性味功能】根：味苦、涩，性平；祛风除湿，收敛固脱。

叶：味苦，性平；解毒消肿。

【主治用法】根：用于风湿关节痛，跌打损伤，腹泻，脱肛，子宫脱垂。内服：煎汤，15 ~ 30 g。

叶：用于痈疖疮疡，烧烫伤。外用：适量，鲜品捣烂敷患处。

82. 月季花 *Rosa chinensis* Jacq.

【别名】四季花、月月红、胜春。

【基源】为蔷薇科蔷薇属植物月季花 *Rosa chinensis* Jacq. 的干燥花。

【形态特征】矮小直立灌木，小枝有粗壮而略带钩状的皮刺或无刺。羽状复叶，小叶 3 ~ 5，宽卵形
或卵状长圆形，长 2 ~ 6 cm，宽 1 ~ 3 cm，先端渐尖，基部宽楔形或近圆形，边缘有锐锯齿；叶柄及叶
轴疏生皮刺及腺毛，托叶大部附生于叶柄
上，边缘有腺毛或羽裂。花单生或数朵聚
生成伞房状；花梗长，散生短腺毛；萼片
卵形，先端尾尖，羽裂，边缘有腺毛；花
瓣红色或玫瑰色，重瓣，微香；花柱分离，
子房被柔毛。蔷薇果卵圆形或梨形，红色，
萼片脱落。花期 4—9 月，果期 6—11 月。

【生境】全国各地普遍栽培。

【分布】全县域均有栽培。

【采收加工】全年可采收，于晴天采

摘微开的花，阴干或低温干燥。

【性味功能】味甘、淡、微苦，性平；活血调经，疏肝解郁，消肿解毒。

【主治用法】用于月经不调，痛经，经闭，胸胁胀痛，跌打损伤，瘀肿疼痛，痈疽肿毒，瘰疬。内服：煎汤，2～5 g，不宜久煎；亦可泡服，或研末服。外用：适量，捣敷。

【附方】（1）治月经不调：鲜月季花15～21 g，开水泡服。（《泉州本草》）

（2）治肺虚咳嗽咯血：月季花合冰糖炖服。（《泉州本草》）

（3）治高血压：月季花9～15 g，开水泡服。（《福建药物志》）

（4）治筋骨疼痛或骨折后遗疼痛：月月红花炕干研末，每次3 g，用酒吞服，服后卧床发汗。（《贵州草药》）

（5）治皮肤湿疹，疮肿：鲜月季花捣烂，加白矾少许，外敷。（《四川中药志》）

（6）治热疖肿痛：月季花、垂盆草各适量，捣烂敷患处，干则更换。（《安徽中草药》）

（7）治烫伤：月季花焙干研粉，茶油调搽患处。（《浙江药用植物志》）

83. 蛇莓 *Duchesnea indica*（Andr.）Focke

【别名】蚕莓、鸡冠果、野杨梅。

【基源】为蔷薇科蛇莓属植物蛇莓 *Duchesnea indica*（Andr.）Focke 的全草。

【形态特征】多年生草本。根茎短，粗壮。匍匐茎多数，长30～100 cm，有柔毛，在节处生不定根。基生叶数个，茎生叶互生，均为三出复叶；叶柄长1～5 cm，有柔毛；托叶窄卵形至宽披针形，长5～8 mm；小叶片具小叶柄，倒卵形至菱状长圆形，长2～3 cm，宽1～3 cm，先端钝，边缘有钝锯齿，两面均有柔毛或上面无毛。花单生于叶腋，直径1.5～2.5 cm；花梗长3～6 cm，有柔毛；萼片5，卵形，长

4～6 mm，先端锐尖，外面有散生柔毛；副萼片5，倒卵形，长5～8 mm，比萼片长，先端常具3～5锯齿；花瓣5，倒卵形，长5～10 mm，黄色，先端圆钝；雄蕊20～30；心皮多数，离生；花托在果期膨大，海绵质，鲜红色，有光泽，直径10～20 mm，外面有长柔毛。瘦果卵形，长约1.5 mm，光滑或具不明显突起，鲜时有光泽。花期6—8月，果期8—10月。

【生境】生于山坡、河岸、草地、潮湿的地方。

【分布】全县域均有分布。

【采收加工】6—11月采收全草，洗净，晒干或鲜用。

【性味功能】味甘、苦，性寒；清热解毒，凉血止血，散瘀消肿。

【主治用法】用于热病，惊痫，感冒，痢疾，黄疸，目赤，口疮，咽痛，疔腮，疖肿，毒蛇咬伤，吐血，崩漏，月经不调，烫火伤，跌打肿痛。内服：煎汤，9～15 g（鲜品30～60 g）；或捣汁饮。外用：适量，

捣敷或研末撒。

【附方】（1）治感冒发热咳嗽：蛇莓鲜品 30 ～ 60 g，水煎服。（《山西中草药》）

（2）治痢疾，肠炎：蛇莓全草 15 ～ 30 g，水煎服。（《浙江民间常用草药》）

（3）治黄疸：蛇莓全草 15 ～ 30 g，水煎服。（《广西中草药》）

（4）治火眼肿痛或起云翳：鲜蛇莓适量，捣烂如泥，稍加鸡蛋清搅匀，敷眼皮上。（《河南中草药手册》）

（5）治咽喉痛：蛇莓适量，研细面，每服 6 g，开水冲服。（《河南中草药手册》）

（6）治对口疮：鲜蛇莓、马缨丹叶各等量，饭粒少许，同捣烂敷患处。（《福建药物志》）

（7）治腮腺炎：蛇莓（鲜）30 ～ 60 g，加盐少许同捣烂外敷。（《草药手册》）

（8）治带状疱疹：鲜蛇莓全草捣烂，取汁外敷。（《浙江民间常用草药》）

（9）治乳痈：鲜蛇莓 30 ～ 60 g，酒水煎服。（《甘肃中草药手册》）

（10）治瘰疬：鲜蛇莓全草 30 ～ 60 g，洗净，煎服。（《上海常用中草药》）

（11）治吐血，咯血：鲜蛇莓全草 30 ～ 60 g，捣烂绞汁 1 杯，冰糖少许炖服。（《闽东本草》）

84. 石楠 *Photinia serrulata* Lindl.

【别名】石楠叶、扇骨木、千年红。

【基源】为蔷薇科石楠属植物石楠 *Photinia serrulata* Lindl. 的根和叶。

【形态特征】常绿灌木或小乔木，高 4 ～ 6 m，有时可达 12 m；枝褐灰色，无毛；冬芽卵形，鳞片褐色，无毛。叶片革质，长椭圆形、长倒卵形或倒卵状椭圆形，长 9 ～ 22 cm，宽 3 ～ 6.5 cm，先端尾尖，基部圆形或宽楔形，边缘疏生具腺细锯齿，近基部全缘，上面光亮，幼时中脉有茸毛，成熟后两面皆无毛，中脉显著，侧脉 25 ～ 30 对；叶柄粗壮，长 2 ～ 4 cm，幼时有茸毛，以后无毛。复伞房花序顶生，

直径 10 ～ 16 cm；总花梗和花梗无毛，花梗长 3 ～ 5 mm；花密生，直径 6 ～ 8 mm；萼筒杯状，长约 1 mm，无毛；萼片阔三角形，长约 1 mm，先端急尖，无毛；花瓣白色，近圆形，直径 3 ～ 4 mm，内外两面皆无毛；雄蕊 20，外轮较花瓣长，内轮较花瓣短，花药带紫色；花柱 2，有时为 3，基部合生，柱头头状，子房顶端有柔毛。果实球形，直径 5 ～ 6 mm，红色，后成褐紫色，有 1 粒种子；种子卵形，长 2 mm，棕色，平滑。花期 4—5 月，果期 10 月。

【生境】生于海拔 1000 ～ 2500 m 的杂木林中。

【分布】全县域多见于栽培。

【采收加工】根于秋季采收，洗净，切片，晒干。叶随用随采，或于夏季采集，晒干。

【性味功能】味辛、苦，性平；祛风止痛。

【主治用法】用于头风头痛，腰膝无力，风湿筋骨疼痛。内服：煎汤，3 ～ 9 g。

【附方】（1）治瘰疬：石楠、生地黄、茯苓、黄连、雌黄各二两，为散。敷疮上，每日2次。（《肘后备急方》）

（2）治头风头痛：石楠叶、川芎、白芷各4.5 g，水煎服。（《浙江药用植物志》）

（3）治腰膝酸痛：石楠叶、牛膝、络石藤各9 g，枸杞6 g，狗脊12 g，水煎服。（《青岛中草药手册》）

（4）治跌打损伤：鲜石楠根皮、鲜苎麻根各等份，加甜酒适量，同捣烂外敷，干则更换。（《安徽中草药》）

85. 野山楂 *Crataegus cuneata* Sieb. et Zucc.

【别名】南山楂、小叶山楂、红果子。

【基源】为蔷薇科山楂属植物野山楂 *Crataegus cuneata* Sieb. et Zucc. 的果实。

【形态特征】落叶灌木。枝密生，有细刺，幼枝有柔毛。叶倒卵形，长2～6 cm，宽0.8～2.5 cm，先端常3裂，基部狭楔形下延至柄，边缘有尖锐重锯齿。伞房花序，总花梗和花梗均有柔毛，花白色。梨果球形或梨形，红色或黄色，直径1～2 cm，宿萼较大，反折。花期5—6月，果期8—10月。

【生境】生于向阳山坡或山地灌丛中。

【分布】分布于字畈镇、雷公镇、烟店镇、洑水镇、接官乡。

【采收加工】秋季果实成熟时采收，置沸水中略烫后干燥或直接干燥。

【性味功能】味酸、甘，性微温；健脾消食，活血化瘀。

【主治用法】用于食滞肉积，脘腹胀痛，产后瘀痛，漆疮，冻疮。内服：煎汤，3～10 g。外用：煎水洗擦。

86. 桃 *Amygdalus persica* L.

【别名】山桃、毛桃。

【基源】为蔷薇科桃属植物桃 *Amygdalus persica* L. 的果实。

【形态特征】乔木，高3～8 m；树冠宽广而平展；树皮暗红褐色，老时粗糙呈鳞片状；小枝细长，无毛，有光泽，绿色，向阳处转变成红色，具大量小皮孔；冬芽圆锥形，顶端钝，外被短柔毛，常2～3个簇生，中间为叶芽，两侧为花芽。叶片长圆状披针形、椭圆状披针形或倒卵状披针形，长7～15 cm，宽2～3.5 cm，先端渐尖，基部宽楔形，上面无毛，下面在脉腋间具少数短柔毛或无毛，叶边具细锯齿或粗锯齿，齿端具腺体或无腺体；叶柄粗壮，长1～2 cm，常具1至数枚腺体，有时无腺体。花单生，先于叶开放，直径2.5～3.5 cm；花梗极短或几无梗；萼筒钟形，被短柔毛，稀几无毛，绿色而具红色斑点；

萼片卵形至长圆形，顶端圆钝，外被短柔毛；花瓣长圆状椭圆形至宽倒卵形，粉红色，罕为白色；雄蕊 20～30，花药绯红色；花柱几与雄蕊等长或稍短；子房被短柔毛。果实形状和大小均有变异，卵形、宽椭圆形或扁圆形，直径（3）5～7（12）cm，长几与宽相等，色泽变化由淡绿白色至橙黄色，常在向阳面具红晕，外面密被短柔毛，稀无毛，腹缝明显，果梗短而深入果洼；果肉白色、浅绿白色、黄色、橙黄色或红色，

多汁有香味，甜或酸甜；核大，离核或粘核，椭圆形或近圆形，两侧扁平，顶端渐尖，表面具纵、横沟纹和孔穴；种仁味苦，稀味甜。花期 3—4 月，果实成熟期因品种而异，通常为 8—9 月。

【生境】多见于栽培。

【分布】全县域均有栽培。

【采收加工】果实成熟时采摘，鲜用或作脯。

【性味功能】味甘、酸，性温；生津，润肠，活血，消积。

【主治用法】用于津少口渴，肠燥便秘，经闭，积聚。内服：适量，鲜食；或作脯食。外用：适量，捣敷。

87. 翻白草 *Potentilla discolor* Bge.

【别名】委陵菜、婆婆丁。

【基源】为蔷薇科委陵菜属植物翻白草 *Potentilla discolor* Bge. 的带根全草。

【形态特征】多年生草本。根粗壮，下部常肥厚呈纺锤形。花茎直立，上升或微铺散，高 10～45 cm，密被白色绵毛。基生叶有小叶 2～4 对，间隔 0.8～1.5 cm，连叶柄长 4～20 cm，叶柄密被白色绵毛，有时并有长柔毛；小叶对生或互生，无柄，小叶片长圆形或长圆状披针形，长 1～5 cm，宽 0.5～0.8 cm，顶端圆钝，稀急尖，基部楔形、宽楔形或偏斜圆形，边缘具圆钝锯齿，稀急尖，上面暗绿色，被

稀疏白色绵毛或脱落几无毛，下面密被白色或灰白色绵毛，脉不显或微显，茎生叶 1～2，有掌状 3～5 小叶；基生叶托叶膜质，褐色，外面被白色长柔毛，茎生叶托叶草质，绿色，卵形或宽卵形，边缘常有缺刻状齿，稀全缘，下面密被白色绵毛。聚伞花序有花数朵，疏散，花梗长 1～2.5 cm，外被绵毛；花直径 1～2 cm；萼片三角状卵形，副萼片披针形，比萼片短，外面被白色绵毛；花瓣黄色，倒卵形，顶

端微凹或圆钝，比萼片长；花柱近顶生，基部具乳头状膨大，柱头稍微扩大。瘦果近肾形，宽约 1 mm，光滑。花果期 5—9 月。

【生境】生于荒地、山谷、沟边、山坡草地、草甸及疏林下，海拔 100 ～ 1850 m。

【分布】全县域均有分布。

【采收加工】未开花前连根挖取，除净泥土，晒干，生用。

【性味功能】味苦，性寒；清热解毒，止血，止痢。

【主治用法】用于湿热泄泻，痈肿疮毒，血热出血，肺热咳喘。内服：煎汤，9 ～ 15 g（鲜品 30 ～ 60 g）。外用：适量，捣敷患处。

88. 三叶委陵菜 *Potentilla freyniana* Bornm.

【别名】三爪金、地蜘蛛。

【基源】为蔷薇科委陵菜属植物三叶委陵菜 *Potentilla freyniana* Bornm. 的全草。

【形态特征】多年生草本，高约 30 cm。主根短而粗，状如蜂子，须根多数。茎细长柔软，有时呈匍匐状；有柔毛。三出复叶；基生叶的小叶椭圆形、矩圆形或斜卵形，长 1.5 ～ 5 cm，宽 1 ～ 2 cm，基部楔形，边缘有钝锯齿，近基部全缘，下面沿叶脉处有较密的柔毛；叶柄细长，有柔毛；茎生叶小叶片较小，叶柄短或无；托叶卵形，被毛。总状聚伞花序，顶生；总花梗和花梗有柔毛；花梗上有小苞片；花小，少数，直径 10 ～ 15 mm，黄色；副萼 5，线状披针形，萼 5，卵状披针形，外面均被毛；花瓣 5，倒卵形，顶端微凹；雄蕊多数，雌蕊多数，花柱侧生；花托稍有毛。瘦果小，黄色，卵形，无毛，有小皱纹。花期 4—5 月。

【生境】生于向阳山坡或路边草丛中。

【分布】分布于孛畈镇。

【采收加工】花期采收开花的全草，晒干。

【性味功能】味苦，性微寒；清热解毒，散瘀止血。

【主治用法】用于骨结核，口腔炎，瘰疬，跌打损伤，外伤出血等。内服：煎汤，9 ～ 18 g；或浸酒。外用：捣敷、煎水洗或研末撒。

【附方】（1）治骨结核：三叶委陵菜适量，加食盐少许，捣烂敷患处，每日换药 1 次。（《浙江民间常用草药》）

（2）治口腔炎：三叶委陵菜 2 ～ 3 钱，水煎服。（《浙江民间常用草药》）

（3）治外伤出血：三叶委陵菜适量，捣烂外敷。（《浙江民间常用草药》）

（4）治蛇头疔：三叶委陵菜加食盐捣烂，敷患处。（《中草药手册》）

（5）治痔疮：三叶委陵菜洗净，捣烂，冲入沸水浸泡，趁热坐熏。（《中草药手册》）

89. 委陵菜 *Potentilla chinensis* Ser.

【别名】翻白菜、根头菜、虎爪菜。

【基源】为蔷薇科委陵菜属植物委陵菜 *Potentilla chinensis* Ser. 的干燥全草。

【形态特征】多年生草本植物。根粗壮，圆柱形，稍木质化。花茎直立或上升，高 20～70 cm，被稀疏短柔毛及白色绢状长柔毛。基生叶为羽状复叶，有小叶 5～15 对，间隔 0.5～0.8 cm，连叶柄长 4～25 cm，叶柄被短柔毛及绢状长柔毛；小叶片对生或互生，上部小叶较长，向下逐渐减小，无柄，长圆形、倒卵形或长圆状披针形，长 1～5 cm，宽 0.5～1.5 cm，边缘羽状中裂，裂片三角状卵形、三角状披针形或

长圆状披针形，顶端急尖或圆钝，边缘向下反卷，上面绿色，被短柔毛或脱落儿无毛，中脉下陷，下面被白色茸毛，沿脉被白色绢状长柔毛，茎生叶与基生叶相似，唯叶片对数较少；基生叶托叶近膜质，褐色，外面被白色绢状长柔毛，茎生叶托叶草质，绿色，边缘锐裂。伞房状聚伞花序，花梗长 0.5～1.6 cm，基部有披针形苞片，外面密被短柔毛；花直径通常 0.8～1 cm，稀达 1.3 cm；萼片三角状卵形，顶端急尖，副萼片带形或披针形，顶端尖，比萼片短且狭窄，外面被短柔毛及少数绢状柔毛；花瓣黄色，宽倒卵形，顶端微凹，比萼片稍长；花柱近顶生，基部微扩大，稍有乳头或不明显，柱头扩大。瘦果卵球形，深褐色，有明显皱纹。花果期 4—10 月。

【生境】生于山坡草地、沟谷、林缘、灌丛或疏林下，海拔 400～3200 m。

【分布】全县域均有分布。

【采收加工】除去泥沙，晒干，切段，生用。

【性味功能】味苦，性寒；清热解毒，凉血，止痢。

【主治用法】用于热毒，血热出血。内服：煎汤，9～15 g。外用：鲜品适量，煎水洗或捣烂敷患处。

90. 杏 *Armeniaca vulgaris* Lam.

【别名】杏实、杏子。

【基源】为蔷薇科杏属植物杏 *Armeniaca vulgaris* Lam. 的果实、种仁。

【形态特征】落叶小乔木，高 4～10 m；树皮暗红棕色，纵裂。单叶互生；叶片圆卵形或宽卵形，长 5～9 cm，宽 4～8 cm。春季先于叶开花，花单生于枝端，着生较密，稍似总状；花儿无梗，花萼基

部呈筒状，外面被短柔毛，上部5裂；花瓣5，白色或浅粉红色，圆形至宽倒卵形；雄蕊多数，着生于萼筒边缘；雌蕊单心皮，着生于萼筒基部。核果圆形，稀倒卵形，直径2.5 cm以上。种子，心状卵形，浅红色。花期3—4月，果期6—7月。

【生境】生于全国各地，多系栽培。

【分布】全县域偶见栽培。

【采收加工】果实：6—7月果实成熟时采收，鲜用或晒干。

杏仁：夏季采收成熟果实，除去果肉及核壳，晾干，生用。

【性味功能】果实：味酸、甘，性温；润肺定喘，生津止渴。

杏仁：味苦，性微温；止咳平喘，润肠通便。

【主治用法】果实：用于肺燥咳嗽，津伤口渴。内服：煎汤，6～12 g；或生食，或晒干为脯，适量。

杏仁：用于咳嗽气喘，胸满痰多，血虚津枯，肠燥便秘。内服：煎汤，3～10 g，宜打碎入煎；或入丸、散。

91. 插田泡 *Rubus coreanus* Miq.

【别名】复盆子、大乌泡、乌沙莓。

【基源】为蔷薇科悬钩子属植物插田泡 *Rubus coreanus* Miq. 的果实、根及茎、藤着地所生的不定根。

【形态特征】灌木，高1～3 m；枝粗壮，红褐色，被白粉，具近直立或钩状扁平皮刺。小叶通常5枚，稀3枚，卵形、菱状卵形或宽卵形，长（2）3～8 cm，宽2～5 cm，顶端急尖，基部楔形至近圆形，上面无毛或仅沿叶脉有短柔毛，下面被稀疏柔毛或仅沿叶脉被短柔毛，边缘有不整齐粗锯齿或缺刻状粗锯齿，顶生小叶顶端有时3浅裂；叶柄长2～5 cm，顶生小叶柄长1～2 cm，侧生小叶近无柄，与叶轴均被短柔毛和疏生钩状小皮刺；托叶线状披针形，有柔毛。伞房花序生于侧枝顶端，具花数朵至30余朵，总花梗和花梗均被灰白色短柔毛；花梗长5～10 mm；苞片线形，有短柔毛；花直径7～10 mm；花萼外面被灰白色短柔毛；萼片长卵形至卵状披针形，长4～6 mm，顶端渐尖，边缘具茸毛，花时开展，果时反折；花瓣倒卵形，淡红色至深红色，与萼片近等长或稍短；雄蕊比花瓣短或近等长，花丝带粉红色；雌蕊多数；花柱无毛，子房被稀疏短柔毛。果实近球形，直径5～8 mm，深红色至紫黑色，无毛或近无毛；核具皱纹。花期4—6月，果期6—8月。

【生境】生于海拔100～1700 m的山坡灌丛或山谷、河边、路旁。

【分布】全县域均有分布。

【采收加工】根与不定根随时可采，果实近于成熟时采摘，晒干。

【性味功能】果实：味甘、酸，性温；补肾固精。

根、不定根：味苦，性凉；调经活血，止血止痛。

【主治用法】果实：用于阳痿，遗精，遗尿，带下。内服：煎汤，9～15 g。

根、不定根：用于跌打损伤，骨折，月经不调；外用治外伤出血。外用：适量，鲜根捣烂敷患处。

92. 灰白毛莓 *Rubus tephrodes* Hance

【别名】雀不站、红毛草、腺毛莓。

【基源】为蔷薇科悬钩子属植物灰白毛莓 *Rubus tephrodes* Hance 的根、叶。

【形态特征】攀援灌木，高达3～4 m；枝密被灰白色茸毛，疏生微弯皮刺，并具疏密及长短不等的刺毛和腺毛，老枝上刺毛较长。单叶，近圆形，长、宽各5～8（11）cm，顶端急尖或圆钝，基部心形，上面有疏柔毛或疏腺毛，下面密被灰白色茸毛，侧脉3～4对，主脉上有时疏生刺毛和小皮刺，基部有掌状五出脉，边缘有明显5～7圆钝裂片和不整齐锯齿；叶柄长1～3 cm，具茸毛，疏生小皮刺或刺毛及腺毛；托叶小，离生，脱落，深条裂或梳齿状深裂，有茸毛状柔毛。大型圆锥花序顶生；总花梗和花梗密被茸毛或茸毛状柔毛，通常仅总花梗的下部有稀疏刺毛或腺毛；花梗短，长仅达1 cm；苞片与托叶相似；花直径约1 cm；花萼外密被灰白色茸毛，通常无刺毛或腺毛；萼片卵形，顶端急尖，全缘；花瓣小，白色，近圆形至长圆形，比萼片短；雄蕊多数，花丝基部稍膨大；雌蕊30～50，无毛，长于雄蕊。果实球形，较大，直径达1.4 cm，紫黑色，无毛，由多数小核果组成；核有皱纹。花期6—8月，果期8—10月。

【生境】生于山坡、路旁或灌丛中，海拔达1500 m。

【分布】分布于王义贞镇钱冲村银杏谷。

【采收加工】根：夏、秋季采挖，洗净，切片，晒干或鲜用。叶：夏、秋季采叶，晒干。

【性味功能】味甘、涩，性温。根：止痛，止痢，和血调气。叶：止血。

【主治用法】根：用于劳伤疼痛，吐血，痢疾，疝气。内服：煎汤，9～30 g。

叶：外用于黄水疮。外用：适量，研末敷患处。

93. 茅莓 *Rubus parvifolius* L.

【别名】三月泡、红梅消、虎波草。

【基源】为蔷薇科悬钩子属植物茅莓 *Rubus parvifolius* L. 的茎叶或根。

【形态特征】落叶小灌木，有短毛和倒生皮刺。叶互生，复叶，小叶通常3，偶见5，上面深绿色，被白色毛，小叶宽菱形至宽倒卵形；托叶针状。聚伞花序合成伞房状：花小，花瓣紫红色或粉红色。聚合果球形，成熟时红色。花期5—6月，果期7—8月。

【生境】生于山坡杂木林下、向阳山谷、路边或荒野地。

【分布】全县域均有分布。

【采收加工】秋季挖根，夏、秋季采收茎叶，鲜用或切段晒干。

【性味功能】味苦、涩，性凉；散瘀，止痛，解毒，杀虫。

【主治用法】用于吐血，跌打损伤，产后瘀滞腹痛，痢疾，痔疮，疥疮等。内服：煎汤，15～30 g。外用：适量，鲜叶捣烂外敷，或煎水熏洗。

【附方】（1）治尿路结石：茅莓根60 g，石韦30 g，海金沙、车前草各15 g，水煎服。（《精编中草药图谱》）

（2）治风湿关节痛：茅莓根60 g，白酒500 mL，浸泡7天，每次服1小杯，每日2次。（《精编中草药图谱》）

（3）治过敏性皮炎：茅莓根30 g，水煎，去渣，入明矾适量，洗患处。（《精编中草药图谱》）

（4）治创伤出血：茅莓叶，晒干研末，取适量局部撒敷，外盖洁净纱布。（《精编中草药图谱》）

94. 山莓 *Rubus corchorifolius* L. f.

【别名】三月泡、树莓、五月泡。

【基源】为蔷薇科悬钩子属植物山莓 *Rubus corchorifolius* L. f. 的根和叶。

【形态特征】落叶小灌木，高1～2 m。茎直立，具基出枝条；小枝红棕色，仅幼时被柔毛，老则脱落，散生稍弯皮刺。单叶互生，具长柄，有时较叶片长，与中脉均有小钩刺；托叶贴生于叶柄上；叶片卵形，长3～9 cm，宽2～5 mm，不裂或3浅裂，有不整齐重锯齿，先端尖，基部浅心形或平截，基脉3条，两面被毛。春季小枝上开花，1朵或数朵聚生于叶的对面；花梗长不及1 cm，疏被柔毛；萼片卵状披针形，端尖，密被灰白色柔毛；花冠白色，直径约3 cm；花瓣5，长椭圆形，端尖；雄蕊多数；心皮多数，生于一隆起的花托上。聚合果球形，直径约1.2 cm，鲜红色。

【生境】生于阳坡草地、溪边、灌丛以及村落附近。

【分布】分布于王义贞镇钱冲村。

【采收加工】秋季挖根，洗净，切片，晒干。春季至秋季可采叶，洗净，切碎，晒干。

【性味功能】根：味苦、涩，性平；活血，止血，祛风利湿。

叶：味苦，性凉；消肿解毒。

【主治用法】根：用于吐血，便血，肠炎，痢疾，风湿关节痛，跌打损伤，月经不调，带下。内服：煎汤，0.5～1两。

叶：外用治痈疖肿毒。外用：适量，鲜品捣烂敷患处。

四十二、豆科 Fabaceae

95. 扁豆 *Lablab purpureus*（L.）Sweet

【别名】白扁豆、藕豆、白藕豆、娥眉豆。

【基源】为豆科扁豆属植物扁豆 *Lablab purpureus*（L.）Sweet 的干燥成熟种子。

【形态特征】一年生缠绕草质藤本，长达 6 m。茎常呈淡紫色或淡绿色，无毛或疏被柔毛。三出复叶；叶柄长 4～14 cm；托叶披针形或三角状卵形，被白色柔毛。总状花序腋生；2～4 花或多花丛生于花序轴的节上；小苞片舌状，2 枚，早落；花萼宽钟状，边缘密被白色柔毛；花冠蝶形，白色或淡紫色，旗瓣广椭圆形，先端向内微凹，翼瓣斜椭圆形，近基部处一侧有耳状突起，龙骨瓣舟状，弯曲几成直角；雄蕊 10 枚，1 枚单生，其余 9 枚的花丝部分连合成管状，将雌蕊包被；子房线形，有绢毛，基部有腺体，花柱近先端有白色髯毛，柱头头状。荚果镰形或倒卵状长椭圆形。种子 2～5 颗。花期 6—8 月，果期 9 月。

【生境】为栽培品。

【分布】全县域均有栽培。

【采收加工】秋季种子成熟时，摘取荚果，剥出种子，晒干，拣净杂质。

【性味功能】味甘，性微温；健脾，化湿，消暑。

【主治用法】用于脾虚生湿，食少便溏，白带过多，暑湿吐泻，烦渴胸闷。内服：煎汤，10～15 g；或生品捣研水绞汁；或入丸、散。外用：适量，捣敷。健脾止泻宜炒用；消暑养胃解毒宜生用。

【附方】（1）治脾胃虚弱，饮食不进而呕吐泄泻者：扁豆（姜汁浸，去皮，微炒）一斤半，人参（去芦）、白茯苓、白术、甘草（炒）、山药各二斤，莲子肉（去皮）、桔梗（炒令深黄色）、薏苡仁、缩砂仁各一斤。上为细末，每服二钱，枣汤调下。小儿量岁数加减服。（《太平惠民和剂局方》参苓白术散）

（2）治妇人赤白带下：扁豆炒黄为末，米饮调下。（《妇人大全良方》）

（3）治慢性肾炎，贫血：扁豆 30 g，红枣 20 粒，水煎服。（《福建药物志》）

（4）治霍乱：扁豆一升，香薷一升。上二味，以水六升，煮取二升，分服，单用亦得。（《备急千金要方》）

（5）治伏暑引饮，口燥咽干，或吐或泻：扁豆（微炒）、厚朴（去皮，姜汁炙）各二钱，香薷（去土）二钱。水一盏，入酒少许，煎七分，沉冷，不拘时服，一方加黄连姜汁炒黄色，如有抽搐，加羌活。（《卫生易简方》）

（6）治心脾肠热，口舌干燥生疮：扁豆（炒）、蒺藜子（炒）各二两。上二味，粗捣筛。每服五钱匕，水一盏半，煎至一盏，去滓，日三服，不拘时。（《圣济总录》扁豆汤）

（7）治一切药毒：扁豆（生）晒干为细末，新汲水调下二三钱匕。（《是斋百一选方》）

（8）治疔肿：鲜扁豆适量，加冬蜜少许，同捣烂敷患处。（《福建药物志》）

（9）治恶疮连痂痒痛：捣扁豆封，痂落即瘥。（《肘后备急方》）

（10）治热毒恶疮，连痂痒痛者：单用扁豆捣碎外敷即效。（《肘后备急方》）

96. 长柄山蚂蝗 *Podocarpium podocarpum*（DC.）Yang et Huang

【别名】圆菱叶山蚂蝗。

【基源】为豆科长柄山蚂蝗属植物长柄山蚂蝗 *Podocarpium podocarpum*（DC.）Yang et Huang 的全草。

【形态特征】直立草本，高 50～100 cm。根茎稍木质；茎具条纹，疏被伸展短柔毛。叶为羽状三出复叶，小叶 3；托叶钻形，长约 7 mm，基部宽 0.5～1 mm，外面与边缘被毛；叶柄长 2～12 cm，着生茎上部的叶柄较短，茎下部的叶柄较长，疏被伸展短柔毛；小叶纸质，顶生小叶宽倒卵形，长 4～7 cm，宽 3.5～6 cm，先端突尖，基部楔形或宽楔形，全缘，两面疏被短柔毛或几无毛，侧脉每边约 4 条，直达叶缘，侧生小叶斜卵形，较小，偏斜，小托叶丝状，长 1～4 mm；小叶柄长 1～2 cm，被伸展短柔毛。总状花序或圆锥花序，顶生或顶生和腋生，长 20～30 cm，结果时延长至 40 cm；总花梗被柔毛和钩状毛；通常每节生 2 花，花梗长 2～4 mm，结果时增长至 5～6 mm；苞片早落，窄卵形，长 3～5 mm，宽约 1 mm，被柔毛；花萼钟形，长约 2 mm，裂片极短，较萼筒短，被小钩状毛；花冠紫红色，长约

4 mm，旗瓣宽倒卵形，翼瓣窄椭圆形，龙骨瓣与翼瓣相似，均无瓣柄；雄蕊单体；雌蕊长约 3 mm，子房具子房柄。荚果长约 1.6 cm，通常有荚节 2，背缝线弯曲，节间深凹入达腹缝线；荚节略呈宽半倒卵形，长 5～10 mm，宽 3～4 mm，先端截形，基部楔形，被钩状毛和小直毛，稍有网纹；果梗长约 6 mm；果颈长 3～5 mm。花果期 8—9 月。

【生境】生于山坡路旁、草坡、次生阔叶林下或高山草甸处，海拔 120～2100 m。

【分布】李畈镇、王义贞镇偶见。

【采收加工】夏、秋季采收，洗净，晒干。

【性味功能】味苦，性温；发表散寒，止血，破瘀消肿，健脾化湿。

【主治用法】用于感冒，咳嗽，脾胃虚弱。内服：煎汤，9～15 g。

97. 草木犀 *Melilotus suaveolens* Ledeb.

【别名】野苜蓿、品川萩、省头草、辟汗草。

【基源】为豆科草木犀属植物草木犀 *Melilotus suaveolens* Ledeb. 的全草。

【形态特征】一年生或两年生草本，高 60～90 cm，有时可达 1 m 以上。茎直立，粗壮，多分枝。三出复叶，互生；托叶线状披针形，基部不齿裂，稀有时靠近下部叶的托叶基部具 1 或 2 齿裂；叶片倒卵形、长圆形或倒披针形，长 15～27 mm，宽 4～7 mm，先端钝，基部楔形或近圆形，边缘有不整齐的疏锯齿。总状花序细长，腋生花多数；花萼钟状，萼齿 5，三角状披针形，近等长；花黄色，长约 4 mm，旗瓣椭圆形，先端圆或微凹，基部楔形，翼瓣比旗瓣短，与龙骨瓣略等长；雄蕊 10，二体；子房卵状长圆形，花柱细长。荚果小，倒卵形，长 3～3.5 mm，棕色，仅 1 节荚，先端有短喙，表面具网纹。种子 1 颗，近圆形或椭圆形，稍扁。花期 6—8 月，果期 7—10 月。

【生境】生于海拔 200～3700 m 的山沟、

河岸或田野潮湿处。

【分布】孛畈镇、王义贞镇、雷公镇偶见。

【采收加工】6—8月开花期割取地上部分，鲜用或晒干，切段备用。

【性味功能】味辛、甘、微苦，性凉，清暑化湿，健胃和中。

【主治用法】用于暑湿胸闷，头胀头痛，痢疾，疟疾，淋证，带下，口疮，口臭，疮疡，湿疮，疥癣，淋巴结结核。内服：煎汤，9～15 g；或浸酒。外用：适量，捣敷；或煎水洗，或烧烟熏。

【附方】（1）治暑热胸闷头胀：省头草、淡竹叶、丝瓜络各9 g，鲜荷叶半张，水煎服。（《安徽中草药》）

（2）治暑热暑湿：省头草、藿香、通草各9～15 g，水煎服。（《浙江药用植物志》）

（3）治赤白痢疾：草木犀、仙鹤草各15 g，青木香9 g，水煎服。（《青岛中草药手册》）

（4）治疟疾：省头草30 g，煎汤，在疟发前1 h服用。（《吉林中草药》）

（5）治尿路感染：省头草、车前草、海金沙藤各15 g，煎服。（《安徽中草药》）

（6）治白口疮：辟汗草捣绒取汁，搽患处。（《贵州草药》）

（7）治湿疮疥癣：省头草、黄柏、苍术、白芷、雄黄、艾叶各9 g，蜈蚣5条，共研细末，以草纸卷成条，点燃熏患处。（《安徽中草药》）

（8）治皮肤瘙痒：辟汗草60 g，煨水洗患处。（《贵州草药》）

（9）治颈淋巴结结核：省头草60 g，白酒500 g，浸泡7天。每服药酒15～30 g，每日2～3次。（《安徽中草药》）

98. 大豆 *Glycine max*（L.）Merr.

【别名】黄豆。

【基源】黄大豆（中药名）。为豆科大豆属植物大豆 *Glycine max*（L.）Merr. 的种皮呈黄色的种子。

【形态特征】一年生直立草本，高60～180 cm。茎粗壮，密生褐色长硬毛。叶柄长，密生黄色长硬毛；托叶小，披针形；三出复叶，顶生小叶菱状卵形，长7～13 cm，宽3～6 cm，先端渐尖，基部宽楔形或圆形，两面均有白色长柔毛，侧生小叶较小，斜卵形；叶轴及小叶柄密生黄色长硬毛。总状花序腋生；苞片及小苞片披针形，有毛；花萼钟状，萼齿5，披针形，下面1齿最长，均密被白色长柔毛；花冠小，

白色或淡紫色，稍较萼长；旗瓣先端微凹，翼瓣具1耳，龙骨瓣镰形；雄蕊10，二体；子房线形，被毛。荚果带状长圆形，略弯，下垂，黄绿色，密生黄色长硬毛。种子2～5颗，黄绿色或黑色，卵形至近球形，长约1 cm。花期6—7月，果期8—10月。

【生境】全国各地广泛栽培。

【分布】全县域均有分布。

【采收加工】8—10月果实成熟后采收，取其种子晒干。

【性味功能】味甘，性平；宽中导滞，健脾利水，解毒消肿。

【主治用法】用于食积泄泻，腹胀食呆，疮痈肿毒，脾虚水肿，外伤出血。内服：煎汤，30～90 g；或研末。外用：捣敷；或炒焦研末调敷。

【附方】（1）治单纯性消化不良：黄豆500 g，血藤5 kg。将血藤煮取汁，浓缩前把磨好的豆浆倒进血藤汁中煮沸20 min，过滤去渣，浓液焙干研粉备用。小儿每次0.5～1 g，每日4次。（《全国中草药新医疗法展览会资料选编》）

（2）治痘后生疮：黄豆烧研末，香油调涂。（《本草纲目》）

（3）治诸痈疮：黄豆适量，浸胖捣涂。（《随息居饮食谱》）

99. 野葛 *Pueraria lobata*（Willd.）Ohwi

【别名】葛条、甘葛、葛藤。

【基源】为豆科葛属植物野葛 *Pueraria lobata*（Willd.）Ohwi 的干燥根。

【形态特征】粗壮藤本，长可达8 m，全体被黄色长硬毛，茎基部木质，有粗厚的块状根。羽状复叶具3小叶；托叶背着，卵状长圆形，具线条；小托叶线状披针形，与小叶柄等长或较长；小叶3裂，偶尔全缘，顶生小叶宽卵形或斜卵形，长8～15（19）cm，宽5～12（18）cm，先端长渐尖，侧生小叶斜卵形，稍小，上面被淡黄色、平伏的疏柔毛，下面较密；小叶柄被黄褐色茸毛。荚果长椭圆形，长5～9 cm，宽8～11 mm，扁平，被褐色长硬毛。花期9—10月，果期11—12月。

【生境】生于山坡草丛中或路旁及较阴湿的地方，或生于海拔1000～3200 m的山沟林中。

【分布】接官乡、王义贞镇有分布。

【采收加工】秋、冬季采挖，趁鲜切成厚片或小块，干燥。

【性味功能】味甘、辛，性凉；解肌退热，透疹，生津止渴，升阳止泻。

【主治用法】用于表证发热，项背强痛，麻疹不透，热病口渴，阴虚消渴，热泄热痢，脾虚泄泻。内服：煎汤，9～15 g。解肌退热、透疹、生津宜生用，升阳止泻宜煨用。

100. 合欢 *Albizia julibrissin* Durazz.

【别名】合欢木、合昏、夜合。

【基源】为豆科合欢属植物合欢 *Albizia julibrissin* Durazz. 的树皮、花蕾。

【形态特征】落叶乔木，高可达 16 m。树干灰黑色；嫩枝、花序和叶轴被茸毛或短柔毛。托叶线状
披针形，较小叶小，早落；二回羽状复叶，互生；总叶柄长 3～5 cm，总花柄近基部及最顶 1 对羽片着生处各有一枚腺体；羽片 4～12 对，栽培的有时达 20 对；小叶 10～30 对，线形至长圆形，长 6～12 mm，宽 1～4 mm，向上偏斜，先端有小尖头，有缘毛，有时在下面或仅中脉上有短柔毛；中脉紧靠上边缘。头状花序在枝顶排成圆锥花序；花粉红色；花萼管状，长 3 mm；花冠长 8 mm，裂片三角形，长 1.5 mm，

花萼、花冠外均被短柔毛；雄蕊多数，基部合生，花丝细长；子房上位，花柱几与花丝等长，柱头圆柱形。
荚果带状，长 9～15 cm，宽 1.5～2.5 cm，嫩荚有柔毛，老荚无毛。花期 6—7 月，果期 8—10 月。

【生境】生于山坡或栽培。

【分布】全县域均有分布，多见于公园栽培。

【采收加工】合欢皮：6—9 月剥皮，切段，晒干或炕干。合欢花：夏季花初开时采收，除去枝叶，晒干。

【性味功能】合欢皮：味甘，性平；解郁安神，活血消肿。

合欢花：味甘、苦，性平；解郁安神，理气开胃，消风明目，活血止痛。

【主治用法】合欢皮：用于心神不宁，易怒忧郁，烦躁失眠，跌打损伤，筋断骨折，血瘀肿痛以及肺痈、疮痈肿毒等。内服：煎汤，10～15 g；或入丸、散。外用：研末调敷。

合欢花：用于忧郁失眠，胸闷纳呆，风火眼疾，视物不清，腰痛，跌打伤痛。内服：煎汤，4.5～9 g。

101. 槐 *Sophora japonica* L.

【别名】槐蕊。

【基源】为豆科槐属植物槐 *Sophora japonica* L. 的干燥花及花蕾。

【形态特征】落叶乔木，高 8～20 m。树皮灰棕色，具不规则纵裂，内皮鲜黄色，具臭味；嫩枝暗绿褐色，近光滑或有短细毛，皮孔明显。奇数羽状复叶，互生，长 15～25 cm，叶轴有毛，基部膨大；小叶 7～15，柄长约 2 mm，密生白色短柔毛；托叶镰刀状，早落；小叶片卵状长圆形，长 2.5～7.5 cm，宽 1.5～3 cm，先端渐尖具细突尖，基部宽楔形，全缘，上面绿色，微亮，背面伏生白色短毛。圆锥花序顶生，长 15～30 cm；萼钟状，5 浅裂；花冠蝶形，乳白色，旗瓣阔心形，有短爪，脉微紫，翼瓣和龙骨瓣均为长方形；雄蕊 10，分离，不等长；子房筒状，有细长毛，花柱弯曲。荚果肉质，串珠状，长 2.5～5 cm，黄绿色，无毛，不开裂。种子 1～6 颗，肾形，深棕色。花期 7—8 月，果期 10—11 月。

【生境】生于山坡、平原，或植于庭园、路边。

【分布】全县域均有分布。

【采收加工】夏季花蕾形成时采收，及时干燥。亦可在花开放时，在树下铺布、席等，将花打落，收集晒干。

【性味功能】味苦，性微寒；凉血止血，清肝泻火。

【主治用法】用于血热迫血妄行的各种出血证，肝火上炎所致的目赤、头胀、头痛及眩晕。内服：煎汤，5～10 g；或入丸、散。外用：煎水熏洗；或研末撒。

102. 杭子梢 *Campylotropis macrocarpa*（Bge.）Rehd.

【别名】云南杭子梢。

【基源】为豆科杭子梢属植物杭子梢 *Campylotropis macrocarpa*（Bge.）Rehd. 的根、枝和叶。

【形态特征】灌木，高 1～2（3）m。小枝贴生或近贴生短或长柔毛，嫩枝毛密，少有具茸毛，老枝常无毛。羽状复叶具 3 小叶；托叶狭三角形、披针形或披针状钻形，长（2）3～6 mm；叶柄长（1）1.5～3.5 cm，稍密生短柔毛或长柔毛，少为毛少或无毛，枝上部（或中部）的叶柄常较短，有时长不及 1 cm；小叶椭圆形或宽椭圆形，有时过渡为长圆形，长（2）3～7 cm，宽 1.5～3.5（4）cm，先端圆形、钝或微凹，具小突尖，基部圆形，稀近楔形，上面通常无毛，脉明显，下面通常贴生或近贴生短柔毛或长柔毛，疏生至密生，中脉明显隆起，毛较密。总状花序单一（稀二）腋生并顶生，花序

连总花梗长 4～10 cm 或有时更长，总花梗长 1～4（5）cm，花序轴密生开展的短柔毛或微柔毛，总花梗常斜生或贴生短柔毛，稀为具茸毛；苞片卵状披针形，长 1.5～3 mm，早落或花后逐渐脱落，小苞片近线形或披针形，长 1～1.5 mm，早落；花梗长（4）6～12 mm，具开展的微柔毛或短柔毛，极稀贴生毛；花萼钟形，长 3～4（5）mm，稍浅裂或近中裂，稀稍深裂或深裂，通常贴生短柔毛，萼裂片狭三角形

或三角形，渐尖，下方萼裂片较狭长，上方萼裂片几乎全部合生或少有分离；花冠紫红色或近粉红色，长 l0 ～ 12（13）mm，稀为长不及 10 mm，旗瓣椭圆形、倒卵形或近长圆形等，近基部狭窄，瓣柄长 0.9 ～ 1.6 mm，翼瓣微短于旗瓣或等长，龙骨瓣呈直角或微钝角内弯，瓣片上部通常比瓣片下部（连瓣柄）短 1 ～ 3（3.5）mm。荚果长圆形、近长圆形或椭圆形，长（9）10 ～ 14（16）mm，宽（3.5）4.5 ～ 5.5（6）mm，先端具短喙尖，果颈长 1 ～ 1.4（1.8）mm，稀短于 1 mm，无毛，具网脉，边缘生纤毛。花果期（5）6—10 月。

【生境】生于海拔 150 ～ 1300 m 的山坡、灌丛、林缘、山谷沟边及林中。

【分布】雷公镇、烟店镇偶有分布。

【采收加工】夏、秋季采收，晒干。

【性味功能】味微辛、苦，性平；疏风解表，活血通络。

【主治用法】用于风寒感冒，痧证，肾炎水肿，肢体麻木，半身不遂。内服：煎汤，10 ～ 15 g。

103. 截叶铁扫帚 *Lespedeza cuneata*（Dum. -Cours.）G. Don

【别名】夜关门、千里光、半天雷、绢毛胡枝子、小叶胡枝子。

【基源】为豆科胡枝子属植物截叶铁扫帚 *Lespedeza cuneata*（Dum. -Cours.）G. Don 的全草或根。

【形态特征】小灌木，高达 1 m。茎直立或斜升，被毛，上部分枝；分枝斜上举。叶密集，柄短；小叶楔形或线状楔形，长 1 ～ 3 cm，宽 2 ～ 5（7）mm，先端截形成近截形，具小刺尖，基部楔形，上面近无毛，下面密被伏毛。总状花序腋生，具 2 ～ 4 朵花；总花梗极短；小苞片卵形或狭卵形，长 1 ～ 1.5 mm，先端渐尖，背面被白色伏毛，边具缘毛；花萼狭钟形，密被伏毛，5 深裂，裂片披针形；花冠淡黄色或白色，旗瓣基部有紫斑，有时龙骨瓣先端带紫色，翼瓣与旗瓣近等长，龙骨瓣稍长；闭锁花簇生于叶腋。荚果宽卵形或近球形，被伏毛，长 2.5 ～ 3.5 mm，宽约 2.5 mm。花期 7—8 月，果期 9—10 月。

【生境】生于海拔 2500 m 以下的山坡路旁。

【分布】全县域均有分布。

【采收加工】秋季采收，切段，晒干。

【性味功能】味甘、微苦，性平；清热利湿，消食除积，祛痰止咳。

【主治用法】用于小儿疳积，消化不良，肠胃炎，细菌性痢疾，胃痛，黄疸型肝炎，肾炎水肿，带下，口腔炎，咳嗽，支气管炎；外用治疗带状疱疹，毒蛇咬伤。内服：煎汤，15～30 g。外用：
适量，捣敷。

【附方】（1）治吐血：截叶铁扫帚 9 g，捣绒兑开水服。（《精编中草药图谱》）

（2）治伤口久溃不敛：截叶铁扫帚叶晒干研末，取适量撒患处。（《精编中草药图谱》）

（3）治刀伤：截叶铁扫帚叶或花鲜品适量，嚼烂敷伤处。（《精编中草药图谱》）

（4）治痔疮：截叶铁扫帚叶 15 g，蒸酒服。（《精编中草药图谱》）

104. 美丽胡枝子 *Lespedeza formosa*（Vog.）Koehne

【别名】马扫帚、马拂帚。

【基源】为豆科胡枝子属植物美丽胡枝子 *Lespedeza formosa*（Vog.）Koehne 的花。

【形态特征】直立灌木，高 1～2 m。
多分枝，枝伸展，被疏柔毛。托叶披针形
至线状披针形，长 4～9 mm，褐色，被
疏柔毛；叶柄长 1～5 cm；被短柔毛；小
叶椭圆形、长圆状椭圆形或卵形，稀倒卵
形，两端稍尖或稍钝，长 2.5～6 cm，宽
1～3 cm，上面绿色，稍被短柔毛，下面
淡绿色，贴生短柔毛。总状花序单一，腋生，
比叶长，或构成顶生的圆锥花序；总花梗
长可达 10 cm，被短柔毛；苞片卵状渐尖，

长 1.5～2 mm，密被茸毛；花梗短，被毛；花萼钟状，长 5～7 mm，5 深裂，裂片长圆状披针形，长为
萼筒的 2～4 倍，外面密被短柔毛；花冠红紫色，长 10～15 mm，旗瓣近圆形或稍长，先端圆，基部具
明显的耳和瓣柄，翼瓣倒卵状长圆形，短于旗瓣和龙骨瓣，长 7～8 mm，基部有耳和细长瓣柄，龙骨瓣
比旗瓣稍长，在花盛开时明显长于旗瓣，基部有耳和细长瓣柄。荚果倒卵形或倒卵状长圆形，长 8 mm，
宽 4 mm，表面具网纹且被疏柔毛。花期 7—9 月，果期 9—10 月。

【生境】生于山坡林下或杂草丛中。

【分布】分布于雷公镇、赵棚镇。

【采收加工】秋季采收，晒干或鲜用。

【性味功能】味苦，性平；清热凉血。

【主治用法】用于肺热咯血，便血。内服：煎汤，鲜者 1～2 两。

【附方】治肺热咯血，便血：鲜美丽胡枝子花 30～60 g，水煎服。（《袖珍青草药彩色图谱》）

105. 绒毛胡枝子 *Lespedeza tomentosa*（Thunb.）Sieb. ex Maxim.

【别名】山豆花、小毛香、山花生。

【基源】为豆科胡枝子属植物绒毛胡枝子 *Lespedeza tomentosa*（Thunb.）Sieb. ex Maxim. 的根。

【形态特征】灌木，高达1 m。全株密被黄褐色茸毛。茎直立，单一或上部少分枝。托叶线形，长约4 mm；羽状复叶具3小叶；小叶质厚，椭圆形或卵状长圆形，长3～6 cm，宽1.5～3 cm，先端钝或微心形，边缘稍反卷，上面被短伏毛，下面密被黄褐色茸毛或柔毛，沿脉上尤多；叶柄长2～3 cm。总状花序顶生或于茎上部腋生；总花梗粗壮，长4～8（12）cm；苞片线状披针形，长2 mm，有毛；花具短梗，密被黄褐色茸毛；花萼密被毛长约6 mm，5深裂，裂片狭披针形，长约4 mm，先端长渐尖；花冠黄色或黄白色，旗瓣椭圆形，长约1 cm，龙骨瓣与旗瓣近等长，翼瓣较短，长圆形；闭锁花生于茎上部叶腋，簇生成球状。荚果倒卵形，长3～4 mm，宽2～3 mm，先端有短尖，表面密被毛。

【生境】生于山坡路边。

【分布】分布于孛畈镇、赵棚镇。

【采收加工】秋季采收，洗净，切片，晒干。

【性味功能】味甘、微淡，性平；健脾补虚，清热利湿，活血调经。

【主治用法】用于虚劳，血虚头晕，水肿，腹水，痢疾，经闭，痛经。内服：煎汤，15～30 g。

【附方】（1）治虚劳：鲜山豆花30 g，炖肉吃。（《贵州草药》）

（2）治虚劳水肿：山豆花根30 g，水煎或炖猪瘦肉服。（《湖南药物志》）

（3）治肾炎，肝硬化腹水：山豆花根30 g，三黄老母鸡1只。将鸡宰杀，从尾部切开，去肠杂（蛋花、肫肝仍放肚内），洗净，再将山豆花根放入鸡肚内，蒸8 h后，去药渣。吃肉喝汤，当日吃不完，次日加少量水蒸后再吃。每星期只吃1只，连吃3只为1个疗程。（《安徽中草药》）

（4）治痢疾：山豆花根30 g（或全株45 g），人字草30 g，水煎服。（《湖南药物志》）

106. 鸡眼草 *Kummerowia striata*（Thunb.）Schindl.

【别名】掐不齐、人字草、土文花、公母草。

【基源】为豆科鸡眼草属植物鸡眼草 *Kummerowia striata*（Thunb.）Schindl. 的全草。

【形态特征】一年生或多年生草本，高10～30 cm，多分枝。小枝上有向下倒挂的白色细毛。三出羽状复叶，互生；有短柄；小叶细长，长椭圆形或倒卵状长椭圆形，长2～8 cm，宽3～7 mm，先端圆形，其中脉延伸成小刺尖，基部楔形；沿中脉及边缘有白色缘毛。托叶较大，长卵形，急尖，初时淡绿色，后为淡褐色。花蝶形，1～2朵，腋生；小苞片4，卵状披针形；花萼深紫色，钟状，长2.5～3 mm，5裂，裂片阔卵形；花冠浅玫瑰色，较萼长2～3倍，旗瓣近圆形，顶端微凹，具爪，基部有小耳，翼瓣长圆形，基部有耳，龙骨瓣半卵形，有短爪和耳，旗瓣和翼瓣近等长，翼瓣和龙骨瓣的末端有深红色斑点；雄蕊二体。荚果卵状圆形，顶部稍急尖，有小喙，萼宿存。种子1粒，黑色，具不规则的褐色斑点。花期7—9月，果期9—10月。

【生境】生于向阳山坡的路旁、田中、林中及水边。

【分布】全县域均有分布。

【采收加工】7—8月采收，晒干或鲜用。

【性味功能】味甘、辛、微苦，性平；清热解毒，健脾利湿。

【主治用法】用于感冒，暑湿吐泻，黄疸，痢疾，疳积，痈疖疔疮，血淋，咯血，衄血，跌打损伤，赤白带下。内服：煎汤，9～15 g。外用：捣敷或捣汁涂。

【附方】（1）治突然吐泻腹痛：土文花嫩尖叶，口中嚼之，其汁咽下。（《贵州民间药物》）

（2）治中暑发痧：鲜鸡眼草三至四两，捣烂冲开水服。（《福建中草药》）

（3）治湿热黄疸，暑泻，肠风便血：公母草七钱至一两，水煎服。年久肠风，须久服有效。（《三年来的中医药实验研究》）

（4）治赤白久痢：鲜鸡眼草二两，凤尾蕨五钱，水煎，饭前服。（《浙江民间常用草药》）

（5）治红白痢疾：公母草五钱，六月霜二钱，水煎，去渣，红痢加红糖，白痢加白糖服。（《三年来的中医药实验研究》）

（6）治疟疾：鸡眼草一至三两，水煎，分二三次服。一日一剂，连服三天。（《单方验方调查资料选编》）

（7）治小儿疳积：鸡眼草五钱，水煎服。（《浙江民间常用草药》）

（8）治胃痛：鸡眼草一两，水煎温服。（《福建中草药》）

（9）治小便不利：鲜鸡眼草一至二两，水煎服。（《福建中草药》）

（10）治热淋：公母草七钱至一两，米酒水煎服。（《三年来的中医药实验研究》）

（11）治妇人带下：公母草七钱至一两，用精猪肉二三两炖汤，以汤煎药服。（《三年来的中医药实验研究》）

（12）治跌打损伤：鸡眼草捣烂外敷。（《湖南药物志》）

107. 豇豆 *Vigna unguiculata*（L.）Walp.

【别名】豆角、角豆、饭豆、腰豆。

【基源】为豆科豇豆属植物豇豆 *Vigna unguiculata*（L.）Walp. 的种子。

【形态特征】一年生缠绕草本。茎无毛或近无毛。三出复叶，互生；顶生小叶片菱状卵形，长5～13 cm，宽4～7 cm，先端急尖，基部近圆形或宽楔形，两面无毛，侧生小叶稍小，斜卵形；托叶菱形，长约1 cm，着生处下延成一短距。总状花序腋生，花序较叶短，着生2～3朵花；小苞片匙形，早落；萼钟状，萼齿 5，三角状卵形，无毛；花冠蝶形，淡紫色或带黄白色，旗瓣、翼瓣有耳，龙骨瓣无耳；雄蕊 10，二体；子房无柄，被短柔毛，花柱顶部里侧有淡黄色髯毛。荚果条形，下垂，长 20～30 cm，宽在 1 cm 以内，稍肉质而柔软。种子多颗，肾形或球形，褐色。花期 6—9 月，果期 8—10 月。

【生境】多为栽培。

【分布】全县域均有栽培。

【采收加工】8—10 月果实成熟后采收，晒干，打下种子。

【性味功能】味甘、咸，性平；健脾利湿，补肾涩精。

【主治用法】用于脾胃虚弱，吐泻痢疾，肾虚腰痛，遗精，消渴，带下，白浊，小便频数。内服：煎汤，30～60 g；或煮食；或研末，6～9 g。外用：捣敷。

【附方】（1）治带下，白浊：豇豆、藤藤菜各适量，炖鸡肉服。（《四川中药志》）

（2）治尿血：豇豆子研末，每次 3 g，酒、水各半吞服。（《贵州草药》）

（3）治盗汗：豇豆子 60 g，冰糖 30 g，煨水服。（《贵州草药》）

（4）治毒蛇咬伤：豇豆、山慈姑、樱桃叶、黄豆叶各适量，捣绒外敷。（《常用草药治疗手册》）

（5）治莽草中毒：豇豆 60 g，煎服。（《安徽中草药》）

108. 绿豆 *Phaseolus radiatus* L.

【别名】青小豆。

【基源】为豆科菜豆属植物绿豆 *Phaseolus radiatus* L. 的干燥种子。

【形态特征】一年生直立草本，高 20～60 cm。茎被褐色长硬毛。羽状复叶具 3 小叶；托叶盾状着生，卵形，长 0.8～1.2 cm，具缘毛；小托叶显著，披针形；小叶卵形，长 5～16 cm，宽 3～12 cm，侧生的多少偏斜，全缘，先端渐尖，基部阔楔形或浑圆，两面多少被疏长毛，基部三脉明显；叶柄长 5～21 cm；叶轴长 1.5～4 cm；小叶柄长 3～6 mm。总状花序腋生，有花 4 至数朵，最多可达 25 朵；总花梗长 2.5～9.5 cm；花梗长 2～3 mm；小苞片线状披针形或长圆形，长 4～7 mm，有线条，近宿存；萼

管无毛，长 3～4 mm，裂片狭三角形，长 1.5～4 mm，具缘毛，上方的一对合生成一先端 2 裂的裂片；旗瓣近方形，长 1.2 cm，宽 1.6 cm，外面黄绿色，里面有时粉红色，顶端微凹，内弯，无毛；翼瓣卵形，黄色；龙骨瓣镰刀状，绿色而染粉红色，右侧有显著的囊。荚果线状圆柱形，平展，长 4～9 cm，宽 5～6 mm，被淡褐色、散生的长硬毛，种子间多少收缩；种子 8～14 颗，淡绿色或黄褐色，短圆柱形，长 2.5～4 mm，宽 2.5～3 mm，种脐白色而不凹陷。花期初夏，果期 6—8 月。

【生境】全国各地多有栽培。

【分布】全县域均有栽培。

【采收加工】立秋后种子成熟时采收，拔取全株，晒干，打下种子。

【性味功能】味甘，性寒；清热解毒，消暑，利水。

【主治用法】用于痈肿疮毒，暑热烦渴，药食中毒，水肿，小便不利。内服：煎汤，15～30 g。外用：适量，研末调敷。

109. 鹿藿 *Rhynchosia volubilis* Lour.

【别名】鹿豆、野绿豆。

【基源】为豆科鹿藿属植物鹿藿 *Rhynchosia volubilis* Lour. 的茎叶。

【形态特征】缠绕草质藤本。全株各部多少被灰色至淡黄色柔毛；茎略具棱。叶为羽状或有时近指状 3 小叶；托叶小，披针形，长 3～5 mm，被短柔毛；叶柄长 2～5.5 cm；小叶纸质，顶生小叶菱形或倒卵状菱形，长 3～8 cm，宽 3～5.5 cm，先端钝，或为急尖，常有小突尖，基部圆形或阔楔形，两面均被灰色或淡黄色柔毛，下面尤密，并被黄褐色腺点；基出脉 3；小叶柄长 2～4 mm，侧生小叶较小，常偏斜。

总状花序长 1.5～4 cm，1～3 个腋生；花长约 1 cm，排列稍密集；花梗长约 2 mm；花萼钟状，长约 5 mm，裂片披针形，外面被短柔毛及腺点；花冠黄色，旗瓣近圆形，有宽而内弯的耳，翼瓣倒卵状长圆形，基部一侧具长耳，龙骨瓣具喙；雄蕊二体；子房被毛及密集的小腺点，胚珠 2 颗。荚果长圆形，红紫色，长 1～1.5 cm，宽约 8 mm，极扁平，在种子间略收缩，稍被毛或近无毛，先端有小喙；种子通常 2 颗，椭圆形或近肾形，黑色，光亮。花期 5—8 月，果期 9—12 月。

【生境】生于海拔 400～1200 m 的山坡杂草中或攀附树上。

【分布】字畈镇偶见。

【采收加工】5—6 月采收，鲜用或晒干，储存于干燥处。

【性味功能】味苦、酸，性平；祛风除湿，活血，解毒，消积散结，消肿止痛，舒筋活络。

【主治用法】用于风湿痹痛，头痛，牙痛，腰脊疼痛，瘀血腹痛，产褥热，瘰疬，痈肿疮毒，跌打损伤，烫火伤，小儿疳积，颈淋巴结结核，风湿性关节炎，腰肌劳损，蛇咬伤，血吸虫病，女子腰腹痛。内服：

煎汤，9～30 g。外用：适量，捣敷。

【附方】（1）治妇女产褥热：鹿藿茎叶9～15 g，水煎服。（《草药手册》）

（2）治瘰疬：鹿藿15 g，豆腐适量，加水同煮服。（《草药手册》）

（3）治流注，痈肿：鲜鹿藿叶适量，捣烂，酌加烧酒捣匀。外敷。（《草药手册》）

（4）治痔疮：鹿藿30～60 g，鸭蛋1个，炖服。（《福建药物志》）

（5）治肾炎：鹿藿、半边莲、薏米、赤小豆、梵天花、铜锤玉带各15 g，水煎服。（《香港中草药》）

（6）治惯发性头痛：鲜鹿藿35 g，水煎服。（《草药手册》）

（7）治小儿疳积：鹿藿、豺皮樟各15 g，炖猪瘦肉服。（《常用草药图集》）

（8）治牙痛：鹿藿、栀子根各15 g，水煎服。（《常用草药图集》）

（9）治神经性头痛：鹿藿、白牛胆、兰香草各15 g，水煎服。（《常用草药图集》）

（10）治颈淋巴结结核：鹿藿、倒提壶各15 g，山芝麻、葫芦茶各20 g，水煎服。（《常用草药图集》）

（11）治风湿性关节炎：鹿藿、白石榴根、枫寄生、阴香各15 g，水煎服。（《常用草药图集》）

（12）治腰肌劳损：鹿藿、阿利藤各15 g，炖羊肉服。（《常用草药图集》）

110. 落花生 *Arachis hypogaea* L.

【别名】花生、落花参、长生果。

【基源】为豆科落花生属植物落花生 *Arachis hypogaea* L. 的成熟种子、种皮、果皮、茎叶。

【形态特征】一年生草本。高30～70 cm。茎匍匐或直立，有棱，被棕黄色长毛。偶数羽状复叶，互生；具叶柄，被棕色长毛；托叶大，披针形，脉纹明显。小叶通常4枚，椭圆形至倒卵形，有时为长圆形。花黄色，单生或簇生于叶腋；萼管细长；花冠蝶形；雄蕊9，合生；花柱细长，柱头顶生。荚果长椭圆形，种子间常缢缩，果皮厚，革质，具突起网脉。种子1～4颗。花期6—7月，果期9—10月。

【生境】各地均有栽培。

【分布】全县域均有栽培。

【采收加工】花生：10月挖取果实，剥去果壳，取种子，晒干。花生衣：在油料加工或制造食品时收集红色种皮，晒干。花生壳：剥取花生时收集荚壳，晒干。花生枝叶：夏、秋季采收茎叶，洗净，鲜用或切碎晒干。

【性味功能】花生：味甘，性平；健脾养胃，润肺化痰。

花生衣：味甘、微苦、涩，性平；凉血止血，散瘀。

花生壳：味淡、涩，性平；化痰止咳，降压。

花生枝叶：味甘，性寒；清热宁神。

【主治用法】花生：用于脾虚反胃，乳妇奶少，脚气，肺燥咳嗽，大便燥结。内服：煎汤，

30 ～ 100 g，生研冲汤，每次 10 ～ 15 g；炒熟或煮熟食，30 ～ 60 g。

花生衣：用于血友病，类血友病，血小板减少性紫癜，手术后出血，咳血，咯血，便血，衄血，子宫出血。内服：煎汤，10 ～ 30 g。

花生壳：用于咳嗽气喘，痰中带血，高胆固醇血症，高血压。内服：煎汤，10 ～ 30 g。

花生枝叶：用于跌打损伤，痈肿疮毒，失眠。内服：煎汤，30 ～ 60 g。外用：鲜品捣敷。

【附方】（1）花生：①治久咳，秋燥，小儿百日咳：花生（去嘴尖），文火煎汤调服。（《杏林医学》）

②治脚气：生花生肉（带衣用）100 g，赤小豆 100 g，红皮枣 100 g，煮汤，每日数回饮用。（《现代实用中药》）

③治妊娠水肿，羊水过多：花生 125 g，红枣 10 粒，大蒜 1 粒，水炖至花生烂熟，加红糖适量服。（《福建药物志》）

④治乳汁少：花生米 90 g，猪脚一条（用前腿），共炖服。（《陆川本草》）

（2）花生衣：①治血小板减少性紫癜：a. 花生衣 60 g，冰糖适量，水炖服。（《福建药物志》）

b. 花生衣 30 g，大、小蓟各 60 g，煎服。（《浙江药用植物志》）

②治血小板减少性紫癜，鼻衄，齿龈出血等症：a. 宁血糖浆（生花生衣 500 g，制成 1000 mL），每次 10 ～ 20 mL（每毫升含生药 0.5 g），每日 3 次。b. 花生衣片，每片 0.3 g，每次服 4 ～ 6 片，每日 3 次。饭后服用，儿童酌减。（《全国中草药汇编》）

（3）花生枝叶：①治失眠：落花生鲜叶 60 g，浓煎成 15 ～ 20 mL，睡前服。（《全国中草药汇编》）

②治高血压：花生叶及杆各 30 g，每日煎服，28 天为 1 个疗程。（《民间偏方与中草药新用途》）

111. 南苜蓿 *Medicago hispida* Gaertn.

【别名】刺苜蓿、母齐头、草头。

【基源】为豆科苜蓿属植物南苜蓿 *Medicago hispida* Gaertn. 的全草或根。

【形态特征】一年生或二年生草本，高 30 ～ 90 cm。茎匍匐或稍直立，基部多分枝，无毛或稍有毛。羽状三出复叶；小叶片阔倒卵形或倒心形，长 1 ～ 1.5 cm，宽 0.7 ～ 1 cm，先端钝圆或微凹，基部楔形，上部边缘有锯齿，上面无毛，下面有疏柔毛，两侧小叶略小；托叶卵形，边缘有细锯齿。总状花序腋生，有 2 ～ 6 花；花萼钟状，深裂，萼齿尖锐，有疏柔毛；花冠蝶形，黄色，略伸出萼外。荚果螺旋形，无深沟，直径约 6 mm，边缘有疏刺，刺端钩状，含种子 3 ～ 7 粒。种子肾形，黄褐色。花果期 4—5 月。

【生境】生于山野或路旁，汉江流域有栽培。

【分布】全县域均有分布。

【采收加工】夏季采收全草，晒干或鲜用。秋季挖根，洗净，晒干。

【性味功能】味苦、微涩，性平；清热凉血，利湿退黄，通淋排石，生津。

【主治用法】用于热病烦渴，黄疸，痢疾，泄泻，石淋，肠风下血，浮肿。内服：全草60～90 g（鲜品90～150 g），水煎或捣汁服。

【附方】（1）治黄疸：南苜蓿50 g，调味煮汤食。（《中医饮食保健学》）

（2）治痢疾，肠炎：南苜蓿100 g，粳米100 g，调以食盐、味精，煮粥食。（《中医饮食保健学》）

（3）治浮肿：苜蓿叶、豆腐各适量，调以猪油，烧食，连续食用。（《吉林中草药》）

（4）治膀胱结石：鲜南苜蓿捣汁饮。（《中草药手册》）

112. 小叶三点金 *Desmodium microphyllum*（Thunb.）DC.

【别名】碎米柴、漆大伯、辫子草、天小豆。

【基源】为豆科山蚂蝗属植物小叶三点金 *Desmodium microphyllum*（Thunb.）DC. 的全草。

【形态特征】多年生草本。茎纤细，多分枝，直立或平卧，通常红褐色，近无毛；根粗，木质。叶为羽状三出复叶，或有时仅为单小叶；托叶披针形，长3～4 mm，具条纹，疏生柔毛，有缘毛；叶柄长2～3 mm，疏生柔毛；如为单小叶，则叶柄较长，长3～10 mm；小叶薄纸质，较大的为倒卵状长椭圆形或长椭圆形，长10～12 mm，宽4～6 mm；较小的为倒卵形或椭圆形，长只有2～6 mm，宽1.5～4 mm，先端圆形，少有微凹入，基部宽楔形或圆形，全缘，侧脉每边4～5条，不明显，不达叶缘，上面无毛，下面被极稀疏柔毛或无毛；小托叶小，长0.2～0.4 mm；顶生小叶柄长3～10 mm，疏被柔毛。总状花序顶生或腋生，被黄褐色开展柔毛；有花6～10朵，花小，长约5 mm；苞片卵形，被黄褐色柔毛；花梗长5～8 mm，纤细，略被短柔毛；花萼长4 mm，5深裂，密被黄褐色长柔毛，裂片线状披针形，较萼筒长3～4倍；花冠粉红色，与花萼近等长，旗瓣倒卵形或倒卵状圆形，中部以下渐狭，具短瓣柄，翼瓣倒卵形，具耳和瓣柄，龙骨瓣长椭圆形，较翼瓣长，弯曲；雄蕊二体，长约5 mm；子房线形，被毛。荚果长12 mm，宽约3 mm，腹背两缝线浅齿状，通常有荚节3～4，有时2或5，荚节近圆形，扁平，被小钩状毛和缘毛或近于无毛。有网脉。花期5—9月，果期9—11月。

【生境】生于山坡草地或灌丛中。

【分布】分布于赵棚镇。

【采收加工】夏、秋季采收，鲜用或晒干。

【性味功能】味甘、苦，性凉；清热利湿，止咳平喘，消肿解毒。

【主治用法】用于石淋，胃痛，黄疸，痢疾，咳嗽，哮喘，小儿疳积，毒蛇咬伤，痈疮瘰疬，漆疮，痔疮。内服：煎汤，9～15 g（鲜品30～60 g）。外用：适量，鲜品捣敷；或煎水熏洗。

【附注】（1）治急性黄疸型肝炎，体虚自汗：小叶三点金全草15～30 g，黄毛耳草30 g，水煎服。

（2）治慢性支气管炎，哮喘：小叶三点金全草30～60 g，水煎，每日分4次服。

（3）治肺结核咳嗽，咯血，颈淋巴结结核：小叶三点金全草15～30 g，水煎服。（（1）（2）（3）

方出自《湖南药物志》）

（4）治小儿疳积：小叶三点金 30 g，雪见草 15 g，鸡肝 1 个，水炖，服汤食肝。（《江西草药》）

（5）治痔疮：碎米柴 60 g，煎水熏洗。（《江西民间草药》）

（6）治漆疮：碎米柴 60 g，煎水，待温洗患处。（《江西民间草药》）

（7）治毒蛇咬伤：鲜辫子草适量，捣烂外敷，同时用鲜品 30 ～ 60 g 煎服。（《云南中草药选》）

（8）治烧烫伤：小叶三点金全草研末，油调搽。（《湖南药物志》）

113. 蚕豆 *Vicia faba* L.

【别名】佛豆、胡豆、南豆、马齿豆。

【基源】为豆科野豌豆属植物蚕豆 *Vicia faba* L. 的种子。

【形态特征】越年或一年生草本，高 30 ～ 180 cm。茎直立，不分枝，无毛。偶数羽状复叶；托叶大，半箭头状，边缘白色膜质，具疏锯齿，无毛，叶轴顶端具退化卷须；小叶 2 ～ 6 枚，叶片椭圆形或广椭圆形至长圆形，长 4 ～ 8 cm，宽 2.5 ～ 4 cm，先端圆形或钝，具细尖，基部楔形，全缘。总状花序腋生或单生；萼钟状，膜质，5 裂，裂片披针形，上面 2 裂片稍短；花冠蝶形，白色，具红紫色斑纹，旗瓣倒卵形，先端钝，向基部渐狭，翼瓣椭圆形，先端圆，基部作耳状三角形，一侧有爪，龙骨瓣三角状半圆形，有爪；雄蕊 10，二体；子房无柄，无毛，花柱先端背部有一丛白色髯毛。荚果长圆形，肥厚，长 5 ～ 10 cm，宽约 2 cm。种子 2 ～ 4 颗，椭圆形，略扁平。花期 3—4 月，果期 6—8 月。

【生境】多为栽培。

【分布】全县域均有分布。

【采收加工】7—9 月果实成熟呈黑褐色时，拔取全株，晒干，打下种子，扬净后再晒干；或鲜嫩时用。

【性味功能】味甘、微辛，性平；健脾利水，解毒消肿。

【主治用法】用于膈食，水肿，疮毒。内服：煎汤，30 ～ 60 g；或研末，或作食品。外用：捣敷；或烧灰敷。

【附方】（1）治水胀：虫胡豆（有虫之胡豆）30 ～ 240 g，炖牛肉服。（《民间常用草药汇编》）

（2）治水肿：蚕豆 60 g，冬瓜皮 60 g，水煎服。（《湖南药物志》）

（3）治癞痢秃疮：鲜蚕豆打如泥，涂疮上，干即换之，三五次即愈。如无鲜豆，即用干豆，浸胖打如泥敷之，干即换，数五次即愈。（《吉人集验方》）

（4）治扑打及金刃伤，血出不止：蚕豆炒，去壳，取豆捣细和匀，蜡熔为膏，摊贴如神。（《串雅内外编》假象皮膏）

（5）治阴发背由阴转阳：甘草三钱，大蚕豆三十粒，水二碗，煮熟，取蚕豆去皮食，半日后即转阳。（《仙拈集》甘蚕豆）

（6）治误吞铁针入腹：蚕豆同韭菜食之，针自大便同出。（《本草纲目》）

114. 皂荚 *Gleditsia sinensis* Lam.

【别名】皂角。

【基源】为豆科皂荚属植物皂荚 *Gleditsia sinensis* Lam. 的干燥棘刺、果实。

【形态特征】落叶乔木或小乔木，高可达 30 m；枝灰色至深褐色；刺粗壮，圆柱形，常分枝，多呈圆锥状，长达 16 cm。叶为一回羽状复叶，长 10～18（26）cm；小叶（2）3～9 对，纸质，卵状披针形至长圆形，长 2～8.5（12.5）cm，宽 1～4（6）cm，先端急尖或渐尖，顶端圆钝，具小尖头，基部圆形或楔形，有时稍歪斜，边缘具细锯齿，上面被短柔毛，下面中脉上稍被柔毛；网脉明显，在两面凸起；小

叶柄长 1～2（5）mm，被短柔毛。花杂性，黄白色，组成总状花序；花序腋生或顶生，长 5～14 cm，被短柔毛。雄花：直径 9～10 mm；花梗长 2～8（10）mm；花托长 2.5～3 mm，深棕色，外面被柔毛；萼片 4，三角状披针形，长 3 mm，两面被柔毛；花瓣 4，长圆形，长 4～5 mm，被微柔毛；雄蕊 6（8）；退化雌蕊长 2.5 mm。两性花：直径 10～12 mm；花梗长 2～5 mm；萼、花瓣与雄花的相似，唯萼片长 4～5 mm，花瓣长 5～6 mm；雄蕊 8；子房缝线上及基部被毛（偶有少数湖北标本子房全体被毛），柱头浅 2 裂；胚珠多数。荚果带状，长 12～37 cm，宽 2～4 cm，劲直或扭曲，果肉稍厚，两面鼓起，或有的荚果短小，多少呈柱形，长 5～13 cm，宽 1～1.5 cm，弯曲作新月形，通常称猪牙皂，内无种子；果颈长 1～3.5 cm；果瓣革质，褐棕色或红褐色，常被白色粉霜。种子多颗，长圆形或椭圆形，长 11～13 mm，宽 8～9 mm，棕色，光亮。花期 3—5 月，果期 5—12 月。

【生境】生于路边、沟旁、住宅附近。

【分布】各乡镇均有分布。

【采收加工】皂角刺：全年均可采收，干燥，或趁鲜切片，干燥。皂荚：栽培 5～6 年后即结果，秋季果实成熟变黑时采摘，晒干。

【性味功能】皂角刺：味辛，性温；消肿托毒，排脓，杀虫。

皂荚：味辛、咸，性温；祛痰止咳，开窍通闭，杀虫散结。

【主治用法】皂角刺：用于痈疽初起或脓成不溃；外治疥癣麻风。内服：煎汤，3～10 g。外用：适量，醋蒸取汁涂患处。

皂荚：用于痰咳喘满，中风口噤，痰涎壅盛，神昏不语，癫痫，喉痹，二便不通，痈肿疥癣。内服：1～3 g，多入丸、散。外用：适量，研末搐鼻；或煎水洗，或研末掺或调敷，或熬膏涂，或烧烟熏。

【附方】（1）皂角刺：①治乳痈：皂角刺（半烧带生）半两，真蚌粉三钱。上药研细。每服一钱，酒调下。（《仁斋直指方论》）

②治产后乳汁不泄，结毒：皂角刺、蔓荆子各烧存性，等份为末，温酒服二钱。（《袖珍方》）

③治疮肿无头：皂角刺烧灰阴干为末，每服三钱，酒调，嚼葵花子三五个，煎药送下。（《儒门事亲》）

④治胎衣不下：皂角刺烧为末，每服一钱，温酒调下。（《本草纲目》）

⑤治小儿重舌：皂角刺烧灰，入冰片少许，漱口，掺入舌下，涎出自效。（《普济方》）

（2）皂荚：①治咳逆上气，时时唾浊，但坐不得眠：皂荚 240 g（刮去皮，用酥炙）末之，蜜丸梧子大，以枣膏和汤服三丸，日三夜一服。（《金匮要略》皂荚丸）

②治大小便不通，关格不利：烧皂荚，细研，粥饮下 9 g，立通。（《经史证类备急本草》）

四十三、酢浆草科 Oxalidaceae

115. 红花酢浆草 *Oxalis corymbosa* DC.

【别名】紫花酢浆草、大酸味草。

【基源】为酢浆草科酢浆草属植物红花酢浆草 *Oxalis corymbosa* DC. 的全草。

【形态特征】多年生直立草本。无地上茎，地下部分有球状鳞茎，外层鳞片膜质，褐色，背具 3 条肋状纵脉，被长缘毛，内层鳞片呈三角形，无毛。叶基生；叶柄长 5～30 cm 或更长，被毛；小叶 3，扁圆状倒心形，长 1～4 cm，宽 1.5～6 cm，顶端凹入，两侧角圆形，基部宽楔形，表面绿色，被毛或近无毛；背面浅绿色，通常两面或有时仅边缘有干后呈棕黑色的小腺体，背面尤甚并被疏毛；托叶长圆形，顶部狭尖，与叶柄基部合生。总花梗基生，二歧聚伞花序，通常排列成伞形花序式，总花梗长 10～40 cm 或更长，被毛；花梗、苞片、萼片均被毛；花梗长 5～25 mm，每花梗有披针形干膜质苞片 2 枚；萼片 5，披针形，长 4～7 mm，先端有暗红色长圆形的小腺体 2 枚，顶部腹面被疏柔毛；花瓣 5，倒心形，长 1.5～2 cm，为萼长的 2～4 倍，淡紫色至紫红色，基部颜色较深；雄蕊 10 枚，长的 5 枚超出花柱，另 5 枚长至子房中部，花丝被长柔毛；子房 5 室，花柱 5，被锈色长柔毛，柱头浅 2 裂。花果期 3—12 月。

【生境】生于旷野村边、路旁阴湿处。

【分布】全县域均有栽培。

【采收加工】夏、秋季采收，鲜用或晒干。

【性味功能】味酸，性寒；清热解毒，散瘀消肿，调经。

【主治用法】用于咽炎，牙痛，肾盂肾炎，痢疾，月经不调，带下；外用治毒蛇咬伤，跌打损伤，烧烫伤。内服：煎汤，15～30 g；或浸酒服。外用：适量，鲜草捣烂敷患处。

【附方】（1）治急性扁桃体炎，咽喉炎之咽喉肿痛：红花酢浆草全草 50 g，绞榨出汁，配蜂蜜或母乳。具有利水消肿、生津止渴之功。（《中国民间疗法》）

（2）治跌打损伤：红花酢浆草30 g，小锯齿藤15 g，拌酒糟包敷患处。（《贵州民间药物》）

116. 酢浆草 *Oxalis corniculata* L.

【别名】酸箕、三叶酸草、酸母草。

【基源】为酢浆草科酢浆草属植物酢浆草 *Oxalis corniculata* L. 的全草。

【形态特征】多年生草本。根茎细长，茎细弱，常褐色，匍匐或斜生，多分枝，被柔毛。总叶柄长 2～6.5 cm；托叶明显；小叶3片，倒心形，长4～10 mm，先端凹，基部宽楔形，上面无毛，叶背疏生平伏毛，脉上毛较密，边缘具贴伏缘毛；无柄。花单生或数朵组成腋生伞形花序；花梗与叶柄等长；花黄色，萼片长卵状披针形，长约4 mm，先端钝；花瓣倒卵形，长约9 mm，先端圆，基部微合生；雄蕊的花丝基部合生成筒；花柱5。蒴果近圆柱形，长1～1.5 cm，略具5棱，有喙，熟时弹裂；种子深褐色，近卵形而扁，有纵槽纹。花期5—8月，果期6—9月。

【生境】生于荒地、田野、道旁。

【分布】全县域均有野生分布。

【采收加工】全年均可采收，尤以夏、秋季为宜，洗净，鲜用或晒干。

【性味功能】味酸，性寒；清热利湿，凉血散瘀，解毒消肿。

【主治用法】用于湿热泄泻，痢疾，黄疸，淋证，带下，吐血，衄血，尿血，月经不调，跌打损伤，咽喉肿痛，痈肿疔疮，丹毒，湿疹，疥癣，痔疮，麻疹，烫火伤，蛇虫咬伤。内服：煎汤，9～15 g（鲜品30～60 g）；或研末，或鲜品绞汁饮。外用：适量，煎水洗、捣烂敷、捣汁涂或煎水漱口。

四十四、牻牛儿苗科 Geraniaceae

117. 野老鹳草 *Geranium carolinianum* L.

【别名】五叶草、老官草、五瓣花。

【基源】为牻牛儿苗科老鹳草属植物野老鹳草 *Geranium carolinianum* L. 的干燥地上部分。

【形态特征】一年生草本，高15～50 cm，根细，长达7 cm，茎直立或斜生，枝密被柔毛。下部叶互生，上部叶对生，叶片圆肾形，长2～3 cm，宽3～6 cm，5～7深裂，每裂又3～5裂，两面有柔毛，基生叶柄长达10 cm。小花成对顶生或腋生，萼片5，宽卵形，有长白色毛；花瓣5，倒卵状匙形，淡红色；雄蕊10，心皮5，分离。果实被毛，顶端有长喙，连同喙长约2 cm，果熟时喙部由下向上反卷。种子椭圆形，长 2 ～ 3 mm，暗褐色。花期 4—5 月，果期 6—8 月。

【生境】生于山坡、荒地、路边和杂草丛中。

【分布】全县域均有野生分布。

【采收加工】夏、秋季果实近成熟时采割，干燥。

【性味功能】味辛、苦，性平；祛风湿，通经络，清热毒，止泄泻。

【主治用法】用于风湿痹证，泄泻，痢疾，疮疡。内服：煎汤，9 ～ 15 g；或熬膏、浸酒服。外用：适量，捣敷。

四十五、大戟科 Euphorbiaceae

118. 通奶草 *Euphorbia hypericifolia* L.

【别名】小飞扬草。

【基源】为大戟科大戟属植物通奶草 *Euphorbia hypericifolia* L. 的全草。

【形态特征】一年生草本，根纤细，长 10 ～ 15 cm，直径 2 ～ 3.5 mm，常不分枝，少数由末端分枝。茎直立，自基部分枝或不分枝，高 15 ～ 30 cm，直径 1 ～ 3 mm，无毛或被少许短柔毛。叶对生，狭长圆形或倒卵形，长 1 ～ 2.5 cm，宽 4 ～ 8 mm，先端钝或圆，基部圆形，通常偏斜，不对称，边缘全缘或基部以上具细锯齿，上面深绿色，下面淡绿色，有时略带紫红色，两面被稀疏的柔毛，或上面的毛早脱落；叶柄极短，长 1 ～ 2 mm；托叶三角形，分离或合生。苞叶 2 枚，与茎生叶同型。花序数个簇生于叶腋或枝顶，每个花序基部具纤细的柄，柄长 3 ～ 5 mm；总苞陀螺状，高与直径各约 1 mm 或稍大；边缘 5 裂，裂片卵状三角形；腺体 4，边缘具白色或淡粉色附属物。雄花数枚，微伸出总苞外；雌花 1 枚，

子房柄长于总苞；子房三棱状，无毛；花柱3，分离；柱头2浅裂。蒴果三棱状，长约1.5 mm，直径约2 mm，无毛，成熟时分裂为3个分果爿。种子卵棱状，长约1.2 mm，直径约0.8 mm，每个棱面具数个皱纹，无种阜。花果期8—12月。

【生境】生于海拔30～2100 m的地区，常生长在灌丛、旷野荒地、路旁或田间。

【分布】全县域均有分布。

【采收加工】夏、秋季采割，除去杂质，干燥。

【性味功能】味微酸、涩，性微凉；清热利湿，收敛止痒。

【主治用法】用于细菌性痢疾，肠炎腹泻，痔疮出血；外用治湿疹，过敏性皮炎，皮肤瘙痒。内服：煎汤，0.5～1两。外用：适量，鲜品煎水熏洗患处。

119. 泽漆 *Euphorbia helioscopia* L.

【别名】五朵云、猫眼草、五凤草。

【基源】为大戟科大戟属植物泽漆 *Euphorbia helioscopia* L. 的全草。

【形态特征】一年生或二年生草本，高10～75 cm，全株含乳汁。茎基部分枝，带紫红色。叶互生，倒卵形或匙形，长1～75 mm，宽0.7～25 mm，先端微凹，边缘中部以上有细锯齿，无柄。茎顶有5片轮生的叶状苞；总花序多歧聚伞状，顶生，有5伞梗，每伞梗生3个小伞梗，每小伞梗又第三回分为2叉；杯状聚伞花序钟形，总苞顶端4裂，裂间腺体4，肾形；子房3室，花柱3。蒴果无毛。种子卵形，表面具凸起的网纹。花期4—5月，果期6—7月。

【生境】生于沟边、路旁、田野。

【分布】全县域均有分布。

【采收加工】4—5月开花时采收，除去根及泥沙，晒干。

【性味功能】味辛、苦，性微寒；行水消肿，化痰止咳，解毒杀虫。

【主治用法】用于水气肿满，痰饮喘咳，疟疾，细菌性痢疾，瘰疬，结核性瘘管，骨髓炎。内服：煎汤，5～10 g；熬膏或入丸、散。外用：适量，熬膏涂。

【附方】（1）治肺源性心脏病：鲜泽漆茎叶60 g，洗净，切碎，加水500 g，放鸡蛋2个煮熟，去壳刺孔，再煮熬数分钟。先吃鸡蛋后喝汤，每日1剂。（《草药手册》）

（2）治瘰疬：猫眼草一两捆，井水两桶，锅内熬至一桶，去滓澄清，再熬至一碗，瓶收。每以椒、葱、槐枝，煎汤洗疮净，乃搽此膏。（《本草纲目》）

（3）治癣疮有虫：猫眼草适量，晒干为末，香油调搽。（《卫生易简方》）

（4）治神经性皮炎：鲜泽漆白浆敷癣上或用椿树叶捣碎同敷。（《兄弟省市中草药单方验方新医疗

法选编》)

（5）治乳汁稀少：鲜泽漆 30 g，黄酒适量，炖服。（《福建药物志》）

120. 算盘子 *Glochidion puberum*（L.）Hutch.

【别名】黎击子、野南瓜、山馒头、柿子椒。

【基源】为大戟科算盘子属植物算盘子 *Glochidion puberum*（L.）Hutch. 的果实、根、叶。

【形态特征】直立灌木，高 1 ~ 5 m，多分枝；小枝灰褐色；小枝、叶片下面、萼片外面、子房和果实均密被短柔毛。叶片纸质或近革质，长圆形、长卵形或倒卵状长圆形，稀披针形，长 3 ~ 8 cm，宽 1 ~ 2.5 cm，顶端钝、急尖、短渐尖或圆，基部楔形至钝，上面灰绿色，仅中脉被疏短柔毛或几无毛，下面粉绿色；侧脉每边 5 ~ 7 条，下面凸起，网脉明显；叶柄长 1 ~ 3 mm；托叶三角形，长约 1 mm。花小，雌雄同株或异株，

2 ~ 5 朵簇生于叶腋内，雄花束常着生于小枝下部，雌花束则在上部，或有时雌花和雄花同生于一叶腋内；雄花花梗长 4 ~ 15 mm；萼片 6，狭长圆形或长圆状倒卵形，长 2.5 ~ 3.5 mm；雄蕊 3，合生成圆柱状；雌花花梗长约 1 mm；萼片 6，与雄花的相似，但较短而厚；子房圆球状，5 ~ 10 室，每室有 2 颗胚珠，花柱合生成环状，长、宽与子房几相等，与子房接连处缢缩。蒴果扁球状，直径 8 ~ 15 mm，边缘有 8 ~ 10 条纵沟，成熟时带红色，顶端具有环状而稍伸长的宿存花柱，种子近肾形，具 3 棱，长约 4 mm，朱红色。花期 4—8 月，果期 7—11 月。

【生境】生于山坡灌丛中。

【分布】全县域均有野生分布。

【采收加工】果实：秋季采摘，拣净杂质，晒干。根：全年均可采挖，洗净，鲜用或晒干。叶：夏、秋季采收，鲜用或晒干备用。

【性味功能】果实：味苦，性凉；清热除湿，解毒利咽，行气活血。

根：味苦，性凉；清热利湿，行气活血，解毒消肿。

叶：味苦、涩，性凉；清热利湿，解毒消肿。

【主治用法】果实：用于痢疾、泄泻、黄疸、疟疾、淋浊、带下、咽喉肿痛、牙痛、疝痛、产后腹痛。内服：煎汤，9 ~ 15 g。

根：用于感冒发热、咽喉肿痛、咳嗽、牙痛、湿热泄泻、黄疸、淋浊、带下、风湿痹痛、腰痛、疝气、痛经、经闭、跌打损伤、痈肿、瘰疬、蛇虫咬伤。内服：煎汤，15 ~ 30 g。外用：适量，煎水熏洗。

叶：用于湿热泄泻、黄疸、淋浊、带下、发热、咽喉肿痛、痈疮疖肿、漆疮、湿疹、蛇虫咬伤。内服：煎汤，25 ~ 50 g。

【附方】（1）治痢疾：算盘子鲜叶五至七钱，捣烂，冲开水炖服。（《福建民间草药》）

（2）治下痢脓血：算盘子叶，焙干研末，每次二钱，茶调送服。（《泉州本草》）

（3）治黄疸：算盘子叶二两，炒大米一至二两，水煎，不拘时服。（《江西民间草药验方》）

（4）治白浊，带下：算盘子茎叶酌量，内服外洗。（《岭南草药志》）

（5）治咽喉肿痛：鲜算盘子叶一至二两，煎汤调蜜频咽服。（《泉州本草》）

（6）治喉痛：算盘子鲜全草一至二两，含雄鸡炖汤服。（《泉州本草》）

（7）治毒蛇咬伤：算盘子枝端嫩叶，捣烂敷伤处。（《江西民间草药》）

（8）治牙痛：算盘子叶适量，捣烂调冬蜜敷贴。（《福建民间草药》）

（9）治皮疹瘙痒：算盘子叶煎汤洗患处。（《泉州本草》）

（10）治疗肿，乳腺炎：算盘子鲜叶捣烂外敷，同时用根一至二两，水煎服。（《浙江民间常用草药》）

（11）治蜈蚣咬伤：算盘子鲜叶捣烂敷。（《草药手册》）

121. 乌桕 *Sapium sebiferum*（L.）Roxb.

【别名】柏树、木蜡树、木梓树。

【基源】为大戟科乌桕属植物乌桕 *Sapium sebiferum*（L.）Roxb. 的根皮、树皮或叶。

【形态特征】乔木，高约 15 m，各部均无毛而具乳状汁液；树皮暗灰色，有纵裂纹；枝广展，具皮孔。叶互生，纸质，叶片菱形、菱状卵形，稀菱状倒卵形，长 3～8 cm，宽 3～9 cm，顶端骤然紧缩具长短不等的尖头，基部阔楔形或钝，全缘；中脉两面微凸起，侧脉 6～10 对，纤细，斜上升，离缘 2～5 mm 弯拱网结，网状脉明显；叶柄纤细，长 2.5～6 cm，顶端具 2 腺体；托叶顶端钝，长约 1 mm。花单性，

雌雄同株，聚集成顶生、长 6～12 cm 的总状花序，雌花通常生于花序轴最下部或罕有在雌花下部亦有少数雄花着生，雄花生于花序轴上部或有时整个花序全为雄花。雄花：花梗纤细，长 1～3 mm，向上渐粗；苞片阔卵形，长和宽近相等约 2 mm，顶端略尖，基部两侧各具一近肾形的腺体，每一苞片内具 10～15 朵花；小苞片 3，不等大，边缘撕裂状；花萼杯状，3 浅裂，裂片钝，具不规则的细齿；雄蕊 2 枚，罕有 3 枚，伸出于花萼之外，花丝分离，与球状花药近等长。雌花：花梗粗壮，长 3～3.5 mm；苞片深 3 裂，裂片渐尖，基部两侧的腺体与雄花的相同，每一苞片内仅 1 朵雌花，间有 1 雌花和数雄花同聚生于苞腋内；花萼 3 深裂，裂片卵形至卵状披针形，顶端短尖至渐尖；子房卵球形，平滑，3 室，花柱 3，基部合生，柱头外卷。蒴果梨状球形，成熟时黑色，直径 1～1.5 cm。具 3 种子，分果爿脱落后而中轴宿存；种子扁球形，黑色，长约 8 mm，宽 6～7 mm，外被白色、蜡质的假种皮。花期 4—8 月。

【生境】生于旷野、塘边或疏林中。

【分布】全县域均有分布。

【采收加工】根皮及树皮四季可采，切片，晒干。叶多鲜用，或晒干。

【性味功能】味苦,性微温;利水消肿,解毒杀虫。

【主治用法】用于血吸虫病,肝硬化腹水,大小便不利,毒蛇咬伤;外用治疗疮,鸡眼,乳腺炎,跌打损伤,湿疹,皮炎。内服:根皮,3～9 g;叶,9～15 g。外用:适量,鲜叶捣烂敷患处,或煎水洗。

【附方】(1)治水肿,小便涩,身体虚肿:乌桕皮二两,木通一两(锉),槟榔一两。上药,捣细罗为散,每服不计时候,以粥饮调下二钱。(《太平圣惠方》)

(2)治大便不通:乌桕木根方寸一寸,劈破,以水煎服取小半盏服之,不用多吃,兼能利水。(《斗门方》)

(3)治婴儿胎毒满头:水边乌桕树根,晒研,入雄黄末少许,生油调搽。(《经验良方》)

(4)治毒蛇咬伤:乌桕树二层皮(鲜者 30 g,干者 15 g),捣烂,米酒适量和匀,去渣,1 次饮至微醉为度,将酒渣敷伤口周围。(《岭南草药志》)

(5)治脚癣:乌桕鲜叶捣烂,加食盐少许调匀,敷患处。(《广西本草选编》)

122. 白背叶 *Mallotus apelta*(Lour.)Muell. Arg.

【别名】白鹤草、叶下白、白背木。

【基源】为大戟科野桐属植物白背叶 *Mallotus apelta*(Lour.)Muell. Arg. 的根或叶。

【形态特征】灌木或小乔木,高 1～3(4)m;小枝、叶柄和花序均密被淡黄色星状柔毛和散生橙黄色颗粒状腺体。叶互生,卵形或阔卵形,稀心形,长和宽均 6～16(25)cm,顶端急尖或渐尖,基部截平或稍心形,边缘具疏齿,上面干后黄绿色或暗绿色,无毛或被疏毛,下面被灰白色星状茸毛,散生橙黄色颗粒状腺体;基出脉 5 条,最下 1 对常不明显,侧脉 6～7对;基部近叶柄处有褐色斑状腺体 2 个;

叶柄长 5～15 cm。花雌雄异株,雄花序为开展的圆锥花序或穗状,长 15～30 cm,苞片卵形,长约 1.5 mm,雄花多朵簇生于苞腋。雄花:花梗长 1～2.5 mm;花蕾卵形或球形,长约 2.5 mm,花萼裂片 4,卵形或卵状三角形,长约 3 mm,外面密生淡黄色星状毛,内面散生颗粒状腺体;雄蕊 50～75 枚,长约 3 mm;雌花序穗状,长 15～30 cm,稀有分枝,花序梗长 5～15 cm,苞片近三角形,长约 2 mm。雌花:花梗极短;花萼裂片 3～5 枚,卵形或近三角形,长 2.5～3 mm,外面密生灰白色星状毛和颗粒状腺体;花柱 3～4 枚,长约 3 mm,基部合生,柱头密生羽毛状突起。蒴果近球形,密生被灰白色星状毛的软刺,软刺线形,黄褐色或浅黄色,长 5～10 mm;种子近球形,直径约 3.5 mm,褐色或黑色,具皱纹。花期 6—9 月,果期 8—11 月。

【生境】生于海拔 30～1000 m 山坡或山谷灌丛中。

【分布】分布于王义贞镇、孛畈镇。

【采收加工】根,洗净,切片,晒干。叶多鲜用,或晒干研粉。

【性味功能】味微苦、涩，性平。根：柔肝活血，健脾化湿，收敛固脱。叶：消炎止血。

【主治用法】根：用于慢性肝炎，肝脾肿大，子宫脱垂，脱肛，带下，妊娠水肿。内服：煎汤，15～30 g。

叶：用于中耳炎，疖肿，跌打损伤，外伤出血。外用：适量，鲜叶捣烂敷或干叶研粉敷患处。

123. 叶下珠 *Phyllanthus urinaria* L.

【别名】日开夜闭、珍珠草、阴阳草。

【基源】为大戟科叶下珠属植物叶下珠 *Phyllanthus urinaria* L. 的带根全草。

【形态特征】一年生草本，高 10～60 cm。茎直立，分枝侧卧而后上升，通常带紫红色，枝具翅状纵棱，秃净或近秃净。单叶互生，排成 2 列；几无柄；托叶小，披针形或刚毛状；叶片长椭圆形，长 5～15 mm，宽 2～5 mm，先端斜或有小突尖，基部偏斜或圆形，下面灰绿色，两面无毛；下面叶缘处有 1～3 列粗短毛。花小，单性，雌雄同株；无花瓣；雄花 2～3 朵簇生于叶腋，通常仅上面 1 朵开花；萼片 6，雄蕊 3，花丝合生成柱状，花盘腺体 6，分离，与萼片互生，无退化子房；雌花单生于叶腋，

宽约 3 mm，表面有小凸刺或小瘤体，萼片 6，卵状披针形，结果后中部紫红色，花盘圆盘状，子房近球形，花柱顶端 2 裂。蒴果无柄，扁圆形，直径约 3 mm，赤褐色，表面有鳞状突起；种子三角状卵形，淡褐色，有横纹。花期 5—10 月，果期 7—11 月。

【生境】生于山坡、路旁、田边。

【分布】分布于赵棚镇。

【采收加工】夏、秋季采收，除去杂质，鲜用或晒干。

【性味功能】味微苦，性凉；清热解毒，利水消肿，明目，消积。

【主治用法】用于痢疾，泄泻，黄疸，水肿，热淋，石淋，目赤，夜盲症，疳积，痈肿，毒蛇咬伤。内服：煎汤，15～30 g。外用：适量，捣敷。

【附方】（1）治痢疾，肠炎腹泻：叶下珠、铁苋菜各 30 g，煎汤，加糖适量冲服，或配老鹳草，水煎服。（《中草药学》）

（2）治黄疸：鲜叶下珠 60 g，鲜马鞭草 90 g，鲜半边莲 60 g，水煎服。（《草药手册》）

（3）治肝炎：鲜叶下珠、鲜黄胆草各 60 g，母螺 7 粒，鸭肝 1 个，冰糖 60 g，水炖服。（《福建药物志》）

（4）治夜盲症：鲜叶下珠 30～60 g，动物肝脏 120 g，苍术 9 g，水炖服。（《福建药物志》）

（5）治小儿疳积：①叶下珠鲜根、老鼠耳鲜根各 15 g，猪肝或猪瘦肉酌量，水炖服；②鲜叶下珠、葫芦茶各 30 g，白马骨根 15 g，猪肝或猪瘦肉适量，水炖服。（《福建药物志》）

（6）治青竹蛇咬伤：叶下珠鲜叶洗净，捣烂敷伤处。（《草药手册》）

（7）治痈疖初起：鲜叶下珠捣烂外敷，干则更换。（《安徽中草药》）

124. 油桐 *Vernicia fordii*（Hemsl.）Airy Shaw

【别名】罂子桐、虎子桐、荏桐、光桐、五年桐、百年桐、光面桐。

【基源】为大戟科油桐属植物油桐 *Vernicia fordii*（Hemsl.）Airy Shaw 的根、叶、花及种子。

【形态特征】落叶乔木，高达 10 m；树皮灰色，近光滑；枝条粗壮，无毛，具明显皮孔。叶卵圆形，长 8～18 cm，宽 6～15 cm，顶端短尖，基部截平至浅心形，全缘，稀 1～3 浅裂，嫩叶上面被很快脱落的微柔毛，下面被渐脱落的棕褐色微柔毛，成长叶上面深绿色，无毛，下面灰绿色，被贴伏微柔毛；掌状脉 5～7 条；叶柄与叶片近等长，几无毛，顶端有 2 枚扁平、无柄腺体。花雌雄同株，先于叶或与叶同时开放；花萼长约 1 cm，2（3）裂，外面密被棕褐色微柔毛；花瓣白色，有淡红色脉纹，倒卵形，长 2～3 cm，宽 1～1.5 cm，顶端圆形，基部爪状。雄花：雄蕊 8～12 枚，2 轮；外轮离生，内轮花丝中部以下合生。雌花：子房密被柔毛，3～5（8）室，每室有 1 颗胚珠，花柱与子房室同数，2 裂。核果近球状，直径 4～6（8）cm，果皮光滑；种子 3～4（8）颗，种皮木质。花期 3—4 月，果期 8—9 月。

【生境】生于较低的山坡、山麓和沟旁。

【分布】全县域均有分布。

【采收加工】根常年可采。夏、秋季采叶及凋落的花，晒干。冬季采果，将种子取出，分别晒干备用，如用种子油，须另行加工。

【性味功能】味甘、微辛，性寒。根：下气消积，利水化痰，驱虫。叶：清热消肿，解毒杀虫。花：清热解毒，生肌。种子：吐风痰，消肿毒，利二便。

【主治用法】根：用于食积痞满，水肿，哮喘，瘰疬，蛔虫病。内服：煎汤，6～12 g；或炖肉服。叶：用于肠炎，痢疾，痈肿，臁疮，疥癣，漆疮，烫伤。花：外用于烧烫伤。叶、花：外用适量，鲜叶捣烂敷患处，花浸植物油内，备用。种子：用于风痰喉痹，痰火瘰疬，食积腹胀，大、小便不通，丹毒，疥癣，烫伤，急性软组织炎症，寻常疣。内服：煎汤，1～2 枚；或磨水，或捣烂冲。外用：适量，研末敷；或捣敷，或磨水涂。

【附方】治疗瘰疬：油桐种子磨水涂，再以一两个和猪精肉煎汤饮。不可多用，宜多服数次。（《岭南采药录》）

四十六、芸香科 Rutaceae

125. 橘 *Citrus reticulata* Blanco

【别名】黄橘、橘子。

【基源】本植物的叶（橘叶）、幼果或未成熟果实的果皮（青皮）、成熟果皮（陈皮）、白色内层果皮（橘白）、外层果皮（橘红）、果皮内层筋络（橘络）、种子（橘核）可供药用。为芸香科柑橘属植物橘 *Citrus reticulata* Blanco 及其栽培变种的叶、果皮、内层筋络、种子、成熟果实。

【形态特征】常绿小乔木或灌木，高 3 ～ 4 m。枝细，多有刺。叶互生；叶柄长 0.5 ～ 1.5 cm，有窄翼，顶端有关节；叶片披针形或椭圆形，长 4 ～ 11 cm，宽 1.5 ～ 4 cm，先端渐尖微凹，基部楔形，全缘或为波状，具不明显的钝锯齿，有半透明油点。花单生或数朵丛生于枝端或叶腋；花萼杯状，5 裂；花瓣 5，白色或带淡红色，开时向上反卷；雄蕊 15 ～ 30；雌蕊 1，子房圆形，柱头头状。柑果近圆形或扁圆形，

果皮薄而宽，容易剥离，瓤瓣 7 ～ 12，汁胞柔软多汁。种子卵圆形，白色，一端尖，数粒至数十粒或无。花期 3—4 月，果期 10—12 月。

【生境】栽培于丘陵、低山地带、江河湖泊沿岸或平原。

【分布】全县域均有栽培。

【采收加工】橘：10—12 月果实成熟时，摘下果实，鲜用或冷藏备用。

橘叶：全年均可采收，以 12 月至翌年 2 月采摘为宜，阴干或晒干，亦可鲜用。

橘络：夏、秋季采集，由果皮或果瓣上剥下筋膜，晒干，生用。

橘核：秋、冬季食用果肉时，收集种子，一般多从食品加工厂收集，洗净，晒干或烘干。

橘皮：果实成熟时摘下果实，剥取果皮，阴干或晒干。

【性味功能】橘：味甘、酸，性平；润肺生津，理气和胃。

橘叶：味辛、苦，性平；疏肝行气，化痰散结。

橘络：味苦、甘，性平；通络，化痰止咳。

橘核：味苦，性平；理气，散结，止痛。

橘皮：味辛、苦，性温；理气调中，降逆止呕，燥湿化痰。

【主治用法】橘：用于消渴，呕逆，胸膈结气。内服：适量，作食品；亦可蜜煎，或配制成药膳。外用：搽涂。

橘叶：用于乳痈，乳房结块，胸胁胀痛，疝气。内服：煎汤，6～15 g，鲜品可用 60～120 g；或捣汁服。外用：捣烂外敷。

橘络：用于咳嗽痰多，胸胁作痛。内服：煎汤，3～5 g。

橘核：用于疝气，睾丸肿痛，乳痈，腰痛。内服：煎汤，3～9 g；或入丸、散。

橘皮：用于胸膈满闷，脘腹胀痛，不思饮食，呕吐，哕逆，咳嗽痰多，乳痈初起。内服：煎汤，3～10 g；或入丸、散。

【附方】（1）橘：治烫伤，烂橘子（适量）放在有色玻璃瓶里，密封储藏，越陈越好，搽涂患处。（《食物中药与便方》）

（2）橘叶：①治乳疖：青橘叶 100 片，青皮 15 g，柴胡 3 g，水 250 mL，将药煎至 120 mL 时，入好酒 50 mL。热服，盖被发汗。（《古代验方大全》）

②治乳腺炎：嫩橘叶、麦芽、葱头各适量，捣烂敷患处，并可于药上加热温熨。（《福建药物志》）

③治吹乳，乳汁不通：鲜橘叶、青橘皮、鹿角霜各 15 g，水煎后冲入黄酒少许热饮。（《食物中药与便方》）

④治疝气：橘叶 10 个，荔枝核 5 个（焙），水煨服。（《滇南本草》）

⑤治风毒脚气肿痛：橘叶、杉木节各一握。上童子尿一盏，醇酒半盏，煎六分，滤清，趁热调槟榔末二钱，食前服。（《仁斋直指方论》槟榔散）

⑥治咳嗽：橘子叶（刮皮，蜜在背上，火焙干）适量，水煎服。（《滇南本草》）

（3）橘核：①治妇女乳房起核，乳癌初起：青橘叶、青橘皮、橘核各 15 g，以黄酒与水合煎，每日 2 次温服。（《食物中药与便方》）

②治腰痛：杜仲（炒）、橘核（炒）各等份为细末，每服二钱，不拘时，用盐酒调服。（《奇效良方》立安散）

③治腰痛经久不瘥：橘核（炒）、茴香（炒）、葫芦巴（炒）、菴䕡子（炒）、破故纸（炒）、附子（炮）各等份。上为细末，酒煮麸糊和丸，如梧子大。每服 30～40 丸，食前用盐汤送下。（《奇效良方》）

④治打扑腰痛，瘀血积蓄，痛不可忍：橘核（炒，去皮）研细，每服二钱，酒调下。或用猪腰子一枚，去筋膜，破开入药，同葱白、茴香、盐，以湿纸包，煨熟，嚼下，温酒送之。（《赤水玄珠》橘核酒）

（4）橘皮：①治元气虚弱，饮食不消，或脏腑不调，心下痞闷：橘皮、枳实（麸炒黄色）各一两，白术二两。上为极细末，荷叶裹烧饭为丸，如绿豆一倍大。每服五十丸，白汤下，量所伤加减服之。（《兰室秘藏》橘皮枳术丸）

②治反胃吐食：真橘皮，以壁土炒香为末，每服二钱，生姜三片，枣肉一枚，水二盅，煎一盅，温服。（《仁斋直指方论》）

③治大便秘结：陈皮（不去白，酒浸）煮至软，焙干为末，复以温酒调服二钱。（《普济方》）

④治卒食噎：橘皮一两（汤浸，去瓤），焙去末，以水一大盏，煎取半盏，热服。（《食医心镜》）

⑤治小儿脾疳泄泻：陈橘皮一两，青橘皮、诃子肉、甘草（炙）各半两。上为粗末。每服二钱，水一盏，煎至六分，食前温服。（《幼科类萃》益黄散）

⑥治干呕哕逆，手足厥冷：橘皮四两，生姜半斤。二物以水七升，煮取三升，一服一升。（《医心方》）

⑦治产后大小便不通：陈皮、苏叶、枳壳（麸炒）、木通各等份。上锉散，每服四钱，水煎温服。（《济阴纲目》通气散）

⑧治血淋不可忍：陈皮、香附子、赤茯苓各等份。上锉散，每服三钱，水煎空心服。（《世医得效方》通秘散）

⑨治湿痰因火泛上，停滞胸膈，咳唾稠黏：陈橘皮半斤，入砂锅内，下盐五钱，化水淹过，煮干。粉甘草二两，去皮，蜜炙。各取净末，蒸饼和丸梧桐子大，每服百丸，白汤下。（《本草纲目》）

⑩治感冒咳嗽：陈皮 20 g，榕树叶 30 g，枇杷叶（去毛）20 g，每日 1 剂，水煎，分 2 次服。（《壮族民间用药选编》）

⑪治胸痹，胸中气塞，短气：橘皮一斤，枳实三两，生姜半斤。上三味，以水五升，煮取二升，分温再服。（《金匮要略》橘皮枳实生姜汤）

⑫治妊娠卒心痛欲死不可忍者：橘皮三两，豆豉三两。上为细末，炼蜜为丸，如梧桐子大。温水下二十丸，无时服。（《普济方》）

⑬治卒失声，声噎不出：橘皮五两，水三升，煮取一升，去滓，顿服。（《肘后备急方》）

⑭治寒湿脚气肿痛：花椒、陈皮各四两，同炒热，用绢袋装在火箱上，以脚底踏袋熏之最效，不可水洗。（《万病回春》）

⑮治绦虫病：橘皮四分，牙子、芜荑各六分。上三味捣筛，蜜丸如梧子。以浆水下三十丸，先食，日再服。（《外台秘要》）

⑯治嵌甲作痛，不能行履者：浓煎陈皮汤浸良久，甲肉自离，轻手剪去，以虎骨末敷之，即安。（《本草纲目》）

126. 柚 *Citrus maxima*（Burm.）Merr.

【别名】香抛、四季抛、沙田柚、香栾、香柚。

【基源】为芸香科柑橘属植物柚 *Citrus maxima*（Burm.）Merr. 的果实、果皮、叶、种子。

【形态特征】乔木。嫩枝、叶背、花梗、花萼及子房均被柔毛，嫩叶通常暗紫红色，嫩枝扁且有棱。叶质颇厚，色浓绿，阔卵形或椭圆形，连翼叶长 9～16 cm，宽 4～8 cm，或更大，顶端钝或圆，有时短尖，基部圆，翼叶长 2～4 cm，宽 0.5～3 cm，个别品种的翼叶甚狭窄。总状花序，有时兼有腋生单花；花蕾淡紫红色，稀乳白色；花萼不规则 3～5 浅裂；花瓣长 1.5～2 cm；雄蕊 25～35 枚，有时部分雄蕊不育；花柱粗长，柱头略较子房大。果圆球形、扁圆形、梨形或阔圆锥状，横径通常 10 cm 以上，淡黄色或黄绿色，杂交种有朱红色的，果皮甚厚或薄，海绵质，油胞大，凸起，果心实但松软，瓤囊 10～15 瓣或多至 19 瓣，汁胞白色、粉红色或鲜红色，少有带乳黄色；种子多达 200 余粒，亦有无子的，形状不规则，通常近似长方形，上部质薄且常截平，下部饱满，多兼有发育不全的，有明显纵肋棱，子叶乳白色，单胚。花期 4—5 月，果期 9—12 月。

【生境】栽培于丘陵或低山地带。

【分布】全县域偶见栽培。

【采收加工】果实：10—11 月果实成熟时采收，鲜用。

果皮：秋末冬初采集果皮，剖成 5 ～ 7 瓣，晒干或阴干备用。

叶：夏、秋季采叶，鲜用或晒干备用。

种子：秋、冬季将成熟的果实剥开果皮，食果瓤，取出种子，洗净，晒干备用。

【性味功能】果实：味甘、酸，性寒；消食，化痰，醒酒。

果皮：味辛、甘、苦，性温；宽中理气，消食，化痰，止咳平喘。

叶：味辛、苦，性温；行气止痛，解毒消肿。

种子：味辛、苦，性温；疏肝理气，宣肺止咳。

【主治用法】果实：用于饮食积滞，食欲不振，醉酒。内服：适量，生食。

果皮：用于气郁胸闷，脘腹冷痛，食积，泄泻，咳喘，疝气。内服：煎汤，6 ～ 9 g；或入散剂。

叶：用于头风痛，寒湿痹痛，食滞腹痛，乳痈，扁桃体炎，中耳炎。内服：煎汤，15 ～ 30 g。外用：适量，捣敷或煎水洗。

种子：用于疝气，肺寒咳嗽。内服：煎汤，6 ～ 9 g。外用：适量，开水浸泡，涂擦。

【附方】（1）果实：治痰气咳嗽，香栾去核切，砂瓶内浸酒，封固一夜，煮烂，蜜拌匀，时时含咽。（《本草纲目》）

（2）果皮：①治气滞腹胀：柚子皮、鸡屎藤、糯米草根、隔山撬各 9 g，水煎服。（《全国中草药汇编》）

②治宿食停滞不消：柚子皮 12 g，鸡内金、山楂肉各 10 g，砂仁 6 g，水煎服。（《食治本草》）

③治小儿咳喘：柚子皮、艾叶各 6 g，甘草 3 g，水煎服。（《全国中草药汇编》）

（3）叶：①治头风痛：柚叶，同葱白捣，贴太阳穴。（《本草纲目》）

②治冻疮：柚叶 30 g，干姜 10 g，共煮水浸泡冻疮部位，每日 2 次，每次约泡半小时。（《食治本草》）

（4）种子：①治疝气：金橘 2 个，柑核 30 g，柚核 15 g，白糖 30 g。将前三味药入锅中，用清水两碗煮至一碗，去渣，白糖调服。（《农家常用饮食医疗便方汇集》）

②治寒咳：柚子种子 20 余颗，加冰糖适量，水一大茶杯煎服。每日 2 ～ 3 次。（《常见病验方研究参考资料》）

③治发黄，发落（包括斑秃）：柚子核 15 g，开水浸泡，每日 2 ～ 3 次，涂拭患部。（《食物中药与便方》）

127. 野花椒 *Zanthoxylum simulans* Hance

【别名】大花椒、红花椒、野川椒、黄总管、鸟不扑。

【基源】为芸香科花椒属植物野花椒 *Zanthoxylum simulans* Hance 的果实、叶。

【形态特征】灌木或小乔木；枝干散生基部宽而扁的锐刺，嫩枝及小叶背面沿中脉或仅中脉基部两侧或有时及侧脉均被短柔毛，或各部均无毛。叶有小叶 5～15 片；叶轴有狭窄的叶质边缘，腹面呈沟状凹陷；小叶对生，无柄或位于叶轴基部的有甚短的小叶柄，卵形、卵状椭圆形或披针形，长 2.5～7 cm，宽 1.5～4 cm，两侧略不

对称，顶部急尖或短尖，常有凹口，油点多，干后半透明且常微凸，间有窝状凹陷，叶面常有刚毛状细刺，中脉凹陷，叶缘有疏离而浅的钝裂齿。花序顶生，长 1～5 cm；花被片 5～8 片，狭披针形、宽卵形或近于三角形，大小及形状有时不相同，长约 2 mm，淡黄绿色；雄花的雄蕊 5～8（10）枚，花丝及半圆形凸起的退化雌蕊均淡绿色，药隔顶端有 1 干后暗褐黑色的油点；雌花的花被片为狭长披针形；心皮 2～3 个，花柱斜向背弯。果红褐色，分果瓣基部变狭窄且略延长 1～2 mm 成柄状，油点多，微凸起，单个分果瓣直径约 5 mm；种子长 4～4.5 mm。花期 3—5 月，果期 7—9 月。

【生境】生于海拔 500 m 以下的灌丛中，亦有栽培。

【分布】分布于雷公镇、赵棚镇、接官乡。

【采收加工】果实：7—8 月采收成熟的果实，除去杂质，晒干。

叶：7—9 月采收带叶的小枝，晒干或鲜用。

【性味功能】果实：味辛，性温；温中止痛，杀虫止痒。

叶：味辛，性温；祛风除湿，活血通经。

【主治用法】果实：用于脾胃虚寒，脘腹冷痛，呕吐，泄泻，蛔虫腹痛，湿疹，皮肤瘙痒，阴痒，龋齿疼痛。内服：煎汤，3～6 g；或研粉，1～2 g。外用：适量，煎水洗或含漱；或研末调敷。

叶：用于风寒湿痹，经闭，跌打损伤，阴疽，皮肤瘙痒。内服：煎汤，9～15 g；或泡酒。外用：适量，鲜叶捣敷。

【附方】（1）果实：①治脘腹冷痛，寒湿吐泻：野花椒果壳 3～6 g，干姜 6 g，吴茱萸 6 g，水煎服。（《湖南药物志》）

②治蛔虫腹痛，呕吐：野花椒果壳 6 g，乌梅 15～30 g，水煎服。（《湖南药物志》）

③治风寒湿痹及膝痛：野花椒根、茎、果实各适量，煎汁洗澡。（《草药手册》）

（2）叶：①治跌打损伤：野花椒叶 15～30 g，煎汤，黄酒送服。（《泉州本草》）

②治妇女经闭：野花椒叶干末泡酒服，每次 6 g。（《泉州本草》）

③治咯血，吐血：野花椒叶烧灰为末，每次 3 g，童便送服。（《泉州本草》）

128. 竹叶花椒 *Zanthoxylum armatum* DC.

【别名】万花针、崖椒、秦椒、蜀椒。

【基源】为芸香科花椒属植物竹叶花椒 *Zanthoxylum armatum* DC. 的果实。

【形态特征】高 3 ～ 5 m 的落叶小乔木；茎枝多锐刺，刺基部宽而扁，红褐色，小枝上的刺劲直，水平抽出，小叶背面中脉上常有小刺，仅叶背基部中脉两侧有丛状柔毛，或嫩枝梢及花序轴均被褐锈色短柔毛。叶有小叶 3 ～ 9 片，稀 11 片，翼叶明显，稀仅有痕迹；小叶对生，通常披针形，长 3 ～ 12 cm，宽 1 ～ 3 cm，两端尖，有时基部宽楔形，干后叶缘略向背卷，叶面稍粗皱；或为椭圆形，长 4 ～ 9 cm，宽 2 ～ 4.5 cm，顶端中央一片最大，基部一对最小；有时为卵形，叶

缘有甚小且疏离的裂齿，或近全缘，仅在齿缝处或沿小叶边缘有油点；小叶柄甚短或无柄。花序近腋生或同时生于侧枝之顶，长 2 ～ 5 cm，有花约 30 朵；花被片 6 ～ 8 片，形状与大小几相同，长约 1.5 mm；雄花的雄蕊 5 ～ 6 枚，药隔顶端有 1 干后变褐黑色油点；不育雌蕊垫状突起，顶端 2 ～ 3 浅裂；雌花有心皮 2 ～ 3 个，背部近顶侧各有 1 油点，花柱斜向背弯，不育雄蕊短线状。果紫红色，有微凸起少数油点，单个分果瓣直径 4 ～ 5 mm；种子直径 3 ～ 4 mm，褐黑色。花期 4—5 月，果期 8—10 月。

【生境】生于山坡、沟谷边疏林中、林缘、灌丛中。

【分布】全县域均有野生分布。

【采收加工】果期采收成熟的果实，除去杂质，晒干。

【性味功能】味辛，性温；温中止痛，杀虫止痒。

【主治用法】用于脘腹冷痛，呕吐泄泻，虫积腹痛，蛔虫病，湿疹瘙痒。内服：煎汤，3 ～ 6 g；或研粉，1 ～ 2 g。外用：适量，煎水洗；或研末调敷。

四十七、楝科 Meliaceae

129. 楝 *Melia azedarach* L.

【别名】楝木、苦楝树。

【基源】苦楝皮（中药名）。为楝科楝属植物楝 *Melia azedarach* L. 的干燥树皮及根皮。

【形态特征】落叶乔木，高 15 ～ 20 m。树皮暗褐色，纵裂，老枝紫色，有多数细小皮孔。二至三回奇数羽状复叶互生；小叶卵形至椭圆形，长 3 ～ 7 cm，宽 2 ～ 3 cm，先端长尖，基部宽楔形或圆形，边缘有钝尖锯齿，上面深绿色，下面淡绿色，幼时有星状毛，稍后除叶脉上有白毛外，余均无毛。圆锥花序腋生或顶生；花淡紫色，长约 1 cm；花萼 5 裂，裂片披针形，两面均有毛；花瓣 5，平展或反曲，

倒披针形；雄蕊管通常暗紫色，长约 7 mm；子房上位。核果圆卵形或近球形，长 1.5 ～ 2 cm，淡黄色，4 ～ 5 室，每室具 1 颗种子。花期 4—5 月，果期 10—11 月。

【生境】生于旷野或路旁，常栽培于屋前房后。

【分布】全县域均有分布。

【采收加工】春、秋季剥取，干燥，或除去粗皮，干燥。

【性味功能】味苦，性寒；杀虫，疗癣。

【主治用法】用于蛔虫病，蛲虫病，钩虫病，疥癣，湿疮。内服：煎汤，4.5 ～ 9 g（鲜品 15 ～ 30 g）。外用：适量，研末敷患处。

130. 香椿 *Toona sinensis*（A. Juss.）Roem.

【别名】红椿、椿芽树、椿花、香铃子。

【基源】为楝科香椿属植物香椿 *Toona sinensis*（A. Juss.）Roem. 的根皮、叶、嫩枝及果。

【形态特征】落叶乔木，高 5 ～ 12（25）m。树皮赭褐色，片状剥落；幼枝被柔毛。双数羽状复叶，长 25 ～ 50 cm，有特殊气味；小叶 10 ～ 22 片，对生，具短柄，叶片纸质，矩圆形或披针状矩圆形，长 8 ～ 15 cm，宽 2 ～ 4 cm，先端长尖，基部不对称，圆形或阔楔形，边缘具疏锯齿或近全缘，两面无毛或仅下面脉腋内有长髯毛。春末开白色小花，圆锥花序顶生，花芳香；萼短小；花瓣 5；退化雄蕊 5，与 5 个发育雄蕊互生；子房有沟纹 5 条。蒴果窄椭圆形，长 1.5 ～ 2.5 cm，5 瓣裂开。种子椭圆形，一端有膜质长翅。

【生境】生于村边路旁及房前屋后。

【分布】全县域均有分布。

【采收加工】根皮全年可采；秋后采果；夏、秋季采叶及嫩枝。

【性味功能】味苦、涩，性温；祛风利湿，止血止痛。

【主治用法】根皮：用于痢疾，肠炎，尿路感染，便血，血崩，带下，风湿腰腿痛。内服：煎汤，9 ～ 15 g。

叶及枝：用于痢疾。内服：煎汤，9 ～ 15 g。

果：用于胃、十二指肠溃疡，慢性胃炎。内服：煎汤，6 ～ 9 g。

【附方】（1）治胃及十二指肠溃疡：香椿根皮 18 g，水三七 10 g，水煎服。（《中国苗族药物彩色图集》）

（2）治麻疹：香椿根 15 g，西河柳 9 g，芫荽 15 g，紫萍 3 g，水煎服。或单用煎服治麻疹未透。（《草药手册》）

四十八、远志科 Polygalaceae

131. 瓜子金 *Polygala japonica* Houtt.

【别名】金锁匙、神砂草、地藤草。

【基源】为远志科远志属植物瓜子金 *Polygala japonica* Houtt. 的根及全草。

【形态特征】多年生草本，高 15 ～ 20 cm。茎绿褐色，直立或斜生。枝有纵棱，圆柱形，被卷曲短柔毛。单叶互生；黄褐色，被短柔毛；叶纸质至近革质，卵形，绿色，先端钝，基部圆形至阔楔形，全缘，反卷；主脉在上表面凹陷，侧脉 3 ～ 5 对。花两性，总状花序与叶对生；花少，具早落披针形小苞片；萼片 5，宿存；花瓣 3，白色至紫色；雄蕊 8，花丝合生成鞘，花药卵形，顶孔开裂；子房倒卵形，具翅，花柱肥厚，弯曲，柱头 2。蒴果绿色，圆形，具阔翅。种子卵形，黑色，密被白色短柔毛。花期 4—5 月，果期 5—7 月。

【生境】生于海拔 800 ～ 2100 m 的山坡或田埂上。

【分布】分布于孛畈镇、烟店镇、赵棚镇、接官乡。

【采收加工】8—10 月采集全草，晒干。

【性味功能】味苦、微辛，性平；祛痰止咳，散瘀止血，宁心安神，解毒消肿。

【主治用法】用于咳嗽痰多，跌打损伤，风湿痹痛，吐血便血，心悸失眠，咽喉肿痛，痈肿疮疡，毒蛇咬伤。内服：煎汤，6 ～ 15 g（鲜品 30 ～ 60 g）；或研末，或捣汁，或浸酒。外用：捣敷，或研末调敷。

【附方】（1）治妇女月经不调，或前或后：瓜子金 7 株，加白糖 60 g，捣烂绞汁，经后 3 天服之。（《泉州本草》）

（2）治咽喉肿痛，扁桃体炎：鲜瓜子金 30 g，切碎捣烂，加冷开水 1 碗绞汁，频频含咽。（《安徽中草药》）

（3）治淋巴结炎：瓜子金、百蕊草各 15 g，抱石莲 12 g，水煎服。（《安徽中草药》）

（4）治毒蛇咬伤：鲜瓜子金 30 ～ 60 g，加冷开水绞汁服。另将药渣加生半夏 1 粒，捣烂敷伤口。（《安徽中草药》）

（5）治疟疾：瓜子金（鲜）18 ～ 30 g，酒煎，于疟发作前 2 h 服。（《江西草药》）

四十九、漆树科 Anacardiaceae

132. 黄连木 *Pistacia chinensis* Bunge

【别名】楷木、楷树、黄棟树、药树、药木。

【基源】为漆树科黄连木属植物黄连木 *Pistacia chinensis* Bunge 的树皮及叶。

【形态特征】落叶乔木，高约达 20 m；树干扭曲，树皮暗褐色，呈鳞片状剥落，幼枝灰棕色，具细小皮孔，疏被微柔毛或近无毛。奇数羽状复叶互生，有小叶 5 ～ 6 对，叶轴具条纹，被微柔毛，叶柄上面平，被微柔毛；小叶对生或近对生，纸质，披针形或卵状披针形或线状披针形，长 5 ～ 10 cm，宽 1.5 ～ 2.5 cm，先端渐尖或长渐尖，基部偏斜，全缘，两面沿中脉和侧脉被卷曲微柔毛或近无毛，侧脉和细脉两面突起；小

叶柄长 1 ～ 2 mm。花单性异株，先花后叶，圆锥花序腋生，雄花序排列紧密，长 6 ～ 7 cm，雌花序排列疏松，长 15 ～ 20 cm，均被微柔毛；花小，花梗长约 1 mm，被微柔毛；苞片披针形或狭披针形，内凹，长 1.5 ～ 2 mm，外面被微柔毛，边缘具睫毛状毛。雄花：花被片 2 ～ 4，披针形或线状披针形，大小不等，长 1 ～ 1.5 mm，边缘具睫毛状毛；雄蕊 3 ～ 5，花丝极短，长不到 0.5 mm，花药长圆形，大，长约 2 mm；雌蕊缺。雌花：花被片 7 ～ 9，大小不等，长 0.7 ～ 1.5 mm，宽 0.5 ～ 0.7 mm，外面 2 ～ 4 片远较狭，披针形或线状披针形，外面被柔毛，边缘具睫毛状毛，里面 5 片卵形或长圆形，外面无毛，边缘具睫毛状毛；不育雄蕊缺；子房球形，无毛，直径约 0.5 mm，花柱极短，柱头 3，厚，肉质，红色。核果倒卵状球形，略压扁，直径约 5 mm，成熟时紫红色，干后具纵向细条纹，先端细尖。

【生境】生于海拔 140 ～ 3550 m 的石山林中。

【分布】分布于字畈镇。

【采收加工】树皮全年可采收，叶于夏、秋季采收。

【性味功能】味微苦，性微寒；清热，利湿，解毒。

【主治用法】用于痢疾，淋证，肿毒，牛皮癣，痔疮，风湿疮及漆疮初起等病症。内服：煎汤，3 ～ 6 g。外用：适量，煎水洗，或研粉敷患处。

133. 盐肤木 *Rhus chinensis* Mill.

【别名】五倍子树、五倍柴、五倍子。

【基源】为漆树科盐肤木属植物盐肤木 *Rhus chinensis* Mill. 的根、叶、花、果实、叶上的虫瘿。叶上的虫瘿中药名为五倍子。

【形态特征】落叶小乔木或灌木，高 2～10 m；小枝棕褐色，被锈色柔毛，具圆形小皮孔。奇数羽状复叶有小叶（2）3～6 对，叶轴具宽的叶状翅，小叶自下而上逐渐增大，叶轴和叶柄密被锈色柔毛；小叶多形，卵形或椭圆状卵形或长圆形，长 6～12 cm，宽 3～7 cm，先端急尖，基部圆形，顶生小叶基部楔形，边缘具粗锯齿或圆齿，叶面暗绿色，叶背粉绿色，被白粉，叶面沿中脉疏被柔毛或近无毛，叶背被锈色柔毛，脉上较密，侧脉和细脉在叶面凹陷，在叶背突起；小叶无柄。圆锥花序宽大，多分枝，雄花序长 30～40 cm，雌花序较短，密被锈色柔毛；苞片披针形，长约 1 mm，被微柔毛，小苞片极小，花白色，花梗长约 1 mm，被微柔毛。雄花：花萼外面被微柔毛，裂片长卵形，长约 1 mm，边缘具细睫毛状毛；花瓣倒卵状长圆形，长约 2 mm，开花时外卷；雄蕊伸出，花丝线形，长约 2 mm，无毛，花药卵形，长约 0.7 mm；子房不育。雌花：花萼裂片较短，长约 0.6 mm，外面被微柔毛，边缘具细睫毛状毛；花瓣椭圆状卵形，长约 1.6 mm，边缘具细睫毛状毛，里面下部被柔毛；雄蕊极短；花盘

无毛；子房卵形，长约 1 mm，密被白色微柔毛，花柱 3，柱头头状。核果球形，略压扁，直径 4～5 mm，被具节柔毛和腺毛，成熟时红色，果核直径 3～4 mm。花期 8—9 月，果期 10 月。

【生境】生于海拔 170～2700 m 的向阳山坡、沟谷、溪边的疏林或灌丛中。

【分布】分布于王义贞镇、孛畈镇、赵棚镇。

【采收加工】根、叶、花、果实鲜用或晒干。五倍子于秋季采摘，置沸水中略煮，杀死蚜虫，取出，干燥，生用。

【性味功能】根：味微苦、酸，性微温；化痰定喘，调中益气。

叶：味微苦，性微温；消肿解毒。

花、果实：味咸、微酸，性平；敛肺固肠，滋肾涩精，止血，止汗。

五倍子：味酸、涩，性寒；敛肺降火，止咳止汗，涩肠止泻，固精止遗，收敛止血，收湿敛疮。

【主治用法】根：用于慢性支气管炎，冠心病，疲倦乏力，风湿关节痛，坐骨神经痛，腰肌劳损，扭伤，跌打损伤。内服：煎汤，9～15 g（鲜品 30～60 g）。外用：适量，研末调敷；或煎水洗，或鲜品捣敷。

叶：用于皮肤过敏，湿疹，皮炎，对口疮。内服：煎汤，9 ～ 15 g（鲜品 30 ～ 60 g）。外用：适量，煎水洗；或鲜品捣烂敷，或捣汁涂。

花、果实：用于肺虚咳嗽，盗汗，遗精，小腿溃疡，久泻脱肛，外伤出血。花：外用适量，研末撒或调搽。果实：煎服，9 ～ 15 g；或研末。外用适量，煎水洗；捣敷或研末调敷。

五倍子：用于咳嗽，咯血，自汗，盗汗，久泻，久痢，遗精，滑精，崩漏，便血痔血，湿疮，肿毒。内服：煎汤，3 ～ 9 g；或入丸、散服，每次 1 ～ 1.5 g。外用：适量，研末外敷或煎汤熏洗。

【附方】（1）治喉痹：盐肤子，捣罗为末，以赤糖和丸，如半枣大，含咽津。（《太平圣惠方》）

（2）治痛风：盐肤叶捣烂，桐油炒热，布包揉痛处。（《湖南药物志》）

（3）治鼻疳：盐肤木花或子、硼砂、黄柏、青黛、花椒各等量，共研末，吹患处。（《湖南药物志》）

（4）治痔疮：盐肤木根 60 g，凤尾草 30 g，水煎服，每日 2 剂。体虚者加猪瘦肉 30 g 同煮。（《全国中草药汇编》）

五十、马桑科 Coriariaceae

134. 马桑 *Coriaria sinica* Maxim.

【别名】马鞍子、水马桑、千年红。

【基源】为马桑科马桑属植物马桑 *Coriaria sinica* Maxim. 的根、叶。

【形态特征】灌木，高 1.5 ～ 2.5 m，分枝水平开展，小枝四棱形或成四狭翅，幼枝疏被微柔毛，后变无毛，常带紫色，老枝紫褐色，具显著圆形突起的皮孔；芽鳞膜质，卵形或卵状三角形，长 1 ～ 2 mm，紫红色，无毛。叶对生，纸质至薄革质，椭圆形或阔椭圆形，长 2.5 ～ 8 cm，宽 1.5 ～ 4 cm，先端急尖，基部圆形，全缘，两面无毛或沿脉上疏被毛，基出 3 脉，弧形伸至顶端，在叶面微凹，叶背突起；叶

短柄，长2～3 mm，疏被毛，紫色，基部具垫状突起。总状花序生于二年生的枝条上，雄花序先于叶开放，长1.5～2.5 cm，多花密集，序轴被腺状微柔毛；苞片和小苞片卵圆形，长约2.5 mm，宽约2 mm，膜质，半透明，内凹，上部边缘具流苏状细齿；花梗长约1 mm，无毛；萼片卵形，长1.5～2 mm，宽1～1.5 mm，边缘半透明，上部具流苏状细齿；花瓣极小，卵形，长约0.3 mm，里面龙骨状；雄蕊10，花丝线形，长约1 mm，开花时伸长，长3～3.5 mm，花药长圆形，长约2 mm，具细小疣状体，药隔伸出，花药基部短尾状；不育雌蕊存在；雌花序与叶同出，长4～6 cm，序轴被腺状微柔毛；苞片稍大，长约4 mm，带紫色；花梗长1.5～2.5 mm；萼片与雄花同；花瓣肉质，较小，龙骨状；雄蕊较短，花丝长约0.5 mm，花药长约0.8 mm，心皮5，耳形，长约0.7 mm，宽约0.5 mm，侧向压扁，花柱长约1 mm，具小疣体，柱头上部外弯，紫红色，具多数小疣体。果球形，果期花瓣肉质增大包于果外，成熟时由红色变紫黑色，直径4～6 mm；种子卵状长圆形。

【生境】生于海拔400～3200 m的灌丛中。

【分布】分布于字畈镇、王义贞镇。

【采收加工】根：冬季采挖，刮去外皮，晒干。叶：夏季采收，晒干。

【性味功能】味苦、辛，性寒；祛风除湿，镇痛，杀虫。

【主治用法】根：用于淋巴结结核，跌打损伤，狂犬咬伤，风湿关节痛。叶：外用治烧烫伤，头癣，湿疹，疮疡肿毒。外用：适量，煎水外洗或外敷。因有大毒，一般只作外用。

五十一、无患子科 Sapindaceae

135. 复羽叶栾树 *Koelreuteria bipinnata* Franch.

【别名】花楸树、泡花树、灯笼花。

【基源】为无患子科栾树属植物复羽叶栾树 *Koelreuteria bipinnata* Franch. 的根、根皮或花。

【形态特征】落叶乔木，高可达20 m。树皮暗灰色；小枝灰色，有短柔毛并有皮孔密生。二回羽状复叶，对生，厚纸质，总叶轴圆筒形，密生绢状灰色短柔毛；小叶9～15，长椭圆状卵形，长4.5～7 cm，宽1.8～2.5 cm，先端短渐尖，基部圆形，边缘有不整齐的锯齿，下面主脉上有灰色的茸

毛；小叶柄短，长2～3 mm。圆锥花序顶生，长约20 cm；花黄色。蒴果卵形，长约4 cm，宽3 cm，先端圆形，有突尖，3瓣裂。种子圆形，黑色。

【生境】生于山坡疏林中。

【分布】全县域均有分布，多见于栽培。

【采收加工】根、根皮全年可采挖，花夏、秋季采收，晒干。

【性味功能】味微苦、辛，性温；疏风清热。

【主治用法】止咳，杀虫。内服：煎汤，9～15 g。

五十二、冬青科 Aquifoliaceae

136. 冬青 *Ilex chinensis* Sims

【别名】四季青、大叶冬青、红冬青。

【基源】冬青叶（中药名）。为冬青科冬青属植物冬青 *Ilex chinensis* Sims 的叶。

【形态特征】常绿乔木，高达 13 m；树皮灰黑色，当年生小枝浅灰色，圆柱形，具细棱；二年至多年生枝具不明显的小皮孔，叶痕新月形，凸起。叶片薄革质至革质，椭圆形或披针形，稀卵形，长 5～11 cm，宽 2～4 cm，先端渐尖，基部楔形或钝，边缘具圆齿，或有时在幼叶为锯齿，叶面绿色，有光泽，干时深褐色，背面淡绿色，主脉在叶面平，背面隆起，侧脉 6～9 对，在叶面不明显，叶背明显，无毛，或有时在雄株幼枝顶芽、幼叶叶柄及主脉上有长柔毛；叶柄长 8～10 mm，上面平或有时具窄沟。雄花：花序具三至四回分枝，总花梗长 7～14 mm，二级轴长 2～5 mm，花梗长 2 mm，无毛，每分枝具花 7～24 朵；花淡紫色或紫红色，4～5 基数；花萼浅杯状，裂片阔卵状三角形，具缘毛；花冠辐状，直径约 5 mm，花瓣卵形，长 2.5 mm，宽约 2 mm，开放时反折，基部稍合生；雄蕊短于花瓣，长 1.5 mm，花药椭圆形；退化子房圆锥状，长不足 1 mm。雌花：花序具一至二回分枝，具花 3～7 朵，总花梗长 3～10 mm，扁，二级轴发育不好；花梗长 6～10 mm；花萼和花瓣同雄花，退化雄蕊长约为花瓣的 1/2，败育花药心形；子房卵球形，柱头具不明显的 4～5 裂，厚盘形。果长球形，成熟时红色，长 10～12 mm，直径 6～8 mm；分核 4～5，狭披针形，长 9～11 mm，宽约 2.5 mm，背面平滑，凹形，断面呈三棱形，内果皮厚革质。花期 4—6 月，果期 7—12 月。

【生境】生于海拔 500 ～ 1000 m 的山坡常绿阔叶林中和林缘。

【分布】在县域内偶见栽培。

【采收加工】秋、冬季采摘，晒干，生用。

【性味功能】味苦、涩；清肺止咳，清热祛湿，活血止血，生肌敛疮。

【主治用法】用于肺热壅盛之咳嗽、痰黄稠，或咽喉肿痛；急性胃肠炎所致的腹痛、腹泻；烧烫伤，热毒痈肿，下肢溃疡，湿疹，闭塞性脉管炎，外伤出血。内服：30 ～ 60 g，浓煎成流浸膏服用。外用：制成乳剂、膏剂涂搽。

137. 枸骨 *Ilex cornuta* Lindl. et Paxt.

【别名】功劳叶、羊角刺。

【基源】枸骨叶（中药名）。为冬青科冬青属植物枸骨 *Ilex cornuta* Lindl. et Paxt. 的干燥叶。

【形态特征】常绿灌木或小乔木，高（0.6）1 ～ 3 m；幼枝具纵脊及沟，沟内被微柔毛或变无毛，二年生枝褐色，三年生枝灰白色，具纵裂缝及隆起的叶痕，无皮孔。叶片厚革质，二型，四角状长圆形或卵形，长 4 ～ 9 cm，宽 2 ～ 4 cm，先端具 3 枚尖硬刺齿，中央刺齿常反曲，基部圆形或近截形，两侧各具 1 ～ 2 刺齿，有时全缘（此情况常出现在卵形叶），叶面深绿色，具光泽，背面淡绿色，无光泽，两面无毛，

主脉在上面凹下，背面隆起，侧脉 5 或 6 对，于叶缘附近网结，在叶面不明显，在背面凸起，网状脉两面不明显；叶柄长 4 ～ 8 mm，上面具狭沟，被微柔毛；托叶胼胝质，宽三角形。花序簇生于二年生枝的叶腋内，基部宿存鳞片近圆形，被柔毛，具缘毛；苞片卵形，先端钝或具短尖头，被短柔毛和缘毛；花淡黄色，4 基数。雄花：花梗长 5 ～ 6 mm，无毛，基部具 1 ～ 2 枚阔三角形的小苞片；花萼盘状；直径约 2.5 mm，裂片膜质，阔三角形，长约 0.7 mm，宽约 1.5 mm，疏被微柔毛，具缘毛；花冠辐状，直径约 7 mm，花瓣长圆状卵形，长 3 ～ 4 mm，反折，基部合生；雄蕊与花瓣近等长或稍长，花药长圆状卵形，长约 1 mm；退化子房近球形，先端钝或圆形，不明显的 4 裂。雌花：花梗长 8 ～ 9 mm，果期长达 13 ～ 14 mm，无毛，基部具 2 枚小的阔三角形苞片；花萼与花瓣像雄花；退化雄蕊长为花瓣的 4/5，略长于子房，败育花药卵状箭头形；子房长圆状卵球形，长 3 ～ 4 mm，直径 2 mm，柱头盘状，4 浅裂。果球形，直径 8 ～ 10 mm，成熟时鲜红色，基部具四角形宿存花萼，顶端宿存柱头盘状，明显 4 裂；果梗长 8 ～ 14 mm。分核 4，轮廓倒卵形或椭圆形，长 7 ～ 8 mm，背部宽约 5 mm，遍布皱纹和皱纹状纹孔，背部中央具 1 纵沟，内果皮骨质。花期 4—5 月，果期 10—12 月。

【生境】生于海拔 150 ～ 1900 m 的山坡、丘陵等地的灌丛中、疏林中以及路边、溪旁和村舍附近。

【分布】各乡镇偶见栽培，野生种在王义贞镇钱冲村银杏谷偶见。

【采收加工】秋季采收，除去杂质，晒干。

【性味功能】味苦，性凉；清热养阴，益肾，平肝。

【主治用法】用于肺痨咯血，骨蒸潮热，头晕目眩。内服：煎汤，9～15 g。

【附方】治劳伤失血痿弱：每用枸骨叶三斤，去刺，入红枣二三斤，熬膏蜜收。（《本经逢原》）

五十三、鼠李科 Rhamnaceae

138. 猫乳 *Rhamnella franguloides*（Maxim.）Weberb.

【别名】鼠矢枣、黄枣。

【基源】为鼠李科猫乳属植物猫乳 *Rhamnella franguloides*（Maxim.）Weberb. 的根。

【形态特征】落叶灌木或小乔木，高
2～9 m；幼枝绿色，被短柔毛或密柔毛。
叶倒卵状矩圆形、倒卵状椭圆形、矩圆形、
长椭圆形，稀倒卵形，长 4～12 cm，宽
2～5 cm，顶端尾状渐尖、渐尖或骤然收
缩成短渐尖，基部圆形，稀楔形，稍偏斜，
边缘具细锯齿，上面绿色，无毛，下面黄
绿色，被柔毛或仅沿脉被柔毛，侧脉每边
5～11（13）条；叶柄长 2～6 mm，被密
柔毛；托叶披针形，长 3～4 mm，基部与
茎离生，宿存。花黄绿色，两性，6～18 个排成腋生聚伞花序；总花梗长 1～4 mm，被疏柔毛或无毛；
萼片三角状卵形，边缘被疏短毛；花瓣宽倒卵形，顶端微凹；花梗长 1.5～4 mm，被疏毛或无毛。核果
圆柱形，长 7～9 mm，直径 3～4.5 mm，成熟时红色或橘红色，干后变黑色或紫黑色；果梗长 3～5 mm，
被疏柔毛或无毛。花期 5—7 月，果期 7—10 月。

【生境】生于海拔 1100 m 以下的山坡、路旁或林中。

【分布】接官乡偶见。

【采收加工】早春、晚秋采挖根部，洗净泥土，剥取皮部，晒干。

【性味功能】味苦，性平；补益脾肾。

【主治用法】用于虚劳，疥疮。内服：煎汤，3～9 g。

139. 冻绿 *Rhamnus utilis* Decne.

【别名】黑五茶。

【基源】冻绿叶（中药名）。为鼠李科鼠李属植物冻绿 *Rhamnus utilis* Decne. 的叶。

【形态特征】灌木或小乔木，高达 4 m；幼枝无毛，小枝褐色或紫红色，稍平滑，对生或近对生，枝端常具针刺；腋芽小，长 2 ～ 3 mm，有数个鳞片，鳞片边缘有白色缘毛。叶纸质，对生或近对生，或在短枝上簇生，椭圆形、矩圆形或倒卵状椭圆形，长 4 ～ 15 cm，宽 2 ～ 6.5 cm，顶端突尖或锐尖，基部楔形，稀圆形，边缘具细锯齿或圆齿状锯齿，上面无毛或仅中脉具疏柔毛，下面干后常变黄色，沿脉或脉腋有金黄色柔毛，侧脉每边通常 5 ～ 6 条，两面均凸起，具明显的网脉，叶柄长 0.5 ～ 1.5 cm，上面具小沟，有疏微毛或无毛；托叶披针形，常具疏毛，宿存。花单性，雌雄异株，4 基数，具花瓣；花梗长 5 ～ 7 mm，无毛；雄花数个簇生于叶腋，或 10 ～ 30 个聚生于小枝下部，有退化的雌蕊；雌花 2 ～ 6 个簇生于叶腋或小枝下部；退化雄蕊小，花柱较长，2 浅裂或半裂。核果圆球形或近球形，成熟时黑色，具 2 分核，基部有宿存的萼筒；梗长 5 ～ 12 mm，无毛；种子背侧基部有短沟。花期 4—6 月，果期 5—8 月。

【生境】常生于海拔 1500 m 以下的山地、丘陵、山坡草丛、灌丛或疏林下。

【分布】各乡镇均有分布。

【采收加工】夏末采收，鲜用或晒干。

【性味功能】味苦，性凉；止痛，消食。

【主治用法】用于跌打内伤，消化不良。内服：捣烂，冲酒，15 ～ 30 g；或泡茶。

【附方】治跌打内伤：冻绿叶 30 g，捣烂冲酒服。（《广西民族药简编》）

140. 枳椇 *Hovenia acerba* Lindl.

【别名】拐枣。

【基源】为鼠李科枳椇属植物枳椇 *Hovenia acerba* Lindl. 的种子。

【形态特征】高大乔木，高 10 ～ 25 m；小枝褐色或黑紫色，被棕褐色短柔毛或无毛，有明显白色的皮孔。叶互生，厚纸质至纸质，宽卵形、椭圆状卵形或心形，长 8 ～ 17 cm，宽 6 ～ 12 cm，顶端长渐尖或短渐尖，基部截形或心形，稀近圆形或宽楔形，边缘常具整齐浅而钝的细锯齿，上部或近顶端的叶有不明显的齿，稀近全缘，上面无毛，下面沿脉或脉腋常被短柔毛或无毛；叶柄长 2 ～ 5 cm，无毛。二歧式聚伞圆锥花序，顶生和腋生，被棕色短柔毛；花两性，直径 5 ～ 6.5 mm；萼片具网状脉或纵条纹，无毛，长 1.9 ～ 2.2 mm，宽 1.3 ～ 2 mm；花瓣椭圆状匙形，长 2 ～ 2.2 mm，宽 1.6 ～ 2 mm，具短爪；

花盘被柔毛；花柱半裂，稀浅裂或深裂，长 1.7～2.1 mm，无毛。浆果状核果近球形，直径 5～6.5 mm，无毛，成熟时黄褐色或棕褐色；果序轴明显膨大；种子暗褐色或黑紫色，直径 3.2～4.5 mm。花期 5—7 月，果期 8—10 月。

【生境】生于海拔 2100 m 以下的开旷地、山坡林缘或疏林中。

【分布】雷公镇、王义贞镇、烟店镇偶见。

【采收加工】果实成熟时，连肉质花序轴一并摘下，取出种子，干燥。

【性味功能】味甘、酸，性平；利水消肿，解酒毒。

【主治用法】本品可通利二便而消肿。本品善解酒毒，清胸膈之热。内服：煎汤，10～15 g。

141. 枣 *Ziziphus jujuba* Mill.

【别名】大枣、枣子。

【基源】为鼠李科枣属植物枣 *Ziziphus jujuba* Mill. 的果实。

【形态特征】落叶小乔木，稀灌木，高约 10 m；树皮褐色或灰褐色；有长枝，短枝和无芽小枝（即新枝）比长枝光滑，紫红色或灰褐色，呈"之"字形曲折，具 2 个托叶刺，长刺可达 3 cm，粗直，短刺下弯，长 4～6 mm；短枝短粗，矩状，自老枝发出；当年生小枝绿色，下垂，单生或 2～7 个簇生于短枝上。叶纸质，卵形、卵状椭圆形或卵状矩圆形；长 3～7 cm，宽 1.5～4 cm，顶端钝或圆形，稀锐尖，具

小尖头，基部稍不对称，近圆形，边缘具圆齿状锯齿，上面深绿色，无毛，下面浅绿色，无毛或仅沿脉多少被疏微毛，基生三出脉；叶柄长 1～6 mm，或在长枝上的可达 1 cm，无毛或有疏微毛；托叶刺纤细，后期常脱落。花黄绿色，两性，5 基数，无毛，具短总花梗，单生或 2～8 个密集成腋生聚伞花序；花梗长 2～3 mm；萼片卵状三角形；花瓣倒卵圆形，基部有爪，与雄蕊等长；花盘厚，肉质，圆形，5 裂；子房下部藏于花盘内，与花盘合生，2 室，每室有 1 胚珠，花柱 2 半裂。核果矩圆形或长卵圆形，长 2～3.5 cm，直径 1.5～2 cm，成熟时红色，后变红紫色，中果皮肉质，厚，味甜，核顶端锐尖，基部锐尖或钝，2 室，具 1 或 2 种子，果梗长 2～5 mm；种子扁椭圆形，长约 1 cm，宽 8 mm。花期 5—7 月，果期 8—9 月。

【生境】生于海拔 1700 m 以下的山区、丘陵或平原。

【分布】各乡镇均有分布。

【采收加工】秋季果实成熟时采收，晒干，生用。

【性味功能】味甘，性温；补中益气，养血安神。

【主治用法】用于脾虚证，脏躁，失眠证。内服：劈破煎服，6～15 g。

五十四、葡萄科 Vitaceae

142. 地锦 *Parthenocissus tricuspidata*（Sieb. et Zucc.）Planch.

【别名】爬山虎。

【基源】为葡萄科地锦属植物地锦
Parthenocissus tricuspidata（Sieb. et Zucc.）
Planch. 的藤茎或根。

【形态特征】落叶木质攀援大藤本。
枝条粗壮；卷须短，多分枝，枝端有吸盘。
单叶互生；叶柄长 8～20 cm；叶片宽卵形，
长 10～20 cm，宽 8～17 cm，先端常 3
浅裂，基部心形，边缘有粗锯齿，上面无毛，
下面脉上有柔毛，幼苗或下部枝上的叶较
小，常分成 3 小叶或为 3 全裂，中间小叶

倒卵形，两侧小叶斜卵形，有粗锯齿。花两性，聚伞花序通常生于短枝顶端的两叶之间；花绿色，5 数；
花萼小，全缘；花瓣先端反折；雄蕊与花瓣对生；花盘贴生于子房，不明显；子房 2 室。浆果，熟时蓝
黑色，直径 6～8 mm。花期 6—7 月，果期 9 月。

【生境】常攀援于疏林中、墙壁及岩石上，亦有栽培。

【分布】全县域均有分布。

【采收加工】藤茎于秋季采收，去掉叶片，切段；根于冬季挖取，洗净，切片，晒干或鲜用。

【性味功能】味辛、微涩，性温；祛风止痛，活血通络。

【主治用法】用于风湿痹痛，中风半身不遂，偏头痛，产后血瘀，腹生结块，跌打损伤，痈肿疮毒，
溃疡不敛。内服：煎汤，15～30 g；或浸酒。外用：适量，煎水洗；或磨汁涂，或捣烂敷。

【附方】（1）治风湿痹痛：爬山虎 30～60 g，水煎服；或用倍量浸酒内服外擦。（《广西本草
选编》）

（2）治半身不遂：爬山虎藤 15 g，锦鸡儿根 60 g，大血藤根 15 g，千斤拔根 30 g，冰糖少许，
水煎服。（《江西草药》）

（3）治偏头痛：爬山虎根 30 g，防风 9 g，川芎 6 g，水煎服，连服 3～4 剂。（《浙江民间常用草药》）

143. 白蔹 *Ampelopsis japonica*（Thunb.）Makino

【别名】山地瓜。

【基源】为葡萄科蛇葡萄属植物白蔹 *Ampelopsis japonica*（Thunb.）Makino 的块根。

【形态特征】木质藤本。小枝圆柱形，有纵棱纹，无毛。卷须不分枝或卷须顶端有短的分叉，相隔 3 节以上间断与叶对生。叶为掌状 3 ～ 5 小叶，小叶片羽状深裂或小叶边缘有深锯齿而不分裂。聚伞花序通常集生于花序梗顶端，直径 1 ～ 2 cm，通常与叶对生。果实球形，直径 0.8 ～ 1 cm，成熟后带白色，有种子 1 ～ 3 颗；种子倒卵形，顶端圆形，基部喙短钝。花期 5—6 月，果期 7—9 月。

【生境】生于海拔 100 ～ 900 m 的山坡地边、灌丛或草地。

【分布】分布于接官乡、孛畈镇。

【采收加工】春、秋季采挖，除去茎及细须根，多纵切成两瓣、四瓣或斜片，晒干。

【性味功能】味苦、辛，性微寒；清热解毒，消痈散结，敛疮生肌。

【主治用法】用于疮痈肿毒，瘰疬痰核，水火烫伤，手足皲裂。内服：煎汤，4.5 ～ 9 g。外用：适量，煎汤外洗或研成极细粉末敷于患处。

144. 三裂蛇葡萄 *Ampelopsis delavayana* Planch.

【别名】野葡萄。

【基源】为葡萄科蛇葡萄属植物三裂蛇葡萄 *Ampelopsis delavayana* Planch. 的根、皮。

【形态特征】木质藤本，小枝圆柱形，有纵棱纹，疏生短柔毛，以后脱落。卷须 2 ～ 3 叉分枝，相隔 2 节间断与叶对生。叶为 3 小叶，中央小叶披针形或椭圆状披针形，长 5 ～ 13 cm，宽 2 ～ 4 cm，顶端渐尖，基部近圆形，侧生小叶卵状椭圆形或卵状披针形，长 4.5 ～ 11.5 cm，宽 2 ～ 4 cm，基部不对称，近截形，边缘有粗锯齿，齿端通常尖细，上面绿色，嫩时被稀疏柔毛，以后脱落几无毛，下面浅绿色，侧脉 5 ～ 7 对，网脉两面均不明显；叶柄长 3 ～ 10 cm，中央小叶有柄或无柄，侧生小叶无柄，被稀疏柔毛。多歧聚伞花序与叶对生，花序梗长 2 ～ 4 cm，被短柔毛；花梗长 1 ～ 2.5 mm，伏生短柔毛；花蕾卵形，高 1.5 ～ 2.5 mm，顶端圆形；萼碟形，边缘呈波状浅裂，无毛；花瓣 5，卵状椭圆形，高 1.3 ～ 2.3 mm，外面无毛，雄蕊 5，花药卵圆形，长、宽近相等，花盘明显，5 浅裂；子房下部与花盘合生，花柱明显，柱头不明显扩大。果实近球形，直径 0.8 cm，有种子 2 ～ 3 颗；种子倒卵圆形，顶端近圆形，基部有短喙，种脐在种子背面中部向上渐狭呈卵状椭圆形，顶端种脊突出，腹部中棱脊突出，两侧洼穴呈沟状楔形，上部宽，斜向上展达种子中部以上。花期6～8月，果期9—11月。

【生境】生于山谷林中或山坡灌丛或林中，海拔50～2200 m。

【分布】各乡镇均有分布。

【采收加工】秋、冬季挖根，洗净，剥取根皮，晒干。

【性味功能】味辛，性平；消肿止痛，舒筋活血，止血。

【主治用法】用于外伤出血，骨折，跌打损伤，风湿关节痛。外用：适量，捣烂或研末外敷。

145. 蛇葡萄 *Ampelopsis sinica*（Mig.）W. T. Wang

【别名】野葡萄。

【基源】为葡萄科蛇葡萄属植物蛇葡萄 *Ampelopsis sinica*（Mig.）W. T. Wang 的根皮。

【形态特征】木质藤本。小枝圆柱形，有纵棱纹。卷须2～3叉分枝，相隔2节间断与叶对生。叶为单叶，心形或卵形，3～5中裂，常混生有不分裂者，长3.5～14 cm，宽3～11 cm，顶端急尖，基部心形，基缺近呈钝角，稀圆形，边缘有急尖锯齿，叶片上面无毛，下面脉上被稀疏柔毛，边缘有粗钝或急尖锯齿；基出脉5，中央脉有侧脉4～5对，网脉不明显突出；叶柄长1～7 cm，被疏柔毛；花序梗长1～2.5 cm，被疏柔毛；花梗长1～3 mm，疏生短柔毛；花蕾卵圆形，高1～2 mm，顶端圆形；萼碟形，边缘波状浅齿，外面疏生短柔毛；花瓣5，卵状椭圆形，高0.8～1.8 mm，外面几无毛；雄蕊5，花药长椭圆形，长甚于宽；花盘明显，边缘浅裂；子房下部与花盘合生，花柱明显，基部略粗，柱头不扩大。果实近球形，直径0.5～0.8 cm，有种子2～4颗；种子长椭圆形，顶端近圆形，基部有短喙，种脐在种子背面下部向上渐狭成卵状椭圆形，上部背面种脊突出，腹部中棱脊突出，两侧洼穴呈狭椭圆形，从基部向上斜展达种子顶端。花期7—8月，果期9—10月。

【生境】生于山谷林中或山坡灌丛阴处，海拔200～3000 m。

【分布】全县域均有分布。

【采收加工】秋、冬季挖根，洗净，晒干。

【性味功能】味辛、苦，性凉；清热解毒，祛风活络，止痛，止血，敛疮。

【主治用法】用于风湿性关节炎，呕吐，腹泻，溃疡，跌打损伤肿痛，疮痈肿毒，外伤出血，烧烫伤。内服：煎汤，3 ～ 9 g。外用：适量，鲜品捣烂敷患处。

【附方】治慢性风湿性关节炎：蛇葡萄、穿山龙各 9 g，珍珠梅茎 3 g，水煎服。（《长白山植物药志》）

146. 乌蔹莓 *Cayratia japonica*（Thunb.）Gagnep.

【别名】五爪龙、母猪藤、五叶藤、五叶莓。

【基源】为葡萄科乌蔹莓属植物乌蔹莓的全草。

【形态特征】草质藤本。小枝圆柱形，有纵棱纹，无毛或微被疏柔毛。卷须 2 ～ 3 叉分枝，相隔 2 节间断与叶对生。叶为鸟足状 5 小叶，中央小叶长椭圆形或椭圆状披针形；叶柄长 1.5 ～ 10 cm，中央小叶柄长 0.5 ～ 2.5 cm。花序腋生，复二歧聚伞花序；花序梗长 1 ～ 13 cm，无毛或微被毛。果实近球形，直径约 1 cm，有种子 2 ～ 4 颗；种子三角状倒卵形。花期 3—8 月，果期 8—11 月。

【生境】生于海拔 300 ～ 2500 m 的山谷林中或山坡灌丛。

【分布】全县域均有分布。

【采收加工】夏、秋季采收，洗净，晒干。

【性味功能】味酸、苦，性寒；凉血解毒，利尿消肿。

【主治用法】用于痈疔疮肿，虫咬伤，捣根敷之。用于风毒热肿，捣敷并饮汁。消疔肿，根擂酒服。

【附方】（1）治尿血：五叶莓阴干为末，每服二钱，白汤下。（《卫生易简方》）

（2）治喉痹肿痛：五爪龙、车前草、马兰菊各一握，捣汁，徐咽。祖传方也。（《医学正传》）

（3）治项下热肿，俗名虾蟆瘟：五叶莓捣，敷之。（《丹溪纂要》）

（4）治一切肿毒，发背乳痈，便毒恶疮，初起者：五叶藤（或根）一握，生姜一块，捣烂，入好酒一碗绞汁。热服取汗，以渣敷之，即散。一用大蒜代姜，亦可。（《寿域神方》）

（5）治跌扑损伤：五爪龙捣汁，和童尿、热酒服之，取汗。（《简便方》）

五十五、锦葵科 Malvaceae

147. 地桃花 *Urena lobata* L.

【别名】野桃花、肖梵天花。

【基源】为锦葵科梵天花属植物地桃花 *Urena lobata* L. 的根或全草。

【形态特征】直立亚灌木状草本，高达 1 m。小枝被星状茸毛。叶互生；叶柄长 1～4 cm，被灰白色星状毛；托叶线形，长约 2 mm，早落；茎下部的叶近圆形，长 4～5 cm，宽 5～6 cm，先端浅 3 裂，基部圆形或近心形，边缘具锯齿；中部的叶卵形，长 5～7 cm，宽 3～6.5 cm；上部的叶长圆形至披针形，长 4～7 cm，宽 1.5～3 cm；叶上面被柔毛，下面被灰白色星状茸毛。花腋生、单生或稍丛生，淡红色，直径约 15 mm；花梗长约 3 mm，被绵毛；小苞片 5，长约 6 mm，基部合生；花萼杯状，裂片 5，较小苞片略短，两者均被星状柔毛；花瓣 5，倒卵形，长约 15 mm，外面被星状柔毛；雄蕊柱长约 15 mm，无毛；花柱分枝 10，微被长硬毛。果扁球形，直径约 1 cm，分果爿被星状短柔毛和锚状刺。花期 7—10 月。

【生境】生于干热的空旷地、草坡或疏林下。

【分布】烟店镇、孛畈镇偶见。

【采收加工】全草全年均可采收，除去杂质，切碎，晒干。根于冬季挖取，洗去泥沙，切片，晒干。

【性味功能】味甘、辛，性凉；祛风利湿，活血消肿，清热解毒。

【主治用法】用于感冒，风湿痹痛，痢疾，泄泻，淋证，带下，月经不调，跌打肿痛，喉痹，乳痈，疮疖，毒蛇咬伤。内服：煎汤，30～60 g；或捣汁。外用：适量，捣敷。

【附方】（1）治感冒：野桃花根 24 g，水煎服。（《云南中草药》）

（2）治风湿痹痛：肖梵天花、三桠苦、两面针、昆明鸡血藤各 30 g，水煎服。（《福建药物志》）

（3）治痈疮，拔脓：生地桃花根适量，捣烂敷。（《广西药用植物图志》）

148. 黄花稔 *Sida acuta* Burm. f.

【别名】黄花草。

【基源】为锦葵科黄花稔属植物黄花稔 *Sida acuta* Burm. f. 的叶或根。

【形态特征】直立亚灌木状草本，高 1～2 m。分枝多，小枝被柔毛至近无毛。叶互生；叶柄长 4～6 mm，疏被柔毛；托叶线形，与叶柄近等长，常宿存；叶披针形，长 2～5 cm，宽 4～10 mm，先端短尖或渐尖，基部圆或钝，具锯齿，两面均无毛或疏被星状柔毛，上面偶被单毛。花单朵或成对生于叶腋，花梗长 4～12 mm，被柔毛，中部具节；萼浅杯状，无毛，长约 6 mm，下半部合生，裂片 5，尾状渐尖；花黄色，直径 8～10 mm，花瓣倒卵形，先端圆，基部狭，长 6～7 mm，被纤毛；雄蕊柱长约 4 mm，疏被硬毛。蒴果近圆球形，分果爿 4～9，但常为 5～6，长约 3.5 mm，先端具 2 短芒，果皮具网状皱纹。花期冬、春季。

【生境】生于山坡灌丛间、路旁或荒坡。

【分布】赵棚镇孙店村偶见。

【采收加工】叶片在夏、秋季采收，鲜用或晾干或晒干。根在早春植株萌芽前挖取，洗去泥沙，切片，晒干。

【性味功能】味微辛，性凉；清湿热，解毒消肿，活血止痛。

【主治用法】用于湿热泄泻，乳痈，痔疮，疮疡肿毒，跌打损伤，骨折，外伤出血。内服：煎汤，15～30 g。外用：适量，捣敷或研粉撒敷。

【附方】（1）治小儿热结肿毒：鲜黄花稔 1 握，调糯米饭捣烂，加热外敷。（《福建民间草药》）

（2）治腰痛：黄花稔根 30～45 g，乌贼干 2 只，酌加酒、水各半炖服。（《福建民间草药》）

149. 陆地棉 *Gossypium hirsutum* L.

【别名】棉花。

【基源】为锦葵科棉属植物陆地棉 *Gossypium hirsutum* L. 种子上的棉毛、种子、外果皮、根。棉花壳（外果皮中药名），棉花（棉毛中药名）。

【形态特征】一年生草本，高 0.6～1.5 m，小枝疏被长毛。叶阔卵形，直径 5～12 cm，长、宽近相等或较宽，基部心形或心状截头形，常 3 浅裂，很少为 5 裂，中裂片常深裂达叶片之半，裂片宽三角状卵形，先端突渐尖，基部宽，上面近无毛，沿脉被粗毛，下面疏被长柔毛；叶柄长 3～14 cm，疏被柔毛；托叶卵状镰形，长 5～8 mm，早落。花单生于叶腋，花梗通常较叶柄略短；小苞片 3，分离，基部心形，具腺体 1 个，边缘具 7～9 齿，连齿长达 4 cm，宽约 2.5 cm，被长硬毛和纤毛；花萼杯状，裂片 5，三角形，具缘毛；花白色或淡黄色，后变淡红色或紫色，长 2.5～3 cm；雄蕊柱长 1.2 cm。蒴果卵圆形，长 3.5～5 cm，具喙，3～4 室；种子分离，卵圆形，具白色长棉毛和灰白色不易剥离的短棉毛。花期夏秋季。

【生境】广泛栽培于我国各棉区。

【分布】全县域均有栽培。

【采收加工】棉花：秋季采收，晒干。棉花子：秋季采收棉花时，收集种子，晒干。棉花壳：轧取棉花时收集。棉花根：秋季采挖，洗净，切片，晒干；或剥取根皮，切段，晒干。

【性味功能】棉花：味甘，性温；止血。

棉花子：味辛，性热；温肾，通乳，活血止血。

棉花壳：味辛，性温；温胃降逆，化痰止咳。

棉花根：味甘，性温；止咳平喘，通经止痛。

【主治用法】棉花：用于吐血，便血，血崩，金疮出血。内服：烧存性研末，5～9 g。外用：适量，烧研撒。

棉花子：用于阳痿，腰膝冷痛，带下，遗尿，胃痛，乳汁不通，崩漏，痔血。内服：煎汤，6～10 g；或入丸、散。外用：适量，煎水熏洗。

棉花壳：用于噎膈，胃痛呃逆，咳嗽气喘。内服：煎汤，9～15 g。

棉花根：用于咳嗽，气喘，月经不调，崩漏。内服：煎汤，15～30 g。

【附方】（1）棉花：①治血崩：棉花（烧灰存性）、百草霜各9 g，温开水调匀服。（《福建药物志》）

②治肠风泻血：破絮（烧灰）、枳壳（去瓤，麸炒）各五钱，为末，每服二钱，入麝香少许，同陈米饭调下，食前服。（《普济方》絮灰散）

（2）棉花子：①治腰膝无力：棉花子9～15 g，打碎煎服；也可配合土杞子等。（《上海常用中草药》）

②治乳汁缺少：棉花子9 g，打碎，加黄酒2匙，水适量，煎服。（《上海常用中草药》）

③治胃寒作痛：新棉花子炒黄黑色，研末。每日服1～2次，每次6 g，用淡姜汤或温开水调敷。（《上海常用中草药》）

④治风湿腰痛：棉花子1000 g，食盐少许。将棉花子炒热，加少量食盐水，用布包裹，敷腰部痛处。（《湖北中草药志》）

⑤治子宫功效性出血：棉花子（炒焦）、陈棕炭、贯众炭各9 g，共研细末。每日服3次，每次9 g，开水送服。（《青岛中草药手册》）

（3）棉花壳：①治膈食，膈气：棉花壳八、九月采，不拘多少，煎当茶饮之。忌食鹅。（《百草镜》）

②治食管痉挛：棉花壳9～15 g，煎汤当茶喝。（《青岛中草药手册》）

③治慢性支气管炎：棉花壳及侧柏叶研碎，水煮，合并药液，浓缩成浸膏，烘干压成0.4 g的片剂（每片相当于棉花壳0.75 g，侧柏叶0.25 g）。每日3次，每次3～4片，10天为1个疗程。（《全国中草药汇编》）

（4）棉花根：①治体虚咳嗽气喘：棉花根、葵花头、蕺菜各30 g，煎服。（《上海常用中草药》）

②治肺结核：棉花根、仙鹤草各30 g，枸骨根15 g，鲜金不换叶10片，水煎服。（《浙江药用植物志》）

③治神经衰弱，月经不调：棉花根15～30 g，水煎服或浸酒服。（《浙江民间常用草药》）

④治慢性肝炎：棉花根30 g，地骨皮18 g，水煎服。（《浙江民间常用草药》）

⑤治月经不调：棉花根皮15～30 g，水煎服或浸酒服。（《湖北中草药志》）

150. 木芙蓉 *Hibiscus mutabilis* L.

【别名】九头花、拒霜花。

【基源】为锦葵科木槿属植物木芙蓉 *Hibiscus mutabilis* L. 的花或叶。

【形态特征】落叶灌木或小乔木，高 2～5 m；小枝、叶柄、花梗和花萼均密被星状毛与直毛相混的细绵毛。叶宽卵形至圆卵形或心形，直径 10～15 cm，常 5～7 裂，裂片三角形，先端渐尖，具钝圆锯齿，上面疏被星状细毛和点，下面密被星状细茸毛；主脉 7～11 条；叶柄长 5～20 cm；托叶披针形，长 5～8 mm，常早落。花单生于枝端叶腋间，花梗长 5～8 cm，近端具节；小苞片 8，线形，长 10～16 mm，宽约 2 mm，密被星状绵毛，基部合生；萼钟形，长 2.5～3 cm，裂片 5，卵形，渐尖头；花初开时白色或淡红色，后变深红色，直径约 8 cm，花瓣近圆形，直径 4～5 cm，外面被毛，基部具髯毛；雄蕊柱长 2.5～3 cm，无毛；花柱分枝 5，疏被毛。蒴果扁球形，直径约 2.5 cm，被淡黄色刚毛和绵毛，果爿 5；种子肾形，背面被长柔毛。花期 8—10 月。

【生境】生于山坡、路旁或水边沙壤土上。多见于园林景观。

【分布】全县域均有分布。

【采收加工】夏、秋季摘花蕾，晒干，同时采叶，阴干，研粉。

【性味功能】味辛，性平；清热解毒，消肿排脓，凉血止血。

【主治用法】用于肺热咳嗽，带下；外用治腮腺炎，乳腺炎，淋巴结炎，烧烫伤，痈肿疮疖，毒蛇咬伤，跌打损伤。内服：煎汤，9～30 g。外用：适量，以鲜叶、花捣烂敷患处或干叶、花研末用油、凡士林、酒、醋或浓茶调敷。

【附方】（1）治灸疮不愈：木芙蓉花研末敷。（《奇效良方》）

（2）治经血不止：拒霜花、莲蓬壳各等份，为末，每用米饮下 6 g。（《妇人良方》）

（3）治水烫伤：木芙蓉花晒干，研末，麻油调搽。（《湖南药物志》）

（4）治吐血，子宫出血，火眼，疮肿，肺痈：木芙蓉花 9～30 g，煎服。（《上海常用中草药》）

151. 野西瓜苗 *Hibiscus trionum* L.

【别名】山西瓜秧、小秋葵。

【基源】为锦葵科木槿属植物野西瓜苗 *Hibiscus trionum* L. 的根或全草。

【形态特征】一年生直立或平卧草本，高 25～70 cm，茎柔软，被白色星状粗毛。叶二型，下部的叶圆形，不分裂，上部的叶掌状 3～5 深裂，直径 3～6 cm，中裂片较长，两侧裂片较短，裂片倒卵形至长圆形，通常羽状全裂，上面疏被粗硬毛或无毛，下面疏被星状粗刺毛；叶柄长 2～4 cm，被星状粗硬毛和星状柔毛；托叶线形，长约 7 mm，被星状粗硬毛。花单生于叶腋，花梗长约 2.5 cm，果时延长达 4 cm，被星状粗硬毛；小苞片 12，线形，长约 8 mm，被粗长硬毛，基部合生；花萼钟形，淡绿色，长 1.5～2 cm，被粗长硬毛或星状粗长硬毛，裂片 5，膜质，三角形，具纵向紫色条纹，中部以上合生；

花淡黄色，内面基部紫色，直径 2～3 cm，花瓣 5，倒卵形，长约 2 cm，外面疏被极细柔毛；雄蕊柱长约 5 mm，花丝纤细，长约 3 mm，花药黄色；花柱分枝 5，无毛。蒴果长圆状球形，直径约 1 cm，被粗硬毛，果爿 5，果皮薄，黑色；种子肾形，黑色，具腺状突起。花期 7—10 月。

【生境】生于平原、山野、丘陵或田埂。

【分布】全县域均有分布。

【采收加工】夏、秋季采收，去净泥土，晒干。

【性味功能】味甘，性寒；清热解毒，利咽止咳。

【主治用法】用于咽喉肿痛，咳嗽，泄泻，疮毒，烫伤。内服：煎汤，15～30 g（鲜品 30～60 g）。外用：适量，鲜品捣敷；或干品研末油调涂。

【附方】（1）治伤风感冒，嗓子疼：野西瓜苗 9 g，防风 9 g，黄芩 15 g，黄柏 9 g，前胡 15 g，紫菀 9 g，半夏 9 g，水煎服。（《青岛中草药手册》）

（2）治风热咳嗽：小秋葵根 15 g，白糖 9 g，水煎服。（《贵州草药》）

（3）治腹痛：野西瓜苗 15 g，水煎服，每日 2 次。（《中国沙漠地区药用植物》）

152. 苘麻 *Abutilon theophrasti* Medic.

【别名】野苎麻子。

【基源】为锦葵科苘麻属植物苘麻 *Abutilon theophrasti* Medic. 的种子。

【形态特征】一年生亚灌木状草本，高达 1～2 m。茎枝被柔毛。叶互生；叶柄长 3～12 cm，被星状细柔毛；托叶早落；叶片圆心形，长 5～10 cm，先端长渐尖，基部心形，两面均被星状柔毛，边缘具细圆锯齿。花单生于叶腋，花梗长 1～3 cm，被柔毛，近顶端具节；花萼杯状，密被短茸毛，裂片 5，卵形，长约 6 mm；花黄色，花瓣倒卵形，长约 1 cm；雄蕊柱平滑无毛；心皮 15～20，长 1～1.5 cm，先端平截，具扩展、被毛的长芒 2，排列成轮状，密被软毛。蒴果半球形，直径约 2 cm，长约 1.2 cm，分果爿 15～20，被粗毛，顶端具长芒 2。种子肾形，褐色，被星状柔毛。花期 7—8 月。

【生境】常见于路旁、荒地和田野间。

【分布】全县域均有分布。

【性味功能】味苦，性平；清热利湿，

解毒消痈，退翳明目。

【主治用法】用于赤白痢疾，小便淋痛，痈疽肿毒，乳腺炎，目翳。内服：煎汤，6 ～ 12 g；或入散剂。

【附方】（1）治赤白痢疾：苘麻子一两，炒令香熟，为末，以蜜浆下一钱，不过再服。（《杨氏产乳方》）

（2）治腹泻：苘麻子焙干，研细末，每次 3 g，每日服 2 次。（《吉林中草药》）

（3）治尿道炎，小便涩痛：苘麻子 15 g，水煎服。（《长白山植物药志》）

（4）治瘰疬：苘麻果实连壳研末，每星期 6 ～ 9 g（小儿减量），以豆腐干 1 块切开，将药末夹置豆腐干内，水煎，以汤内服，以豆腐干贴患处。如无果实，可用苘麻幼苗（约 15 cm 高）2 ～ 3 株，作为 1 剂，同豆腐煮，用法同上。（《江西民间草药》）

五十六、椴树科 Tiliaceae

153. 扁担杆 *Grewia biloba* G. Don

【别名】娃娃拳。

【基源】为椴树科扁担杆属植物扁担杆 *Grewia biloba* G. Don 的根或全株。

【形态特征】灌木或小乔木，高 1 ～ 4 m，多分枝；嫩枝被粗毛。叶薄革质，椭圆形或倒卵状椭圆形，长 4 ～ 9 cm，宽 2.5 ～ 4 cm，先端锐尖，基部楔形或钝，两面被稀疏星状粗毛，基出脉 3 条，两侧脉上行过半，中脉有侧脉 3 ～ 5 对，边缘有细锯齿；叶柄长 4 ～ 8 mm，被粗毛；托叶钻形，长 3 ～ 4 mm。聚伞花序腋生，多花，花序柄长不到 1 cm；花柄长 3 ～ 6 mm；苞片钻形，长 3 ～ 5 mm；萼片狭长圆形，长 4 ～ 7 mm，外面被毛，内面无毛；花瓣长 1 ～ 1.5 mm；雌雄蕊柄长 0.5 mm，有毛；雄蕊长 2 mm；子房有毛，

花柱与萼片平齐，柱头扩大，盘状，有浅裂。核果红色，有 2 ～ 4 颗分核。花期 5—7 月。

【生境】生于丘陵、低山路边草地、灌丛或疏林。

【分布】分布于接官乡、孛畈镇、赵棚镇。

【采收加工】夏、秋季采挖，洗净，切片，晒干。

【性味功能】味辛、甘，性温；健脾益气，固精止带，祛风除湿。

【主治用法】用于小儿疳积，脾虚久泻，遗精，红崩，带下，子宫脱垂，脱肛，风湿关节痛。内服：煎汤，25 ～ 50 g；亦可适量浸酒服。

五十七、瑞香科 Thymelaeaceae

154. 芫花 *Daphne genkwa* Sieb. et Zucc.

【别名】败花、头痛花。

【基源】为瑞香科瑞香属植物芫花 *Daphne genkwa* Sieb. et Zucc. 的花蕾。

【形态特征】直立落叶灌木，高达 1 m。根长者可达 10 cm，主根直径 0.6～1.5 cm，有分枝，外表黄棕色至黄褐色；根皮富韧性。茎暗棕色；枝细长，褐紫色，幼时密生绢状短柔毛。叶对生，间或互生；有短柄，被短柔毛；叶片椭圆形至长椭圆形，长 2.5～5 cm，宽 0.8～2 cm，稍带革质，先端尖，全缘，幼时叶的两面疏生绢状短柔毛，以脉上为密，老则渐脱。花淡紫色，腋生，先于叶开放，通常 3～7 朵生于叶腋短梗上，以枝端为多；花两性，无花瓣；花被管细长，长约 1 cm，密被绢状短柔毛，先端 4 裂，裂片卵形，长不及 1 cm；雄蕊 8，2 轮，着生于花被管上，不具花丝；雌蕊 1，子房上位，1 室，花柱极短或缺如，柱头头状。核果革质，白色。种子 1 颗，黑色。花期 3—4 月，果期 5 月。

【生境】生于路旁、山坡，或栽培于庭园。

【分布】全县域均有分布。

【采收加工】春季花未开放前采摘花蕾，晒干或烘干。

【性味功能】味辛、苦，性温；泻水逐饮，祛痰止咳，解毒杀虫。

【主治用法】用于水肿，臌胀，痰饮胸水，喘咳，痈疖疮癣。内服：煎汤，1.5～3 g；研末，0.6～1 g，每日 1 次。外用：研末调敷；或煎水洗。

【附方】（1）治痰冷不消，结成癖块，

胸胁胀痛：芫花一两（醋拌炒令干），硝石半两，半夏一两（汤洗七次去滑）。上为末，生姜汁和丸，如绿豆大。每服，空心温酒下十丸。（《普济方》）

（2）治大小便不利：芫花（炒）、滑石（碎）各半两，大黄（锉、炒）三分。上三味，捣罗为末，炼蜜为丸，如梧桐子大。每服二十丸，葱汤下。（《圣济总录》芫花丸）

（3）治上气呕吐不止：芫花一两（醋炒），肉豆蔻（去壳，锉）、槟榔（锉）各一枚。上三味，捣罗为细散。每服一钱匕，煨葱白一寸，温酒调下。（《圣济总录》芫花散）

（4）治卒得咳嗽：芫花一升，水三升，煮取一升，去滓，以枣十四枚煎令汁尽。一日一食之，三日讫。（《肘后备急方》）

（5）治实喘：芫花（不以多少，米醋浸一宿，去醋，炒令焦黑，为细末）、大麦曲二味各等份，和令极匀，以浓煎柳枝酒调下立定。（《是斋百一选方》）

（6）治卒心痛连背，背痛彻心，心腹并懊痛，如鬼所刺，绞急欲死者：芫花十分，大黄十分。上两味捣，下筛。取四方寸匕，著二升半苦酒中合煎，得一升二合，顿服尽，须臾当吐，吐便愈。老小从少起。此疗强食人良，若虚冷心痛，恐未别可服。（《外台秘要》）

（7）治时行毒病七八日，热积聚胸中，烦乱欲死：芫花一升，以水三升，煮取一升半。渍故布敷胸上，不过三敷，热即除，当温暖四肢护厥逆也。（《备急千金要方》凝雪汤）

（8）治蛲虫病：芫花、狼牙、雷丸、桃仁（去皮、尖）各适量。上四味捣散。宿勿食，平旦以饮服方寸匕，当下虫。（《外台秘要》）

五十八、堇菜科 Violaceae

155. 鸡腿堇菜 *Viola acuminata* Ledeb.

【别名】红铧头草。

【基源】为堇菜科堇菜属植物鸡腿堇菜 *Viola acuminata* Ledeb. 的全草。

【形态特征】多年生草本，通常无基生叶。根状茎较粗，垂直或倾斜，密生多条淡褐色根。茎直立，通常2～4条丛生，高10～40 cm，无毛或上部被白色柔毛。叶片心形、卵状心形或卵形，长1.5～5.5 cm，宽1.5～4.5 cm，先端锐尖、短渐尖至长渐尖，基部通常心形（狭或宽心形变异幅度较大），稀截形，边缘具钝锯齿及短缘毛，两面密生褐色腺点，沿叶脉被疏柔毛；叶柄下部者长达6 cm，上部者较短，长1.5～2.5 cm，无毛或被疏柔毛；托叶草质，叶状，长1～3.5 cm，宽2～8 mm，通常羽状深裂成流苏状，或浅裂成齿牙状，边缘被缘毛，两面有褐色腺点，沿脉疏生柔毛。花淡紫色或近白色，具长梗；花梗细，被细柔毛，通常均超出于叶，中部以上或在花附近具2枚线形小苞片；萼片线状披针形，长7～12 mm，宽1.5～2.5 mm，外面3片较长而宽，先端渐尖，基部附属物长2～3 mm，末端截形或有时具1～2齿裂，上面及边缘有短毛，具3脉；花瓣有褐色腺点，上方花瓣与侧方花瓣近等长，上瓣向上反曲，侧瓣里面近基部有长须毛，下瓣里面常有紫色脉纹，连距长0.9～1.6 cm；距通常直，长 1.5 ～ 3.5 mm，呈囊状，末端钝；下方 2 枚雄蕊之距短而钝，长约 1.5 mm；子房圆锥状，无毛，花柱基部微向前膝曲，向上渐增粗，顶部具数列明显的乳头状突起，先端具短喙，喙端微向上，具较大的柱头孔。蒴果椭圆形，长约 1 cm，无毛，通常有黄褐色腺点，先端渐尖。花果期 5—9 月。

【生境】生于杂木林林下、林缘、灌丛、山坡草地或溪谷湿地等处。

【分布】分布于王义贞镇钱冲村银杏谷。

【采收加工】夏、秋季采收，晒干。

【性味功能】味淡，性寒；清热解毒，消肿止痛。

【主治用法】用于肺热咳嗽，跌打肿痛，疮疖肿痛。内服：煎汤，15 ～ 25 g。外用：适量，捣烂敷患处。

156. 紫花地丁 *Viola philippica* Cav.

【别名】犁头草、野堇菜。

【基源】为堇菜科堇菜属植物紫花地丁 *Viola philippica* Cav. 的全草。

【形态特征】多年生草本，高 4 ～ 14 cm。根茎垂直，淡褐色；节密生，有数条细根。叶基生，莲座状；具叶柄，有狭翅；下部叶片较小，呈三角状卵形或狭卵形，上部叶较长，呈长圆形、狭卵状披针形或长圆状卵形，边缘具较平的圆齿，两面无毛或被细短毛。花紫堇色或淡紫色，稀白色；萼片 5，卵状披针形或披针形；花瓣 5，倒卵形或长圆状倒卵形；雄蕊 5；子房卵形，花柱棍棒状，柱头三角形。蒴果长圆形。种子卵球形，淡黄色。花果期 4 月中旬至 9 月。

【生境】生于田间、荒地、山坡草丛、林缘或灌丛中。

【分布】全县域均有分布。

【采收加工】春、秋季采收，鲜用或晒干。

【性味功能】味苦、辛，性寒；清热解毒，凉血消肿。

【主治用法】用于疔疮痈疽，丹毒，疖腮，乳痈，肠痈，瘰疬，湿热泄泻，黄疸，目赤肿痛，毒蛇咬伤。西医诊为单纯性疱疹、急性乳房炎、急性阑尾炎、毒蛇咬伤属于热毒内盛者。内服：煎汤，10 ～ 30 g（鲜

品30～60g）。外用：捣敷。

【附方】（1）治痈疮疔肿：紫花地丁、野菊花、蒲公英、紫背天葵子各一钱二分，银花三钱，水煎服，药渣捣敷患处。（《医宗金鉴》五味消毒饮）

（2）治疮毒气入腹，昏闷不食：紫花地丁、蝉蜕、贯众各一两，丁香、乳香各二钱。上为细末。每服二钱，空心温酒下。（《证治准绳》）

（3）治肠炎痢疾：紫花地丁、红藤各30g，蚂蚁草60g，黄芩10g，煎服。（《中草药手册》）

（4）治黄疸内热：紫花地丁末，酒服三钱。（《乾坤生意秘韫》）

（5）治麻疹热毒：紫花地丁、连翘各6g，银花、菊花各9g，水煎服。（《陕甘宁青中草药选》）

（6）治目赤肿痛：紫花地丁、菊花、薄荷各9g，赤芍6g，水煎服。（《青岛中草药手册》）

（7）治毒蛇咬伤：鲜犁头草、鲜瓜子金、鲜半边莲各适量，共捣如泥，敷患处。（《河南中草药手册》）

（8）治外伤出血：鲜犁头草、鲜酸浆草各适量，共捣烂敷患处，用纱布包扎。（《河南中草药手册》）

五十九、葫芦科 Cucurbitaceae

157. 赤瓟 *Thladiantha dubia* Bunge

【别名】赤包、山屎瓜。

【基源】为葫芦科赤瓟属植物赤瓟 *Thladiantha dubia* Bunge 的果实。

【形态特征】攀援草质藤本。全株被黄白色长柔毛状硬毛。根块状，茎稍粗壮，上有棱沟。叶柄稍粗，长2～6cm；叶片宽卵状心形，长5～8cm，宽4～9cm，先端急尖或短渐尖，基部心形，边缘浅波状，两面粗糙，脉上有长硬毛。卷须纤细，被长柔毛，单一。花雌雄异株；雄花单生，或聚生于短枝的上端，呈假总状花序，有时2～3朵花生于总梗上，花梗细长；花萼筒极短，近辐状，裂片披针形，向外反折，具3脉，两面均被长柔毛；花冠黄色，裂片长圆形，长2～2.5cm，宽0.8～1.2cm，具5脉，上部向外反折，外面被短柔毛，内面有短的疣状腺点；雄蕊5枚，其中1枚分离，其余4枚两两稍靠合，退化子房半球形；雌花单生，花梗细；花萼、花冠同雄花；退化雄蕊5，子房长圆形，密被长柔毛，花柱无毛，自3～4mm

处分 3 叉，柱头膨大，肾形，2 裂。果实长卵状长圆形，长 4～5 cm，直径 2.8 cm，先端有残存的花柱基，基部稍变狭，表面橙黄色，或红棕色，有光泽，被柔毛，具 10 条明显的纵纹。种子卵形，黑色，平滑无毛，长 4～4.5 mm，宽 2.5～3 mm，厚 1.5 mm，花期 6—8 月，果期 8—10 月。

【生境】生于海拔 1300～1800 m 的山坡、河谷及林缘。

【分布】王义贞镇钱冲村银杏谷偶见。

【采收加工】果实成熟后连柄摘下，防止果实破裂，用线将果柄串起，挂于日光下或通风处晒干为止。

【性味功能】味酸、苦，性平；理气，活血，祛痰，利湿。

【主治用法】用于反胃吐酸，肺痨咯血，黄疸，痢疾，胸胁疼痛，跌打扭伤，筋骨疼痛，经闭。内服：煎汤，5～10 g；或研末。

158. 冬瓜 *Benincasa hispida*（Thunb.）Cogn.

【别名】白瓜、水芝、白冬瓜。

【基源】为葫芦科冬瓜属植物冬瓜 *Benincasa hispida*（Thunb.）Cogn. 的果实、瓜瓤、种子、藤茎、叶、果皮。

【形态特征】一年生草本，蔓生或架生，全株被黄褐色硬毛、长柔毛。茎有棱沟，长约 6 m，单叶互生；叶柄粗壮，长 5～20 cm；叶片肾状近圆形，宽 15～30 cm，5～7 浅裂或有时中裂，裂片宽卵形，先端急尖，边缘有小齿，基部深心形，叶脉网状。卷须生于叶腋，2～3 歧。花单性，雌雄同株；花单生于叶腋；花萼管状，裂片三角状卵形，边缘有锯齿，反折；花冠黄色，5 裂至基部，外展；雄花

有雄蕊 3，花丝分生，花药卵形；雌花子房长圆筒形，柱头 3，扭曲。瓠果大，肉质，长圆柱状或近球形，表面有硬毛和蜡质白粉。种子多数，卵形，白色或淡黄色，压扁。花期 5—6 月，果期 6—8 月。

【生境】栽培于排水良好、土层深厚的沙壤土或黏壤土。

【分布】全县域均有栽培。

【采收加工】果实：7—8 月，果实成熟时采摘。瓜瓤：食用冬瓜时，收集瓜瓤，鲜用。种子：食用冬瓜时，收集成熟种子，晒干。藤茎：7—10 月采收，鲜用或晒干。叶：夏季采收，晒干。果皮：食用冬瓜时，收集削下的外果皮，晒干。

【性味功能】果实：味甘、淡，性微寒；利尿，清热，化痰，生津，解毒。

瓜瓤：味甘，性平；清热，止渴，利水，消肿。

种子：味甘，性凉；清肺化痰，消痈排脓，利湿。

藤茎：味苦，性寒；清肺化痰，通经活络。

叶：味苦，性凉；清热，利湿，解毒。

果皮：味甘，性凉；利水消肿，清热解暑。

【主治用法】果实：用于水肿胀满，淋证，脚气，痰喘，暑热烦闷，消渴，痈肿痔漏；并解丹石毒、鱼毒、酒毒。内服：煎汤，60～120 g；或煨熟，或捣汁。外用：捣敷；或煎水洗。

瓜瓤：用于烦渴，水肿，淋证，痈肿。内服：煎汤，30～60 g；或绞汁。外用：煎水洗。

种子：用于痰热咳嗽，肺痈，肠痈，白浊，带下，脚气，水肿，淋证。内服：煎汤，10～15 g；或研末服。外用：研膏涂敷。

藤茎：用于肺热咳痰，关节不利，脱肛，疮疥。内服：煎汤或捣汁，9～15 g，鲜品加倍。外用：煎水或烧灰洗。

叶：用于消渴，暑湿泄泻，疟疾，疮毒，蜂蜇伤。内服：适量，煎汤。外用：适量，研末调敷。

果皮：用于水肿胀满，小便不利，暑热口渴，小便短赤。内服：煎汤，15～30 g。外用：煎水洗。

【附方】（1）果实：①治下肢虚肿：冬瓜肉150 g，黑鱼1条（约500 g，去除内脏及鳃，洗去血渍），加水1000 mL及适量姜、葱白、盐，加热至沸后改文火煮1 h，冬瓜、鱼、汤一起服用，隔日1剂。（《中国民间疗法》）

②治热淋，小便涩痛，壮热，腹内气壅：冬瓜一斤，葱白一握，去须细切，冬麻子半升。上捣冬麻子，以水二大盏绞取汁，煮冬瓜、葱白作羹，空腹食之。（《太平圣惠方》冬瓜羹）

③治老人消渴烦热，心神狂乱，躁闷不安：冬瓜半斤去皮，豉心二合绵包，葱白半握。上以和煮作羹，下五味调和，空心食之，常作粥佳。（《养老奉亲书》冬瓜羹）

④治消渴能饮水，小便甜，有如脂麸片，日夜六七十起：冬瓜一枚，黄连十两。上截瓜头去瓤，入黄连末，火中煨之，候黄连熟，布绞取汁，一服一大盏，日再服，但服二三枚瓜，以差为度。一方云以瓜汁和黄连末，和如梧桐子大，以瓜汁空肚下三十丸，日再服，不瘥，增丸数。忌猪肉、冷水。（《外台秘要》）

⑤治哮喘：未脱花蒂的小冬瓜一个，剖开填入适量冰糖，入蒸笼内蒸取水，饮服三四个即效。（《中医秘方验方汇编》）

⑥面黑令白：冬瓜一个，竹刀去皮切片，酒一升半，水一升，煮烂滤去滓，熬成膏，瓶收。每夜涂之。（《圣济总录》）

（2）瓜瓤：①治消渴热，或心神烦乱：冬瓜瓤一两，曝干捣碎，以水一中盏，煎至六分，去滓温服。（《太平圣惠方》）

②治水肿烦渴，小便少者：冬瓜白瓤水煎汁，淡饮之。（《圣济总录》）

（3）种子：①治咳有微热，烦满，胸中甲错，是为肺痈：苇茎（切，二升，以水二斗煮取五升去滓），薏苡仁半升，桃仁三十枚，瓜瓣（目前多用冬瓜仁）半升。上四味细切，内苇汁中煮取二升，服一升，当吐如脓。（《金匮要略》千金苇茎汤）

②治肠痈脓未成，少腹肿痞，按之即痛，如淋，小便自调，时时发热，自汗出，复恶寒，其脉迟紧者：大黄四两，牡丹皮一两，桃仁五十个，瓜子半斤，芒硝三合。上五味，以水六升，煮取一升，去滓，内芒硝；再煎沸，顿服之。有脓当下，如无脓当下血。（《金匮要略》大黄牡丹汤）

③治男子白浊，女子带下：陈冬瓜仁炒为末，每空心米饮服五钱。（《救急易方》）

④治消渴不止，小便多：干冬瓜子、麦门冬、黄连各二两，水煎饮之。（《摘元方》）

⑤治男子五劳七伤，明目：白瓜子七升，绢袋盛，搅沸汤中三遍，曝干；以酢五升浸一宿，曝干；

治下筛。酒服方寸匕，日三服之。（《备急千金要方》）

（4）叶：治积热泄泻，冬瓜叶嫩心，拖面煎饼食之。（《海上名方》）

（5）果皮：治跌扑伤损，干冬瓜皮一两，真牛皮胶一两，锉入锅内炒存性，研末。（《本草纲目》）

159. 栝楼 *Trichosanthes kirilowii* Maxim.

【别名】吊瓜、瓜蒌、药瓜。

【基源】为葫芦科栝楼属植物栝楼 *Trichosanthes kirilowii* Maxim. 的果皮、果实、种子、根茎。

【形态特征】攀援藤本，长达 10 m；块根圆柱状，粗大肥厚，富含淀粉，淡黄褐色。茎较粗，多分枝，具纵棱及槽，被白色伸展柔毛。叶片纸质，轮廓近圆形，长、宽均 5～20 cm，常 3～5（7）浅裂至中裂，稀深裂或不分裂而仅有不等大的粗齿，裂片菱状倒卵形、长圆形，先端钝，急尖，边缘常再浅裂，叶基心形，弯缺深 2～4 cm，上表面深绿色，粗糙，背面淡

绿色，两面沿脉被长柔毛状硬毛，基出掌状脉 5 条，细脉网状；叶柄长 3～10 cm，具纵条纹，被长柔毛。卷须 3～7 歧，被柔毛。花雌雄异株。雄总状花序单生，或与一单花并生，或在枝条上部者单生，总状花序长 10～20 cm，粗壮，具纵棱与槽，被微柔毛，顶端有 5～8 花，单花花梗长约 15 cm，花梗长约 3 mm，小苞片倒卵形或阔卵形，长 1.5～2.5（3）cm，宽 1～2 cm，中上部具粗齿，基部具柄，被短柔毛；花萼筒筒状，长 2～4 cm，顶端扩大，直径约 10 mm，中、下部直径约 5 mm，被短柔毛，裂片披针形，长 10～15 mm，宽 3～5 mm，全缘；花冠白色，裂片倒卵形，长 20 mm，宽 18 mm，顶端中央具 1 绿色尖头，两侧具丝状流苏，被柔毛；花药靠合，长约 6 mm，直径约 4 mm，花丝分离，粗壮，被长柔毛。雌花单生，花梗长 7.5 cm，被短柔毛；花萼筒圆筒形，长 2.5 cm，直径 1.2 cm，裂片和花冠同雄花；子房椭圆形，绿色，长 2 cm，直径 1 cm，花柱长 2 cm，柱头 3。果梗粗壮，长 4～11 cm；果实椭圆形或圆形，长 7～10.5 cm，成熟时黄褐色或橙黄色；种子卵状椭圆形，压扁，长 11～16 mm，宽 7～12 mm，淡黄褐色，近边缘处具棱线。花期 5—8 月，果期 8—10 月。

【生境】常生于海拔 200～1800 m 的山坡林下、灌丛中、草地和村旁田边。

【分布】接官乡金台村偶见。

【采收加工】果皮：取成熟的栝楼果实，用刀切成 2～4 瓣至瓜蒂处，将种子和瓤一起取出，平放晒干或用绳子吊起晒干。

果实：按成熟情况，成熟一批采摘一批。采摘时，用剪刀在距果实 15 cm 处，连茎剪下，悬挂于通风干燥处晾干，即成全瓜蒌。

种子：秋季分批采摘成熟果实，将果实纵剖，瓜瓤和种子放入盆内，加木灰反复搓洗，取种子冲洗干净后晒干。

根茎：秋、冬季采挖，洗净，除去外皮，切段，较粗者对半纵切，干燥。

【性味功能】果皮：味甘、微苦，性寒；清肺化痰，宽胸散结。

果实：味甘、微苦，性寒；清热化痰，宽胸散结，润燥滑肠。

种子：味甘、微苦，性寒；清肺化痰，滑肠通便。

根茎：味甘、微苦，性微寒；清热泻火，生津止渴，消肿排脓。

【主治用法】果皮：用于肺热咳嗽，胸胁痞痛，咽喉肿痛，乳癖乳痈。内服：煎汤，9～12 g；或入散剂。外用：烧存性研末调敷。

果实：用于肺热咳嗽，胸痹，结胸，消渴，便秘，痈肿疮毒。内服：煎汤，9～20 g；或入丸、散。外用：适量，捣敷。

种子：用于痰热咳嗽，肺虚燥咳，肠燥便秘，痈疮肿毒。内服：煎汤，9～15 g；或入丸、散。外用：适量，研末调敷。胃弱者宜去油取霜用。

根茎：用于热病烦渴，肺热燥咳，内热消渴，疮疡肿毒。内服：煎汤，10～15 g。

【附方】（1）果皮：①治阳明温病，下之不通，喘促不宁，痰涎壅滞，脉右寸实大，肺气不降：生石膏五钱，生大黄三钱，杏仁粉二钱，栝楼皮一钱五分。水五杯，煮取二杯，先服一杯不知，再服。（《温病条辨》宣白承气汤）

②治胸闷咳嗽：栝楼果皮 15 g，陈皮 9 g，枇杷叶（去毛）9 g，水煎服，冰糖为引。（《江西草药》）

③治肺痈：瓜蒌皮、冬瓜子各 15 g，薏苡仁、鱼腥草各 30 g，煎服。（《安徽中草药》）

④治肋间神经痛：瓜蒌皮 15 g，柴胡 4.5 g，丝瓜络 12 g，郁金、枳壳各 9 g，煎服。（《安徽中草药》）

⑤治咽喉肿痛，语声不出：瓜蒌皮（细锉，慢火炒赤黄）、白僵蚕（去头，微炒黄）、甘草（锉，炒黄色）各等份。上为细末，每服一二钱，用温酒调下，或浓生姜汤调服，更用半钱绵裹，嚼化咽津亦得，并不计时候，日二三服。（《御药院方》发声散）

⑥治牙疼：露蜂房、瓜蒌皮各等份，烧灰去火毒擦牙。或以乌桕根、韭菜根、荆柴根、葱根四味煎汤温漱。（《世医得效方》）

（2）果实：①治干咳无痰：熟瓜蒌捣烂绞汁，入蜜等份，加白矾一钱熬膏，频含咽汁。（《本草纲目》）

②治肺痿咯血不止：栝楼五十个（连瓤，瓦焙），乌梅肉五十个（焙），杏仁（去皮、尖，炒）二十一个。上为末，每服一捻，以猪肺一片切薄，掺末入内，炙熟，冷嚼咽之，日二服。（《圣济总录》）

③治痰饮胸膈痞满：大栝楼（洗净，捶碎）、半夏（汤浸七次，锉）俱焙干为末，用洗栝楼水熬成膏，研为丸，如梧桐子大，生姜汤下二十丸。（《卫生易简方》）

（3）种子：①治伤寒热盛发黄：栝楼霜五钱，白汤调服。（《本草汇言》）

②治大便燥结：栝楼子、火麻仁各 9 g，水煎服。（《山西中草药》）

（4）根茎：①治热病烦渴，可配芦根、麦门冬等用；或配生地黄、五味子用，如天花散（《仁斋直指方论》）。

②治燥热伤肺，干咳少痰、痰中带血等肺热燥咳证，可配天门冬、麦门冬、生地黄等药用，如滋燥饮（《杂病源流犀烛》）；配人参用治燥热伤肺，气阴两伤之咳喘咯血，如参花散（《万病回春》）。

③治积热内蕴，化燥伤津之消渴证，常配麦门冬、芦根、白茅根等药用（《备急千金要方》）；治内热消渴，气阴两伤者，配人参，如玉壶丸（《仁斋直指方论》）。

④治疮疡初起，热毒炽盛，未成脓者可使消散，脓已成者可溃疮排脓，常与金银花、白芷、穿山甲等同用，

如仙方活命饮（《妇人良方》）；治风热上攻，咽喉肿痛，可配薄荷等份为末，西瓜汁送服，如银锁匙。（《外科百效全书》）

160. 黄瓜 *Cucumis sativus* L.

【别名】胡瓜、王瓜、刺瓜。

【基源】为葫芦科黄瓜属植物黄瓜 *Cucumis sativus* L. 的果实。

【形态特征】一年生蔓生草本。茎、枝长，具纵沟及棱，被白色硬糙毛。卷须细。单叶互生；叶柄稍粗糙；叶片三角状宽卵形，膜质，两面甚粗糙，掌状3～5裂，裂片三角形并具锯齿，有时边缘具缘毛。花单性，雌雄同株；雄花常数朵簇生于叶腋，花梗细，被柔毛，花萼筒狭钟状圆筒形，密被白色长柔毛，花萼裂片钻形，花冠黄白色，花冠裂片长圆状披针形，急尖，雄蕊3，花丝近无；雌花单生，稀簇生；子房纺锤形，柱头3。果实长圆形或圆柱形，长10～30（50）cm，熟时黄绿色，表面粗糙，具有刺尖的瘤状突起。种子小，狭卵形，白色。花果期为夏、秋季。

【生境】多为栽培。

【分布】全县域均有栽培。

【采收加工】6—7月采收果实，鲜用。

【性味功能】味甘，性凉；清热，利水，解毒。

【主治用法】用于热病口渴，小便短赤，水肿尿少，水火烫伤，汗斑，炸疮。内服：适量，煮熟或生啖；或绞汁服。外用：生擦或捣汁涂。

【附方】（1）治骨蒸劳热，皮肤干燥，心神烦热，口干，小便赤黄：熟黄瓜一枚，头上取破，去瓤，纳黄连末二两，却以纸封口，用大麦面裹，文火烧，令面黄熟为度，去面，研为丸，如梧桐子大。每于食后以温水下二十丸。（《太平圣惠方》）

（2）治小儿热痢：嫩黄瓜同蜜食十余枚，良。（《海上名方》）

（3）治水病肚胀至四肢肿：胡瓜一个，破作两片不出子，以醋煮一半，水煮一半，俱烂，空心顿服，须臾下水。（《备急千金要方》）

（4）治杖疮焮肿：六月六日，取黄瓜入瓷瓶中，水浸之，每以水扫于疮上，立效。（《医林类证集要》）

（5）治水火烫伤：老黄瓜不拘多少，入瓷瓶内收藏，自烂为水。涂伤处，立时痛止，即不起泡。（《伤科汇纂》）

（6）治汗斑：黄瓜蘸硼砂拭之，汗出为度。（《王氏医存》）

（7）治痤痱：黄瓜一枚，切作段子，擦痱子上。（《杨氏家藏方》）

161. 葫芦 *Lagenaria siceraria*（Molina）Standl.

【别名】壶芦。

【基源】为葫芦科葫芦属植物葫芦 *Lagenaria siceraria*（Molina）Standl. 的干燥果皮。

【形态特征】一年生攀援草本；茎、枝具沟纹，被黏质长柔毛，老后渐脱落，变近无毛。叶柄纤细，长 16～20 cm，有和茎枝一样的毛被，顶端有 2 腺体；叶片卵状心形或肾状卵形，长、宽均 10～35 cm，不分裂或 3～5 裂，具 5～7 掌状脉，先端锐尖，边缘有不规则的齿，基部心形，弯缺开张，半圆形或近圆形，深 1～3 cm，宽 2～6 cm，两面均被微柔毛，叶背及脉上较密。卷须纤细，初时有微柔毛，后渐

脱落，变光滑无毛，上部分 2 歧。雌雄同株，雌、雄花均单生。雄花：花梗细，比叶柄稍长，花梗、花萼、花冠均被微柔毛；花萼筒漏斗状，长约 2 cm，裂片披针形，长 5 mm；花冠黄色，裂片皱波状，长 3～4 cm，宽 2～3 cm，先端微缺而顶端有小尖头，5 脉；雄蕊 3，花丝长 3～4 mm，花药长 8～10 mm，长圆形，药室折曲。雌花花梗比叶柄稍短或近等长；花萼和花冠似雄花；花萼筒长 2～3 mm；子房中间缢细，密生黏质长柔毛，花柱粗短，柱头 3，膨大，2 裂。果实初为绿色，后变白色至带黄色，由于长期栽培，果形变异很大，因不同品种或变种而异，有的呈哑铃状，中间缢细，下部和上部膨大，上部大于下部，有的呈扁球形、棒状，成熟后果皮变木质。种子白色，倒卵形或三角形，顶端截形或 2 齿裂，稀圆形，长约 20 mm。花期夏季，果期秋季。

【生境】广泛栽培于热带到温带地区。

【分布】全县域均有栽培。

【采收加工】秋季采收，除去果瓤及种子，晒干，生用。以干燥、色黄、无霉者为佳。

【性味功能】味甘，性平；利水消肿。

【主治用法】用于水肿。内服：煎汤，15～30 g，鲜者加倍。

162. 苦瓜 *Momordica charantia* L.

【别名】癞葡萄、红姑娘。

【基源】为葫芦科苦瓜属植物苦瓜 *Momordica charantia* L. 的果实。

【形态特征】一年生攀援草本，多分枝，有细柔毛，卷须不分枝。叶大，肾状圆形，长、宽各 5～12 cm，通常 5～7 深裂，裂片卵状椭圆形，基部收缩，边缘具波状齿，两面近于光滑或有毛；叶柄长 3～6 cm。花雌雄同株。雄花单生，有柄，长 5～15 cm，中部或基部有苞片，苞片肾状圆心形，宽 5～15 mm，全缘；萼钟形，5 裂，裂片卵状披针形，先端短尖，长 4～6 mm；花冠黄色，5 裂，裂片卵状椭圆形，长 1.5～2 cm，先端钝圆或微凹；雄蕊 3，贴生于萼筒喉部。雌花单生，有柄，长 5～10 cm，

基部有苞片；子房纺锤形，具刺瘤，先端有喙，花柱细长，柱头3枚，胚珠多数。果实长椭圆形、卵形或两端均狭窄，长8～30 cm，全体具钝圆不整齐的瘤状突起，成熟时橘黄色，自顶端3瓣开裂。种子椭圆形，扁平，长10～15 mm，两端均具角状齿，两面均有凹凸不平的条纹，包于红色肉质的假种皮内。花期6—7月，果期9—10月。

【生境】我国南北地区普遍栽培。

【分布】全县域均有栽培。

【采收加工】秋季采收果实，切片晒干或鲜用。

【性味功能】味苦，性寒；祛暑涤热，明目，解毒。

【主治用法】用于暑热烦渴，消渴，赤眼疼痛，痢疾，疮痈肿毒。内服：煎汤，6～15 g（鲜品30～60 g）；或煅存性研末。外用：适量，鲜品捣敷；或取汁涂。

【附方】（1）治中暑暑热：鲜苦瓜截断去瓤，纳好茶叶再合起，悬挂阴干。用时取6～9 g煎汤，或切片泡开水代茶服。（《泉州本草》）

（2）治烦热消渴引饮：苦瓜绞汁调蜜冷服。（《泉州本草》）

（3）治汗斑：鲜苦瓜去瓤及种子，用砒霜0.6 g，研末，纳入瓜内，以物盖口，用火烤出汁，取汁涂患处。（《福建药物志》）

163. 马㼎儿 *Zehneria indica*（Lour.）Keraudren

【别名】老鼠拉冬瓜、土花粉、土白蔹。

【基源】为葫芦科马㼎儿属植物马㼎儿 *Zehneria indica*（Lour.）Keraudren 的根或叶。

【形态特征】攀援或平卧草本；茎、枝纤细，疏散，有棱沟，无毛。叶柄细，长2.5～3.5 cm，初时有长柔毛，最后变无毛；叶片膜质，多形，三角状卵形、卵状心形或戟形，不分裂或3～5浅裂，长3～5 cm，宽2～4 cm，若分裂时中间的裂片较长，三角形或披针状长圆形；侧裂片较小，三角形或披针状三角形，上面深绿色，粗糙，脉上有极短的柔毛，背面淡绿色，无毛；顶端急尖或稀短渐尖，基部弯缺半圆形，边缘微波状或有疏齿，脉掌状。雌雄同株。雄花：单生或稀2～3朵生于短的总状花序上；花序梗纤细，极短，无毛；花梗丝状，长3～5 mm，无毛；花萼宽钟形，基部急尖或稍钝，长1.5 mm；花冠淡黄色，有极短的柔毛，裂片长圆形或卵状长圆形，长2～2.5 mm，宽1～1.5 mm；雄蕊3枚，

2枚2室，1枚1室，有时全部2室，生于花萼筒基部，花丝短，长0.5 mm，花药卵状长圆形或长圆形，有毛，长1 mm，药室稍弓曲，有毛，药隔宽，稍伸出。雌花：在与雄花同一叶腋内单生或稀双生；花梗丝状，无毛，长1～2 cm，花冠阔钟形，直径2.5 mm，裂片披针形，先端稍钝，长2.5～3 mm，宽1～1.5 mm；子房狭卵形，有疣状突起，长3.5～4 mm，直径1～2 mm，花柱短，长1.5 mm，柱头3裂，退化雄蕊腺体状。果梗纤细，无毛，长2～3 cm；果实长圆形或狭卵形，两端钝，外面无毛，长1～1.5 cm，宽0.5～0.8（1）cm，成熟后橘红色或红色。种子灰白色，卵形，基部稍变狭，边缘不明显，长3～5 mm，宽3～4 mm。花期4—7月，果期7—10月。

【生境】常生于海拔500～1600 m的林中阴湿处以及路旁、田边及灌丛中。

【分布】王义贞镇钱冲村银杏谷偶见。

【采收加工】夏季采叶，秋季挖根，洗净晒干或鲜用。

【性味功能】味甘、苦，性凉；清热解毒，消肿散结。

【主治用法】用于咽喉肿痛，结膜炎；外用治疮疡肿毒，淋巴结结核，睾丸炎，皮肤湿疹。内服：煎汤，3～5钱。外用：适量，鲜根、叶捣烂敷患处。

164. 南瓜 *Cucurbita moschata*（Duch. ex Lam.）Duch. ex Poiret

【别名】麦瓜、癞瓜、番南瓜。

【基源】为葫芦科南瓜属植物南瓜 *Cucurbita moschata*（Duch. ex Lam.）Duch. ex Poiret 的果实、种子、根、花、茎、瓜蒂、叶。

【形态特征】一年生蔓生草本，茎长达2～5 m，常节部生根，密被白色刚毛。单叶互生；叶柄粗壮，长8～19 cm，被刚毛；叶片宽卵形或卵圆形，有5角或5浅裂，长12～25 cm，宽20～30 cm，先端尖，基部深心形，上面绿色，下面淡绿色，两面均被刚毛和茸毛，边缘有小而密的细齿。卷须稍粗壮，被毛，3～5歧。花单性，雌雄同株；雄花单生，花萼筒钟形，长5～6 mm，裂片条形，长10～15 mm，被柔毛，上部扩大成叶状，花冠黄色，钟状，长约8 cm，5中裂，裂片边缘反卷，雄蕊3，花丝腺体状，长5～8 mm，药室折曲；雌花单生，子房1室，花柱短，柱头3，膨大，先端2裂，果梗粗壮，有棱槽，长5～7 cm，瓜蒂扩大成喇叭状。瓠果形状多样，外面常有纵沟。种子多数，长卵形或长圆形，灰白色。花期6—7月，果期8—9月。

【生境】栽培于土层深厚、保水保肥力强的土壤上。

【分布】全县域均有栽培。

【采收加工】果实：8—10月，采收成熟果实，一般鲜用。种子：秋季采收老熟南瓜，切取瓜蒂，干燥。

根：6—10月采挖，晒干或鲜用。花：6—7月开花时采收，鲜用或晒干。茎：夏、秋季采收，鲜用或晒干备用。瓜蒂：秋季采收成熟的果实，切取瓜蒂，晒干。叶：夏、秋季采收，晒干。

【性味功能】果实：味甘，性平；解毒消肿。

种子：味甘，性平；杀虫。

根：味甘、淡，性平；利湿热，通乳汁。

花：味甘，性凉；清湿热，消肿毒。

茎：味甘、苦，性凉；清肺，平肝，和胃，通络。瓜蒂：味苦、微甘，性平；解毒，利水，安胎。

叶：味甘，性凉；清热，解暑，止血。

【主治用法】果实：用于肺痈，哮证，痈肿，烫伤，毒蜂蜇伤。内服：适量，蒸煮或生捣汁。外用：捣敷。

种子：用于绦虫病，血吸虫病。内服：研粉，60～120 g，冷开水调服。

根：用于湿热淋证，黄疸，痢疾，乳汁不通。内服：煎汤，15～30 g，鲜品加倍。外用：磨汁涂或研末调敷。

花：用于黄疸，痢疾，咳嗽，痈疽肿毒。内服：煎汤，9～15 g。外用：捣烂或研末调敷。

茎：用于肺痨低热，肝胃气痛，月经不调，火眼赤痛，水火烫伤。内服：煎汤，15～30 g；或切断取汁。外用：捣汁涂或研末调敷。

瓜蒂：用于痈疽肿毒，疔疮，烫伤，疮溃不敛，水肿腹水，胎动不安。内服：煎汤，15～30 g；或研末。外用：研末调敷。

叶：用于痢疾，疳积，创伤。内服：煎汤，2～3两；或入散剂。外用：研末掺。

【附方】（1）果实：①治肺痈：南瓜500 g，牛肉250 g，煮熟食之（勿加盐、油）。连服数次后，则服六味地黄汤5～6剂。（《岭南草药志》）

②治冷哮：匾式老南瓜一个，挖盖去子，入大麦糖二斤，候冬至蒸一个时辰为度，每晨取二调羹，滚水冲服。（《鲟溪单方选》）

③治胸膜炎，肋间神经痛：南瓜肉煮熟，摊于布上，敷贴患部。（《食物中药与便方》）

④解鸦片毒：生南瓜捣汁频灌。（《随息居饮食谱》）

⑤治火药伤及烫伤：生南瓜捣敷。（《随息居饮食谱》）

⑥治肿疡：老南瓜晒干，研末，黄醋调敷患处。（《湖南药物志》）

⑦治外伤出血：南瓜适量，捣烂敷伤口。（《壮族民间用药选编》）

（2）根：①治小便赤热涩痛：南瓜根15 g，车前草、水案板、水灯心各9 g，水煎服。（《万县中草药》）

②治湿热发黄：南瓜根炖黄牛肉服。（《重庆草药》）

③治乳汁不下：南瓜根30～60 g，炖肉服。（《民间常用草药汇编》）

④治便秘：南瓜根45 g，浓煎灌肠。（《闽东本草》）

⑤治头风疼痛：南瓜根榨汁搽头部。（《泉州本草》）

⑥治疟疾：南瓜根120 g，烂泥树根30 g，三白草15 g，煮鸡食。（《湖南药物志》）

⑦预防麻疹：南瓜根180～240 g，水煎服。每日1次，共服4次。（《湖南药物志》）

⑧治痈疽发背：南瓜根磨浓汁，加鸡蛋清调匀，搽患处。（《湖南药物志》）

⑨治烫伤：南瓜根150 g，炉甘石30 g，冰片1.5 g，研细，麻油调擦。（《万县中草药》）

（3）茎：①治虚劳内热：秋后南瓜藤，齐根剪断，插瓶内，取汁服。（《随息居饮食谱》）

②治胃痛：南瓜藤汁适量，冲红酒服。（《闽东本草》）

③治各种烫伤：南瓜藤汁涂伤处，一天数次。（《福建中医药》）

（4）瓜蒂：①治疗疮：老南瓜蒂数个，焙研为末，麻油调敷。（《行箧检秘》）

②治对口疮：南瓜蒂烧灰，调茶油涂患处，连涂痊愈为止。（《岭南草药志》）

③治急性乳腺炎：南瓜蒂磨洗采水涂患处。（《广西民族药简编》）

④治乳癌（已溃、未溃都行）：南瓜蒂烧灰存性，研末，每服 2 个，黄酒 60 g，调和送下。每日早晚各服 1 次。能饮酒者，可加大酒量。已经溃烂者，亦可用香油调南瓜蒂灰外敷。（《常见抗癌中草药》）

⑤治烫伤：南瓜蒂晒干烧灰存性，研末，茶油调搽。（《草药手册》）

⑥治鼻息肉：南瓜蒂 1 个，煅存性，合枯矾 3 g，研极细末，每用少许点息肉处，数次自消失。（《泉州本草》）

⑦治浮肿，腹水，小便不利：南瓜蒂烧存性，研末。每日 1～2 g，每日 3 次，温水送服。（《食物中药与便方》）

（5）叶：①治风火痢：南瓜叶（去叶柄）七至八片，水煎，加食盐少许服之，五至六次即可。（《闽东本草》）

②治小儿疳积：南瓜叶一斤，腥豆叶（即大眼南子叶）半斤，剃刀柄二两，晒干研末。每次五钱，蒸猪肝服。（《岭南草药志》）

③治刀伤：南瓜叶适量，晒干研末，敷伤口。（《闽东本草》）

165. 丝瓜 *Luffa cylindrica*（L.）Roem.

【别名】丝瓜网、丝瓜壳。

【基源】为葫芦科丝瓜属植物丝瓜 *Luffa cylindrica*（L.）Roem. 的干燥成熟果实的维管束。

【形态特征】一年生攀援藤本。茎枝粗糙，有棱沟，有微柔毛。茎须粗壮，通常 2～4 枝。叶互生；叶柄粗糙，长 10～12 cm，近无毛；叶片三角形或近圆形，长、宽均为 10～20 cm，通常掌状 5～7 裂，裂片三角形，

中间较长，长 8～12 cm，先端尖，边缘有锯齿，基部深心形，上面深绿色，有疣点，下面浅绿色，有短柔毛，脉掌状，具白色长柔毛。花单性，雌雄同株；雄花通常 10～20 朵生于总状花序的顶端，花序梗粗壮，长 12～14 cm，花梗长 2 cm；花萼筒钟形，被短柔毛；花冠黄色，幅状，开后直径 5～9 cm，裂片 5，长圆形，长 0.8～1.3 cm，宽 0.4～0.7 cm，里面被黄白色长柔毛，外面具 3～5 条突起的脉，雄蕊 5，稀 3，花丝长 6～8 mm，花初开放时稍靠合，最后完全分离；雌花单生，花梗长 2～10 cm；花被与雄花同，退化雄蕊 3，子房长圆柱状，有柔毛，柱头 3，膨大。果实圆柱状，直或稍弯，长 15～30 cm，直径 5～8 cm，表面平滑，通常有深色纵条纹，未成熟时肉质，成熟后干燥，里面有网状纤维，由先端盖裂。

种子多数，黑色，卵形，扁，平滑，边缘狭翼状。花果期夏、秋季。

【生境】土层深厚、潮湿、富含有机质的沙壤土均宜栽培。

【分布】全县域均有分布。

【采收加工】夏、秋季果实成熟、果皮变黄、内部干枯时采摘，除去外皮及果肉，洗净，晒干，除去种子，切段，生用。

【性味功能】味甘，性平；祛风，通络，活血。

【主治用法】用于风湿痹证，胸胁胀痛，乳汁不通，乳痈，跌打损伤，胸痹等。内服：煎汤，4.5～9 g。外用：适量。

166. 西瓜 *Citrullus lanatus*（Thunb.）Matsum. et Nakai

【别名】寒瓜、天生白虎汤。

【基源】为葫芦科西瓜属植物西瓜 *Citrullus lanatus*（Thunb.）Matsum. et Nakai 的果瓤、果皮、根叶、种壳、种仁。

【形态特征】一年生蔓生藤本。茎细弱，匍匐，有明显的棱沟。卷须2歧，被毛。叶互生；叶柄长3～12 cm；叶片三角状卵形、广卵形，长8～20 cm，宽5～18 cm，3深裂或近3全裂，中间裂片较长，两侧裂片较短，裂片再作不规则羽状深裂或二回羽状分裂，两面均为淡绿色，边缘波状或具疏齿。雌雄同株，雄花、雌花均单生于叶腋；雄花直径2～2.5 cm，花梗细，被长柔毛，花萼合生成广钟形，被长毛，先端5裂，裂片窄披针形或线状披针形，花冠合生成漏斗状，外面绿色，被长柔毛，上部5深裂，裂片卵状椭圆形或广椭圆形，先端钝；雄蕊5枚，其中4枚成对合生，1枚分离，花丝粗短；雌花较雄花大，花萼和雄花相似，子房下位，卵形，外面多少被短柔毛，花柱短，柱头5浅裂。瓠果近圆形或长椭圆形，直径约30 cm，表面绿色、浅绿色，多具深浅相间的条纹。种子多数，扁形，略呈卵形，黑色、红色、白色或黄色，或有斑纹，两面平滑，基部钝圆，边缘经常稍拱起。花果期夏季。

【生境】宜栽培于河岸冲积土和耕作层深厚的沙壤土。

【分布】全县域均有栽培。

【采收加工】果瓤：6—8月采收成熟果实，一般鲜用。果皮：6—8月收集西瓜皮，削去内层柔软部分，晒干；也有将外面青皮削去，仅取其中间部分者。根叶：夏、秋季采收，鲜用或晒干。种壳：剥取种仁时收集，晒干。种仁：夏季食用西瓜时，收集瓜子，洗净晒干，去壳取仁用。

【性味功能】果瓤：味甘，性寒；清热利尿，解暑生津。

果皮：味甘，性凉；清热，解渴，利尿。

根叶：味淡、微苦，性凉；清热利湿。

种壳：味淡，性平；止血。

种仁：味甘，性平；清肺化痰，和中润肠。

【主治用法】果瓤：用于暑热烦渴，热盛伤津，小便不利，喉痹，口疮。内服：取汁饮；或作水果食。

果皮：用于暑热烦渴，小便短少，水肿，口舌生疮。内服：煎汤，9～30 g；或焙干研末。外用：适量，烧存性研末撒或鲜者绞汁涂患处。

根叶：用于水泻，痢疾，烫伤，萎缩性鼻炎。内服：煎汤，10～30 g。外用：鲜品捣汁搽。

种壳：用于吐血，便血。内服：煎汤，60～90 g。

种仁：用于久嗽，咯血，便秘。内服：煎汤，9～15 g；生食或炒熟食。

【附方】（1）果瓤：①治阳明热甚，舌燥烦渴者，或神情昏冒、不寐、语言懒出者：好红瓤西瓜剖开，用汁一碗，徐徐饮之。（《本草汇言》）

②治阳性水肿：大西瓜1个，开一小孔，灌入捣烂的紫皮大蒜2头，蒸熟后，服汁。每次1碗，每日服2次。（《吉林中草药》）

③治中暑，小便不利：西瓜汁适量，冲莲子心汤服。（《安徽中草药》）

④治夏、秋腹泻，烦躁不安：将西瓜切开十分之三，放入大蒜七瓣，用草纸包七至九层，再用黄泥全包封，用空竹筒放入瓜内出气，木炭火烧干。研末，开水吞服。（《草医草药简便验方汇编》）

⑤治口疮甚者：西瓜浆水，徐徐饮之。（《丹溪心法》）

⑥治痔突出，坐立不便：西瓜煮汤，熏洗。（《卫生易简方》）

（2）果皮：①治肾炎，水肿：西瓜皮（须用连瓤之厚皮，晒干者入药为佳，若中药店习用之西瓜翠衣则无着效）干者一两三钱，白茅根鲜者二两，水煎，一日三回分服。（《现代实用中药》）

②治咽喉干燥疼痛或口唇燥裂：西瓜翠衣30 g，水煎，每日服2次，连服数日。（《吉林中草药》）

③治心热烦躁，口舌生疮：西瓜翠衣15 g，炒栀子6 g，赤芍9 g，黄连、生甘草各4.5 g，煎服。（《安徽中草药》）

④治糖尿病，口渴，尿混浊：西瓜皮、冬瓜皮各15 g，天花粉12 g，水煎服。（《食物中药与便方》）

⑤治坐板疮：取八九月的西瓜皮，刮薄存一粒米厚者，日中晒脆研细。疮有脓则干掺，无脓将自己津涎调末敷上，少顷疮中即流出水来，敷二次即愈。（《种福堂公选良方》）

（3）种壳：治肠风下血，西瓜子壳、地榆、白薇、蒲黄、桑白皮各适量，煎汤服。（《中国医学大辞典》）

六十、千屈菜科 Lythraceae

167. 紫薇 *Lagerstroemia indica* L.

【别名】无皮树、百日红、满堂红、痒痒树。

【基源】为千屈菜科紫薇属植物紫薇 *Lagerstroemia indica* L. 的根或树皮。

【形态特征】落叶灌木或小乔木，高可达7 m；树皮平滑，灰色或灰褐色；枝干多扭曲，小枝纤细，具4棱，略成翅状。叶互生或有时对生，纸质，椭圆形、阔矩圆形或倒卵形，长2.5～7 cm，宽1.5～4 cm，顶端短尖或钝形，有时微凹，基部阔楔形或近圆形，无毛或下面沿中脉有微柔毛，侧脉3～7对，小脉不明显；无柄或叶柄很短。花淡红色或紫色、白色，直径3～4 cm，常组成7～20 cm的顶生圆锥花序；花梗长3～15 mm，中轴及花梗均被柔毛；花萼长7～10 mm，外面平滑无棱，但鲜时萼筒有微突起短棱，两面无毛，裂片6，三角形，直立，无附属体；花瓣6，皱缩，长12～20 mm，具长爪；雄蕊

36～42枚，外面6枚着生于花萼上，比其余的长得多；子房3～6室，无毛。蒴果椭圆状球形或阔椭圆形，长1～1.3 cm，幼时绿色至黄色，成熟时或干燥时呈紫黑色，室背开裂；种子有翅，长约8 mm。花期6—9月，果期9—12月。

【生境】喜生于阴湿肥沃的土壤上。多见于栽培。

【分布】全县域均有栽培分布。

【采收加工】根：全年均可采挖，洗净，切片，晒干，或鲜用。树皮：5—6月剥取茎皮，洗净，切片，晒干。

【性味功能】味微苦，性微寒。根：清热利湿，活血止血，止痛。树皮：清热解毒，利湿祛风，散瘀止血。

【主治用法】根：用于痢疾，水肿，烧烫伤，湿疹，痈肿疮毒，跌打损伤，血崩，偏头痛，牙痛，痛经，产后腹痛。内服：煎汤，10～15 g。外用：适量，研末调敷，或煎水洗。

树皮：用于无名肿毒，丹毒，乳痈，咽喉肿痛，肝炎，疥癣，鹤膝风，跌打损伤，内外伤出血，崩漏带下。内服：煎汤，10～15 g；或浸酒，或研末。外用：适量，研末调敷；或煎水洗。

【附方】（1）治痈疽肿毒，头面疮疖，手脚生疮：紫薇根或花研末，醋调敷，亦可煎服。（《湖南药物志》）

（2）治痢疾：紫薇根、白头翁各15 g，煎服。（《安徽中草药》）

（3）治烧烫伤，湿疹：紫薇根适量，煎水洗。（《广西本草选编》）

（4）治无名肿毒：痒痒树树皮研末，调酒敷患处。（《贵州草药》）

六十一、石榴科 Punicaceae

168. 石榴 *Punica granatum* L.

【别名】石榴壳、安石榴酸实壳、酸石榴皮。

【基源】为石榴科石榴属植物石榴 *Punica granatum* L. 的果皮。

【形态特征】落叶灌木或乔木，高通常3～5 m，稀达10 m。枝顶常成尖锐长刺，幼枝有棱角，无毛，老枝近圆柱形。叶对生或簇生；叶柄短；叶片长圆状披针形，纸质，长2～9 cm，宽1～1.8 cm，先端尖或微凹，基部渐狭，全缘，上面光亮；侧脉稍细密。花1～5朵生于枝顶；花梗长2～3 mm；花直径约3 cm；萼筒钟状，长2～3 cm，通常红色或淡黄色，6裂，裂片略外展，卵状三角形，外面近顶端有一黄绿色腺体，边缘有小乳突；花瓣6，红色、黄色或白色，与萼片互生，倒卵形，长1.5～3 cm，宽1～2 cm，先端圆钝；雄蕊多数，着生于萼管中部，花药球形，花丝细短；雌蕊1，子房下位或半下位，柱头头状。浆果近球形，直径5～12 cm，通常淡黄褐色、淡黄绿色或带红色，果皮肥厚，先端有宿存花萼裂片。种子多数，钝角形，红色至乳白色。花期5—6月，果期7—8月。

【生境】生于向阳山坡或栽培于庭园等处。

【分布】全县域均有栽培分布。

【采收加工】秋季果实成熟，顶端开裂时采摘，除去种子及隔瓤，切瓣晒干，或微火烘干。

【性味功能】味酸、涩，性温；涩肠止泻，杀虫，收敛止血。

【主治用法】用于久泻，久痢，虫积腹痛，崩漏，便血。内服：煎汤，3～10 g。入汤剂生用，入丸、散多炒用，止血多炒炭用。

六十二、菱科 Trapaceae

169. 菱 *Trapa bispinosa* Roxb.

【别名】芰、水栗、芰实、菱角。

【基源】为菱科菱属植物菱 *Trapa bispinosa* Roxb. 的果肉。

【形态特征】一年生水生草本。叶二型；浮生叶聚生于茎顶，呈莲座状；叶柄长5～10 cm，中部膨胀成宽1 cm的海绵质气囊，被柔毛；叶三角形，长、宽各2～4 cm，边缘上半部有粗锯齿，近基部全缘，上面绿色无毛，下面脉上有毛。沉浸叶羽状细裂。花两性，白色，单生于叶腋；花萼4深裂；花瓣4；雄蕊4；子房半下位，2室，花柱钻状，柱头头状，花盘鸡冠状。坚果倒三角形，两端有刺，两刺间距离3～4 cm。花期6—7月，果期9—10月。

【生境】生于池塘河沼中。

【分布】全县域均有分布。

【采收加工】8—9 月采收，鲜用或晒干。

【性味功能】味甘，性凉；健脾益胃，除烦止渴，解毒。

【主治用法】用于脾虚泄泻，暑热烦渴，消渴，饮酒过度，痢疾。内服：煎汤，9 ～ 15 g，大剂量可用至 60 g；或生食。清暑热、除烦渴，宜生用；补脾益胃，宜熟用。

【附方】（1）治食管癌：菱实、紫藤、诃子、薏苡仁各 9 g，煎汤服。（《食物中药与便方》）

（2）治消化性溃疡，胃癌初起：菱角 60 g，薏苡仁 30 g，水煎当茶饮。（《常见抗癌中草药》）

六十三、五加科 Araliaceae

170. 常春藤 *Hedera nepalensis* K. Koch var. *sinensis*（Tobl.）Rehd.

【别名】土鼓藤、龙鳞薜荔、三角枫、三角藤、中华常春藤。

【基源】为五加科常春藤属植物常春藤 *Hedera nepalensis* K. Koch var. *sinensis*（Tobl.）Rehd. 的茎叶。

【形态特征】多年生常绿攀援藤本，长 3 ～ 20 cm。茎灰棕色或黑棕色，有气生根，幼枝被鳞片状柔毛。单叶互生；叶柄长 2 ～ 9 cm，有鳞片；无托叶；叶二型；花枝上的叶椭圆状披针形、长椭圆状卵形或披针形，稀卵形或圆卵形，全缘；先端长尖或渐尖，基部楔形、宽圆形、心形；

侧脉和网脉两面均明显。伞形花序单个顶生，或 2 ～ 7 个总状排列或伞房状排列成圆锥花序，有花 5 ～ 40 朵；花萼密生棕色鳞片；花瓣 5，三角状卵形，淡黄白色或淡绿白色，外面有鳞片；雄蕊 5，花药紫色；子房下位，5 室，花柱全部合生成柱状；花盘隆起，黄色。果实圆球形，红色或黄色。花期 9—11 月，果期翌年 3—5 月。

【生境】附生于阔叶林中树干或沟谷阴湿的岩壁上，庭园也常有栽培。

【分布】王义贞镇、字畈镇偶见。

【采收加工】9—11 月采收，晒干。

【性味功能】味辛、苦，性平；祛风，利湿，和血，解毒。

【主治用法】用于风湿痹痛，头痛，头晕，肝炎，跌打损伤，咽喉肿痛，痈肿流注，蛇虫咬伤。内服：煎汤，6～15 g，研末；或浸酒，捣汁。外用：捣敷或煎汤洗。

【附方】（1）治关节风痛及腰部酸痛：中华常春藤茎及根 9～12 g，黄酒、水各半煎服，连服数日，并用水煎洗患处。（《浙江民间常用草药》）

（2）治妇女产后感风头痛：中华常春藤全草 9 g，用黄酒炒，加红枣 7 个，水煎，饭后服，连服数日。（《浙江民间常用草药》）

（3）治慢性肝炎：三角枫、败酱草各 30 g，水煎服。（《甘肃中草药手册》）

（4）治跌打损伤，外伤出血，骨折：常春藤研细粉外敷；或常春藤 60 g，泡酒 250 g，泡 7～10 天后服，每服 10～30 mL，日服 3 次。（《云南中草药选》）

（5）治鼻血不止：龙鳞薜荔研水饮之。（《普济方》）

（6）治风火赤眼：中华常春藤 30 g，水煎服。（《浙江药用植物志》）

（7）治一切痈疽：龙鳞薜荔一握，细研，以酒解汁，温服。利恶物为妙。（《外科精要》）

（8）治白皮肿毒（阴疽）及一切痈疽肿毒：中华常春藤全草 9 g，水煎服，连服数日。同时用七叶一枝花根茎 1 个，加醋磨汁，敷患处。（《浙江民间常用草药》）

（9）治肤痒：三角枫全草 500 g，熬水沐浴，每 3 天 1 次，经常洗用。（《贵阳民间药草》）

171. 细柱五加 *Eleutherococcus nodiflorus*（Dunn）S. Y. Hu

【别名】五加、白簕树、五叶路刺、白刺尖、五叶木。

【基源】为五加科五加属植物细柱五加 *Eleutherococcus nodiflorus*（Dunn）S. Y. Hu 的根皮。

【形态特征】落叶灌木，有时蔓生状，高 2～3 m。茎直立或攀援，枝无刺或在叶柄基部单生扁平的刺。叶互生或簇生于短枝上；叶柄长 4～9 cm，光滑或疏生小刺，小叶无柄；掌状复叶，小叶 5 枚，稀 3～4 枚，中央 1 枚较大，两侧小叶渐次较小，倒卵形至披针形，长 3～8 cm，宽 1.5～4 cm，先端尖或短渐尖，基部楔形，边缘有钝细锯齿，两面无毛或仅沿脉上有锈色茸毛。伞形花序，腋生或单生于短枝末梢，

花序柄长 1～3 cm，果时伸长；花多数，黄绿色，直径约 2 cm，花柄柔细，光滑，长 6～10 mm；萼边缘有 5 齿，裂片三角形，直立或平展；花瓣 5，着生于肉质花盘的周围，卵状三角形，顶端尖，开放后反卷；雄蕊 5；子房下位，2 室（稀 3 室）；花柱 2（稀 3），丝状，分离，开展。核果浆果状，扁球形，侧向压扁，直径约 5 mm，成熟时黑色。种子 2 粒，半圆形，扁平细小，淡褐色。花期 5—7 月，果期 7—10 月。

【生境】生于林缘、路边或灌丛中。

【分布】字畈镇、烟店镇、赵棚镇偶见。

【采收加工】夏、秋季采挖，剥取根皮，晒干。

【性味功能】味辛、苦，性温；祛风湿，补肝肾，强筋骨。

【主治用法】用于风湿痹痛，半身不遂，腰膝疼痛，小儿行迟，脚气，劳伤乏力，胃溃疡，腹痛，疝气，水肿，脚气，经闭，跌打损伤，骨折。内服：煎汤，4.5～9 g；或酒浸，入丸、散服。

六十四、伞形科 Umbelliferae

172. 狭叶柴胡 *Bupleurum scorzonerifolium* Willd.

【别名】南柴胡、红柴胡、香柴胡、软柴胡。

【基源】为伞形科柴胡属植物狭叶柴胡 *Bupleurum scorzonerifolium* Willd. 的干燥根。

【形态特征】多年生草本，高30～60 cm。主根发达，圆锥形，支根稀少，深红棕色，表面略皱缩，上端有横环纹，下部有纵纹，质疏松而脆。茎单一或2～3，基部密覆叶柄残余纤维，细圆，有细纵槽纹，茎上部有多回分枝，略呈"之"字形弯曲，并成圆锥状。叶细线形，基生叶下部略收缩成叶柄，其他均无柄，叶长6～16 cm，宽2～7 mm，顶端长渐尖，基部稍变窄抱茎，质厚，稍硬挺，常对折或内卷，3～5脉，向叶背凸出，两脉间有隐约平行的细脉，叶缘白色，骨质，上部叶小，同型。伞形花序自叶腋抽出，花序多，直径1.2～4 cm，形成较疏松的圆锥花序；伞辐（3）4～6（8），长1～2 cm，很细，弧形弯曲；总苞片1～3，极细小，针形，长1～5 mm，宽0.5～1 mm，1～3脉，有时紧贴伞辐，常早落；小伞形花序直径4～6 mm，小总苞片5，紧贴小伞，线状披针形，长2.5～4 mm，宽0.5～1 mm，细而尖锐，等于或略超过花时小伞形花序；小伞形花序有花（6）9～11（15），花柄长1～1.5 mm；花瓣黄色，舌片几与花瓣的对半等长，顶端2浅裂；花柱基厚垫状，宽于子房，深黄色，柱头向两侧弯曲；子房主棱明显，表面常有白霜。果广椭圆形，长2.5 mm，宽2 mm，深褐色，棱浅褐色，粗钝凸出，每棱槽中有油管5～6，合生面有油管4～6。花期7—8月，果期8—9月。

【生境】生于干燥的草原及向阳山坡上，灌木林边缘，海拔160～2250 m。

【分布】烟店镇偶见。

【采收加工】春、秋季采挖，除去茎叶及泥沙，干燥。

【性味功能】味苦、辛，性微寒；解表退热，疏肝解郁，升举阳气。

【主治用法】用于表证发热，少阳证，肝郁气滞，气虚下陷，脏器脱垂，退热截疟。煎服，3～9 g。解表退热宜生用，且用量宜稍重，疏肝解郁宜醋炙，升阳可生用或酒炙，其用量均宜稍轻。

173. 紫花前胡 *Angelica decursiva*（Miq.）Franch. et Sav.

【别名】白花前胡、鸡脚前胡、官前胡、山独活。

【基源】为伞形科当归属植物紫花前胡 *Angelica decursiva*（Miq.）Franch. et Sav. 的根。

【形态特征】多年生草本，高 1～2 m。根圆锥形，常有数支根，表面黄褐色至棕褐色。茎直立，圆柱形，具浅纵沟纹，光滑，紫色，上部分枝，被柔毛。根生叶和茎生叶有长柄，柄长 13～36 cm，基部膨大成圆形的紫色叶鞘，抱茎，外面无毛；叶片三角形至卵圆形，坚纸质，长 10～25 cm，一回三全裂或一至二回羽状分裂；第一回裂片的小叶柄翅状延长，侧方裂片和顶端叶片基部连合，沿叶轴呈翅状延长，翅边缘有锯齿；末回裂片卵形或长圆状披针形，长 5～15 cm，宽 2～5 cm，先端锐尖，边缘有白色软骨质锯齿，内端有尖头，上面深绿色，脉上有短糙毛，下面绿白色，主脉常带紫色，无毛；茎上部叶简化成囊状膨大的紫色叶鞘；复伞形花序顶生和侧生，花序梗长 3～8 cm，有柔毛；伞辐 10～22，长 2～4 cm；总苞片 1～3，卵圆形，阔鞘状，宿存，反折，紫色；小总苞片 3～8，线形至披针形，无毛；伞辐及花柄有毛；花深紫色；萼齿明显，线状锥形或三角状锥形；花瓣倒卵形或椭圆状披针形，先端通常不内折成凹头状；花药暗紫色。果实长圆形至卵状圆形，长 4～7 mm，宽 3～5 mm，无毛，背棱线形隆起，尖锐，侧棱有较厚的狭翅，与果体近等宽，棱槽内有油管 1～3，合生面有油管 4～6，胚乳腹面凹入。花期 8—9 月，果期 9—11 月。

【生境】生于山坡林缘、溪沟边或杂木林灌丛中。

【分布】雷公镇小岭坡偶见。

【采收加工】秋、冬季或早春茎叶枯萎或未抽花茎时采挖，除去须根及泥土，晒干，切片生用或蜜炙用。

【性味功能】味苦、辛，性微寒；降气化痰，散风清热。

【主治用法】用于痰热咳喘，风热咳嗽。内服：煎汤，6～10 g；或入丸、散。

174. 牛尾独活 *Heracleum vicinum* de Boiss.

【别名】西大活。

【基源】为伞形科独活属植物牛尾独活 *Heracleum vicinum* de Boiss. 的根。

【形态特征】多年生草本，高 1 ～ 2 m，全株被柔毛。根圆锥形，粗大，有分枝，灰色至灰棕色。茎直立，有棱槽，上部分枝开展。基生叶叶柄长 10 ～ 30 cm；叶片轮廓宽卵形，三出式分裂，裂片 5 ～ 7，宽卵形至近圆形，不规则的 3 ～ 5 裂，长 5 ～ 16 cm，宽 7 ～ 14 cm，裂片边缘具粗大的尖锐锯齿；茎上部叶形与基生叶相同，有显著扩展的叶鞘。复伞形花序顶生和侧生，花序梗长 4 ～ 15 cm；总苞片 5，线状披针形；伞辐 12 ～ 35，不等长；小总苞片 5 ～ 10，披针形；萼齿不显著；花瓣白色，二型；花柱基短圆锥形，花柱叉开。分生果长圆状倒卵形，先端凹陷，背部扁平，长 6 ～ 9 mm，宽 5 ～ 7 mm，有稀疏柔毛或近光滑，级棱和中棱线状突起，侧棱宽阔，每棱槽中有油管 1，合生面有油管 2，棒形，长度为分生果长度的 1/2。花期 7 月，果期 8—10 月。

【生境】生于阴湿山坡、林下、沟旁、林缘或草甸子。

【分布】王义贞镇钱冲村银杏谷偶见。

【采收加工】秋季采收，除去茎叶和细根，洗净晒干。

【性味功能】味辛、苦，性微温；祛风除湿，通痹止痛。

【主治用法】用于风寒湿痹，腰膝疼痛，少阴伏风头痛。内服：煎汤，9 ～ 12 g。外用：捣敷。

175. 胡萝卜 *Daucus carota* L. var. *sativa* Hoffm.

【别名】黄萝卜、红萝卜、胡芦菔、红芦菔。

【基源】为伞形科胡萝卜属植物胡萝卜 *Daucus carota* L. var. *sativa* Hoffm. 的根、基生叶、果实。

【形态特征】二年生草本，高达 120 cm。根肉质，长圆锥形，粗肥，呈橙红色或黄色。茎单生，全株被白色粗硬毛。基生叶叶柄长 3 ～ 12 cm；叶片长圆形，二至三回羽状全裂，末回裂片线形或披针形，先端锐尖，有小尖头；茎生叶近无柄，有叶鞘，末回裂片小或细长。复伞形花序；花序梗长 10 ～ 55 cm，有糙硬毛；总苞片多数，呈叶状，羽状分裂，裂片线形；伞辐多数，结果期外缘的伞辐向内弯曲；小总苞片 5 ～ 7，不分裂或 2 ～ 3 裂；花通常白色，有时带淡红色；花柄不等长。果实圆卵形，棱上有白色刺毛。花期 5—7 月。

【生境】多为栽培。

【分布】全县域均有分布。

【采收加工】根：冬季采挖根部，除去茎叶、须根，洗净。叶：冬季或春季采收，连根挖出，削取带根头部的叶，洗净，鲜用或晒干。果实：夏季果实成熟时采收，将全草拔起或摘取果枝，打下果实，除净杂质，晒干。

【性味功能】根：味甘、辛，性平；健脾和中，滋肝明目，化痰止咳，清热解毒。

叶：味辛、甘，性平；理气止痛，利水。

果实：味辛、甘，性平；燥湿散寒，利水杀虫。

【主治用法】根：用于脾虚食少，体虚乏力，脘腹痛，泄泻，视物昏花，雀目，咳喘，百日咳，咽喉肿痛，麻疹，水痘，疖肿，烫火伤，痔漏。内服：煎汤，30～120 g；或生吃，或捣汁，或煮食。外用：适量，煮熟捣敷；或切片烧热敷。

叶：用于脘腹痛，浮肿，小便不通，淋痛。内服：煎汤，30～60 g；或切碎蒸熟食。

果实：用于久痢，久泻，虫积，水肿，宫冷腹痛。内服：煎汤，3～9 g；或入丸、散。

【附方】（1）治胃痛：胡萝卜50 g，麻黄150 g。先将胡萝卜用慢火烘焦，与麻黄共研细末。每服3 g，日服2次，热酒冲服。（《吉林中草药》）

（2）治痢疾：胡萝卜30～60 g，冬瓜糖15 g，水煎服。（《福建药物志》）

（3）治夜盲症：羊肝500 g，切片，入沸水煮2～3 min，捞出；胡萝卜1～2个，捣汁拌肝片，加调味品，随意食用。（《青海常用中草药手册》）

（4）治小儿百日咳：红萝卜125 g，红枣12枚（连核），以水3碗煎成1碗，随意分服。（《岭南采药录》）

（5）治小儿发热：红萝卜60 g，水煎，连服数次。（《岭南采药录》）

（6）治麻疹：红萝卜125 g，芫荽90 g，荸荠60 g，加多量水，久熬成2碗，1天内分服。（《岭南采药录》）

（7）治水痘：红萝卜125 g，风栗90 g，芫荽90 g，煎服。（《岭南采药录》）

（8）治臁疮：胡萝卜适量，用水煮熟，趁热捣烂，敷患处。（《吉林中草药》）

（9）治痔疮，脱肛：胡萝卜切片，用慢火烧热，趁热敷患处。凉了再换，每回轮换6～7次。（《吉林中草药》）

176. 野胡萝卜 *Daucus carota* L.

【别名】野胡萝卜子、窃衣子、鹤虱。

【基源】南鹤虱（中药名）。为伞形科胡萝卜属植物野胡萝卜 *Daucus carota* L. 的果实。

【形态特征】二年生草本，高20～120 cm。全株被白色粗硬毛。根细圆锥形，肉质，黄白色。基生叶薄膜质，长圆形，二至三回羽状全裂，末回裂片线形或披针形，长 2～15 mm，宽 0.5～4 mm，先端尖，有小尖头，光滑或有糙硬毛；叶柄长 3～12 cm；茎生叶近无柄，有叶鞘，末回裂片小而细长。复伞形花序顶生，花序梗长 10～55 cm，有糙硬毛；总苞片多数，叶状，羽状分裂，裂片线形，长 3～30 mm；伞辐多数，结果时外缘的伞辐向内弯曲；小总苞片 5～7，线形，不分裂或 2～3 裂，边缘膜质，具纤毛；花通常白色，有时带淡红色。双悬果长卵形，长 3～4 mm，宽 2 mm，具棱，棱上有翅，棱上有短钩刺或白色刺毛。花期 5—7 月，果期 6—8 月。

【生境】生于山坡路旁、旷野或田间。

【分布】全县域均有分布。

【采收加工】春季播种的于夏季采收，秋季播种的于冬季采收，除去杂质，晒干。

【性味功能】味苦、辛，性平；杀虫，消积，止痒。

【主治用法】用于蛔虫病，蛲虫病，绦虫病，钩虫病，虫积腹痛，小儿疳积，阴痒。内服：煎汤，6～9 g；或入丸、散。外用：适量，煎水熏洗。

【附方】（1）治蛔虫病，绦虫病，蛲虫病：鹤虱 6 g，研末水调服。（《湖北中草药志》）

（2）治钩虫病：南鹤虱 45 g，浓煎两（次）汁合并，加白糖适量调味，晚上临睡前服，连用 2 剂。（《浙江药用植物志》）

（3）治虫积腹痛：鹤虱 9 g，南瓜子、槟榔各 15 g，水煎服。（《湖北中草药志》）

（4）治蛲虫病肛痒：南鹤虱、花椒、白鲜皮各 15 g，苦楝根皮 9 g，水煎，趁热熏洗或坐浴。（《浙江药用植物志》）

（5）治阴痒：鹤虱 6 g，煎水熏洗阴部。（《湖北中草药志》）

177. 小窃衣 *Torilis japonica*（Houtt.）DC.

【别名】破子草、大叶山胡萝卜。

【基源】为伞形科窃衣属植物小窃衣 *Torilis japonica*（Houtt.）DC. 的果实。

【形态特征】一年生或多年生草本，高 20～120 cm。主根细长，圆锥形，棕黄色，支根多数。茎有纵条纹及刺毛。叶柄长 2～7 cm，下部有窄膜质的叶鞘；叶片长卵形，一至二回羽状分裂，两面疏生紧贴的粗毛，第一回羽片卵状披针形，长 2～6 cm，宽 1～2.5 cm，先端渐窄，边缘羽状深裂至全缘，有 0.5～2 cm 长的短柄，末回裂片披针形至长圆形，边缘有条裂状的粗齿至缺刻或分裂。复伞形花序顶生或腋生，花序梗长 3～25 cm，有倒生的刺毛；总苞片 3～6，长 0.5～2 cm，通常线形，极少叶状；伞辐 4～12，长 1～3 cm，开展，有向上的刺毛；小总苞片 5～8，线形或钻形，长 1.5～7 mm，宽

0.5 ～ 1.5 mm；小伞形花序有花 4 ～ 12，花柄长
1 ～ 4 mm，短于小总苞片；萼齿细小，三角形或
三角状披针形；花瓣白色、紫红色或蓝紫色，倒
圆卵形，顶端内折，长与宽均 0.8 ～ 1.2 mm，外
面中间至基部有紧贴的粗毛；花丝长约 1 mm，
花药圆卵形，长约 0.2 mm；花柱基部平压状或圆
锥形，花柱幼时直立，果熟时向外反曲。果实圆
卵形，长 1.5 ～ 4 mm，宽 1.5 ～ 2.5 mm，通常
有内弯或呈钩状的皮刺；皮刺基部阔展，粗糙；
胚乳腹面凹陷，每棱槽有油管 1。花果期 4—10 月。

【生境】生于杂木林下、林缘、路旁、河沟
边或溪边草丛，海拔 150 ～ 3060 m。

【分布】全县域均有分布。

【采收加工】冬季采收，除去杂质，晒干。

【性味功能】味苦、辛，微温；杀虫止泻，
收湿止痒。

【主治用法】用于虫积腹痛，泄泻，疮疡溃
烂，阴痒带下，风湿疹。内服：煎汤，6 ～ 9 g。
外用：适量，捣汁涂；或煎水洗。

178. 旱芹 *Apium graveolens* L.

【别名】云芎、芹菜、南芹菜。

【基源】为伞形科芹属植物旱芹 *Apium
graveolens* L. 的全草。

【形态特征】一年生或二年生草本，秃净，
有强烈香气。茎圆柱形，高达 0.7 ～ 1 m，上部
分枝，有纵棱及节。根出叶丛生，单数羽状复叶，
倒卵形至矩圆形，具柄，柄长 36 ～ 45 cm，小
叶 2 ～ 3 对，基部小叶柄最长，愈向上愈短，小
叶长、宽均约 5 cm，3 裂，裂片三角状圆形或
五角状圆形，尖端有时再 3 裂，边缘有粗齿；茎
生叶为全裂的 3 小叶。复伞形花序侧生或顶生；
无总苞及小总苞；伞辐 7 ～ 16；花梗细长；花小，
两性，萼齿不明显；花瓣 5，白色，广卵形，先
端内曲；雄蕊 5，花药小，卵形；雌蕊 1，子房
下位，2 室，花柱 2，浅裂。双悬果近圆形至椭

圆形，分果椭圆形，长约 1.2 mm，具 5 条明显的肋线，肋槽内含有 1 个油槽，二分果连合面近于平坦，也有 2 个油槽，分果有种子 1 粒。花期 4 月，果期 6 月。

【生境】全国各地均有栽培。

【分布】全县域均有栽培。

【采收加工】4—7 月采收，多为鲜用。

【性味功能】味甘、苦，性凉；平肝清热，祛风利湿。

【主治用法】用于高血压，眩晕头痛，面红目赤，血淋，痈肿。内服：煎汤，9～15 g（鲜品 30～60 g）；或绞汁，或入丸剂。外用：捣敷；或煎水洗。

【附方】（1）治早期原发性高血压：鲜芹菜四两，马兜铃三钱，大、小蓟各五钱，制成流浸膏，每次 10 mL，每日服 3 次。（《陕西草药》）

（2）治痈肿：鲜芹菜一至二两，散血草、红泽兰、铧头草各适量，共捣烂，敷痈肿处。（《陕西草药》）

179. 蛇床 *Cnidium monnieri*（L.）Cuss.

【别名】蛇米、蛇珠、蛇粟、蛇床仁。

【基源】为伞形科蛇床属植物蛇床 *Cnidium monnieri*（L.）Cuss. 的果实。

【形态特征】一年生草本，高 20～80 cm。根细长，圆锥形。茎直立或斜上，圆柱形，多分枝，中空，表面具深纵条纹，棱上常具短毛。根生叶具短柄，叶鞘短宽，边缘膜质，上部叶全部鞘状；叶片轮廓卵形至三角状卵形，长 3～8 cm，宽 2～5 cm，二至三回三出式羽状全裂；末回裂片线形至线状披针形，长 3～10 mm，宽 1～1.5 mm，具小尖头，边缘及脉上粗糙。复伞形花序顶生或侧生，直径 2～3 cm；总苞片 6～10，线形至线状披针形，长约 5 mm，边缘膜质，有短柔毛；伞辐 8～25，长 0.5～2 cm；小总苞

片多数，线形，长 3～5 mm，边缘膜质，具细毛；小伞形花序具花 15～20；萼齿不明显；花瓣白色，先端具内折小舌片；花柱基略隆起，花柱长 1～1.5 mm，向下反曲。分生果长圆形，长 1.3～3 mm，宽 1～2 mm，横剖面五角形，主棱 5，均扩展成翅状，每棱槽中有油管 1，合生面有油管 2，胚乳腹面平直。花期 4—6 月，果期 5—7 月。

【生境】生于低山坡、田野、路旁、沟边、河边湿地。

【分布】全县域均有分布。

【采收加工】夏、秋季果实成熟时采收，摘下果实晒干；或割取地上部分晒干，打落果实，筛净或簸去杂质。

【性味功能】味辛、苦，性温；温肾壮阳，燥湿杀虫，祛风止痒。

【主治用法】用于阴部湿痒，湿疹，疥癣，寒湿带下，湿痹腰痛，肾虚阳痿，宫冷不孕等。内服：煎汤，3～9 g；或入丸、散。外用：适量，煎汤熏洗；或做成坐药、栓剂，或研细末调敷。

180. 芫荽 *Coriandrum sativum* L.

【别名】香菜、香荽、胡荽。

【基源】为伞形科芫荽属植物芫荽 *Coriandrum sativum* L. 的全草。

【形态特征】一年生或二年生草本，高 30～100 cm。全株无毛，有强烈香气。根细长，有多数纤细的支根。茎直立，多分枝，有条纹。基生叶一至二回羽状全裂，叶柄长 2～8 cm；羽片广卵形或扇形半裂，长 1～2 cm，宽 1～1.5 cm，边缘有钝锯齿、缺刻或深裂；上部茎生叶三回至多回羽状分裂，末回裂片狭线形，长 5～15 mm，宽 0.5～1.5 mm，先端钝，全缘。伞形花序顶生或与叶对生，花序梗长 2～8 cm；无总苞；伞辐 3～8；小总苞片 2～5，线形，

全缘；小伞形花序有花 3～10。花白色或带淡紫色，萼齿通常大小不等，卵状三角形或长卵形；花瓣倒卵形，长 1～1.2 mm，宽约 1 mm，先端有内凹的小舌片；辐射瓣通常全缘，有 3～5 脉；花柱于果成熟时向外反曲。果实近球形，直径约 1.5 mm，背面主棱及相邻的次棱明显，胚乳腹面内凹，油管不明显，或有 1 个位于次棱下方。花果期 4—11 月。

【生境】栽培于土壤肥沃、疏松的石灰性沙壤土上。

【分布】全县域均有栽培。

【采收加工】3—5 月采收，晒干。

【性味功能】味辛，性温；发表透疹，开胃消食。

【主治用法】用于麻疹不透，饮食不消，纳食不佳。内服：煎汤，9～15 g（鲜品 15～30 g）；或捣汁。外用：煎汤洗；或捣敷，或绞汁服。

【附方】（1）治风寒感冒，头痛鼻塞：苏叶 6 g，生姜 6 g，芫荽 9 g，水煎服。（《甘肃中草药手册》）

（2）治咯血：胡荽、海藻等量，洗净泥沙，加适量油、盐煮 3～4 h，每日吃 3 次，每次 1 碗。（《湖南药物志》）

（3）治消化不良，腹胀：鲜芫荽全草 30 g，水煎服。（《福建中草药》）

（4）治虚寒胃痛：鲜芫荽 15～24 g，酒水煎服。（《福建中草药》）

（5）治胃寒胀痛：芫荽 15 g，胡椒 15 g，艾叶 6 g，水煎服。（《四川中药志》）

六十五、杜鹃花科 Ericaceae

181. 杜鹃花 *Rhododendron simsii* Planch.

【别名】红踯躅、山踯躅、山石榴、映山红。

【基源】为杜鹃花科杜鹃属植物杜鹃花 *Rhododendron simsii* Planch. 的花。

【形态特征】落叶或半常绿灌木，高 2～5 m。多分枝，幼枝密被红棕色或褐色扁平糙伏毛，老枝灰黄色，无毛，树皮纵裂。花芽卵形，背面中部被褐色糙伏毛，边缘有睫毛状毛。叶二型；春叶纸质，较短，夏叶革质，较长，卵状椭圆形或长卵状披针形，长 3～6 cm，宽 2～3 cm，先端锐尖，具短尖头，基部楔形，全缘，表面疏被淡红棕色糙伏毛，背面密被棕褐色糙伏毛，脉上更多。花 2～6 朵成伞形花序，簇生于枝端；花梗长 5～8 mm；花萼 5 深裂，裂片卵形至披针形，长 3～7 mm，外面密被糙伏毛和睫毛状毛；花冠宽漏斗状，玫瑰色至淡红色、紫色，长 3～5 cm，5 裂，裂片近倒卵形，上方 1 瓣及近侧 2 瓣里面有深红色斑点；雄蕊 10，稀 7～9，花丝中下部有微毛，花药紫色；子房卵圆形，5 室，长 5～8 mm，密被扁平长糙毛，花柱细长。蒴果卵圆形，长 1～1.2 cm，密被棕色糙毛，花萼宿存。花期 4—6 月，果期 7—9 月。

【生境】生于丘陵山地或平地灌丛中。

【分布】赵棚镇有野生，全县域均有栽培。

【采收加工】4—5 月花盛开时采收，烘干。

【性味功能】味甘、酸，性平；和血，调经，止咳，祛风湿，解疮毒。

【主治用法】用于吐血，衄血，崩漏，月经不调，咳嗽，风湿痹痛，痈疖疮毒。内服：煎汤，9～15 g。外用：适量，捣敷。

【附方】（1）治流鼻血：映山红花（生的）15～30 g，水煎服。（《贵州草药》）

（2）治疗痈疖毒：杜鹃花 5～7 个，或嫩叶适量，嚼烂敷患处。禁忌鱼腥。（《草药手册》）

（3）治癞痢头：杜鹃花 60 g，油桐花 30 g，烤干研末，桐油调搽（先剃头）。（《草药手册》）

（4）治白带过多：映山红花 15 g，猪蹄 1 对，水炖，食肉喝汤。（《安徽中草药》）

六十六、报春花科 Primulaceae

182. 长穗珍珠菜 *Lysimachia chikungensis* Bail.

【别名】珍珠菜。

【基源】为报春花科珍珠菜属植物长穗珍珠菜 *Lysimachia chikungensis* Bail. 的全草。

【形态特征】多年生草本，无横走的根状茎。茎直立，高 30～60 cm，较纤细，圆柱形，上部常分枝，密被褐色短柄腺体。叶互生，狭披针形至线状披针形，长 4～6 cm，宽 5～7（9）mm，先端锐尖，基部楔形，边缘极狭内卷，上面深绿色，下面粉绿色，两面均有不明显的褐色粒状腺点和短柄小腺体，中肋在下面隆起，侧脉不显著；叶柄极短或无柄。总状花序顶生，细瘦，果时长可达 25 cm；苞片钻形，长 2.5～3.5 mm；花梗长 1～2 mm；花萼长约 1.5 mm，分裂近达基部，裂片椭圆形，具较宽的膜质边缘，有腺状缘毛；花冠白色，长 2～3 mm，基部合生部分长约 1 mm，裂片倒卵状长圆形，先端圆钝；雄蕊比花冠短，花丝贴生至花冠裂片的基部，分离部分长约 1 mm；花药卵形，长约 1 mm；子房卵圆形，花柱短，长约 0.8 mm。蒴果球形，直径约 2 mm。花期 6—7 月，果期 7—9 月。

【生境】生于向阳的山坡草丛和石缝中。

【分布】分布于雷公镇、洑水镇。

【采收加工】春、夏季采收，鲜用或晒干。

【性味功能】味苦、辛，性平；清热利湿，活血散瘀，解毒消痈。

【主治用法】用于水肿，热淋，黄疸，痢疾，风湿热痹，带下，经闭，跌打损伤，外伤出血，乳痈，疔疮，蛇咬伤。内服：煎汤，25～50 g。外用：煎水洗或捣敷。

183. 临时救 *Lysimachia congestiflora* Hemsl.

【别名】小过路黄。

【基源】为报春花科珍珠菜属植物临时救 *Lysimachia congestiflora* Hemsl. 的全草。

【形态特征】茎下部匍匐，节上生根，上部及分枝上升，长 6～50 cm，圆柱形，密被多细胞卷曲柔毛；分枝纤细，有时仅顶端具叶。
叶对生，茎端的 2 对间距短，近密聚，
叶片卵形、阔卵形至近圆形，近等大，
长（0.7）1.4～3（4.5）cm，宽（0.6）
1.3～2.2（3）cm，先端锐尖或钝，基部
近圆形或截形，稀略呈心形，上面绿色，
下面色较淡，有时沿中肋和侧脉染紫红色，
两面多少被具节糙伏毛，稀近于无毛，近
边缘有暗红色或有时变为黑色的腺点，侧
脉 2～4 对，在下面稍隆起，网脉纤细，
不明显；叶柄比叶片短 2～3 倍，具草质狭边缘。花 2～4 朵集生于茎端和枝端成近头状的总状花序，
在花序下方的 1 对叶腋有时具单生之花；花梗极短或长至 2 mm；花萼长 5～8.5 mm，分裂近达基部，
裂片披针形，宽约 1.5 mm，背面被疏柔毛；花冠黄色，内面基部紫红色，长 9～11 mm，基部合
生部分长 2～3 mm，5 裂（偶有 6 裂的），裂片卵状椭圆形至长圆形，宽 3～6.5 mm，先端锐尖
或钝，散生暗红色或变黑色的腺点；花丝下部合生成高约 2.5 mm 的筒，分离部分长 2.5～4.5 mm；
花药长圆形，长约 1.5 mm；花粉粒近长球形（30～36）μm×（26.5～29）μm，表面具网状纹饰；
子房被毛，花柱长 5～7 mm。蒴果球形，直径 3～4 mm。花期 5—6 月，果期 7—10 月。

【生境】生于水沟边、田埂和山坡林缘、草地等湿润处，垂直分布上限可达海拔 2100 m。

【分布】字畈镇、雷公镇偶见。

【采收加工】春、夏季采收，鲜用或晒干。

【性味功能】味苦，性凉；消积散瘀，健脾和中。

【主治用法】用于疳积，经闭，跌打损伤，痈疽，小儿疳积。内服：煎汤，3～9 g；或捣汁。外用：
捣敷。

184. 狭叶珍珠菜 *Lysimachia pentapetala* Bunge

【别名】珍珠菜。

【基源】为报春花科珍珠菜属植物狭
叶珍珠菜 *Lysimachia pentapetala* Bunge 的
全草。

【形态特征】一年生草本，全体无毛。
茎直立，高 30～60 cm，圆柱形，多分枝，
密被褐色无柄腺体。叶互生，狭披针形至
线形，长 2～7 cm，宽 2～8 mm，先端锐尖，
基部楔形，上面绿色，下面粉绿色，有褐
色腺点；叶柄短，长约 0.5 mm。总状花序
顶生，初时因花密集而成圆头状，后渐伸长，

果时长 4 ～ 13 cm；苞片钻形，长 5 ～ 6 mm；花梗长 5 ～ 10 mm；花萼长 2.5 ～ 3 mm，下部合生达全长的 1/3 或近 1/2，裂片狭三角形，边缘膜质；花冠白色，长约 5 mm，基部合生仅 0.3 mm，近于分离，裂片匙形或倒披针形，先端圆钝；雄蕊比花冠短，花丝贴生于花冠裂片的近中部，分离部分长约 0.5 mm；花药卵圆形，长约 1 mm；花粉粒具 3 孔沟，长球形（23.5 ～ 24.5）μm ×（15 ～ 17.5）μm，表面具网状纹饰；子房无毛，花柱长约 2 mm。蒴果球形，直径 2 ～ 3 mm。花期 7—8 月，果期 8—9 月。

【生境】生于山坡荒地、路旁、田边和疏林下。

【分布】分布于雷公镇、赵棚镇。

【采收加工】春、夏季采收，鲜用或晒干。

【性味功能】味苦、辛，性平；清热利湿，活血散瘀，解毒消痈。

【主治用法】用于水肿，热淋，黄疸，痢疾，风湿热痹，带下，经闭，跌打骨折，外伤出血，乳痈，疔疮，蛇咬伤。内服：煎汤，15 ～ 30 g。

六十七、山矾科 Symplocaceae

185. 白檀 *Symplocos paniculata*（Thunb.）Miq.

【别名】砒霜子、蛤蟆涎、白花茶、牛筋叶。

【基源】为山矾科山矾属植物白檀 *Symplocos paniculata*（Thunb.）Miq. 的根、叶、花或种子。

【形态特征】落叶灌木或小乔木。嫩枝有灰白色柔毛，老枝无毛。叶互生；叶柄长 3 ～ 5 mm；叶片膜质或薄纸质，阔倒卵形、椭圆状倒卵形或卵形，长 3 ～ 11 cm，宽 2 ～ 4 cm，先端急尖或渐尖，基部阔楔形或近圆形。圆锥花序长 5 ～ 8 cm，通常有柔毛；苞片通常条形，有褐色腺点，早落；花萼筒褐色；花冠白色，5 深裂几达基部；雄蕊 40 ～ 60；子房 2 室，花盘具 5 个凸起的腺点。核果熟时蓝色，卵状球形，稍偏斜，先端宿萼裂片直立。花期 5 月，果熟期 7 月。

【生境】生于海拔 760 ～ 2500 m 的山坡、路边、疏林或密林中。

【分布】分布于接官乡、孛畈镇。

【采收加工】9—12 月挖根，4—6 月采叶，5—7 月花果期采收花或种子，晒干。

【性味功能】味苦，性微寒；清热解毒，调气散结，祛风止痒。

【主治用法】用于乳腺炎，淋巴腺炎，肠痈疮疖，疝气，荨麻疹。内服：煎汤，9 ～ 24 g，单用根可至 30 ～ 45 g。外用：煎水洗；或研末调敷。

【附方】（1）治乳腺炎，淋巴腺炎：白檀 9 ～ 24 g，水煎服，红糖为引。（《玉溪中草药》）

（2）治肠痈，胃癌：白檀 9 g，茜草 6 g，鳖甲 6 g，水煎服。（《玉溪中草药》）

（3）治疮疖：白檀 15 g，干檀香 6 g，水煎服。（《玉溪中草药》）

（4）治疝气：白檀种子 3 g，荔枝核 5 个，水煎服。（《玉溪中草药》）

（5）治荨麻疹：白檀根、长叶冻绿根各 30 g，雀榕叶 15 g，水煎服。（《福建药物志》）

（6）治烧伤：白檀嫩尖叶捣粉，用芝麻油调匀外搽。（《西双版纳傣药志》）

六十八、柿科 Ebenaceae

186. 柿 *Diospyros kaki* Thunb.

【别名】柿子、朱果。

【基源】为柿科柿属植物柿 *Diospyros kaki* Thunb. 的果、根、叶。

【形态特征】落叶大乔木，通常高达 10 m 以上，胸高直径达 65 cm，高龄老树有高达 27 m 的；树皮深灰色至灰黑色，或者黄灰褐色至褐色，沟纹较密，裂成长方块状；树冠球形或长圆球形，老树冠直径达 10 ～ 13 m，有达 18 m 的。枝开展，带绿色至褐色，无毛，散生纵裂的长圆形或狭长圆形皮孔；嫩枝初时有棱，有棕色柔毛或茸毛或无毛。冬芽小，卵形，长 2 ～ 3 mm，先端钝。叶纸质，卵状椭圆形至倒卵形或

近圆形，通常较大，长 5 ～ 18 cm，宽 2.8 ～ 9 cm，先端渐尖或钝，基部楔形，钝，圆形或近截形，很少为心形，新叶疏生柔毛，老叶上面有光泽，深绿色，无毛，下面绿色，有柔毛或无毛，中脉在上面凹下，有微柔毛，在下面凸起，侧脉每边 5 ～ 7 条，上面平坦或稍凹下，下面略凸起，下部的脉较长，上部的较短，向上斜生，稍弯，将近叶缘网结，小脉纤细，在上面平坦或微凹下，联结成小网状；叶柄长 8 ～ 20 mm，变无毛，上面有浅槽。花雌雄异株，但间或有雄株中有少数雌花，雌株中有少数雄花的，花序腋生，为聚伞花序；雄花序小，长 1 ～ 1.5 cm，弯垂，有短柔毛或茸毛，有花 3 ～ 5 朵，通常有花 3 朵；总花梗长约 5 mm，有微小苞片；雄花小，长 5 ～ 10 mm；花萼钟状，两面有毛，深 4 裂，裂片卵形，长约 3 mm，有睫毛状毛；花冠钟状，不长过花萼的两倍，黄白色，外面或两面有毛，长约 7 mm，4 裂，裂片卵形或心形，开展，两面有绢毛或外面脊上有长伏柔毛，里面近无毛，先端钝，雄蕊 16 ～ 24 枚，着生在花冠管的基部，连生成对，腹面 1 枚较短，花丝短，先端有柔毛，花药椭圆状长圆形，顶端

渐尖，药隔背部有柔毛，退化子房微小；花梗长约 3 mm。雌花单生于叶腋，长约 2 cm，花萼绿色，有光泽，直径约 3 cm 或更大，深 4 裂，萼管近球状钟形，肉质，长约 5 mm，直径 7～10 mm，外面密生伏柔毛，里面有绢毛，裂片开展，阔卵形或半圆形，有脉，长约 1.5 cm，两面疏生伏柔毛或近无毛，先端钝或急尖，两端略向背后弯卷；花冠淡黄白色或黄白色而带紫红色，壶形或近钟形，较花萼短小，长和直径各 1.2～1.5 cm，4 裂，花冠管近四棱形，直径 6～10 mm，裂片阔卵形，长 5～10 mm，宽 4～8 mm，上部向外弯曲；退化雄蕊 8 枚，着生在花冠管的基部，带白色，有长柔毛；子房近扁球形，直径约 6 mm，多少具 4 棱，无毛或有短柔毛，8 室，每室有胚珠 1 颗；花柱 4 深裂，柱头 2 浅裂；花梗长 6～20 mm，密生短柔毛。果形种种，有球形、扁球形、球形而略呈方形、卵形等，直径 3.5～8.5 cm，基部通常有棱，嫩时绿色，后变黄色、橙黄色，果肉较脆硬，老熟时果肉变成柔软多汁，呈橙红色或红色等，有种子数颗；种子褐色，椭圆状，长约 2 cm，宽约 1 cm，侧扁，在栽培品种中通常无种子或有少数种子；宿存萼在花后增大增厚，宽 3～4 cm，4 裂，方形或近圆形，近平扁，厚革质或干时近木质，外面有伏柔毛，后变无毛，里面密被棕色绢毛，裂片革质，宽 1.5～2 cm，长 1～1.5 cm，两面无毛，有光泽；果柄粗壮，长 6～12 mm。花期 5—6 月，果期 9—10 月。

【生境】喜温暖气候，充足阳光和深厚、肥沃、湿润、排水良好的土壤，适宜生于中性土壤，耐寒，耐瘠薄，抗旱性强，不耐盐碱土。

【分布】全县域均有栽培。

【采收加工】果：成熟后风干或鲜用。根：全年均可采挖，洗净，切片，晒干；或剥取根皮，切碎，晒干。叶：春、夏、秋季均可采收，晒干。

【性味功能】果：味甘，性寒，润肺生津，降压止血。

根：味苦、涩，性寒；清热凉血。

叶：味苦、酸、涩，性凉；降压。

【主治用法】果：用于肺燥咳嗽，咽喉干痛，胃肠出血，高血压。内服：鲜用，1～2 个。

根：用于吐血，痔疮出血，血痢。内服：煎汤，2～3 钱。

叶：用于高血压。内服：研粉，每服 1 钱。

六十九、木犀科 Oleaceae

187. 木犀 *Osmanthus fragrans*（Thunb.）Lour.

【别名】木犀花、金桂、银桂、月桂。

【基源】为木犀科木犀属植物木犀 *Osmanthus fragrans*（Thunb.）Lour. 的花。

【形态特征】常绿乔木或灌木，最高可达 18 m。树皮灰褐色。小枝黄褐色，无毛。叶对生，叶柄长 0.8～1.2 cm；叶片革质，椭圆形、长椭圆形或椭圆状披针形，长 7～14.5 cm，宽 2.6～4.5 cm，先端渐尖，基部渐狭成楔形或宽楔形，全缘或通常上半部具细锯齿，腺点在两面连成小水泡状突起。聚伞花序簇生于叶腋，或近于帚状，每腋内有花多朵；
苞片 2，宽卵形，质厚，长 2 ～ 4 mm，具小尖头，
基部合生；花梗细弱；花极芳香；花萼钟状，4 裂，
长约 1 mm，裂片稍不整齐；花冠裂片 4，黄白色、
淡黄色、黄色或橘红色，长 3 ～ 4 mm，花冠管
仅长 0.5 ～ 1 mm；雄蕊 2，着生于花冠管中部，
花丝极短，药隔在花药先端稍延伸成不明显的小
尖头；雌蕊长约 1.5 mm，花柱长约 0.5 mm。果
歪斜，椭圆形，长 1 ～ 1.5 cm，呈紫黑色。花期
9—10 月，果期翌年 3 月。

【生境】多见于栽培。

【分布】全县域均有栽培。

【采收加工】9—10 月开花时采收，拣去杂
质，阴干，密闭储藏。

【性味功能】味辛，性温；温肺化饮，散寒
止痛。

【主治用法】用于痰饮咳喘，脘腹冷痛，肠风血痢，经闭痛经，寒疝腹痛，牙痛，口臭。内服：煎汤，
3 ～ 9 g；或泡茶。外用：适量，煎汤含漱或蒸热外熨。

【附方】（1）生津，辟臭，化痰，治风虫牙痛：木犀花、百药煎、孩儿茶各适量，作膏饼噙。（《本
草纲目》）

（2）治口臭：桂花 6 g，蒸馏水 500 mL，浸泡一昼夜，漱口用。（《青岛中草药手册》）

（3）治胃寒腹痛：桂花、高良姜各 4.5 g，小茴香 3 g，煎服。（《安徽中草药》）

188. 小叶女贞 *Ligustrum quihoui* Carr.

【别名】小叶冬青、小白蜡、棟青、小叶水蜡树。

【基源】为木犀科女贞属植物小叶女贞 *Ligustrum quihoui* Carr. 的叶。

【形态特征】落叶灌木，高 1 ～ 3 m。

小枝淡棕色，圆柱形，密被微柔毛，后脱落。
叶片薄革质，形状和大小变异较大，披针形、
长圆状椭圆形、椭圆形、倒卵状长圆形至
倒披针形或倒卵形，长 1 ～ 4（5.5）cm，
宽 0.5 ～ 2（3）cm，先端锐尖、钝或微凹，
基部狭楔形至楔形，叶缘反卷，上面深绿色，
下面淡绿色，常具腺点，两面无毛，稀沿
中脉被微柔毛，中脉在上面凹入，下面凸
起，侧脉 2 ～ 6 对，不明显，在上面微凹入，

下面略凸起，近叶缘处网结不明显；叶柄长 0 ～ 5 mm，无毛或被微柔毛。圆锥花序顶生，近圆柱形，长 4 ～ 15（22）cm，宽 2 ～ 4 cm，分枝处常有 1 对叶状苞片；小苞片卵形，具睫毛状毛；花萼无毛，长 1.5 ～ 2 mm，萼齿宽卵形或钝三角形；花冠长 4 ～ 5 mm，花冠管长 2.5 ～ 3 mm，裂片卵形或椭圆形，长 1.5 ～ 3 mm，先端钝；雄蕊伸出裂片外，花丝与花冠裂片近等长或稍长。果倒卵形、宽椭圆形或近球形，长 5 ～ 9 mm，直径 4 ～ 7 mm，呈紫黑色。花期 5—7 月，果期 8—11 月。

【生境】生于沟边、路旁或河边灌丛中，或山坡，海拔 100 ～ 2500 m。

【分布】分布于孛畈镇、雷公镇。

【性味功能】味苦，性凉；清热解毒。

【主治用法】用于烫伤，外伤。外用：9 ～ 15 g，煎水洗或捣敷患处。

189. 茉莉 *Jasminum sambac*（L.）Ait.

【别名】白末利、小南强、奈花、末梨花。

【基源】为木犀科素馨属植物茉莉 *Jasminum sambac*（L.）Ait. 的花。

【形态特征】直立或攀援灌木，高达 3 m。小枝圆柱形或稍压扁状，有时中空，疏被柔毛。叶对生，单叶；叶柄长 2 ～ 6 mm，被短柔毛，具关节。叶片纸质，圆形、卵状椭圆形或倒卵形，长 4 ～ 12.5 cm，宽 2 ～ 7.5 cm，两端圆或钝，基部有时微心形，除下面脉腋间常具簇毛外，其余无毛。聚伞花序顶生，通常有花 3 朵，有时单花或多达 5 朵；花序梗长 1 ～ 4.5 cm，被短柔毛，苞片微小，锥形；花梗长 0.3 ～ 2 cm；花极芳香；花萼无毛或疏被短柔毛，裂片线形；花冠白色，花冠管长 0.7 ～ 1.5 cm，裂片长圆形至近圆形。果球形，直径约 1 cm，呈紫黑色。花期 5—8 月，果期 7—9 月。

【生境】喜温暖、湿润，长于腐殖质和排水良好的沙壤土中，多见于栽培。

【分布】偶见于庭院栽培。

【性味功能】味辛、微甘，性温；理气止痛，辟秽开郁。

【主治用法】用于湿浊中阻，胸膈不舒，泄泻腹痛，头晕头痛，目赤，疮毒。内服：煎汤，3 ～ 10 g；或代茶饮。外用：适量，煎水洗目或菜油浸滴耳。

190. 迎春花 *Jasminum nudiflorum* Lindl.

【别名】金梅、黄梅、阳春柳、清明花。

【基源】为木犀科素馨属植物迎春花 *Jasminum nudiflorum* Lindl. 的花。

【形态特征】落叶灌木，直立或匍匐，高 0.3～5 m。小枝四棱形，棱上多少具狭翼。叶对生，三出复叶，小枝基部常具单叶；叶轴具狭翼；叶柄长 3～10 mm；小叶片卵形、长卵形或椭圆形、狭椭圆形，稀倒卵形，先端锐尖或钝，具短尖头，基部楔形，叶缘反卷；顶生小叶片较大，长 1～3 cm，宽 0.3～1.1 cm，无柄或基部延伸成短柄，侧生小叶片长 0.6～2.3 cm，宽 0.2～1 cm，无柄或基部延伸成短柄；单叶为卵形或椭圆形，有时近圆形。花单生于去年生小枝的叶腋，稀生于小枝顶端；苞片小叶状，披针形、卵形或椭圆形；花梗长 2～3 mm；花萼绿色，裂片 5～6 枚，窄披针形，先端锐尖；花冠黄色，直径 2～2.5 cm，花冠管长 0.8～2 cm，宽 3～6 mm，向上渐扩大，裂片 5～6 枚，长圆形或椭圆形，长 0.8～1.3 cm，宽 3～6 mm，先端锐尖或圆钝；雄蕊 2，着生于花冠筒内；子房 2 室。花期 4—5 月。

【生境】生于山坡灌丛。

【分布】全县域均有栽培。

【采收加工】4—5 月开花时采收，鲜用或晾干。

【性味功能】味苦、微辛，性平；清热解毒，活血消肿。

【主治用法】用于发热头痛，咽喉肿痛，小便热痛，恶疮肿毒，跌打损伤。内服：煎汤，10～15 g；或研末。外用：适量，捣敷或调麻油搽。

七十、夹竹桃科 Apocynaceae

191. 夹竹桃 *Nerium indicum* Mill.

【别名】拘那夷、拘拏儿、棋那卫、状元竹、柳叶竹。

【基源】为夹竹桃科夹竹桃属植物夹竹桃 *Nerium indicum* Mill. 的叶及枝皮。

【形态特征】常绿直立大灌木，高达 5 m。枝条灰绿色。叶 3～4 枚轮生，下枝为对生，叶柄

扁平，长5～8 cm；叶片窄披针形，长
11～15 cm，宽2～2.5 cm；先端急尖，
基部楔形，叶缘反卷，表面深绿色，背面
淡绿色，有多数洼点，侧脉密生而平行，
每边达120条，直达叶缘。顶生聚伞花序；
着花数朵；苞片披针形；花萼5深裂，红色，
内面基部具腺体；花芳香；花冠深红色或
粉红色，单瓣或重瓣，花冠筒内被长柔毛，
花冠裂片5，倒卵形；副花冠鳞片状，先
端撕裂；雄蕊5，着生于花冠筒中部以上，

花丝短，被长柔毛，花药箭头状，与柱头连生，基部具耳，药隔延长成丝状；无花盘；心皮2，柱头近
圆球形。蓇葖果2，平行或并连，长圆形，两端较窄，长10～23 cm，绿色，无毛，具细纵条纹。种子
长圆形，褐色，种皮被锈色短柔毛，先端具黄褐色绢质种毛。花期几乎全年，果期一般在冬、春季，栽
培种很少结果。

【生境】喜温暖湿润、阳光充足的气候，较能耐干旱，不耐寒，具耐碱性，多生长于低海拔地区。

【分布】市区园林、路旁有栽培。

【采收加工】对2年以上生的植株，结合整枝修剪，采集叶片及枝皮，晒干或炕干。

【性味功能】味苦，性寒；强心利尿，祛痰定喘，镇痛，祛瘀。

【主治用法】用于心脏病心力衰竭，喘咳，癫痫，跌打肿痛，血瘀经闭。内服：煎汤，0.3～0.9 g；
研末，0.05～0.1 g。外用：捣敷或制成面剂外涂。

【附方】（1）治心力衰竭：夹竹桃叶粉末0.1 g，加等量小苏打，装入胶囊。成人量：每日
0.25～0.3 g，分3次口服。症状改善后改为维持量，每日0.1 g。（《福建药物志》）

（2）治哮喘：夹竹桃叶7片，黏米1小杯，同捣烂，加片糖煮粥食之，但不宜多服。（《岭南采
药录》）

（3）治癫痫：白花夹竹桃小叶3片，铁落60 g，水煎，日服3次，2天服完。（《云南中草药》）

（4）治斑秃：夹竹桃老叶（11—12月雨后采），阴干，研末，过筛，装有色瓶内，用乙醇泡浸1～2
星期，配成10%酊剂外搽。（《全国中草药汇编》）

（5）治秃疮，顽癣：夹竹桃花晒干研细末，加等量枯矾末和匀，以茶油调搽患处。（《安徽中草药》）

192. 络石 *Trachelospermum jasminoides*（Lindl.）Lem.

【别名】石鲮、明石、悬石、云珠、折骨草。

【基源】为夹竹桃科络石属植物络石 *Trachelospermum jasminoides*（Lindl.）Lem. 的干燥带叶藤茎。

【形态特征】常绿木质藤本，长达10 m。全株具乳汁。茎圆柱形，有皮孔；嫩枝被黄色柔毛，老时
渐无毛。叶对生，革质或近革质，椭圆形或卵状披针形，长2～10 cm，宽1～4.5 cm；上面无毛，下
面被疏短柔毛；侧脉每边6～12条。聚伞花序顶生或腋生，二歧，花白色，芳香；花萼5深裂，裂片
线状披针形，顶部反卷，基部具10个鳞片状腺体；花蕾顶端钝，花冠筒圆筒形，中部膨大，花冠裂片5，

向右覆盖；雄蕊 5，着生于花冠筒中部，腹部黏生在柱头上，花药箭头状，基部具耳，隐藏在花喉内；花盘环状 5 裂，与子房等长；子房由 2 枚离生心皮组成，无毛，花柱圆柱状，柱头卵圆形。蓇葖果叉生，无毛，线状披针形；种子多数，褐色，线形，顶端具白色绢质种毛。花期 3—7 月，果期 7—12 月。

【生境】生于山野、溪边、路旁、林缘或杂木林中，常缠绕于树上或攀援于墙壁、岩石上。

【分布】分布于王义贞镇、孛畈镇。

【采收加工】冬季至次年春季采割，除去杂质，晒干，切段，生用。

【性味功能】味苦，性微寒；祛风通络，凉血消肿。

【主治用法】用于风湿热痹，喉痹，痈肿，跌扑损伤。内服：煎汤，6～12 g。外用：适量，鲜品捣敷。

七十一、萝藦科 Asclepiadaceae

193. 萝藦 *Metaplexis japonica*（Thunb.）Makino

【别名】芄兰、藿、莞、雀瓢、苦丸、奶浆藤。

【基源】为萝藦科萝藦属植物萝藦 *Metaplexis japonica*（Thunb.）Makino 的全草或根。

【形态特征】多年生草质藤本，长达 8 m。全株具乳汁；茎下部木质化，上部较柔韧，有纵条纹，幼叶密被短柔毛，老时毛渐脱落。叶对生，膜质；叶柄长 3～6 cm，先端具丛生腺体；叶片卵状心形，长 5～12 cm，宽 4～7 cm，先端短渐尖，基部心形，叶耳圆，长 1～2 cm，上面绿色，下面粉绿色，两面无毛；侧脉 10～12 条，在叶背略明显。总状式聚伞花序腋生或腋外生；总花梗长 6～12 cm，被短柔毛；花梗长约 8 mm，被短柔毛；小苞片膜质，披针形，先端渐尖；花萼裂片披针形，外面被微毛；花冠白色，

有淡紫红色斑纹，近辐状；花冠裂片张开，先端反折，基部向左覆盖；副花冠环状，着生于合蕊冠上，短 5 裂，裂片兜状；雄蕊连生成圆锥状，并包围雌蕊在其中；花粉块下垂；子房由 2 枚离生心皮组成，无毛，柱头延伸成一长喙，先端 2 裂。蓇葖果叉生，纺锤形，平滑无毛，长 8～9 cm，先端渐尖，基部膨大。种子扁平，褐色，有膜质边，先端具白色绢质种毛。花期 7—8 月，果期 9—12 月。

【生境】生于林边荒地、河边、路旁灌丛中。

【分布】分布于孛畈镇。

【采收加工】7—8 月采收全草，鲜用或晒干。块根于夏、秋季采挖，洗净，晒干。

【性味功能】味甘、辛，性平；补精益气，通乳，解毒。

【主治用法】用于虚损劳伤，阳痿，遗精带下，乳汁不足，丹毒，瘰疬，疔疮，蛇虫咬伤。内服：煎汤，15～60 g。外用：鲜品适量，捣敷。

【附方】（1）治吐血虚损：萝藦、地骨皮、柏子仁、五味子各三两。上为细末，空心米饮下。（《不居集》萝藦散）

（2）治阳痿：萝藦根、淫羊藿根、仙茅根各 9 g，水煎服，每日 1 剂。（《江西草药》）

（3）治劳伤：奶浆藤根适量，炖鸡服。（《四川中药志》）

（4）下乳：奶浆藤 9～15 g，水煎服；炖肉服可用至 30～60 g。（《民间常用草药汇编》）

（5）治小儿疳积：①萝藦茎叶适量，研末。每服 3～6 g，白糖调服。（《江西草药》）

②奶浆藤 30 g，木贼草 15 g，研末。每次用 15 g，蒸鸡肝吃，3 天为 1 次，连吃 5 次。（《贵州草药》）

（6）治丹火毒遍身赤肿不可忍：萝藦草适量，捣烂取汁敷之，或捣敷上。（《梅师方》）

（7）治瘰疬：萝藦根 30 g，水煎服，每日 1 剂。（《江西草药》）

（8）治白癜风：萝藦全草适量，煮以拭之。（《广济方》）

（9）治疣瘊，刺瘊，扁平疣：于患处周围用针挑破见血，点萝藦茎藤白汁，待自干，一次即愈。（《吉林中草药》）

194. 徐长卿 *Cynanchum paniculatum*（Bunge）Kitag.

【别名】鬼督邮、石下长卿、别仙踪、土细辛。

【基源】为萝藦科鹅绒藤属植物徐长卿 *Cynanchum paniculatum*（Bunge）Kitag. 的根及根茎，或带根全草。

【形态特征】多年生直立草本，高达 1 m。根须状，多至 50 余条，形如马尾，具特殊香气。茎细而刚直，不分枝，无毛或被微毛。叶对生，无柄；叶片披针形至线形，长 4～13 cm，宽 3～15 mm，先端渐尖，基部渐窄，两面无毛或上面具疏柔毛，叶缘稍反卷，有睫毛状毛，上面深绿色，下面淡绿色；主脉突起。圆锥聚伞花序，生于近顶端叶腋，长达 7 cm，有花 10 余朵；花萼 5 深裂，卵状披针形；花冠黄绿色，5 深裂，广卵形，平展或向外反卷；副花冠 5，黄色，肉质，肾形，基部与雄蕊合生；雄蕊 5，相连成筒状，花药 2 室，花粉块每室 1 个，下垂，臂短、平伸；雌蕊 1，子房上位，由 2 枚离生心皮组成，花柱 2，柱头五角形，先端略为突起。蓇葖果呈角状，单生，长约 6 cm，表面淡褐色。种子多数，卵形而扁，暗褐色，先端有一簇白色细长毛。花期 5—7 月，果期 9—12 月。

【生境】生于向阳山坡草丛中。

【分布】浽水镇、接官乡偶见。

【采收加工】夏、秋季采收根茎及根，洗净晒干；全草晒至半干，扎把阴干。

【性味功能】味辛，性温；祛风除湿，行气活血，去痛止痒，解毒消肿。

【主治用法】用于风湿痹痛，腰痛，脘腹疼痛，牙痛，跌扑伤痛，小便不利，泄泻，痢疾，湿疹，荨麻疹，毒蛇咬伤。内服：煎汤，3～10 g，不宜久煎；研末，1～3 g，或入丸剂，或浸酒。

七十二、茜草科 Rubiaceae

195. 六月雪 *Serissa serissoides*（DC.）Druce

【别名】白马骨、满天星、路边姜。

【基源】为茜草科白马骨属植物六月雪 *Serissa serissoides*（DC.）Druce 的全株。

【形态特征】常绿小灌木，高通常达 1 m，多分枝。根细长，质坚，外皮黄色。枝粗壮，灰白色或青灰色，嫩枝有微毛，揉之有臭味。叶对生或丛生于短枝上，近革质，倒卵形、椭圆形或倒披针形，长 1～4 cm，宽 0.7～1.3 cm，先端短尖，基部渐窄而成一短柄，全缘，叶片下面被灰白色柔毛；托叶基部膜质而宽，顶端有锥尖状裂片数枚。8 月开白色小花，无柄，数朵簇生于枝顶或叶腋；苞片斜方状椭圆形，膜质；萼5裂，裂片坚挺，披针状锥尖，边缘具细齿，中脉隆起，宿存；花冠漏斗状，长约 5 mm，与萼片近等长，亦 5 裂；雄蕊 5 枚，花丝白色，极短，着生于管口，花药长圆形，2 室，纵裂；雌蕊 1 枚，花柱白色，子房下位，2 室。核果小，球形。

【生境】多生于林边、灌丛、路旁、

草坡、溪边。

【分布】分布于孛畈镇、雷公镇、赵棚镇、洑水镇、烟店镇、接官乡。

【采收加工】全年可采收，洗净鲜用或切段晒干。

【性味功能】味淡、微辛，性凉；疏风解表，清热利湿，舒筋活络。

【主治用法】用于感冒，咳嗽，牙痛，急性扁桃体炎，咽喉炎，急、慢性肝炎，肠炎，痢疾，小儿疳积，高血压头痛，偏头痛，风湿关节痛，带下。内服：煎汤，10～20 g（鲜品30～60 g）。外用：适量，捣烂外敷或煎水洗。

196. 鸡矢藤 *Paederia scandens*（Lour.）Merr.

【别名】鸡屎藤、牛皮冻、解暑藤。

【基源】为茜草科鸡矢藤属植物鸡矢藤 *Paederia scandens*（Lour.）Merr. 或毛鸡矢藤 *P.scandens* var. *tomentosa*（Bl.）Hand. -Mazz. 的地上部分及根。

【形态特征】多年生草质藤本植物。
基部木质，秃净或稍被微毛，多分枝。叶对生，有柄；叶片近膜质，卵形、椭圆形、矩圆形至披针形，先端短尖，或渐尖。基部浑圆或宽楔形，两面近无毛或下面微被短柔毛；托叶三角形，脱落。聚伞花序呈顶生的带叶的大圆锥花序排列，腋生或顶生，疏散少花，扩展，分枝为蝎尾状的聚伞花序；花白紫色，无柄。浆果球形，直径5～7 mm，成熟时光亮，草黄色。花期7—8月，果期9—10月。

【生境】生于丘陵、平地、林边、灌丛及荒山草地。

【分布】全县域均有分布。

【采收加工】夏季采收地上部分，秋、冬季采挖根部，洗净，地上部分切段，根部切片，鲜用或晒干。

【性味功能】味甘、苦，性微寒；消食健胃，化痰止咳，清热解毒，止痛。

【主治用法】用于饮食积滞，小儿疳积，痰热咳嗽，热毒泄泻，咽喉肿痛，痈疮疖肿，烫火伤，多种痛证，湿疹，神经性皮炎，皮肤瘙痒等。内服：煎汤，15～60 g。外用：适量，捣敷或煎水洗。

197. 猪殃殃 *Galium aparine* var. *tenerum*（Gren. et Godr.）Rchb.

【别名】拉拉藤、锯锯藤、细叶茜草。

【基源】为茜草科拉拉藤属植物猪殃殃 *Galium aparine* var. *tenerum*（Gren. et Godr.）Rchb. 的全草。

【形态特征】蔓状或攀援状一年生草本。茎纤弱，四棱形，多分枝，有倒生小刺。叶6～8片轮生，无柄；叶片膜质，披针状条形至窄倒卵状长椭圆形，长1～2 cm或更长，边缘及下面中脉有倒生小刺。

夏季开花，聚伞花序腋生，花小，白色或带淡黄色，萼齿不显，花冠 4 裂，雄蕊 4，子房下位，有细小密刺。果小，稍肉质，心皮稍分离，各成一半球形，被密集钩刺。其嫩苗可作菜，但猪食之则病，故名猪殃殃。

【生境】生于荒地、菜园、路旁、田边土壤肥沃处。

【分布】全县域均有分布。

【采收加工】夏季采收，鲜用或晒干。

【性味功能】味辛、苦，性凉；清热解毒，利尿消肿。

【主治用法】用于感冒，牙龈出血，急、慢性阑尾炎，尿路感染，水肿，痛经，崩漏，带下，癌症，白血病；外用治乳腺炎初起，痈疖肿毒，跌打损伤。内服：煎汤，30 ～ 60 g。外用：适量，鲜品捣烂敷或绞汁涂患处。

198. 茜草 *Rubia cordifolia* L.

【别名】茹卢本、茅搜、蘆茹。

【基源】为茜草科茜草属植物茜草 *Rubia cordifolia* L. 的根和根茎。

【形态特征】多年生攀援草本。根数条至数十条丛生，外皮紫红色或橙红色。茎四棱形，棱上生多数倒生的小刺。叶四片轮生，具长柄；叶片形状变化较大，卵形、三角状卵形、宽卵形至窄卵形，长 2 ～ 6 cm，宽 1 ～ 4 cm，先端通常急尖，基部心形，上面粗糙，下面沿中脉及叶柄均有倒刺，全缘，基出脉 5。聚伞花序圆锥状，腋生及顶生；花小，黄白色，5 数；花萼不明显；花冠辐状，直径约 4 mm，5 裂，裂片卵状三角形，先端急尖；雄蕊 5，着生在花冠管上；子房下位，2 室，无毛。浆果球形，直径 5 ～ 6 mm，红色后转为黑色。花期 6—9 月，果期 8—10 月。

【生境】生于山坡路旁、沟沿、田边、灌丛及林缘。

【分布】全县域均有分布。

【采收加工】11 月挖取根部，洗净，晒干。

【性味功能】味苦，性寒；凉血化瘀，止血通经。

【主治用法】用于血热妄行的出血证及血瘀经闭，跌打损伤，风湿痹痛等。内服：煎汤，10 ～ 15 g；或入丸、散，或浸酒。

【附方】（1）治咯血：茜草 9 g，白茅根 30 g，水煎服。（《河南中草药手册》）

（2）治跌打损伤：茜草根 30 ～ 60 g，水、酒各半炖服；或茜草根和地鳖虫各 15 g，酒、水各半炖服。（《福建药物志》）

（3）治风湿痛，关节炎：鲜茜草根 120 g，白酒 500 g。将茜草根洗净捣烂，浸入酒内 1 星期，取酒炖温，空腹饮。第一次要饮到八成醉，然后睡觉，覆被取汗，每日 1 次。服药后 7 天不能下水。（《江苏验方草药选编》）

（4）治黄疸：茜草根水煎代茶饮。（《本草汇言》）

（5）治肾炎：茜草根 30 g，牛膝、木瓜各 15 g，水煎备用。另取童子鸡 1 只，去肠杂，蒸出鸡汤后，取汤一半同上药调服，剩下鸡肉和汤同米炖吃。（《福建药物志》）

（6）治牙痛：鲜茜草 30 ～ 60 g，水煎服。（《河南中草药手册》）

199. 栀子 *Gardenia jasminoides* Ellis

【别名】木丹、鲜支、越桃、支子。

【基源】为茜草科栀子属植物栀子 *Gardenia jasminoides* Ellis 的干燥成熟果实。

【形态特征】灌木，高 0.3 ～ 3 m；嫩枝常被短毛，枝圆柱形，灰色。叶对生，或为 3 枚轮生，革质，稀为纸质，叶形多样，通常为长圆状披针形、倒卵状长圆形、倒卵形或椭圆形，长 3 ～ 25 cm，宽 1.5 ～ 8 cm，顶端渐尖、骤然长渐尖或短尖而钝，基部楔形或短尖，两面常无毛，上面亮绿色，下面色较暗；侧脉 8 ～ 15 对，在下面凸起，在上面平；叶柄长 0.2 ～ 1 cm；托叶膜质。花芳香，通常单朵生于枝顶，花梗

长 3 ～ 5 mm；萼管倒圆锥形或卵形，长 8 ～ 25 mm，有纵棱，萼檐管形，膨大，顶部 5 ～ 8 裂，通常 6 裂，裂片披针形或线状披针形，长 10 ～ 30 mm，宽 1 ～ 4 mm，结果时增长，宿存；花冠白色或乳黄色，高脚碟状，喉部有疏柔毛，冠管狭圆筒形，长 3 ～ 5 cm，宽 4 ～ 6 mm，顶部 5 ～ 8 裂，通常 6 裂，裂片广展，倒卵形或倒卵状长圆形，长 1.5 ～ 4 cm，宽 0.6 ～ 2.8 cm；花丝极短，花药线形，长 1.5 ～ 2.2 cm，伸出；花柱粗厚，长约 4.5 cm，柱头纺锤形，伸出，长 1 ～ 1.5 cm，宽 3 ～ 7 mm，子房直径约 3 mm，黄色，平滑。果卵形、近球形、椭圆形或长圆形，黄色或橙红色，长 1.5 ～ 7 cm，直径 1.2 ～ 2 cm，有翅状纵棱 5 ～ 9 条，顶部的宿存萼片长达 4 cm，宽达 6 mm；种子多数，扁，近圆形而稍有棱角，长约 3.5 mm，宽约 3 mm。花期 3—7 月，果期 5 月至翌年 2 月。

【生境】生于海拔 10 ～ 1500 m 处的旷野、丘陵、山谷、山坡、溪边的灌丛或林中。

【分布】分布于雷公镇、宇畈镇、赵棚镇。

【采收加工】9—11 月果实成熟呈红黄色时采收，除去果梗、杂质，蒸至上汽或置沸水中稍烫，取出，干燥。

【性味功能】味苦，性寒；泻火除烦，清热利湿，凉血解毒。

【主治用法】用于热病心烦，湿热黄疸，血淋涩痛，血热吐衄，目赤肿痛，火毒疮疡。内服：煎汤，5～10 g。外用：生品适量，研末调敷。

七十三、旋花科 Convolvulaceae

200. 打碗花 *Calystegia hederacea* Wall.

【别名】面根藤、小旋花、盘肠参。

【基源】为旋花科打碗花属植物打碗花 *Calystegia hederacea* Wall. 的根状茎及花。

【形态特征】多年生缠绕草本，长 10～50 cm。根状茎细圆柱形，生于地下较深处，白色。茎缠绕或匍匐，有棱角，通常由基部起分枝。叶互生，具长柄；叶片戟形或 3 裂，侧裂片短尖，常又 2 浅裂，中裂片三角形或披针形，长 3.5～5 cm，宽 1.5～3 cm。夏季开花，花单生于叶腋，具长花梗；苞片 2 枚，紧贴萼外，大型，绿色，宿存；花冠漏斗状，淡粉红色；雄蕊 5 枚；雌蕊 1 枚。蒴果卵圆形，微尖，光滑无毛。

【生境】生于路旁、溪边或湖边潮湿处，常成片生长。

【分布】全县域均有分布。

【采收加工】秋季采挖根状茎，洗净晒干或鲜用。夏、秋季采花鲜用。

【性味功能】味甘、淡，性平。根状茎：健脾益气，利尿，调经，止带。花：止痛。

【主治用法】根状茎：用于脾虚消化不良，月经不调，带下，乳汁稀少。内服：煎汤，30～60 g。花：用于牙痛。外用：适量，敷患处。

【附方】治牙痛：打碗花（鲜花）1 g，白胡椒 0.3 g。将鲜打碗花捣烂，白胡椒研成细粉，两药混匀，塞入龋齿蛀孔；风火牙痛放在痛牙处，上下牙咬紧，几分钟后吐出漱口，1 次不愈，可再使用 1 次。

201. 藤长苗 *Calystegia pellita* (Ledeb.) G. Don

【别名】狗儿苗、毛胡弯、野兔子苗、野山药、狗藤花。

【基源】为旋花科打碗花属植物藤长苗的全草。

【形态特征】多年生缠绕或匍匐草本。茎初具密毛，后渐脱净，节间较叶短。叶互生，披针形或长圆形，长 3～8 cm，宽 5～20 mm，顶端有小尖头，基部截形或稍呈心形而有明显的小耳，两面都有细毛；叶柄长 5～20 mm。花生于叶腋，花柄长 2～4 cm；苞片 2，卵形，有毛；萼片长圆形，近无毛；花冠漏斗状，淡红色，长 4～6 cm，5 浅裂。蒴果球形。种子圆形或卵圆形，成熟后紫黑色或黑色。花期 6—9 月，果期 10—11 月。

【生境】生于海拔 380～1700 m 的平原路边、田边、荒地、山地草丛。

【分布】分布于赵棚镇。

【采收加工】夏季采收，洗净晒干或鲜用。

【性味功能】味甘、淡，性平；益气利尿，强筋壮骨，活血祛瘀。

【主治用法】用于水肿，跌打损伤。内服：煎汤，15～30 g。

202. 番薯 *Ipomoea batatas*（L.）Lam.

【别名】朱薯、山芋、甘薯、红薯。

【基源】为旋花科番薯属植物番薯 *Ipomoea batatas*（L.）Lam. 的块根。

【形态特征】一年生草本。地下具圆形、椭圆形或纺锤形的块根。茎平卧或上升，偶有缠绕，多分枝，圆柱形或具棱，绿色或紫色，节上易生不定根。单叶互生；叶片形状、颜色因品种不同而异，通常为宽卵形，全缘或 3～5 裂，先端渐尖，基部心形或近于平截，两面被疏柔毛或近于无毛。聚伞花序腋生，有花 1～7 朵，苞片小，披针形，早落；萼片 5，不等长；花冠粉红色、白色、淡紫色或紫色，钟状或漏斗状；雄蕊 5，内藏，花丝基部被毛；子房 2～4 室，被毛或有时无毛。蒴果，通常少见。花期 9—12 月。

【生境】多为栽培。

【分布】全县域均有栽培。

【采收加工】9—11 月采挖，切片，晒干，亦可窖藏。

【性味功能】味甘，性平；补气，生

津，宽肠，通便。

　　【主治用法】用于脾虚水肿，便泄，疮疡肿毒，大便秘结。内服：生食或煮食。外用：捣敷。

203. 蕹菜 *Ipomoea aquatica* Forsk.

　　【别名】蕹、瓮菜、空心菜、空筒菜。

　　【基源】为旋花科番薯属植物蕹菜 *Ipomoea aquatica* Forsk. 的茎叶。

　　【形态特征】一年生草本，蔓生。茎圆柱形，节明显，节上生根，节间中空，无毛。单叶互生；叶柄长 3 ～ 14 cm，无毛；叶片形状大小不一，卵形、长卵形、长卵状披针形或披针形，长 3.5 ～ 17 cm，宽 0.9 ～ 8.5 cm，先端锐尖或渐尖，具小尖头，基部心形、戟形或箭形，全缘或波状，偶有少数粗齿，两面近无毛。聚伞花序腋生，花序长 1.5 ～ 9 cm，有 1 ～ 5 朵花；苞片小鳞片状；花萼 5 裂，近于等长，卵形；花冠白色、淡红色或紫红色，漏斗状，长 3.5 ～ 5 cm；雄蕊 5，不等长，花丝基部被毛；子房圆锥形，无毛，柱头头状，浅裂。蒴果卵圆形至球形，无毛。种子 2 ～ 4 颗，多密被短柔毛。花期夏、秋季。

　　【生境】生于气候温暖、土壤肥沃多湿的地方或水沟、水田中。

　　【分布】全县域均有栽培。

　　【采收加工】夏、秋季采收，多鲜用。

　　【性味功能】味甘，性寒；凉血清热，利湿解毒。

　　【主治用法】用于鼻衄，便血，尿血，便秘，淋浊，痔疮，痈肿，蛇虫咬伤。内服：煎汤，60 ～ 120 g；或捣汁。外用：适量，煎水洗；或捣敷。

　　【附方】（1）治鼻血不止：蕹菜数根，和糖捣烂，冲入沸水服。（《岭南采药录》）

　　（2）治淋浊，尿血，便血：鲜蕹菜洗净，捣烂取汁，和蜂蜜酌量服之。（《闽南民间草药》）

　　（3）治翻肛痔：空筒菜 1 kg，水 1000 mL，煮烂去渣滤过，加白糖 120 g，同煎如饴糖状。每次服 90 g，每日服 2 次，早晚服，未愈再服。（《贵州省中医验方秘方》）

　　（4）治出斑：蕹菜、野芋、雄黄、朱砂各适量，同捣烂，敷胸前。（《岭南采药录》）

　　（5）治皮肤湿痒：鲜蕹菜适量，水煎数沸，候微温洗患部，日洗 1 次。（《闽南民间草药》）

　　（6）治蛇咬伤：蕹菜洗净捣烂，取汁约半碗和酒服之，渣涂患处。（《闽南民间草药》）

　　（7）治蜈蚣咬伤：鲜蕹菜适量，食盐少许，共搓烂，擦患处。（《闽南民间草药》）

204. 茑萝松 *Quamoclit pennata*（Desr.）Boj.

　　【别名】翠翎草、女罗。

【基源】为旋花科茑萝属植物茑萝松 *Quamoclit pennata*（Desr.）Boj. 的全草或根。

【形态特征】一年生柔弱缠绕草本，长可达 4 m，全株无毛。叶互生；叶柄长 0.8 ～ 4 cm，基部常具假托叶；叶片卵形或长圆形，长 2 ～ 10 cm，宽 1 ～ 6 cm，羽状深裂至中脉，具 10 ～ 18 对线形至丝状的细裂片，裂片平展，先端锐尖。由少数花组成聚伞花序，腋生；总花梗大多超过叶，长 1.5 ～ 10 cm，花直立，花柄长 0.9 ～ 2 cm，在果时增粗呈棒状；萼片绿色，5 枚，稍不等长，椭圆形至长圆状匙形；花冠高脚碟状，深红色，花冠管上部稍膨大，冠檐开展，5 浅裂；雄蕊 5，伸出花冠外；柱头头状。蒴果卵圆形，4 室，4 瓣裂，隔膜宿存，透明。种子 4 颗，卵状长圆形，长 5 ～ 6 mm，黑褐色。花果期春季至秋季。

【生境】喜光，喜温暖湿润环境，生于海拔 0 ～ 2500 m 的地区。

【分布】分布于安陆太白湖公园。

【采收加工】6—9 月采收，晒干；鲜用多随采随用。

【性味功能】味苦，性凉；清热解毒，凉血止痢。

【主治用法】用于痈疽疔疖，无名肿毒，湿疮流汁瘙痒；湿热壅于肠腑，下痢臭秽，里急后重，或肠风下血、痔漏等便血为湿热所致者。内服：煎汤，6 ～ 9 g。外用：捣汁涂或煎水洗。

205. 牵牛 *Pharbitis nil*（L.）Choisy

【别名】草金铃、金铃、黑牵牛、黑丑。

【基源】为旋花科牵牛属植物牵牛 *Pharbitis nil*（L.）Choisy 或圆叶牵牛 *Pharbitis purpurea*（L.）Voigt 的干燥成熟种子。

【形态特征】一年生攀援草本。茎缠绕，长 2 m，被倒向的短柔毛及杂有倒向或开展的长硬毛。叶互生；叶柄长 2 ～ 15 cm；叶片宽卵形或近圆形，深或浅 3 裂，偶有 5 裂，长 4 ～ 15 cm，宽 4.5 ～ 14 cm，基部心形，中裂片长圆形或卵圆形，渐尖或骤尖，侧裂片较短，三角形，裂口锐或圆，叶面被微硬的柔毛。花腋生，单一或 2 ～ 3 朵着生于花序梗顶端，花序梗长短不一，被毛；苞片 2，线形或叶状；萼片 5，近等长，狭披针形，外面有毛；花冠漏斗状，长 5 ～ 10 cm，蓝紫色或紫红色，花冠管色淡；雄蕊 5，不伸出花冠外，花丝不等长，基部稍阔，有毛；雌蕊 1，子房无毛，3 室，柱头头状。蒴果近球形，直径 0.8 ～ 1.3 cm，3 瓣裂。种子 5 ～ 6 颗，卵状三棱形，黑褐色或米黄色。花期 7—9 月，果期 8—10 月。

【生境】生于平地以至海拔 2800 m 的田边、路旁、宅旁或山谷林内，栽培或野生。

【分布】全县域均有分布。

【采收加工】8—10月果实成熟未开裂时将藤割下，晒干，收集自然脱落种子。

【性味功能】味苦、性寒；泻下逐水，去积杀虫。

【主治用法】用于水肿，膨胀，痰饮喘咳，虫积腹痛。内服：煎汤，3～9 g；或入丸、散，每次1.5～3 g。炒用药性减缓。

【附方】（1）治水肿：牵牛子末之，水服方寸匕，日一，以小便利为度。（《备急千金要方》）

（2）治停饮肿满：黑牵牛头末四两，茴香一两（炒），或加木香一两。上为细末，以生姜自然汁调一二钱，临卧服。（《儒门事亲》禹功散）

（3）治腰脚湿气疼痛：黑牵牛、大黄各二两，白术一两。上为细末，炼蜜丸如桐子大。每服三十丸，食前生姜汤下。如要快利，加至百丸。（《世传神效名方》牛黄白术丸）

（4）治气筑奔冲不可忍：黑牵牛半两，槟榔一分（锉）。上为末，每服一大钱，浓煎紫苏生姜汤调下。（《卫生家宝方》牵牛丸）

（5）治惊疳，啼哭烦躁，面赤痰喘：黑丑头末一两，雄黄一两，天竺黄二两。上为末，饭丸粟米大。每岁五丸，入粥内与食。（《婴童类萃》）

（6）治大肠风秘，壅热结涩：牵牛子（黑色，微炒，捣取其中粉）一两，别以麸炒去皮、尖桃仁（末）半两。以熟蜜和丸如梧桐子，温水服二三十丸，不可久服。（《本草衍义》）

（7）治一切所伤，心腹痞满刺痛，积滞不消：黑牵牛二两（炒，末），五灵脂（炒）、香附（炒）各一两，上为末，醋糊丸如小豆大，每服三十丸，食后生姜汤下。（《卫生宝鉴》消滞丸）

（8）治小儿心腹气胀，喘粗，不下食：牵牛子（微炒）、木香、马兜铃各一份。上件药，捣粗罗为散，每服一钱，以水一小盏，煎至五分，去渣，不计时候，量儿大小，以意加减。（《太平圣惠方》）

（9）治小儿疳证：木香二钱半，黑牵牛半两（生用），为细末，面糊为丸，如绿豆大。三岁儿三十丸，用米饭汤送下，不拘时服。（《奇效良方》分气丸）

（10）治一切虫积：牵牛子二两（炒，研为末），槟榔一两，使君子肉五十个（微炒）。俱为末，每服二钱，砂糖调下，小儿减半。（《永类钤方》）

（11）治冷气流注，腰疼不能俯仰：延胡索二两，破故纸（炒）二两，黑牵牛子三两（炒）。上为细末，煨大蒜研，搜丸如梧桐子大。每服三十丸，煎葱须盐汤送下，食前服。（《杨氏家藏方》牵牛丸）

（12）治肾气作痛：黑牵牛（炒熟）、白牵牛（炒熟）各等份。上为末，每服挑三钱匕，猪腰一副，薄切开缝，入川椒五十粒，小茴香一百粒，以牵牛末遍掺入肾中，线系湿纸数裹煨，香熟，出火气。灯后空心嚼吃，好酒送下，少顷就枕，天明取下恶物即愈。（《仁斋直指方论》腰子散）

（13）治一切痈疽发背，无名肿毒：牵牛黑、白者各一合。用布包槌碎，好酒一碗，煎至八分，露一夜。温热服，以大便出脓血为度。（《鲁府禁方》黑白散）

（14）治风热赤眼：黑丑仁为末，调葱白汤，敷患处。（《泉州本草》）

206. 土丁桂 *Evolvulus alsinoides*（L.）L.

【别名】毛辣花、银丝草、过饥草、小鹿衔、鹿含草、小本白花草、石南花、泻痢草。

【基源】为旋花科土丁桂属植物土丁桂 *Evolvulus alsinoides*（L.）L. 的全草。

【形态特征】多年生草本，茎少数至多数，平卧或上升，细长，具贴生的柔毛。叶长圆形、椭圆形或匙形，长（7）15～25 mm，宽 5～9（10）mm，先端钝及具小短尖，基部圆形或渐狭，两面或多或少被贴生疏柔毛，或有时上面少毛至无毛，中脉在下面明显，上面不显，侧脉两面均不显；叶柄短至近无柄。总花梗丝状，较叶短或长得多，长 2.5～3.5 cm，被贴生毛；花单一或数朵组成聚伞花序，花柄与萼片等长或通常较萼片长；苞片线状钻形至线状披针形，长 1.5～4 mm；萼片披针形，锐尖或渐尖，

长 3～4 mm，被长柔毛；花冠辐状，直径 7～8（10）mm，蓝色或白色；雄蕊 5，内藏，花丝丝状，长约 4 mm，贴生于花冠管基部；花药长圆状卵形，先端渐尖，基部钝，长约 1.5 mm；子房无毛；花柱 2，每个花柱 2 尖裂，柱头圆柱形，先端稍棒状。蒴果球形，无毛，直径 3.5～4 mm，4 瓣裂；种子 4 或较少，黑色，平滑。花期 5—9 月。

【生境】生于海拔 300～1800 m 的草坡、灌丛及路边。

【分布】全县域均有分布。

【采收加工】夏、秋季采收，洗净，鲜用或晒干。

【性味功能】味甘、微苦，性凉；清热，利湿，解毒。

【主治用法】用于黄疸，痢疾，淋浊，带下，疔疮，疥疮。内服：煎汤，3～10 g（鲜品 30～60 g）；或捣汁饮。外用：适量，捣敷；或煎水洗。

【附方】（1）治黄疸，咯血：鲜土丁桂 30 g，和红糖煎服。（《泉州本草》）

（2）治痢疾：土丁桂 30～60 g，红糖 15 g，水煎服。（《福建民间草药》）

（3）治淋浊带下：土丁桂 30～60 g，冰糖 15 g，水煎服。（《福建民间草药》）

207. 金灯藤 *Cuscuta japonica* Choisy

【别名】日本菟丝子。

【基源】为旋花科菟丝子属植物金灯藤 *Cuscuta japonica* Choisy 的种子。

【形态特征】一年生寄生草本。茎较粗壮，黄色，肉质，常带深红色小疣点，缠绕于其他树木上。叶退化为三角形小鳞片，长约 2 mm。小花多数，密集成短穗状花序，基部常多分枝；苞片及小苞片鳞片状，卵圆形，顶端尖；花萼肉质，碗状，长约 2 mm，5 深裂，裂片卵圆形，长约 1 mm，相等或不等，有紫红色疣状斑点；花冠钟状，质稍厚，橘红色或黄白色，长 3～5 mm，顶端 5 浅裂，裂片卵状三角形；

雄蕊 5，花丝极短或近无，花药卵圆形，贴
于花冠裂片间；鳞片 5，矩圆形，生于花冠
基部，边缘流苏状；雌蕊 1，子房 2 室，花
柱 1，柱头短，2 裂。蒴果椭圆状卵形，长
约 5 mm，近基部盖裂；种子 1 ~ 2，圆心形，
光滑，褐色或黄棕色，长 3 ~ 5 mm。

【生境】寄生于草本或灌木上。

【分布】分布于王义贞镇钱冲村。

【采收加工】9—10 月采收成熟果实，
晒干，打出种子，簸去果壳、杂质。

【性味功能】味甘，性温；滋补肝肾，固精缩尿，安胎，明目，止泻。

【主治用法】用于腰膝酸痛，阳痿遗精，遗尿尿频，肝肾不足，目暗不明，脾肾阳虚，便溏泄泻，
胎动不安，妊娠漏血等。内服：煎汤，6 ~ 15 g；或入丸、散。外用：炒研调敷。

208. 菟丝子 *Cuscuta chinensis* Lam.

【别名】禅真、豆寄生、豆阎王。

【基源】为旋花科菟丝子属植物菟丝子 *Cuscuta chinensis* Lam. 的成熟种子。

【形态特征】一年生寄生草本。茎缠
绕，黄色，纤细，直径约 1 mm，多分枝，
随处可生出寄生根，伸入寄主体内。叶稀少，
鳞片状。花两性，多数簇生成小伞形或小
团伞花序；苞片小，鳞片状；花梗稍粗壮，
长约 1 mm；花萼杯状，中部以下连合，裂
片 5，三角状，先端钝；花冠白色，壶形，
长约 3 mm，5 浅裂，裂片三角状卵形，先
端锐尖或钝，向外反折，花冠筒基部具鳞
片 5，长圆形，先端及边缘流苏状；雄蕊 5，

着生于花冠裂片弯缺微下处，花丝短，花药露于花冠裂片之外；雌蕊 2，心皮合生，子房近球形，2 室，
花柱 2，柱头头状。蒴果近球形，稍扁，直径约 3 mm，几乎被宿存的花冠所包围，成熟时整齐地周裂。
种子 2 ~ 4 颗，淡褐色，卵形，长 1.4 ~ 1.6 mm，表面粗糙。花期 7—9 月，果期 8—10 月。

【生境】生于海拔 200 ~ 3000 m 的田边、山坡向阳处、路边灌丛或海边沙丘，通常寄生于豆科、菊
科、蒺藜科等多种植物上。

【分布】分布于王义贞镇、赵棚镇、孛畈镇。

【采收加工】9—10 月采收成熟果实，晒干，打出种子，簸去果壳、杂质。

【性味功能】味甘，性温；补阳益阴，固精缩尿，明目止泻。

【主治用法】用于腰膝酸痛，阳痿遗精，遗尿尿频，肝肾不足，目暗不明，脾肾阳虚，便溏泄泻，

胎动不安，妊娠漏血等。内服：煎汤，6～12 g。外用：适量，捣敷。

【附方】（1）治心气不足，思虑太过，肾经虚损，真阳不固，溺有余沥，小便白浊，梦寐频泄：菟丝子五两，白茯苓三两，石莲子（去壳）二两。上为细末，酒煮糊为丸，如梧桐子大。每服三十丸，空心盐汤下。常服镇益心神，补虚养血，清小便。（《太平惠民和剂局方》茯菟丸）

（2）补肾气，壮阳道，助精神，轻腰脚：菟丝子一斤（淘净，酒煮，捣成饼，焙干），附子（制）四两，共为未，酒糊丸，梧子大。酒下五十丸。（《扁鹊心书》菟丝子丸）

（3）治丈夫腰膝积冷痛，或顽麻无力：菟丝子（洗）一两，牛膝一两。同浸于银器内，用酒浸过一寸五日，曝干，为末，将原浸酒再入少醇酒作糊，搜和丸，如梧桐子大。空心酒下二十丸。（《经验后方》）

（4）治膏淋：菟丝子（酒浸，蒸，捣，焙）、桑螵蛸（炙）各半两，泽泻一分。上为细末，炼蜜为丸，如梧桐子大，每服二十丸，空心用清米饮送下。（《普济方》菟丝丸）

七十四、紫草科 Boraginaceae

209. 梓木草 *Lithospermum zollingeri* DC.

【别名】地仙桃、猫舌头草、马非。

【基源】为紫草科紫草属植物梓木草 *Lithospermum zollingeri* DC. 的果实。

【形态特征】多年生匍匐草本。根褐色，稍含紫色物质。匍匐茎长可达 30 cm，有开展的糙伏毛；茎直立，高 5～25 cm。基生叶有短柄，叶片倒披针形或匙形，长 3～6 cm，宽 8～18 mm，两面都有短糙伏毛但下面毛较密；茎生叶与基生叶同型而较小，先端急尖或钝，基部渐狭，近无柄。花序长 2～5 cm，有花 1 至数朵，苞片叶状；花有短花梗；花萼长约 6.5 mm，裂片线状披针形，两面都有毛；花冠蓝色或蓝紫色，

长 1.5～1.8 cm，外面稍有毛，筒部与檐部无明显界限，檐部直径约 1 cm，裂片宽倒卵形，近等大，长 5～6 mm，全缘，无脉，喉部有 5 条向筒部延伸的纵褶，纵褶长约 4 mm，稍肥厚并有乳头；雄蕊着生于纵褶之下，花药长 1.5～2 mm；花柱长约 4 mm，柱头头状。小坚果斜卵球形，长 3～3.5 mm，乳白色而稍带淡黄褐色，平滑，有光泽，腹面中线凹陷成纵沟。花果期 5—8 月。

【生境】生于丘陵或低山草坡，或灌丛下。朝鲜和日本也有分布。

【分布】分布于字畈镇、王义贞镇。

【采收加工】夏、秋季采割，除去杂质，干燥。

【性味功能】味甘、辛，性温；温中散寒，行气活血，消肿止痛。

【主治用法】用于胃脘冷痛作胀，泛吐酸水，跌打肿痛，骨折。内服：煎汤，3～6 g；或研末。外用：适量，捣敷。

【附方】（1）治胃寒反酸：地仙桃 1～1.5 g，研粉，生姜煎水冲服。（《陕西中草药》）

（2）治呕血：地仙桃 3 g，芋儿七 3 g，共嚼食。（《陕西中草药》）

七十五、马鞭草科 Verbenaceae

210. 臭牡丹 *Clerodendrum bungei* Steud.

【别名】大红袍、臭八宝、矮桐子。

【基源】为马鞭草科大青属植物臭牡丹 *Clerodendrum bungei* Steud. 的茎叶、根。

【形态特征】灌木，高 1～2 m。植株有臭味。叶柄、花序轴密被黄褐色或紫色脱落性的柔毛。小枝近圆形，皮孔显著。单叶对生；叶柄长 4～17 cm；叶片纸质，宽卵形或卵形，长 8～20 cm，宽 5～15 cm，先端尖或渐尖，基部心形或宽楔形，边缘有粗或细锯齿，背面疏生短柔毛和腺点或无毛，基部脉腋有数个盘状腺体。伞房状聚伞花序顶生，密集，有披针形或卵状披针形的叶状苞片，长约 3 mm，早落或花时

不落；小苞片披针形，长约 1.8 cm；花萼钟状，宿存，长 2～6 mm，有短柔毛及少数肋状腺体，萼齿 5 深裂，三角形或狭三角形，长 1～3 mm；花冠淡红色、红色或紫红色，花冠管长 2～3 cm，先端 5 深裂，裂片倒卵形，长 5～8 mm；雄蕊 4，与花柱均伸于花冠管外；子房 4 室。核果近球形，直径 0.6～1.2 cm，成熟时蓝紫色。花果期 5—11 月。

【生境】生于海拔 2500 m 以下的山坡、林缘、沟谷、路旁及灌丛中。

【分布】分布于王义贞镇钱冲村。

【采收加工】茎叶：夏季采集茎叶，鲜用或切段晒干。根：夏、秋季采挖，洗净，切片晒干。

【性味功能】茎叶：味辛、微苦，性平；解毒消肿，祛风湿，降血压。

根：味辛、苦，性温；行气健脾，祛风除湿，消肿解毒。

【主治用法】茎叶：解毒消肿，祛风湿，降血压。内服：煎汤，10～15 g（鲜品 30～60 g）；或捣汁，或入丸剂。外用：煎水熏洗；或捣敷，或研末调敷。

根：用于食滞腹胀，头昏，虚咳，久痢脱肛，肠痔下血，淋浊带下，风湿痛，脚气，痈疽肿毒，漆疮，

高血压。内服：煎汤，15～30 g；或浸酒。外用：煎水熏洗。

【附方】（1）茎叶：①治疔疮：苍耳、臭牡丹各一大握，捣烂，新汲水调服。泻下黑水愈。（《赤水玄珠》）

②治一切痈疽：臭牡丹枝叶捣烂罨之。（《本草纲目拾遗》）

③治痈肿发背：臭牡丹叶晒干，研极细末，蜂蜜调敷。未成脓者能内消，若溃后局部红热不退，疮口作痛者，用蜂蜜或麻油调敷，至红退痛止为度（阴疽忌用）。（《江西民间草药》）

④治疟疾：臭牡丹枝头嫩叶（晒干，研末）一两，生甘草末一钱。二味混合，饭和为丸如黄豆大。每服七丸，早晨用生姜汤送下。（《江西民间草药》）

⑤治火牙痛：鲜臭牡丹叶一至二两，煮豆腐服。（《草药手册》）

⑥治内外痔：臭牡丹叶四两，煎水，加食盐少许，放桶内，趁热熏患处，至水凉为度，渣再煎再熏，一日二次。（《江西民间草药》）

⑦治脱肛：臭牡丹叶适量，煎汤熏洗。（《陕西中草药》）

（2）根：①治头昏痛：臭牡丹根五钱至一两，水煎，打入鸡蛋二个（整煮），去渣，食蛋喝汤。（《江西民间草药》）

②治大便下血：臭牡丹根五钱至一两，猪大肠不拘量，同炖汤服。（《江西民间草药》）

③治风湿关节痛：臭牡丹根一两至一两五钱，酒水各半煎，分两次服。或同猪蹄筋二两炖汤服。（《江西民间草药》）

④治瘰疬，跌打损伤：臭牡丹根四两，烧酒一斤，同封浸（十六天可服）。每日饮酒一至二两。（《江西民间草药》）

⑤治痢疾，漆疮：臭牡丹根五钱至一两，水煎服。（《浙江民间常用草药》）

⑥治荨麻疹：鲜臭牡丹根二两，煎汁，加鸡蛋三个，煮食，连服数剂。（《浙江民间常用草药》）

211. 马鞭草 *Verbena officinalis* L.

【别名】马鞭、龙芽草、凤颈草。

【基源】为马鞭草科马鞭草属植物马鞭草 *Verbena officinalis* L. 的全草。

【形态特征】多年生草本，高达1 m以上。茎四方形，节及枝上有硬毛。叶对生；叶片卵圆形、倒卵形至长圆状披针形，长2～8 cm，宽1～5 cm，基生叶的边缘通常有粗锯齿及缺刻；茎生叶多为3深裂，裂片边缘有不整齐锯齿，两面均被硬毛。穗状花序顶生及腋生，细弱，长可达25 cm；花小，初密集，结果时疏离；每花具1苞片，有粗毛；花萼管状，膜质，有5棱，具5齿；花冠淡紫色至蓝色，花冠管先端5裂；雄蕊4，着生于花冠管的中部，花丝短。果长圆形，包于宿萼内，成熟后4瓣裂。花期6—8月，果期7—9月。

【生境】生于河岸草地、荒地、路边、田边及草坡等处。

【分布】全县域均有分布。

【采收加工】7—10月花开放时采收，晒干。

【性味功能】味苦、辛，性微寒；清热解毒，活血通经，利水消肿，截疟。

【主治用法】用于感冒发热，咽喉肿痛，牙龈肿痛，湿热黄疸，痢疾，疟疾，淋证，水肿，小便不利，血瘀经闭，痛经，癥瘕痈疮，肿毒，跌打损伤。内服：煎汤，15～30 g（鲜品 30～60 g）；或入丸、散。外用：捣敷；或煎水洗。

【附方】（1）治伤风感冒，流感：鲜马鞭草 45 g，羌活 15 g，青蒿 30 g。上药煎汤 2 小碗，一日 2 次分服，连服 2～3 天。咽痛加鲜桔梗 15 g。（《江苏验方草药选编》）

（2）治喉痹深肿连颊，吐气数者，名马喉痹：马鞭草根一握，截去两头，捣取汁服。（《备急千金要方》）

（3）治传染性肝炎，肝硬化腹水：马鞭草、车前草、鸡内金各 15 g，水煎服。（《陕甘宁青中草药选》）

（4）治急性胆囊炎：马鞭草、地锦草各 15 g，玄明粉 9 g，水煎服。痛甚者加三叶鬼针草 30 g。（《福建药物志》）

（5）治妇人月水滞涩不通，结成癥块，腹胁胀大欲死：马鞭草根苗 5 斤，细锉，以水五斗，煎至一斗，去滓，别于净器中熬成膏。每于食前，以温酒调下半匙。（《太平圣惠方》）

（6）治卒大腹水病：鼠尾草、马鞭草各十斤。水一石，煮取五斗，去滓更煎，以粉和为丸服，如大豆大二丸加至四五丸。禁肥肉，生冷勿食。（《肘后备急方》）

（7）治臌胀，身干黑瘦，多渴烦闷：马鞭草细锉，曝干勿令见火，以酒或水同煮至味出，去渣。温服无时。（《卫生易简方》）

（8）治乳痈肿痛：马鞭草一握，酒一碗，生姜一块，擂汁服，渣敷之。（《卫生易简方》）

（9）治瘰疬未破：马鞭草为末，加麝香少许，和匀。每服二钱，白汤食后调服。（《杏苑生春》）

212. 黄荆 *Vitex negundo* L.

【别名】黄荆条、黄荆子、布荆。

【基源】为马鞭草科牡荆属植物黄荆 *Vitex negundo* L. 的果实（黄荆子）、根、茎及叶。

【形态特征】灌木或小乔木；小枝四棱形，密生灰白色茸毛。掌状复叶，小叶 5，少有 3；小叶片长圆状披针形至披针形，顶端渐尖，基部楔形，全缘或每边有少数粗锯齿，表面绿色，背面密生灰白色茸毛；中间小叶长 4～13 cm，宽 1～4 cm，两侧小叶依次递小，若具 5 小叶时，中间 3 片小叶有柄，最外侧的 2 片小叶无柄或近于无柄。聚伞花序排成圆锥花序式，顶生，长 10～27 cm，花序梗密生灰白色茸毛；花萼钟状，顶端有 5 裂齿，外有灰白色茸毛；花冠淡紫色，外有微柔毛，顶端 5 裂，二唇形；雄蕊伸出花冠管外；子房近无毛。核果近球形，直径约 2 mm；宿萼接近果实的长度。花期 4—6 月，果期 7—10 月。

【生境】生于山坡路旁或灌丛中。

【分布】全县域均有分布。

【采收加工】四季可采，以夏、秋季采收为好，根、茎洗净切段晒干，叶、果实阴干备用，叶亦可鲜用。

【性味功能】果实：味苦、辛，性温；止咳平喘，理气止痛。

根、茎：味苦、微辛，性平；清热止咳，化痰截疟。

叶：味苦，性凉；清热解表，化湿截疟。

【主治用法】根、茎：用于支气管炎，疟疾，肝炎。内服：煎汤，15～30 g。

果实：用于咳嗽哮喘，胃痛，消化不良，肠炎，痢疾。内服：煎汤，3～9 g。

叶：用于感冒，肠炎，痢疾，疟疾，尿路感染；外用治湿疹，皮炎，蛇虫咬伤，脚癣。外用：煎汤洗；鲜叶捣烂敷患处。

213. 兰香草 *Caryopteris incana*（Thunb.）Miq.

【别名】婆绒花、独脚求、石母草、小六月寒。

【基源】为马鞭草科莸属植物兰香草 *Caryopteris incana*（Thunb.）Miq. 的全草或带根全草。

【形态特征】小灌木，高 25～60 cm，枝圆柱形，幼时略带紫色，被灰色柔毛，老枝毛渐脱落。单叶对生，具短柄，长 3～17 mm；叶片厚纸质，长圆形、披针形或卵形，长 2～9 cm，宽 1～4 cm，先端钝或尖，基部楔形、近圆形或平截，边缘具粗齿，稀近全缘，被短毛，两面均有黄色腺点。聚伞花序腋生及顶生，花密集；花萼 5 裂，杯状，宿存，开花时长约 2 mm，结果时长 4～5 mm；花冠紫色或淡蓝色，二唇形，外面具短毛，花冠管长约 3.5 mm，喉部有毛环，花冠 5 裂，下唇中裂片较大，边缘流苏状；雄蕊 4，开花时与花柱均伸出花冠管外；子房先端被短毛。

蒴果被粗毛，倒卵状球形，直径约 2.5 mm，果瓣具宽翅。花果期 6—10 月。

【生境】生于较干旱的山坡、林边或路旁。

【分布】分布于宇畈镇、王义贞镇、赵棚镇、接官乡。

【采收加工】7—10 月采收，切段晒干或鲜用。

【性味功能】味辛，性温；疏风解表，祛寒除湿，散瘀止痛。

【主治用法】用于风寒感冒，头痛，咳嗽，脘腹冷痛，伤食吐泻，寒瘀痛经，产后瘀滞腹痛，风寒湿痹，跌打瘀肿，湿疹，蛇咬伤。内服：煎汤，10 ～ 15 g；或浸酒。外用：捣烂敷；或绞汁涂，或煎水熏洗。

【附方】（1）治湿疹，皮肤瘙痒：鲜兰香草捣汁外涂或煎水洗患处。（《广西中草药》）

（2）治崩漏，带下，月经不调：小六月寒根二至三钱，煎汤服。（《陕西中草药》）

（3）治感冒头痛，咽喉痛：兰香草五钱，白英三钱，水煎服。（《浙江民间常用草药》）

（4）治疖肿：鲜兰香草捣烂敷患处。（《浙江民间常用草药》）

（5）治气滞胃痛：兰香草全草一两，水煎服。（《福建中草药》）

（6）治产后瘀痛：兰香草、黑老虎各适量，煎汤或浸酒服。（《广东中药》）

七十六、唇形科 Labiatae

214. 薄荷 *Mentha haplocalyx* Briq.

【别名】蕃荷菜、南薄荷、猫儿薄苛、野薄荷、升阳菜、夜息花、仁丹草、见肿消、水益母、接骨草、土薄荷、鱼香草、香薷草。

【基源】为唇形科薄荷属植物薄荷 *Mentha haplocalyx* Briq. 的地上部分。

【形态特征】多年生芳香草本，茎直立，高 30 ～ 80 cm。具匍匐的根茎，深入土壤可至 13 cm，质脆，容易折断。茎锐四棱形，多分枝，四侧无毛或略具倒生的柔毛，角隅及近节处毛较显著。单叶对生；叶柄长 12 ～ 15 mm；叶形变化较大，披针形、卵状披针形、长圆状披针形至椭圆形，长 2 ～ 7 cm，宽 1 ～ 3 cm，先端锐尖或渐尖，基部楔形至近圆形，边缘在基部以上疏生粗大的牙齿状锯齿，侧脉 5 ～ 6 对。上面

深绿色，下面淡绿色，两面具柔毛及黄色腺鳞，以下面分布较密。轮伞花序腋生，轮廓球形，花时直径约 18 mm，越向茎顶，则节间、叶及花序递渐变小；总梗上有小苞片数枚，线状披针形，长在 2 mm 以下，

具缘毛；花柄纤细，长 2.5 mm，略被柔毛或近无毛；花萼管状钟形，长 2～3 mm，外被柔毛及腺鳞，具 10 脉，萼齿 5，狭三角状钻形，长约 0.7 mm，缘有纤毛；花冠淡紫色至白色，冠檐 4 裂，上裂片先端 2 裂，较大，其余 3 片近等大，花冠喉内部被微柔毛；雄蕊 4，前对较长，常伸出花冠外或包于花冠筒内，花丝丝状，无毛，花药卵圆形，2 室，药室平行；花柱略超出雄蕊，先端近相等 2 浅裂，裂片钻形。小坚果长卵球形，长 0.9 mm，宽 0.6 mm，黄褐色或淡褐色，具小腺窝。花期 7—9 月，果期 10—11 月。

【生境】生于溪沟旁、路边及山野湿地，海拔可高达 3500 m。

【分布】全县域均有分布。

【采收加工】夏、秋季茎叶茂盛或花开至三轮时，选晴天，分次采割，晒干或阴干。

【性味功能】味辛，性凉；疏散风热，清利头目，利咽透疹，疏肝行气。

【主治用法】用于风热感冒，温病初起，风热头痛，目赤多泪，咽喉肿痛，麻疹不透，风疹瘙痒，肝郁气滞，胸闷胁痛。内服：煎汤，3～6 g，不可久煎，宜作后下；或入丸、散。外用：煎水洗或捣汁涂敷。薄荷叶长于发汗解表，薄荷梗偏于行气和中。

215. 地笋 *Lycopus lucidus* Turcz.

【别名】泽兰根、地瓜儿、地瓜。

【基源】为唇形科地笋属植物地笋 *Lycopus lucidus* Turcz. 的根茎。

【形态特征】多年生草本，高可达 1.7 m。具多节的圆柱状地下横走根茎，节上有鳞片和须根。茎直立，不分枝，四棱形，节上多呈紫红色，无毛或在节上有毛丛。叶交互对生，具极短柄或无柄；茎下部叶多脱落，上部叶椭圆形、狭长圆形或呈披针形，长 5～10 cm，宽 1.5～4 cm，先端渐尖，基部渐狭成楔形，边缘具不整齐的粗锐锯齿，表面暗绿色，无毛，略有光泽，下面具凹陷的腺点，无毛或脉上疏生白色柔毛。轮伞花序多花，腋生；小苞片卵状披针形，先端刺尖，较花萼短或近等长，被柔毛；花萼钟形，长约 4 mm，两面无毛，4～6 裂，裂片狭三角形，先端芒刺状；花冠钟形，白色，长 4.5～5 mm，外面无毛，有黄色发亮的腺点，上、下唇近等长，上唇先端微凹，下唇 3 裂，中裂片较大，近圆形，2 侧裂片稍短小；前对能育雄蕊 2，超出于花冠，药室略叉开，后对雄蕊退化，仅花丝残存或有时全部消失，有时 4 枚雄蕊全部退化，仅有花丝、花药的残痕；子房长圆形，4 深裂，着生于花盘上，花柱伸出于花冠外，无毛，柱头 2 裂，不均等。小坚果扁平，倒卵状三棱形，长 1～1.5 mm，暗褐色。花期 6—9 月，果期 8—10 月。

【生境】生于海拔 2100 m 以下的沼泽地、山野低洼地、水边等潮湿处。分布于东北、华北、西南及陕西、甘肃等地。

【分布】分布于李店镇。

【采收加工】秋季采挖，除去地上部分，洗净，晒干。

【性味功能】味甘、辛，性平；化瘀止血，益气利水。

【主治用法】用于衄血，吐血，产后腹痛，黄疸，水肿，带下，气虚乏力。内服：煎汤，4 ～ 9 g；或浸酒。外用：适量，捣敷；或浸酒涂。

216. 细风轮菜 *Clinopodium gracile*（Benth.）Matsum.

【别名】细密草、野凉粉草、假韩酸草、臭草。

【基源】为唇形科风轮菜属植物细风轮菜 *Clinopodium gracile*（Benth.）Matsum. 的全草。

【形态特征】纤细草本。茎多数，自匍匐茎生出，柔弱，上升，不分枝或基部具分枝，高 8 ～ 30 cm，直径约 1.5 mm，四棱形，具槽，被倒向短柔毛。最下部的叶圆卵形，细小，长约 1 cm，宽 0.8 ～ 0.9 cm，先端钝，基部圆形，边缘具疏圆齿，较下部或全部叶均为卵形，较大，长 1.2 ～ 3.4 cm，宽 1 ～ 2.4 cm，先端钝，基部圆形或楔形，边缘具疏齿或圆齿状锯齿，薄纸质，上面呈橄榄绿，近无毛，下面较淡，脉上被疏短硬毛，侧脉 2 ～ 3 对，与中肋两面微隆起但下面明显呈白绿色，叶柄长 0.3 ～ 1.8 cm，腹凹背凸，基部常染

紫红色，密被短柔毛；上部叶及苞叶卵状披针形，先端锐尖，边缘具锯齿。轮伞花序分离，或密集于茎端成短总状花序，疏花；苞片针状，远较花梗为短；花梗长 1 ～ 3 mm，被微柔毛。花萼管状，基部圆形，花时长约 3 mm，果时下倾，基部一边膨胀，长约 5 mm，13 脉，外面沿脉上被短硬毛，其余部分被微柔毛或几无毛，内面喉部被稀疏小疏柔毛，上唇 3 齿，短，三角形，果时外反，下唇 2 齿，略长，先端钻状，平伸，齿均被睫毛状毛。花冠白色至紫红色，超过花萼长，外面被微柔毛，内面在喉部被微柔毛，冠筒向上渐扩大，冠檐二唇形，上唇直伸，先端微缺，下唇 3 裂，中裂片较大。雄蕊 4，前对能育，与上唇等齐，花药 2 室，室略叉开。花柱先端略增粗，2 浅裂，前裂片扁平，披针形，后裂片消失。花盘平顶。子房无毛。小坚果卵球形，褐色，光滑。花期 6—8 月，果期 8—10 月。

【生境】生于路旁、沟边、空旷草地、林缘、灌丛中，海拔可达 2400 m。

【分布】分布于雷公镇、接官乡、王义贞镇。

【采收加工】6—8 月采收全草，晒干或鲜用。

【性味功能】味苦，性凉；祛风清热，行气活血。

【主治用法】用于感冒头痛，中暑腹痛，痢疾，乳腺炎，痈疽肿毒，荨麻疹，过敏性皮炎，跌打损伤等。内服：煎汤，9 ～ 15 g。

217. 半枝莲 *Scutellaria barbata* D. Don

【别名】狭叶韩信草、通经草、紫连草、并头草、牙刷草、水韩信、溪边黄芩、金挖耳、野夏枯草。

【基源】为唇形科黄芩属植物半枝莲 *Scutellaria barbata* D. Don 的全草。

【形态特征】多年生草本，高 15 ～ 50 cm。茎四棱形，无毛或在花序轴上部疏被紧贴小毛，不分枝或具或多或少的分枝。叶对生；叶柄长 1 ～ 3 mm；叶片卵形、三角状卵形或披针形，长 1 ～ 3 cm，宽 0.4 ～ 1.5 cm，先端急尖或稍钝，基部宽楔形或近截形，边缘具疏浅钝齿，上面呈橄榄绿，下面带紫色，两面沿脉疏生贴伏短毛或近无毛，侧脉 2 ～ 3 对，与中脉在下面隆起。花对生，偏向一侧，排列成 4 ～ 10 cm 的顶生或腋生的总状花序；下部苞叶叶状，较小，上部的逐渐变得更小，全缘；花梗长 1 ～ 2 mm，有微柔

毛，中部有 1 对长约 0.5 mm 的针状小苞片；花萼长 2 ～ 2.5 mm，果时达 4 mm，外面沿脉有微柔毛，裂片具短缘毛，盾片高约 1 mm，果时高约 2 mm；花冠蓝紫色，长 1 ～ 1.4 cm，外被短柔毛，花冠筒基部囊状增大，宽 1.5 mm，向上渐宽，至喉部宽 3.5 mm，上唇盔状，长约 2 mm，下唇较宽，中裂片梯形，长约 3 mm，侧裂片三角状卵形；雄蕊 4，前对较长，具能育半药，退化半药不明显，后对较短，具全药，花丝下部疏生短柔毛；花盘盘状，前方隆起，后方延伸成短子房柄；子房 4 裂，花柱细长。小坚果褐色，扁球形，直径约 1 mm，具小疣状突起。花期 5—10 月，果期 6—11 月。

【生境】生于溪沟边、田边或湿润草地上。

【分布】全县域均有分布。

【采收加工】夏、秋季用刀齐地割取全株，拣除杂草，捆成小把，晒干或阴干。

【性味功能】味辛、苦，性寒；清热解毒，散瘀止血，利尿消肿。

【主治用法】用于热毒痈肿，咽喉疼痛，肺痈，肠痈，瘰疬，毒蛇咬伤，跌打损伤，吐血，衄血，血淋，水肿，腹水及癌症。内服：煎汤，15 ～ 30 g，鲜品加倍；或入丸、散。外用：适量，鲜品捣敷。

218. 韩信草 *Scutellaria indica* L.

【别名】耳挖草、金茶匙、牙刷草。

【基源】为唇形科黄芩属植物韩信草 *Scutellaria indica* L. 的全草。

【形态特征】多年生草本；根茎短，向下生出多数簇生的纤维状根，向上生出 1 至多数茎。茎高 12 ～ 28 cm，上升直立，四棱形，粗 1 ～ 1.2 mm，通常带暗紫色，被微柔毛，尤以茎上部及沿棱角为密集，不分枝或多分枝。叶草质至近坚纸质，心状卵圆形或圆状卵圆形至椭圆形，长 1.5 ～ 2.6（3）cm，宽 1.2 ～ 2.3 cm，先端钝或圆，基部圆形，浅心形至心形，边缘密生整齐圆齿，两面被微柔毛或糙伏毛，尤以下面为甚；叶柄长 0.4 ～ 1.4（2.8）cm，腹平背凸，密被微柔毛。花对生，在茎或分枝顶上排列成

长 4 ～ 8（12）cm 的总状花序；花梗长 2.5 ～ 3 mm，与序轴均被微柔毛；最下一对苞片叶状，卵圆形，长达 1.7 cm，边缘具圆齿，其余苞片均细小，卵圆形至椭圆形，长 3 ～ 6 mm，宽 1 ～ 2.5 mm，全缘，无柄，被微柔毛。花萼开花时长约 2.5 mm，被硬毛及微柔毛，果时十分增大，盾片花时高约 1.5 mm，果时竖起，增大一倍。花冠蓝紫色，长 1.4 ～ 1.8 cm，外疏被微柔毛，内面仅唇片被短柔毛；冠筒前方基部膝曲，

其后直伸，向上逐渐增大，至喉部宽约 4.5 mm；冠檐二唇形，上唇盔状，内凹，先端微缺，下唇中裂片圆状卵圆形，两侧中部微内缢，先端微缺，具深紫色斑点，两侧裂片卵圆形。雄蕊 4，二强；花丝扁平，中部以下具小纤毛。花盘肥厚，前方隆起；子房柄短。花柱细长。子房光滑，4 裂。成熟小坚果栗色或暗褐色，卵形，长约 1 mm，直径不到 1 mm，具瘤，腹面近基部具一果脐。花果期 2—6 月。

【生境】生于海拔 1500 m 以下的山地或丘陵地、疏林下、路旁空地及草地上。

【分布】分布于孛畈镇、王义贞镇、接官乡、赵棚镇、洑水镇、烟店镇。

【采收加工】夏、秋季采割，除去杂质，干燥。

【性味功能】味辛、微苦，性平；清热解毒，活血止痛，止血消肿。

【主治用法】用于痈肿疔毒，肺痈，肠痈，瘰疬，毒蛇咬伤，肺热咳喘，牙痛，喉痹，咽痛，筋骨疼痛，吐血，咯血，便血，跌打损伤，创伤出血，皮肤瘙痒。内服：煎汤，10 ～ 15 g；或捣汁，鲜品 30 ～ 60 g，或浸酒。外用：适量，捣敷；或煎汤洗。

219. 牛至 *Origanum vulgare* L.

【别名】江宁府茵陈、小叶薄荷、满坡香、土香薷、白花茵陈、香草、五香草、山薄荷、暑草、对叶接骨丹、土茵陈、黑接骨丹、滇香薷、香薷、小甜草、止痢草、琦香、满山香。

【基源】为唇形科牛至属植物牛至 *Origanum vulgare* L. 的全草。

【形态特征】多年生草本，高 25 ～ 60 cm，芳香。茎直立，或近基部伏地生须根，四棱形，略带紫色，被倒向或微卷曲的短柔毛。叶对生；叶柄长 2 ～ 7 mm，被柔毛；叶片卵圆形或长圆状卵圆形，长 1 ～ 4 cm，宽 4 ～ 15 mm，先端钝或稍钝，基部楔形或近圆形，全缘或有远离的小锯齿，两面被柔毛及腺点。花序呈伞房状圆锥花序，开张，多花密集，由多数长圆状小假穗状花序组成，有覆瓦状排列的苞片；花萼钟形，长 3 mm，外面被小硬毛或近无毛，萼齿 5，三角形；花冠紫红色、淡红色或白色，管状钟形，长 7 mm，两性花冠筒显著长于花萼，雌性花冠筒短于花萼，外面及内面喉部被疏短柔毛，上唇卵圆形，先端 2 浅裂，下唇 3 裂，中裂片较大，侧裂片较小，均长圆状卵圆形；雄蕊 4，在两性花中，后对短于上唇，前对略伸出，在雌性花中，前后对近等长，内藏；子房 4 裂，花柱略超出雄蕊，柱头 2 裂；花盘平顶。小坚果卵圆形，褐色。花期 7—9 月，果期 9—12 月。

【生境】生于海拔 500 ～ 3600 m 的山坡、林下、草地或路旁。

【分布】分布于孛畈镇、雷公镇、王义贞镇、赵棚镇、洑水镇、烟店镇。

【采收加工】7—8 月开花前割起地上部分，或将全草连根拔起，抖净泥沙，鲜用或扎把晒干。

【性味功能】味辛、微苦，性凉；解表，理气，清暑，利湿。

【主治用法】用于感冒发热，中暑，胸膈胀满，腹痛吐泻，痢疾，黄疸，水肿，带下，小儿疳积，麻疹，皮肤瘙痒，疮疡肿痛，跌打损伤。内服：煎汤，3～9 g，大剂量用至15～30 g；或泡茶。外用：适量，煎水洗；或鲜品捣敷。

【附方】（1）治伤风发热，呕吐：满坡香 9 g，紫苏、枇杷叶各 6 g，灯心草 3 g，水煎服，每日 3 次。（《贵州民间药物》）

（2）解热：牛至适量，泡茶喝。（《新疆中草药手册》）

（3）治中暑发热头疼，烦渴出汗，腹痛水泻，小便短少，身体作困：香薷二钱，扁豆二钱（炒），神曲二钱，栀子二钱（炒），赤茯苓三钱，荆芥穗一钱五分。引用灯心草煎服。（《滇南本草》香薷饮）

（4）治气阻食滞：满坡香 12 g，土柴胡、走游草、土升麻、香樟根、茴香根各 9 g，阎王刺 12 g。水煎服，每日 3 次。（《贵州民间药物》）

（5）治带下：五香草、硫黄各 9 g，水煎服。（《陕西中草药》）

（6）治皮肤湿热瘙痒：满坡香（鲜草）250 g，煎水洗。（《贵州民间药物》）

（7）预防麻疹：牛至全草 15 g，水煎作茶饮。

（8）治多发性脓肿：牛至、南蛇藤各 30 g，水酒各半，炖豆腐服。（《福建药物志》）

（9）治月经不调：牛至 9～15 g，水煎服。（《新疆中草药手册》）

220. 石香薷 *Mosla chinensis* Maxim.

【别名】香菜、香茹、香戎、石香菜。

【基源】为唇形科石荠苎属植物石香薷 *Mosla chinensis* Maxim. 的地上部分。

【形态特征】直立草本。茎高 9～40 cm，纤细，自基部多分枝，或植株矮小不分枝，被白色疏柔毛。叶线状长圆形至线状披针形，长 1.3～2.8（3.3）cm，宽 2～4（7）mm，先端渐尖或急尖，基部渐狭或楔形，边缘具疏而不明显的浅锯齿，上面橄榄绿，下面较淡，两面均被疏短柔毛及棕色凹陷腺点；叶柄长 3～5 mm，被疏短柔毛。总状花序头状，长 1～3 cm；苞片覆瓦状排列，偶见稀疏排列，圆倒卵形，长 4～7 mm，宽 3～5 mm，先端短尾尖，全缘，两面被疏柔毛，下面具凹陷腺点，边缘具睫毛状毛，5 脉，自基部掌状生出；花梗短，被疏短柔毛。花萼钟形，长约 3 mm，宽约 1.6 mm，外面被白色绵毛及腺体，内面在喉部以上被白色绵毛，下部无毛，萼齿 5，钻形，长约为花萼长的 2/3，果时花萼增大。花冠紫红色、淡红色至白色，长约 5 mm，略伸出于苞片，外面被微柔毛，内面在下唇之下方冠筒上略被微柔毛，余部无毛。雄蕊及雌蕊内藏。花盘前方呈指状膨大。小坚果球形，直径约 1.2 mm，灰褐色，具深雕纹，无毛。花期 6—9 月，果期 7—11 月。

【生境】野生于草坡或林下，海拔至 1400 m。

【分布】分布于赵棚镇、接官乡、烟店镇。

【采收加工】夏、秋季茎叶茂盛、果实成熟时采割，除去杂质，晒干，切段，生用。

【性味功能】味辛，性微温；发汗解表，化湿和中，利水消肿。

【主治用法】用于风寒感冒，水肿脚气。内服：煎汤，3～9 g。用于发表，量不宜过大，且不宜久煎；用于利水消肿，量宜稍大，且须浓煎。

221. 小鱼仙草 *Mosla dianthera*（Buch. -Ham.）Maxim.

【别名】土荆芥、假鱼香、野香薷、热痱草、痱子草、月味草。

【基源】为唇形科石荠苎属植物小鱼仙草 *Mosla dianthera*（Buch. -Ham.）Maxim. 的全草。

【形态特征】一年生草本。茎高至 1 m，四棱形，具浅槽，近无毛，多分枝。叶卵状披针形或菱状披针形，有时卵形，长 1.2～3.5 cm，宽 0.5～1.8 cm，先端渐尖或急尖，基部渐狭，边缘具锐尖的疏齿，近基部全缘，纸质，上面橄榄绿，无毛或近无毛，下面灰白色，无毛，散布凹陷腺点；叶柄长 3～18 mm，腹凹背凸，腹面被微柔毛。总状花序生于主茎及分枝的顶部，通常多数，长 3～15 cm，密花或疏花；苞片针状或线状披针形，先端渐尖，基部阔楔形，具肋，近无毛，与花梗等长或略超过，至果时则较之为短，稀与之等长；花梗长 1 mm，果时伸长至 4 mm，被极细的微柔毛，序轴近无毛。花萼钟形，长约

2 mm，宽 2～2.6 mm，外面脉上被短硬毛，二唇形，上唇 3 齿，卵状三角形，中齿较短，下唇 2 齿，披针形，与上唇近等长或微超过之，果时花萼增大，长约 3.5 mm，宽约 4 mm，上唇反向上，下唇直伸。花冠淡紫色，长 4～5 mm，外面被微柔毛，内面具不明显的毛环或无毛环，冠檐二唇形，上唇微缺，下唇 3 裂，中裂片较大。雄蕊 4，后对能育，药室 2，叉开，前对退化，药室极不明显。花柱先端相等 2 浅裂。小坚果灰褐色，近球形，直径 1～1.6 mm，具疏网纹。花果期 5—11 月。

【生境】生于干燥坡地、山岗、村边或湿润地上。

【分布】分布于赵棚镇、辛畈镇。

【采收加工】夏、秋季采收，洗净，鲜用或晒干。

【性味功能】味辛，性温；祛风发表，利湿止痒。

【主治用法】用于感冒头痛，扁桃体炎，中暑，溃疡病，痢疾；外用治湿疹，痱子，皮肤瘙痒，疮疖，蜈蚣咬伤。内服：煎汤，9～15 g。外用：适量，煎水洗患处；或用鲜品适量，捣烂敷患处。取半阴干的全草烧烟可以熏蚊。

222. 华鼠尾草 *Salvia chinensis* Benth.

【别名】鼠尾草。

【基源】为唇形科鼠尾草属植物华鼠尾草 *Salvia chinensis* Benth. 的全草。

【形态特征】一年生草本；根略肥厚，多分枝，紫褐色。茎直立或基部倾卧，高 20～60 cm，单一或分枝，钝四棱形，具槽，被短柔毛或长柔毛。叶全为单叶或下部具 3 小叶的复叶，叶柄长 0.1～7 cm，疏被长柔毛，叶片卵圆形或卵圆状椭圆形，先端钝或锐尖，基部心形或圆形，边缘有圆齿或钝锯齿，两面除叶脉被短柔毛外余部近无毛，单叶叶片长 1.3～7 cm，宽 0.8～4.5 cm，复叶时顶生小叶片较大，长 2.5～7.5 cm，小叶柄长 0.5～1.7 cm，侧生小叶较小，长 1.5～3.9 cm，宽 0.7～2.5 cm，有极短的

小叶柄。轮伞花序 6 花，在下部的疏离，上部较密集，组成长 5～24 cm 顶生的总状花序或总状圆锥花序；苞片披针形，长 2～8 mm，宽 0.8～2.3 mm，先端渐尖，基部宽楔形或近圆形，在边缘及脉上被短柔毛，比花梗稍长；花梗长 1.5～2 mm，与花序轴被短柔毛。花萼钟形，长 4.5～6 mm，紫色，外面沿脉上被长柔毛，内面喉部密被长硬毛环，萼筒长 4～4.5 mm，萼檐二唇形，上唇近半圆形，长 1.5 mm，宽 3 mm，全缘，先端有 3 个聚合的短尖头，3 脉，两边侧脉有狭翅，下唇略长于上唇，长约 2 mm，宽 3 mm，半裂成 2 齿，齿长三角形，先端渐尖。花冠蓝紫色或紫色，长约 1 cm，伸出花萼，外被短柔毛，内面离冠筒基部 1.8～2.5 mm 有斜向的不完全疏柔毛毛环，冠筒长约 6.5 mm，基部宽不及 1 mm，向上渐宽大，至喉部宽达 3 mm，冠檐二唇形，上唇长圆形，长 3.5 mm，宽 3.3 mm，平展，先端微凹，下唇长约 5 mm，宽 7 mm，3 裂，中裂片倒心形，向下弯，长约 4 mm，宽约 7 mm，顶端微凹，边缘具小圆齿，

基部收缩，侧裂片半圆形，直立，宽1.25 mm。能育雄蕊2，近外伸，花丝短，长1.75 mm，药隔长约4.5 mm，关节处有毛，上臂长约3.5 mm，具药室，下臂瘦小，无药室，分离。花柱长1.1 cm，稍外伸，先端不相等2裂，前裂片较长。花盘前方略膨大。小坚果椭圆状卵圆形，长约1.5 mm，直径0.8 mm，褐色，光滑。花期8—10月。

【生境】生于山坡或平地的林荫处或草丛中，海拔120～500 m。

【分布】洑水镇、赵棚镇偶见。

【采收加工】夏、秋季采割，除去杂质，干燥。

【性味功能】味苦、辛，性凉；解毒，驱瘟。

【主治用法】用于杀菌，抗毒，驱瘟除疫。内服：煎汤，15～30 g。

223. 荔枝草 *Salvia plebeia* R. Br.

【别名】雪见草、癞蛤蟆草、青蛙草、雪里青、癞子草、过冬青、皱皮草。

【基源】为唇形科鼠尾草属植物荔枝草 *Salvia plebeia* R. Br. 的全草。

【形态特征】一年生或二年生草本；主根肥厚，向下直伸，有多数须根。茎直立，高15～90 cm，粗壮，多分枝，被向下的灰白色疏柔毛。叶椭圆状卵圆形或椭圆状披针形，长2～6 cm，宽0.8～2.5 cm，先端钝或急尖，基部圆形或楔形，边缘具圆齿、牙齿状齿或尖锯齿，草质，上面被稀疏的微硬毛，下面被短疏柔毛，余部散布黄褐色腺点；叶柄长4～15 mm，腹凹背凸，密被疏柔毛。轮伞花序6花，多数，在茎、枝顶端密集组成总状或总状圆锥花序，花序长10～25 cm，结果时延长；苞片披针形，长于或短于花萼；先端渐尖，基部渐狭，全缘，两面被疏柔毛，下面较密，边缘具缘毛；花梗长约1 mm，与花序轴密被疏柔毛。花萼钟形，长约2.7 mm，外面被疏柔毛，散布黄褐色腺点，内面喉部有微柔毛，二唇形，唇裂约至花萼长1/3，上唇全缘，先端具3个小尖头，下唇深裂成2齿，齿三角形，锐尖。花冠淡红色、淡紫色、紫色、

蓝紫色至蓝色，稀白色，长4.5 mm，冠筒外面无毛，内面中部有毛环，冠檐二唇形，上唇长圆形，长约1.8 mm，宽1 mm，先端微凹，外面密被微柔毛，两侧折合，下唇长约1.7 mm，宽3 mm，外面被微柔毛，3裂，中裂片最大，阔倒心形，顶端微凹或呈浅波状，侧裂片近半圆形。能育雄蕊2，着生于下唇基部，略伸出花冠外，花丝长1.5 mm，药隔长约1.5 mm，弯成弧形，上臂和下臂等长，上臂具药室，二下臂不育，膨大，互相连合。花柱和花冠等长，先端不相等2裂，前裂片较长。花盘前方微隆起。小坚果倒卵圆形，

直径 0.4 mm，成熟时干燥，光滑。花期 4—5 月，果期 6—7 月。

【生境】生于山坡、路旁、荒地、河边湿地上，海拔可至 2800 m。

【分布】分布于李店镇、李畈镇。

【采收加工】6—7 月割取地上部分，除去泥土，扎成小把，晒干或鲜用。

【性味功能】味苦、辛，性凉；清热解毒，凉血散瘀，利水消肿。

【主治用法】用于感冒发热，咽喉肿痛，肺热咳嗽，咯血，吐血，尿血，崩漏，痔疮出血，肾炎水肿，白浊，痢疾，痈肿疮毒，湿疹瘙痒，跌打损伤，蛇虫咬伤。内服：煎汤，9 ～ 30 g（鲜品 15 ～ 60 g）；或捣绞汁饮。外用：捣敷，或绞汁含漱及滴耳，亦可煎水外洗。

【附方】（1）治咯血，吐血，尿血：鲜荔枝草根五钱至一两，瘦猪肉二两，炖汤服。（《中草药学》）

（2）治喉痛或生乳蛾：荔枝草捣烂，加米醋，绢包裹，缚箸头上，点入喉中数次。（《救生苦海》）

（3）治双单蛾：雪里青一握，捣汁半茶盅，滚水冲服，有痰吐出；如无痰，将鸡毛探吐。若口干，以盐汤、醋汤止渴。切忌青菜、菜油。（《集效方》）

（4）治痔疮：雪里青汁，炒槐米为末，柿饼捣，丸如桐子大。每服三钱，雪里青煎汤下。（《慈航活人书》）

（5）治鼠疮：过冬青五六枚，同鲫鱼入锅煮熟，去草及鱼，饮汁数次。（《经验广集》冬青汁）

（6）治红肿痈毒：荔枝草鲜草同酒酿糟捣烂，敷患处；或晒干研末，同鸡蛋清调敷。（《江西中医药》）

（7）治乳痈初起：①雪见草连根一两，酒水各半煎服，药渣敷患处。（《江西民间草药验方》）

②鲜荔枝草叶二片，揉软后塞鼻，如右侧乳腺炎塞左鼻孔，左侧塞右鼻孔。每次塞 20 min，一日塞二次。（《单方验方新医疗法选编》）

（8）治疥疮，诸种奇痒疮：癞子草嫩尖叶捣烂取汁涂。（《重庆草药》）

（9）治跌打损伤：荔枝草一两，捣汁，以滚甜酒冲服，其渣杵烂，敷伤处。（《江西中医药》）

（10）治蛇咬、犬伤及破伤风：荔枝草一握，约三两，以酒二碗，煎一碗服，取汗出，效。（《卫生易简方》）

（11）治白浊：雪里青草适量，生白酒煎服。（《本草纲目拾遗》）

（12）治急惊：荔枝草汁半盅，水飞过朱砂半分，和匀服之。（《医方集听》）

（13）治小儿疳积：荔枝草汁入茶杯内，用不见水鸡软肝一个，用银针钻数孔，浸在汁内，汁浮于肝，放饭锅上熏熟食之。（《医方集听》）

（14）治红白痢疾：癞子草（有花全草）二两，墨斗草一两，过路黄一两。水煎服，每日三次；现坠胀者，外加土地榆、臭椿根皮各一两。（《重庆草药》）

224. 夏枯草 *Prunella vulgaris* L.

【别名】夕句、乃东、燕面、麦夏枯、铁色草、棒柱头花、灯笼头、榔头草、棒槌草、锣锤草、牛牯草、广谷草、棒头柱、六月干、夏枯头。

【基源】为唇形科夏枯草属植物夏枯草 *Prunella vulgaris* L. 的干燥果穗。

【形态特征】多年生草本；根茎匍匐，在节上生须根。茎高 20 ～ 30 cm，上升，下部伏地，自基部多分枝，钝四棱形，浅槽，紫红色，被稀疏的糙毛或近于无毛。茎叶卵状长圆形或卵圆形，大小不等，长 1.5 ～ 6 cm，宽 0.7 ～ 2.5 cm，先端钝，基部圆形、截形至宽楔形，下延至叶柄成狭翅，边缘具不明显的波状齿或几近全缘，草质，上面橄榄绿，具短硬毛或几无毛，下面淡绿色，几无毛，侧脉 3 ～ 4 对，在下面略突出，叶柄长 0.7 ～ 2.5 cm，自下部向上渐变短。花序下方的一对苞叶似茎叶，近卵圆形，无柄或具不明显的短柄。轮伞花序密集组成顶生长 2 ～ 4 cm 的穗状花序，每一轮伞花序下承以苞片；苞片宽心形，通常长约 7 mm，宽约 11 mm，先端具长 1 ～ 2 mm 的骤尖头，脉纹放射状，外面在中部以下沿脉上疏生刚毛，内面无毛，边缘具睫毛状毛，膜质，浅紫色。花萼钟形，连齿长约 10 mm，筒长 4 mm，倒圆锥形，外面疏生刚毛，二唇形，上唇扁平，宽大，近扁圆形，先端几截平，具 3 个不很明显的短齿，中齿宽大，齿尖均呈刺状微尖，下唇较狭，2 深裂，裂片达唇片之半或以下，边缘具缘毛，先端渐尖，尖头微刺状。花冠紫色、蓝紫色或红紫色，长约 13 mm，略超出于萼，

冠筒长 7 mm，基部宽约 1.5 mm，其上向前方膨大，至喉部宽约 4 mm，外面无毛，内面约近基部 1/3 处具鳞毛毛环，冠檐二唇形，上唇近圆形，直径约 5.5 mm，内凹，多少呈盔状，先端微缺，下唇约为上唇 1/2，3 裂，中裂片较大，近倒心形，先端边缘具流苏状小裂片，侧裂片长圆形，垂向下方，细小。雄蕊 4，前对长很多，均上升至上唇片之下，彼此分离，花丝略扁平，无毛，前对花丝先端 2 裂，1 裂片能育具花药，另 1 裂片钻形，长过花药，稍弯曲或近于直立，后对花丝的不育裂片微呈瘤状突出，花药 2 室，室极叉开。花柱纤细，先端相等 2 裂，裂片钻形，外弯。花盘近平顶。子房无毛。小坚果黄褐色，长圆状卵珠形，长 1.8 mm，宽约 0.9 mm，微具沟纹。花期 4—6 月，果期 7—10 月。

【生境】喜温暖湿润的环境。能耐寒，适应性强，但以排水良好的砂质壤土为好。也可在旱坡地、山脚、林边草地、路旁、田野种植，但低尘易涝地不宜栽培。

【分布】全县域均有分布。

【采收加工】夏季果穗呈棕红色时采收，除去杂质，干燥。

【性味功能】味辛、苦，性寒；清热泻火，明目，散结消肿。

【主治用法】用于目赤肿痛，头痛眩晕，目珠夜痛，瘰疬，瘿瘤，乳痈肿痛。

225. 宝盖草 *Lamium amplexicaule* L.

【别名】接骨草、莲台夏枯草。

【基源】为唇形科野芝麻属植物宝盖草 *Lamium amplexicaule* L. 的全草。

【形态特征】一年生直立草本。茎软弱，方形，常带紫色，被倒生的稀疏毛，高 10 ～ 60 cm。叶肾形或圆形，基部心形或圆形，边缘有圆齿和小裂，两面均有毛；根出叶有柄，茎生叶无柄，基部抱茎。花轮有花 2 至数朵，花无柄，腋生，无苞片；花萼管状，长 5 ～ 6 mm，有 5 齿，外面和齿缘均有长细毛；花冠紫红色，长 9 ～ 17 mm，外面被茸毛，冠筒细，基部无毛环，喉部扩张，上唇直立，长圆形，盔状，下唇 3 裂，

中裂片扇形，先端深凹，侧裂片宽三角形；雄蕊 4，二强，花药朱红色；花柱 2 裂，针形。小坚果长圆形，具 3 棱，顶端截形，褐黑色，有白色鳞片状突起。花期 3—4 月，果期 6 月。

【生境】生于路边、草丛、庭园等处。

【分布】全县域均有分布。

【采收加工】6—8 月采全草，晒干或鲜用。

【性味功能】味辛、苦，性微温；清热利湿，活血祛风，消肿解毒。

【主治用法】用于黄疸型肝炎，淋巴结结核，高血压，面神经麻痹，半身不遂；外用治跌打伤痛，骨折，黄水疮。内服：煎汤，9 ～ 15 g。外用：适量，捣烂敷或研粉撒患处。

【附方】（1）治跌打损伤，红肿疼痛，不能落地：接骨草、苎麻根、蜂蜜、鸡蛋清、大蓟共五味，捣烂包患处，一宿一次，日久肿疼加生姜、葱头三颗，再包。（《滇南本草》）

（2）治女子两腿生核，形如桃李，红肿硬痛：接骨草三钱，引点水酒服，五服后痊愈。至二年又发，加威灵仙、防风、虎掌草各适量，三服而愈。（《滇南本草》）

（3）治口歪眼斜，半身麻木疼痛：接骨草、防风、钩藤、胆南星各适量，引点水酒、烧酒服。（《滇南本草》）

（4）治脑漏疼痛，鼻流黄涕腥臭：接骨草三钱，增补加香白芷、川芎、苍耳子各适量，引点水酒服。（《滇南本草》）

（5）治高血压，小儿肝热：接骨草 6 g，山土瓜 6 g，包谷须 1.5 g，水煎服。（《昆明民间常用草药》）

（6）治跌伤骨折：宝盖草、园麻根、续断各 60 g，捣烂加白酒少许，敷患处。（《湖南药物志》）

（7）治黄疸型肝炎：宝盖草 9 g，夏枯草 9 g，木贼 9 g，龙胆草 9 g，水煎服。（《湖南药物志》）

（8）治小儿腹泻：宝盖草 9 ～ 15 g，水煎服。（《西宁中草药》）

（9）治无名肿毒：宝盖草 15 g，水煎服，每日 3 次，药渣敷患处。（《西宁中草药》）

（10）治筋骨酸痛：宝盖草 60 g，白酒 250 g，浸泡数日后，每次 15 g，每日 3 次。（《青岛中草药手册》）

（11）治淋巴结结核：①宝盖草嫩苗 30 g，鸡蛋 2 个，同炒食。②宝盖草 60 ～ 90 g，鸡蛋 2 ～ 3 个，同煮，蛋熟后去壳，继续煮半小时，食蛋饮汤。③鲜宝盖草 60 g，捣烂取汁，药汁煮沸后服，均隔日 1 次，连服 3 ～ 4 次。（《中草药手册》）

226. 益母草 *Leonurus japonicus* Houtt.

【别名】益母蒿、坤草、茺蔚。

【基源】为唇形科益母草属植物益母草 *Leonurus japonicus* Houtt. 的新鲜或干燥地上部分。

【形态特征】一年生或二年生草本，高 60～100 cm。茎直立，单一或有分枝，四棱形，被微毛。叶对生；叶形多种；叶柄长 0.5～8 cm。一年生植物基生叶具长柄，叶片略呈圆形，直径 4～8 cm，5～9 浅裂，裂片具 2～3 钝齿，基部心形；茎中部叶有短柄，3 全裂，裂片近披针形，中央裂片常再 3 裂，两侧裂片再 1～2 裂，最终片宽度通常在 3 mm 以上，先端渐尖，边缘疏生锯齿或近全缘；最上部叶不分裂，线形，

近无柄，上面绿色，被糙伏毛，下面淡绿色，被疏柔毛及腺点。轮伞花序腋生，具花 8～15 朵；小苞片针刺状，无花梗；花萼钟形，外面贴生微柔毛，先端 5 齿裂，具刺尖，下方 2 齿比上方 2 齿长，宿存；花冠唇形，淡红色或紫红色，长 9～12 mm，外面被柔毛，上唇与下唇几等长，上唇长圆形，全缘，边缘具纤毛，下唇 3 裂，中央裂片较大，倒心形；雄蕊 4，二强，着生在花冠内面近中部，花丝疏被鳞状毛，花药 2 室；雌蕊 1，子房 4 裂，花柱丝状，略长于雄蕊，柱头 2 裂。小坚果褐色，三棱形，上端较宽而平截，基部楔形，长约 2.5 mm。花期 6—9 月，果期 7—10 月。

【生境】生于山野、河滩草丛中及溪边湿润处。

【分布】全县域均有分布。

【采收加工】鲜品：春季幼苗期至初夏花前期采割。干品：夏季茎叶茂盛、花未开或初开时采割，晒干，或切段晒干。

【性味功能】味苦、辛，性微寒；活血调经，利尿消肿，清热解毒。

【主治用法】用于月经不调，痛经经闭，恶露不净，水肿尿少，疮疡肿毒。内服：煎汤，10～30 g；或熬膏，入丸剂。外用：适量，捣敷或煎汤外洗。

【附方】（1）治堕胎下血：小蓟根叶、益母草各五两，水二碗，煮汁一碗，再煎至一盏，分二服，一日服尽。（《圣济总录》）

（2）治产后血晕，心气欲绝：益母草研汁，服一盏，绝妙。（《子母秘录》）

（3）治产后血闭不下者：益母草汁一小盏，入酒一合，温服。（《太平圣惠方》）

227. 紫苏 *Perilla frutescens*（L.）Britt.

【别名】苏叶、南苏、臭苏、山紫苏。

【基源】为唇形科紫苏属植物紫苏 *Perilla frutescens*（L.）Britt. 的茎、叶。其叶称为紫苏叶，其茎称为紫苏梗。

【形态特征】一年生草本，高 30 ～ 200 cm。具有特殊芳香。茎直立，多分枝，紫色、绿紫色或绿色，钝四棱形，密被长柔毛。叶对生；叶柄长 3 ～ 5 cm，紫红色或绿色，被长节毛；叶片阔卵形、卵状圆形或卵状三角形，长 4 ～ 13 cm，宽 2.5 ～ 10 cm，先端渐尖或突尖，有时呈短尾状，基部圆形或阔楔形，边缘具粗锯齿，有时锯齿较深或浅裂，两面紫色或仅下面紫色，上下两面均疏生柔毛，沿叶脉处较密，叶下面有细油腺点；侧脉 7 ～ 8 对，位于下部者稍靠近，斜上升。轮伞花序，由 2 花组成偏向一侧成假总状花序，顶生和腋生，花序密被长柔毛；苞片卵形、卵状三角形或披针形，全缘，具缘毛，外面有腺点，边缘膜质；花梗长 1 ～ 1.5 mm，密被柔毛；花萼钟状，长约 3 mm，10 脉，外面密被长柔毛和黄色腺点，顶端 5 齿，2 唇，上唇宽大，有 3 齿，下唇有 2 齿，结果时增大，基部呈囊状；花冠唇形，长 3 ～ 4 mm，白色或紫红色，

花冠筒内有毛环，外面被柔毛，上唇微凹，下唇 3 裂，裂片近圆形，中裂片较大；雄蕊 4，二强，着生于花冠筒内中部，几不伸出花冠外，花药 2 室；花盘在前边膨大；雌蕊 1，子房 4 裂，花柱基底着生，柱头 2 室。小坚果近球形，灰棕色或褐色，直径 1 ～ 1.3 mm，有网纹，果萼长约 10 mm。花期 6—8 月，果期 7—9 月。

【生境】喜温暖、湿润气候。以向阳、土层深厚、疏松肥沃、排水良好的沙壤土为好。

【分布】分布于孛畈镇、雷公镇。

【采收加工】夏、秋季采收，除去杂质，晒干，生用。

【性味功能】味辛、辣，性微热；解表散寒，行气宽中，安胎，解鱼蟹毒。

【主治用法】用于风寒感冒，脾胃气滞，胸闷呕吐，胎气上逆，胎动不安，七情郁结，痰凝气滞之梅核气证，进食鱼蟹中毒而致腹痛吐泻等。紫苏叶：煎服，5 ～ 10 g；外用适量，捣敷或煎汤洗。紫苏梗：煎服，5 ～ 10 g；或入散剂。

七十七、茄科 Solanaceae

228. 番茄 *Lycopersicon esculentum* Mill.

【别名】小金瓜、喜报三元、西红柿。

【基源】为茄科番茄属植物番茄 *Lycopersicon esculentum* Mill. 的新鲜果实。

【形态特征】一年生或多年生草本。植株高 0.6～2 m，全株被黏质腺毛。茎直立，易倒伏，触地则生根。奇数羽状复叶或羽状深裂，互生；叶极不规则，大小不等，卵形或长圆形，先端渐尖，边缘有不规则锯齿或裂片，基部歪斜，有小柄。花 3～7 朵，成侧生的聚伞花序；花萼 5～7 裂，裂片披针形至线形，果时宿存；花冠黄色，辐射状；雄蕊 5～7，着生于筒部，花丝短，花药半聚合状，或呈 1 锥体绕于雌蕊；子

房 2 室至多室，柱头头状。浆果扁球状或近球状，肉质而多汁，橘黄色或鲜红色，光滑。种子黄色。花果期夏、秋季。

【生境】多为栽培。

【分布】全县域均有栽培。

【采收加工】7—9 月果实成熟时采收，鲜用。

【性味功能】味酸、甘，性微寒；生津止渴，健胃消食。

【主治用法】用于口渴，食欲不振。内服：煎汤，适量；或生食。

229. 枸杞 *Lycium chinense* Mill.

【别名】杞根、地骨、地辅、地节、山枸杞根。

【基源】地骨皮（中药名）。为茄科枸杞属植物枸杞 *Lycium chinense* Mill. 的根皮。

【形态特征】落叶灌木，植株较矮小，高 1 m 左右。蔓生，茎干较细，外皮灰色，具短棘，生于叶腋，长 0.5～2 cm。叶片稍小，卵形、卵状菱形、长椭圆形或卵状披针形，长 2～6 cm，宽 0.5～2.5 cm，先端尖或钝，基部狭楔形，全缘，两面均无毛。花紫色，边缘具密缘毛；花萼钟状，3～5 裂；花冠管和裂片等长，管之下部急缩，然后向上扩大成漏斗状，管部和裂片均较宽；雄蕊5，着生于花冠内，稍短于花冠，花药"丁"

字形着生，花丝通常伸出。浆果卵形或长圆形，长 10～15 mm，直径 4～8 mm，种子黄色。花期 6—9 月，果期 7—10 月。

【生境】生于山坡、田埂或丘陵地带。

【分布】雷公镇、王义贞镇、孛畈镇偶见。

【采收加工】早春、晚秋采挖根部，洗净泥土，剥取皮部，晒干。或将鲜根切成 6～10 cm 长的小段，

再纵剖至木质部，置蒸笼中略加热，待皮易剥离时，取出剥下皮部，晒干。

【性味功能】味甘，性寒；凉血除蒸，清肺降火。

【主治用法】用于阴虚发热，盗汗骨蒸，肺热咳嗽，血热出血。内服：煎汤，9～15 g；大剂量可用 15～30 g。

【附方】（1）治虚劳口中苦渴，骨节烦热或寒：枸杞根白皮（切）五升，麦门冬二升，小麦二升。上三味，以水二斗，煮麦熟，药成去滓，每服一升，日再。（《备急千金要方》枸杞汤）

（2）治热劳：地骨皮二两，柴胡（去苗）一两。上二味捣罗为散，每服二钱匕，用麦门冬（去心）煎汤调下。（《圣济总录》地骨皮散）

（3）治肺脏实热，喘促上气，胸膈不利，烦躁鼻干：地骨皮二两，桑根白皮（锉）一两半，甘草（炙，锉）、紫苏茎叶各一两。上四味，粗捣筛。每服三钱匕，水一盏，煎至七分，去滓，食后临卧温服。（《圣济总录》地骨皮汤）

（4）治小儿肺盛，气急喘嗽：地骨皮、桑白皮（炒）各一两，甘草（炙）一钱。上锉散，入粳米一撮，水二小盏，煎七分，食前服。（《小儿药证直诀》泻白散）

（5）治消渴日夜饮水不止，小便利：地骨皮（锉）、土瓜根（锉）、栝楼根（锉）、芦根（锉）各一两半，麦门冬（去心，焙）二两，枣七枚（去核）。上六味锉如麻豆；每服四钱匕，水一盏，煎取八分，去滓温服。（《圣济总录》地骨皮饮）

（6）治黄疸：①地骨皮四两，木通一两，车前子（研烂）四两。上三味，用阴阳水各一碗煎，露一宿，空心服。（《仁术便览》）②地骨皮三两，砂仁一两，黑枣四两，砂仁藏内，分四剂，用水二碗，煎七分，露一宿，五更热服，深者三贴必效。（《仙拈集》愈疸汤）

（7）治风虫牙痛：枸杞根白皮，煎醋漱之，虫即出，亦可煎水饮。（《肘后备急方》）

（8）治耳聋，有脓水不止：地骨皮半两，五倍子一分。上二味，捣为细末。每用少许，渗入耳中。（《圣济总录》）

（9）治臁疮：地骨皮，去粗皮，以竹刀刮粉，焙干为细末，贴之。（《普济方》）

（10）治鸡眼：地骨皮、红花同研细，于鸡眼痛处敷之，或成脓亦敷，次日结痂好。（《仁术便览》金莲稳步膏）

（11）治烫火伤：地骨皮、刘寄奴各等份，为末。有水干上，无水香油调敷上。（《心医集》）

230. 白花曼陀罗 *Datura metel* L.

【别名】白曼陀罗、洋金花、曼陀罗。

【基源】为茄科曼陀罗属植物白花曼陀罗 *Datura metel* L. 的花。

【形态特征】一年草本，高 30～100 cm。全株近无毛。茎直立，圆柱形，基部木质化，上部呈叉状分枝，绿色，表面有不规则皱纹，幼枝四棱形，略带紫色，被短柔毛。叶互生，上部叶近对生；叶柄长 2～5 cm；叶片宽卵形、长卵形或心形，长 5～20 cm，宽 4～15 cm，先端渐尖或锐尖，基部不对称，边缘具不规则短齿，或全缘而波状，两面无毛或被疏短毛，叶背面脉隆起。花单生于枝杈间或叶腋；花梗长约 1 cm，直立或斜伸，被白色短柔毛；花萼筒状，长 4～6 cm，直径 1～1.5 cm，淡黄绿色，先端 5 裂，裂片三角形，整齐或不整齐，先端尖，花后萼管自近基部处周裂而脱落，遗留的萼筒基部则宿存，果时增大成盘状，直径 2.5～3 cm，边缘不反折；花冠管漏斗状，长 14～20 cm，檐部直径 5～7 cm，下部直径渐小，向上扩大成喇叭状，白色，具 5 棱，裂片 5，三角形，先端长尖；雄蕊 5，生于花冠管内，花药线形，扁平，基部着生；雌蕊 1，子房珠形，2 室，疏生短刺毛，胚珠多数，花柱丝状，长 11～16 cm，柱头盾形。蒴果圆球形或扁球状，直径约 3 cm，外被疏短刺，熟时淡褐色，不规则 4 瓣裂。种子多数，扁平，略呈三角形，熟时褐色。花期 3—11 月，果期 4—11 月。

【生境】生于山坡、草地或住宅附近。

【分布】赵棚镇、雷公镇、字畈镇偶见。

【采收加工】7—9 月花盛开时采收，晒干或低温干燥，生用或姜汁、酒制用。

【性味功能】味辛，性温；平喘止咳，麻醉镇痛，止痉。

【主治用法】用于哮喘咳嗽，心腹疼痛，风湿痹痛，跌打损伤，癫痫，小儿慢惊风。内服：0.2～0.6 g，宜入丸、散；作卷烟吸，一日量不超过 1.5 g。

231. 白英 *Solanum lyratum* Thunb.

【别名】白毛藤、白草、毛千里光。

【基源】为茄科茄属植物白英 *Solanum lyratum* Thunb. 的全草或根。

【形态特征】多年生蔓性草本，长达 4 m。茎基部有时木化，灰褐色至灰黄色，有纵的棱线和圆形皮孔，幼枝密被柔毛。叶互生，有长柄；叶片长卵形或卵状长圆形，长 3～10 cm，常在基部 3～5 裂，略呈琴状，生于枝梢的叶不分裂，两面都密生白色长柔毛，故称白毛藤。夏季开花，疏松聚伞花序与叶对生，总花梗与花梗均细长，有柔毛；小花白色，萼 5 浅裂；花冠幅状 5 深裂，裂片披针形，向外反折；雄蕊 5，花药向上孔裂；雌蕊 1，子房上位，花柱细长。浆果球形，熟时红色，基部有宿萼。

【生境】生于海拔 600～2800 m 阴湿的路边、山坡、竹林下及灌丛中。

【分布】全县域均有野生分布。

【采收加工】夏、秋季采收，洗净，晒干或鲜用。

【性味功能】味苦，性微寒；清热解毒，利湿消肿，抗癌。

【主治用法】全草：用于感冒发热，黄疸型肝炎，胆囊炎，胆结石，癌症，带下，肾炎水肿；外用治痈疖肿毒。内服：煎汤，15～30 g。外用：适量，鲜全草捣烂敷患处。

根：用于风湿性关节炎。

232. 黄果茄 *Solanum xanthocarpum* Schrad. et Wendl.

【别名】黄水茄、黄打破碗、刺茄。

【基源】为茄科茄属植物黄果茄 *Solanum xanthocarpum* Schrad. et Wendl. 的根、果实及种子。

【形态特征】直立草本或匍匐草本，高 50～70 cm。有时基部木质化，植株各部均被星状茸毛和细长的针状皮刺。单叶互生；叶柄长 2～3.5 cm；叶片卵状长圆形，长 4～6 cm，宽 3～4.5 cm，先端尖或钝，基部近心形或偏斜，边缘深波状或深裂。聚伞花序腋外生，通常 3～5 花；萼钟形，5 裂，外面有小刺；花冠辐状，蓝紫色，5 裂，裂瓣卵状三角形，外被茸毛；雄蕊 5；子房卵圆形，花柱纤细，柱头截形。浆果球形，直径 1.3～1.9 cm。初时绿色并具深绿色条纹，成熟后则变为淡黄色；种子近肾形，扁平。花期冬季至夏季，果熟期夏、秋季。

【生境】生于村边、路旁、荒地及干旱河谷沙滩上。

【分布】分布于王义贞镇。

【采收加工】根于夏、秋季采收，果实于秋、冬季采收，洗净，晒干或鲜用。

【性味功能】味苦、辛，性温；祛风湿，消瘀止痛。

【主治用法】用于风湿痹痛，牙痛，睾丸肿痛，痈疖。内服：煎汤，9～15 g。外用：适量，涂擦或研末敷。

【附方】（1）治手足麻痹，风湿性关节炎：黄果茄鲜根 60～90 g，炖母鸡服。（《中草药手册》）

（2）治牙痛：黄果茄干根 15 g，水煎服，或煎浓汤漱口。（《中草药手册》）

（3）治睾丸炎：黄果茄干根 7 株，马鞭草根 5 株，灯笼草根 7 株，合猪腰子炖服；合青壳鸡蛋炖服亦可。（《中草药手册》）

（4）治头部发疮：黄果茄鲜果，切成两半，擦患处。（《中草药手册》）

（5）治脓头：黄果茄置新瓦上焙干，研末撒患处。（《中草药手册》）

233. 龙葵 *Solanum nigrum* L.

【别名】苦菜、苦葵、老鸦眼睛草。

【基源】为茄科茄属植物龙葵 *Solanum nigrum* L. 的全草。

【形态特征】一年生草本，高 25 ～ 100 cm，茎直立，有棱角，近无毛。叶互生；叶柄长 1 ～ 2 cm；叶片卵形，先端短尖，基部楔形或宽楔形并下延至叶柄，通常长 2.5 ～ 10 cm，宽 1.5 ～ 5.5 cm，全缘或具不规则波状粗锯齿，光滑或两面均被稀疏短柔毛。蝎尾状聚伞花序腋外生，由 3 ～ 6（10）朵花组成；花梗长 1 ～ 2.5 cm；花萼小，浅杯状，外疏被细毛，5 浅裂；花冠白色，辐状，5 深裂，裂片卵圆形，长约 2 mm；雄蕊 5，着生于花冠筒口，花丝分离，花药黄色，顶孔向内；雌蕊 1，球形，子房 2 室，花柱下半部密生白色柔毛，柱头圆形。浆果球形，有光泽，直径约 8 mm，成熟时黑色；种子多数扁圆形。花果期 9 ～ 10 月。

【生境】生于田边、路旁或荒地。

【分布】全县域均有分布。

【采收加工】8—10 月采收，鲜用或晒干。

【性味功能】味苦，性寒；清热解毒，活血消肿。

【主治用法】用于疔疮，痈肿，丹毒，跌打扭伤，咳嗽，水肿。内服：煎汤，15 ～ 30 g。外用：捣敷或煎水洗。

【附方】（1）治疔肿：老鸦眼睛草，擂碎，酒服。（《普济方》）

（2）治一切发背痈疽恶疮：用虾蟆一个，同老鸦眼睛草藤叶捣敷。（《本草纲目》）

（3）治天疱湿疮：龙葵苗叶捣敷之。（《本草纲目》）

（4）治毒蛇咬伤：龙葵、六月雪鲜叶各 30 g，捣烂取汁内服，药渣外敷，连用 2 天。（《全国中草药汇编》）

（5）治跌打扭筋肿痛：鲜龙葵叶 1 握，连须葱白 7 个，切碎，加酒酿糟适量，同捣烂敷患处，每日换 1 ～ 2 次。（《江西民间草药》）

（6）治急性肾炎，浮肿，小便少：鲜龙葵、鲜芫花各 15 g，木通 6 g，水煎服。（《河北中药手册》）

（7）治吐血不止：人参一分，天茄子苗半两。上二味，捣罗为散。每服二钱匕，新水调下，不拘时。（《圣济总录》人参散）

（8）治白细胞减少症：龙葵茎叶、女贞子各 60 g，煎服。（《安徽中草药》）

（9）治痢疾：龙葵叶 24 ～ 30 g（鲜者用量加倍），白糖 24 g，水煎服。（《江西民间草药》）

（10）治癌性胸腹水：鲜龙葵 500 g（或干品 120 g），水煎服，每日 1 剂。（《全国中草药汇编》）

234. 茄 *Solanum melongena* L.

【别名】东风草。

【基源】为茄科茄属植物茄 *Solanum melongena* L. 的果实。

【形态特征】一年生草本。茎直立，粗壮，高 60 ～ 100 cm，基部木质化，上部分枝，绿色或紫色，无刺或有疏刺，全体被星状柔毛。单叶互生；叶片卵状椭圆形，长 6 ～ 18 cm，宽 3.5 ～ 12 cm，先端钝尖，基部常歪斜，叶缘常波状浅裂，表面暗绿色，两面具星状柔毛；叶柄长 2 ～ 5 cm。聚伞花序侧生，仅含花数朵；花萼钟形，顶端 5 裂，裂片披针形，具星状柔毛；花冠紫蓝色，横径约 3 cm，裂片长卵形，开展，外具细毛；雄蕊 5，花丝短，着生于花冠喉部，花药黄色，分离，围绕花柱四周，顶端孔裂；雌蕊 1，子房 2室，花柱圆柱形，柱头小。浆果长椭圆形、球形或长柱形，深紫色、淡绿色或黄白色，光滑；基部有宿存萼。花期 6—8 月，花后结果。

【生境】多地均有栽培。

【分布】全县域均有栽培。

【采收加工】夏、秋季果熟时采收。

【性味功能】味甘，性凉；清热，活血，止痛，消肿。

【主治用法】用于肠风下血，热毒疮痈，皮肤溃疡。外用：捣敷或研末调敷。内服：入丸、散或泡酒。

235. 珊瑚樱 *Solanum pseudocapsicum* L.

【别名】冬珊瑚、红珊瑚、四季果、看果、吉庆果、珊瑚子、玉珊瑚、野辣茄、野海椒。

【基源】为茄科茄属植物珊瑚樱 *Solanum pseudocapsicum* L. 的根。

【形态特征】直立分枝小灌木，高达 2 m，全株光滑无毛。叶互生，狭长圆形至披针形，长 1 ～ 6 cm，宽 0.5 ～ 1.5 cm，先端尖或钝，基部狭楔形下延成叶柄，边全缘或波状，两面均光滑无毛，中脉在下面凸出，侧脉 6 ～ 7 对，在下面更明显；叶柄长 2 ～ 5 mm，与叶片不能截然分开。花多单生，很少成蝎尾状花序，无总花梗或近于无总花梗，腋外生或近对叶生，花梗长 3 ～ 4 mm；花小，白色，直

径 0.8 ～ 1 cm；萼绿色，直径约 4 mm，5 裂，裂片长约 1.5 mm；花冠筒隐于萼内，长不及 1 mm，冠檐长约 5 mm，裂片 5，卵形，长约 3.5 mm，宽约 2 mm；花丝长不及 1 mm，花药黄色，矩圆形，长约 2 mm；子房近圆形，直径约 1 mm，花柱短，长约 2 mm，柱头截形。浆果橙红色，直径 1 ～ 1.5 cm，萼宿存，果柄长约 1 cm，顶端膨大。种子盘状，扁平，直径 2 ～ 3 mm。花期初夏，果期秋末。

【生境】多栽培，也有逸生于路边、沟边和旷地。

【分布】字畈镇有野生分布，其余各乡镇偶见栽培。

【采收加工】秋季采收，晒干。

【性味功能】味咸、微苦，性温；止痛。

【主治用法】用于腰肌劳损。内服：0.5～1钱，浸酒服。

236. 酸浆 *Physalis alkekengi* L.

【别名】寒浆、醋浆、酸浆草。

【基源】为茄科酸浆属植物酸浆 *Physalis alkekengi* L. 的全草。

【形态特征】多年生草本，基部常匍匐生根。茎高 40～80 cm，基部略带木质。叶互生，常 2 枚生于一节；叶柄长 1～3 cm；叶片长卵形至阔卵形，长 5～15 cm，宽 2～8 cm，先端渐尖，基部不对称狭楔形，下延至叶柄，全缘而波状或有粗齿，两面具柔毛，沿叶脉亦有短硬毛。花单生于叶腋，花梗长 6～16 mm，开花时直立，后来向下弯曲，密生柔毛而果时也不脱落；花萼阔钟状，密生柔毛，5 裂，

萼齿三角形，花后萼筒膨大，变为橙红色或深红色，呈灯笼状包被浆果；花冠辐状，白色，5 裂，裂片开展，阔而短，先端骤然狭窄成三角形尖头，外有短柔毛；雄蕊 5，花药淡黄绿色；子房上位，卵球形，2 室。浆果球状，橙红色，直径 10～15 mm，柔软多汁。种子肾形，淡黄色。花期 5—9 月，果期 6—10 月。

【生境】生于空旷地或山坡。

【分布】分布于王义贞镇、雷公镇。

【采收加工】夏、秋季采收，鲜用或晒干。

【性味功能】味酸、苦，性寒；清热毒，利咽喉，通利二便。

【主治用法】用于咽喉肿痛，肺热咳嗽，黄疸，痢疾，水肿，小便淋涩，大便不通，黄水疮，湿疹，丹毒。内服：煎汤，9～15 g；或捣汁、研末。外用：适量，煎水洗；研末调敷或捣敷。

七十八、玄参科 Scrophulariaceae

237. 阿拉伯婆婆纳 *Veronica persica* Poir.

【别名】波斯婆婆纳、灯笼草、灯笼婆婆纳。

【基源】肾子草（中药名）。为玄参科婆婆纳属植物阿拉伯婆婆纳 *Veronica persica* Poir. 的全草。

【形态特征】铺散多分枝草本，高 10 ～ 50 cm。茎密生两列多细胞柔毛。叶 2 ～ 4 对（腋内生花的称苞片），具短柄，卵形或圆形，长 6 ～ 20 mm，宽 5 ～ 18 mm，基部浅心形，平截或浑圆，边缘具钝齿，两面疏生柔毛。总状花序很长；苞片互生，与叶同型且几乎等大；花梗比苞片长，有的超过 1 倍；花萼花期长仅 3 ～ 5 mm，果期增大达 8 mm，裂片卵状披针形，有睫毛状毛，三出脉；花冠蓝色、紫色或蓝紫色，长 4 ～ 6 mm，裂片卵形至圆形，喉部疏被毛；雄蕊短于花冠。蒴果肾形，长约 5 mm，宽约 7 mm，被腺毛，成熟后几乎无毛，网脉明显，凹口角度超过 90°，裂片钝，宿存的花柱长约 2.5 mm，超出凹口。种子背面具深的横纹，长约 1.6 mm。花期 3—5 月。

【生境】生于路边、宅旁、旱地夏熟作物田，特别是麦田中。

【分布】全县域均有分布。

【采收加工】夏季采收，鲜用或晒干。

【性味功能】味辛、苦、咸，性平；祛风除湿，壮腰，截疟。

【主治用法】用于风湿痹痛，肾虚腰痛，久疟。内服：煎汤，15 ～ 30 g。外用：适量，煎水熏洗。

【附方】（1）治久疟：灯笼草 30 g，臭常山 3 g，水煎服。（《贵州民间药物》）

（2）治风湿疼痛：灯笼草 30 g，煮酒温服。（《贵州民间药物》）

（3）治肾虚腰痛：灯笼草 30 g，炖肉吃。（《贵州民间药物》）

（4）治疥疮：灯笼草适量，煎水洗。（《贵州民间药物》）

（5）治小儿阴囊肿大：灯笼草 90 g，煎水熏洗。（《贵州民间药物》）

238. 通泉草 *Mazus japonicus*（Thunb.）O. Kuntze

【别名】绿兰花、脓泡药、鹅肠草。

【基源】为玄参科通泉草属植物通泉草 *Mazus japonicus*（Thunb.）O. Kuntze 的全草。

【形态特征】一年生草本，高 3 ～ 30 cm，无毛或疏生短柔毛。主根伸长，垂直向下或短缩，须根纤细，多数，散生或簇生。本种在体态上变化幅度很大，茎 1 ～ 5 支或有时更多，直立，上升或倾卧状上升，着地部分节上常能长出不定根，分枝多而披散，少不分枝。基生叶少到多数，有时成莲座状或早落，倒卵状匙形至卵状倒披针形，膜质至薄纸质，长 2 ～ 6 cm，顶端全缘或有不明显的疏齿，基部楔形，下延成带翅的叶柄，边缘具不规则的粗齿或基部有 1～2 片浅羽裂；茎生叶对生或互生，少数，与基生叶相似或几乎等大。总状花序生于茎、枝顶端，常在近基部即生花，伸长或上部成束状，通常 3～20 朵，花疏稀；花梗在果期长达 10 mm，上部的较短；花萼钟状，花期长约 6 mm，果期多少增大，萼片与萼筒近等长，卵形，端急尖，脉不明显；花冠白色、紫色或蓝色，长约 10 mm，上唇裂片卵状三角形，下唇中裂片

较小，稍突出，倒卵圆形；子房无毛。蒴果球形；种子小而多数，黄色，种皮上有不规则的网纹。花果期 4—10 月。

【生境】生于海拔 2500 m 以下的湿润的草坡、沟边、路旁及林缘。

【分布】分布于字畈镇、木梓乡、雷公镇。

【采收加工】春、夏、秋季均可采收，洗净，鲜用或晒干。

【性味功能】味苦，性平；解毒，健胃，止痛。

【主治用法】用于偏头痛，消化不良；外用治疗疮，脓疱疮，烫伤。内服：煎汤，9～15 g。外用：适量，捣烂敷患处。

【附方】（1）治痈疽疮肿：干通泉草全草研细末，冷水调敷患处，每日 1 换。（《泉州本草》）

（2）治乳痈：通泉草 30 g，蒲公英 30 g，橘叶 12 g，生甘草 6 g，水煎服。（《四川中药志》）

239. 阴行草 *Siphonostegia chinensis* Benth.

【别名】刘寄奴、土茵陈、金钟茵陈、黄花茵陈、铃茵陈、芝麻蒿、鬼麻油、阴阳连。

【基源】为玄参科阴行草属植物阴行草 *Siphonostegia chinensis* Benth. 的全草。

【形态特征】一年生草本，直立，高 30～60 cm，有时可达 80 cm，干时变为黑色，密被锈色短毛。主根不发达或稍稍伸长，木质，直径约 2 mm，有的增粗，直径可达 4 mm，很快即分为多数粗细不等的

侧根而消失，侧根长 3～7 cm，纤维状，常水平开展，须根多数，散生。茎多单条，中空，基部常有少数宿存膜质鳞片，下部常不分枝，而上部多分枝；枝对生，1～6 对，细长，坚挺，多少以 45° 角叉分，稍具棱角，密被无腺短毛。叶对生，全部为茎出，下部者常早枯，上部者茂密，相距很近，仅 1～2 cm，无柄或有短柄，柄长可达 1 cm，叶片基部下延，扁平，密被短毛；叶片厚纸质，广卵形，长 8～55 mm，宽

4～60 mm，两面皆密被短毛，中肋在上面微凹入，背面明显凸出，缘作疏远的二回羽状全裂，裂片仅约3对，仅下方两枚羽状开裂，小裂片1～3枚，外侧者较长，内侧裂片较短或无，线形或线状披针形，宽1～2 mm，锐尖头，全缘。花对生于茎枝上部，或有时假对生，构成稀疏的总状花序；苞片叶状，较萼短，羽状深裂或全裂，密被短毛；花梗短，长1～2 mm，纤细，密被短毛，有一对小苞片，线形，长约10 mm；花萼管部很长，顶端稍缩紧，长10～15 mm，厚膜质，密被短毛，10条主脉质地厚而粗壮，显著凸出，使处于其间的膜质部分凹下成沟，无网纹，齿5枚，绿色，质地较厚，密被短毛，长为萼管的1/4～1/3，线状披针形或卵状长圆形，近于相等，全缘，或偶有1～2锯齿；花冠上唇红紫色，下唇黄色，长22～25 mm，外面密被长纤毛，内面被短毛，花管伸直，纤细，长12～14 mm，顶端略膨大，稍伸出于萼管外，上唇镰状弓曲，顶端截形，额稍圆，前方突然向下前方作斜截形，有时略作啮痕状，其上角有一对短齿，背部密被特长的纤毛，毛长1～2 mm；下唇约与上唇等长或稍长，顶端3裂，裂片卵形，端均具小突尖，中裂与侧裂等宽而较短，向前凸出，褶襞的前部高凸并作袋状伸长，向前伸出与侧裂等长，向后方渐低而终止于管喉，不被长纤毛，沿褶缝边缘质地较薄，并有啮痕状齿；雄蕊二强，着生于花管的中上部，前方一对花丝较短，着生的部位较高，花药2室，长椭圆形，背着，纵裂，开裂后常成新月形弯曲；子房长卵形，长约4 mm，柱头头状，常伸出于盔外。蒴果被包于宿存的萼内，约与萼管等长，披针状长圆形，长约15 mm，直径约2.5 mm，顶端稍偏斜，有短尖头，黑褐色，稍具光泽，并有10条不十分明显的纵沟纹；种子多数，黑色，长卵圆形，长约0.8 mm，具微高的纵横突起，横的8～12条，纵的约8条，将种皮隔成许多横长的网眼，纵凸中有5条凸起较高成窄翅，一面有1条龙骨状宽厚而肉质半透明之翅，其顶端稍外卷。花期6—8月。

【生境】生于海拔800～3400 m的山坡与草地中。

【分布】接官乡偶见。

【采收加工】立秋至白露采割，去净杂质，切段，晒干或鲜用。

【性味功能】味苦，性寒；清热利湿，凉血止血，祛瘀止痛。

【主治用法】用于黄疸型肝炎，胆囊炎，蚕豆病，尿路结石，小便不利，尿血，便血，产后瘀血腹痛；外用治创伤出血，烧伤烫伤。内服：煎汤，3～9 g。外用：适量，研末调敷或撒患处。

七十九、爵床科 Acanthaceae

240. 狗肝菜 *Dicliptera chinensis*（L.）Juss.

【别名】四籽马蓝、华九头狮子草。

【基源】为爵床科狗肝菜属植物狗肝菜 *Dicliptera chinensis*（L.）Juss. 的全草。

【形态特征】多年生草本，高30～80 cm；茎外倾或上升，具6条钝棱和浅沟，节常膨大膝曲状，近无毛或节处被疏柔毛。叶卵状椭圆形，顶端短渐尖，基部阔楔形或稍下延，长2～7 cm，宽1.5～3.5 cm，纸质，绿深色，两面近无毛或背面脉上被疏柔毛；叶柄长5～25 mm。花序腋生或顶生，由3～4个聚伞花序组成，每个聚伞花序有1至少数花，具长3～5mm的总花梗，下面有2枚总苞状苞片，总苞片阔倒卵形或近圆形，稀披针形，大小不等，长6～12mm，宽3～7mm，顶端有小突尖，具脉纹，被柔毛；小苞片线状披针形，长约4mm；花萼裂片5，钻形，长约4mm；花冠淡紫红色，长10～12mm，外面被柔毛，二唇形，上唇阔卵状近圆形，全缘，有紫红色斑点，下唇长圆形，3浅裂；雄蕊2，花丝被柔毛，药室2，卵形，一上一下。蒴果长约6mm，被柔毛，开裂时由蒴底弹起，具种子4粒。

【生境】生于海拔1800m以下疏林下、溪边、路旁。

【分布】王义贞镇钱冲村银杏谷偶见。

【采收加工】夏、秋季采收，晒干，或取鲜草使用。

【性味功能】味甘、淡，性凉；清热解毒，凉血生津，利尿。

【主治用法】用于感冒高热，斑疹发热，暑热烦渴，流行性乙型脑炎，风湿关节痛，咽喉肿痛，目赤，小便不利；外用于疖肿，缠腰火丹。内服：15～30g，煎汤。外用：捣敷患处。

【附方】（1）治感冒高热：狗肝菜、白花蟛蜞菜、毛甘蔗头各等份，共半斤；石膏一两，赤糙米一撮。水数碗煎至二三碗，分三次服，服时加适量黄糖。如体弱，除去药渣，再加乌豆同煮服。（《岭南草药志》）

（2）治斑疹：狗肝菜二至三两，豆豉二钱，青壳鸭蛋一个（后下）。水三碗，煎至一碗，连蛋一次服完。（《岭南草药志》）

（3）治溺血：狗肝菜三至四两，马齿苋三至四两，水一至二斤，煎二小时，加食盐适量服之。（《岭南草药志》）

（4）治小便淋沥：新鲜狗肝菜一斤，蜜糖一两，捣烂取汁，冲蜜糖和开水服。（《广西民间常用草药》）

（5）治无名肿毒及痰核：狗肝菜三两，大茶药根二两，狼毒二两，铺地锦三两，吸脓膏一两，假菊花根二两，鸡骨香五钱，了哥王一两，生油一斤四两。将上药浸四五天，放入锅内煮至药枯，用纱布滤净药渣，以药油一斤，配合黄丹八两为度，调匀成药膏涂贴。（《岭南草药志》）

（6）治疯狗咬伤：狗肝菜、狗芽花叶、狗咬菜、颠茄药各适量，捣黄糖敷，并以适量水煎和黄糖服。戒食肉类，戒房事。（《岭南草药志》）

（7）治小儿痢疾：狗肝菜二两，水煎，分三至四次服。（《广西中草药》）

（8）治目赤肿痛：狗肝菜一两，野菊花一两，水煎服。（《广西中草药》）

（9）治疮疡：狗肝菜、犁头草各适量，共捣烂，敷患处。（《广西中草药》）

（10）治咽喉肿痛：鲜狗肝菜一至二两，捣烂绞汁，徐徐咽下。（《福建中草药》）

（11）治疗疮：鲜狗肝菜一至三两，水煎服；另用鲜叶捣烂敷患处。（《福建中草药》）

（12）治带状疱疹：鲜狗肝菜三至四两，食盐少许，加米泔水，捣烂绞汁或调雄黄末涂患处。（《福建中草药》）

241. 爵床 *Rostellularia procumbens*（L.）Nees

【别名】爵卿、香苏、赤眼老母草。

【基源】为爵床科爵床属植物爵床 *Rostellularia procumbens*（L.）Nees 的全草。

【形态特征】一年生草本，高 10～60 cm，茎柔弱，基部呈匍匐状，茎方形，被灰白色细柔毛，节稍膨大。叶对生；柄长 5～10 mm；叶片卵形、长椭圆形或阔披针形，长 2～6 cm，宽 1～2 cm，先端尖或钝，基部楔形，全缘，上面暗绿色，叶脉明显，两面均被短柔毛。穗状花序顶生或生于上部叶腋，圆柱形，长 1～4 cm，密生多数小花；苞片 2；萼 4 深裂，裂片线状披针形或线形，边缘白色，薄膜状，外面密被粗硬毛；花淡红色或紫色，二唇形；雄蕊 2，伸出花冠外，药室不等大，被毛，下面的药室有距；雌蕊 1，子房卵形，2 室，被毛，花柱丝状。蒴果线形，长约 6 mm，被毛。具种子 4 颗，下部实心似柄状，种子表面有瘤状皱纹。花期 8—11 月，果期 10—11 月。

【生境】生于旷野草地、路旁、水沟边较阴湿处。

【分布】分布于王义贞镇、孛畈镇、赵棚镇。

【采收加工】8—9 月盛花期采收，割取地上部分，晒干。

【性味功能】味苦、咸、辛，性寒；清热解毒，利湿消积，活血止痛。

【主治用法】用于感冒发热、咳嗽、咽喉肿痛、目赤肿痛、疳积、湿热泄泻、疟疾、黄疸、浮肿、小便淋浊、筋骨疼痛、跌打损伤、痈疽疔疮、湿疹。内服：煎汤，10～15 g（鲜品 30～60 g）；或捣汁，或研末。外用：鲜品捣敷；或煎汤洗浴。

八十、胡麻科 Pedaliaceae

242. 芝麻 *Sesamum indicum* L.

【别名】黑脂麻。

【基源】为胡麻科胡麻属植物芝麻 Sesamum indicum L. 的黑色种子。

【形态特征】一年生草本，高 80～180 cm。茎直立，四棱形，棱角突出，不分枝，具短柔毛。叶对生，或上部者互生；叶柄长 1～7 cm；叶片卵形、长圆形或披针形，先端急尖或渐尖，基部楔形，全缘、有锯齿或下部叶 3 浅裂，表面绿色，两面无毛或稍被白色柔毛。花单生，或 2～3 朵生于叶腋；花萼稍合生，绿色，5 裂，裂片披针形，具柔毛；花冠筒状，唇形，白色，有紫色或黄色彩晕，裂片圆形，外侧被柔毛；雄蕊 4，着生于花冠筒基部，雌蕊 1，心皮 2，子房圆锥形，初期呈假 4 室，成熟后为 2 室，花柱线形，柱头 2 裂。蒴果椭圆形，多 4 棱或 6 棱、8 棱，纵棱。种子多数，卵形，两侧扁平，黑色、白色或淡黄色。花期 5—9 月，果期 7—9 月。

【生境】常栽培于夏季气温较高，气候干燥，排水良好的沙壤土或壤土地区。

【分布】全县域均有栽培。

【采收加工】8—9 月果实呈黄黑色时采收，割取全草，捆成小把，顶端向上，晒干，打下种子，除去杂质，再晒干。

【性味功能】味甘，性平；养血益精，润肠通便。

【主治用法】用于肝肾精血不足所致的头晕耳鸣，腰脚痿软，须发早白，肌肤干燥，肠燥便秘，妇人乳少，痈疮湿疹，风癫疬疡，小儿瘰疬，烫火伤，痔疮。内服：煎汤，9～15 g；或入丸、散。外用：煎水洗浴或捣敷。

八十一、车前科 Plantaginaceae

243. 车前 *Plantago asiatica* L.

【别名】罘苣、马舄、当道、陵舄、车前草、虾蟆草。

【基源】为车前科车前属植物车前 *Plantago asiatica* L. 的全草和干燥成熟种子。

【形态特征】多年生草本，连花茎高达 50 cm，具须根。叶根生，具长柄，几与叶片等长或长于叶片，基部扩大；叶片卵形或椭圆形，长 4～12 cm，宽 2～7 cm，先端尖或钝，基部狭窄成长柄，全缘或呈不规则波状浅齿，通常有 5～7 条弧形脉。花茎数个，高 12～50 cm，具棱角，有疏毛；穗状花序为花茎的 2/5～1/2；花淡绿色，每花有宿存苞片 1 枚，三角形；花萼 4，基部稍合生，椭圆形或卵圆形，宿存；花冠小，胶质，花冠管卵形，先端 4 裂，裂片三角形，向外反卷；雄蕊 4，着生在花冠筒近基部处，与花冠裂片互生，花药长圆形，2 室，先端有三角形突起，花丝线形；雌蕊 1，子房上位，卵圆形，2 室（假 4 室），花柱 1，线形，

有毛。蒴果卵状圆锥形，成熟后约在下方 2/5 处周裂，下方 2/5 宿存。种子 4～8 枚或 9 枚，近椭圆形，黑褐色。花期 6—9 月，果期 7—10 月。

【生境】生于山野、路旁、花圃、菜圃以及池塘、河边等地。

【分布】全县域均有分布。

【采收加工】全草：夏季采收，去尽泥土，晒干。种子：夏、秋季种子成熟时采收果穗，晒干，搓出种子，除去杂质。

【性味功能】全草：味甘，性寒；利水，清热，明目，祛痰。

种子：味甘、淡，性微寒；清热利尿，渗湿止泻，明目，祛痰。

【主治用法】全草：用于小便不通，淋浊，带下，尿血，黄疸，水肿，泄泻，鼻衄，目赤肿痛，喉痹乳蛾，咳嗽，皮肤溃疡。内服：煎汤，10～15 g（鲜品 15～30 g）；或捣汁服。外用：煎水洗、捣敷或绞汁涂。

种子：用于小便不利，淋浊带下，水肿胀满，暑湿泄泻，目赤障翳，痰热咳喘。内服：煎汤，5～15 g，包煎；或入丸、散。外用：适量，煎水洗或研末调敷。

【附方】（1）治小便不通：①车前草一斤，水三升，煎取一升半，分三服。（《肘后备急方》）
②生车前草捣取自然汁半盅，入蜜一匙调下。（《摄生众妙方》）

（2）治尿血：①车前草捣绞，取汁五合，空腹服之。（《外台秘要》）
②车前草、地骨皮、旱莲草各三钱，汤炖服。（《闽东本草》）

（3）治带下：车前草根三钱捣烂，用糯米淘米水兑服。（《湖南药物志》）

（4）治热痢：车前草叶捣绞取汁一盅，入蜜一合，同煎一二沸，分温二服。（《太平圣惠方》）

（5）治泄泻：车前草四钱，铁马鞭二钱，共捣烂，冲凉水服。（《湖南药物志》）

（6）治黄疸：白车前草五钱，观音螺一两，加酒一杯炖服。（《闽东本草》）

（7）治感冒：车前草、陈皮各适量，水煎服。（《中草药新医疗法资料选编》）

（8）治衄血：车前叶生研，水解饮之。（《本草图经》）

（9）治高血压：车前草、鱼腥草各一两，水煎服。（《浙江民间常用草药》）

（10）治目赤肿痛：车前草自然汁，调朴硝末，卧时涂眼胞上，次早洗去。（《圣济总录》）

（11）治火眼：车前草根三钱，青鱼草、生石膏各二钱，水煎服。（《湖南药物志》）

（12）治痄腮：车前草一两三钱，水煎服，温覆取汗。（《湖南药物志》）

（13）治百日咳：车前草三钱，水煎服。（《湖南药物志》）

（14）治痰嗽喘促，咯血：鲜车前草二两（炖），加冬蜜五钱或冰糖一两服。（《闽东本草》）

（15）治惊风：鲜车前根、野菊花根各二钱五分，水煎服。（《湖南药物志》）

（16）治小儿癫痫：鲜车前草五两绞汁，加冬蜜五钱，开水冲服。（《闽东本草》）

（17）治湿气腰痛：虾蟆草连根七个，葱白须七个，枣七枚，煮酒一瓶，常服。（《简便单方》）

（18）治金疮血出不止：捣车前汁敷之。（《备急千金要方》）

（19）治疮疡溃烂：鲜车前叶，以银针密刺细孔，以米汤或开水泡软，整叶敷贴疮上，日换二至三次。有排脓生肌的作用。（《福建民间草药》）

八十二、忍冬科 Caprifoliaceae

244. 接骨木 *Sambucus williamsii* Hance

【别名】木蒴、续骨草、扦扦活、透骨草。

【基源】为忍冬科接骨木属植物接骨木 *Sambucus williamsii* Hance 的茎枝。

【形态特征】落叶灌木或小乔木，高达 6 m。老枝有皮孔，髓心淡黄棕色。奇数羽状复叶，对生，小叶常 5～7 枚，小叶片卵圆形、狭椭圆形至倒长圆状披针形，先端尖、渐尖至尾尖，基部楔形或圆形，边缘具不整齐锯齿。花与叶同出，圆锥聚伞花序顶生；具总花梗，花序分枝多成直角开展；花小而密，白色至淡黄色；花萼钟形，裂片 5，舌形；花冠 5 裂，裂片卵形；雄蕊 5，雄蕊与花冠裂片等长，花药黄色；雌蕊 1，子房下位，3 室，花柱短，柱头 3 裂。浆果状核果近球形，黑紫色或红色。花期 4—5 月，果期 9—10 月。

【生境】生于林下、灌丛或平原路旁。

【分布】分布于王义贞镇、孛畈镇。

【采收加工】5—7 月采收，鲜用或晒干。

【性味功能】味甘、苦，性平；祛风利湿，活血止血。

【主治用法】用于风湿痹痛，痛风，大骨节病，急、慢性肾炎，风疹，跌打损伤，骨折肿痛，外伤出血。内服：煎汤，15～30 g；或入丸、散。外用：捣敷或煎汤熏洗，或研末撒。

【附方】（1）治风湿性关节炎，痛风：鲜接骨木 120 g，鲜豆腐 120 g，酌加水、黄酒炖服。（《草

药手册》）

（2）预防麻疹：接骨木 120 g，水煎服，日服 2 次。（《吉林中草药》）

（3）治湿脚气：接骨木全株 60 g，煎水熏洗。（《湖南药物志》）

（4）治产后胸闷，手脚烦热，气力欲绝，血运连心头硬及寒热不禁：接骨木破之如算子一握，以水一升，煎取半升，分温两服。（《胎产秘书》）

（5）治漆疮：接骨木茎叶 120 g，煎汤待凉洗患处。（《山西中草药》）

245. 荚蒾 *Viburnum dilatatum* Thunb.

【别名】酸汤杆、猪婆子藤、糯米树。

【基源】为忍冬科荚蒾属植物荚蒾 *Viburnum dilatatum* Thunb. 的茎、叶。

【形态特征】落叶灌木，高达 3 m。茎直立，褐色，多分枝，冬芽具 2 外鳞，嫩枝有星状毛。单叶对生，膜质，叶片圆形至广卵形以至倒圆形，长 6～8 cm，宽约 5 cm，先端突尖至短渐尖，基部圆形至近心形，叶缘具三角状锯齿；上面有疏毛，下面有星状毛及黄色鳞片状腺点；叶脉羽状，5～8 对，直走叶缘；无托叶。聚伞花序多花，直径 8～12 cm，有星状毛；萼管短，具 5 齿，宿存；花冠裂片 5，有毛；

雄蕊 5，长于花冠，药分离，2 室；花柱短，柱头尖，3 裂；子房下位。浆果状核果，广卵圆形，深红色，无毛。花期 5—6 月，果期 9—10 月。

【生境】生于山地或丘陵地区的灌丛中。

【分布】分布于雷公镇、孛畈镇、王义贞镇。

【采收加工】4—7 月采收，鲜用或切段晒干。

【性味功能】味酸，性微寒；疏风解表，清热解毒，活血。

【主治用法】用于风热感冒，疔疮发热，产后伤风，跌打骨折。内服：煎汤，9～30 g。外用：鲜品捣敷或煎水外洗。

【附方】治小儿疳积：荚蒾叶与茎一至二两，芡实五钱至一两，酌加水，煎 3 h，加些白糖，吃芡实喝汤，可以常服。（《福建民间草药》）

246. 忍冬 *Lonicera japonica* Thunb.

【别名】忍冬花、鹭鸳花、银花。

【基源】为忍冬科忍冬属植物忍冬 *Lonicera japonica* Thunb. 的干燥花蕾或带初开的花、干燥藤茎。花中药名为金银花，藤茎中药名为忍冬藤。

【形态特征】多年生半常绿缠绕及匍匐茎的藤本。幼枝红褐色，密被黄褐色、开展的硬直糙毛、腺毛和短柔毛，下部常无毛。叶纸质，卵形至矩圆状卵形，有时卵状披针形，稀圆卵形或倒卵形，极少有1至数个钝缺，长 3～5 cm，顶端尖或渐尖，少有钝、圆或微凹缺，基部圆形或近心形，有糙缘毛，上面深绿色，下面淡绿色，小枝上部叶通常两面均密被短糙毛，下部叶常平滑无毛而下面多少带青灰色；叶柄长 4～8 mm，密被短柔毛。总花梗通常单生于小枝上部叶腋，与叶柄等长或稍较短，下方者则长达 2～4 cm，密被短柔毛，并夹杂腺毛；苞片大，叶状，卵形至椭圆形，长达 2～3 cm，两面有短柔毛或有时近无毛；小苞片顶端圆形或截形，长约 1 mm，为萼筒的 1/2～4/5，有短糙毛和腺毛；萼筒长约 2 mm，无毛，萼齿卵状三角形或长三角形，顶端尖而有长毛，外面和边缘都有密毛；花冠白色，有时基部向阳面呈微红色，后变黄色，长（2）3～4.5（6）cm，唇形，筒稍长于唇瓣，很少近等长，外被多少倒生的开展或半开展糙毛和长腺毛，上唇裂片顶端钝形，下唇带状而反曲；雄蕊和花柱均高出花冠。花蕾呈棒状，上粗下细。外面黄白色或淡绿色，密生短柔毛。花萼细小，黄绿色，先端裂，裂片边缘有毛。开放花朵筒状，先端二唇形，雄蕊 5，附于筒壁，黄色，雌蕊 1，子房无毛。气清香，味淡、微苦。以花蕾未开放、色黄白或绿白、无枝叶杂质者为佳。果实圆形，直径 6～7 mm，熟时蓝黑色，有光泽；种子卵圆形或椭圆形，褐色，长约 3 mm，中部有 1 凸起的脊，两侧有浅的横沟纹。花期 4—6 月（秋季亦常开花），果熟期 10—11 月。

【生境】生于山坡灌丛或疏林中、乱石堆、山路旁及村庄篱笆边，海拔最高达 1500 m。

【分布】全县域均有野生分布。

【采收加工】金银花：春末夏初，于晨露干后采摘含苞待放的花蕾或刚开的花朵，及时晒干或低温干燥。忍冬藤：7—10 月采藤茎，鲜用或切段晒干。

【性味功能】金银花：味甘，性寒；清热解毒，疏散风热。

忍冬藤：味甘，性寒；清热解毒，疏风通络。

【主治用法】金银花：用于痈肿疔疮，外感风热，温病初起，热毒血痢。内服：煎汤，6～15 g。疏散风热、清泄里热以生品为佳；炒炭宜用于热毒血痢；露剂多用于暑热烦渴。

忍冬藤：用于温病发热，疮痈肿毒，热毒血痢，风湿热痹，关节红肿热痛。内服：煎汤，9～30 g。

八十三、败酱科 Valerianaceae

247. 白花败酱 *Patrinia villosa*（Thunb.）Juss.

【别名】鹿肠、鹿首、马草、泽败、攀倒甑。

【基源】为败酱科败酱属植物白花败酱 *Patrinia villosa*（Thunb.）Juss. 的全草

【形态特征】多年生草本，高达 1 m。
地下茎细长，地上茎直立，密被白色倒生粗
生或仅两侧各有 1 列倒生粗毛。基生叶簇生，
卵圆形，边缘有粗齿，叶柄长；茎生叶对生，
卵形或长卵形，长 4～10 cm，宽 2～5 cm，
先端渐尖，基部楔形，1～2 对羽状分裂，
基部裂片小；上部不裂，边缘有粗齿，两
面有粗毛，近无柄。伞房状圆锥聚伞花序，
花序分枝及梗上密生或仅 2 列粗毛；花萼
不明显；花冠白色，直径 4～6 mm。瘦果
倒卵形，基部贴生在增大的圆翅状膜质苞
片上，苞片近圆形。花期 5—6 月。

【生境】生于海拔 50～2000 m 的溪沟边、山坡疏林下、林缘、路边、灌丛及草丛中。

【分布】雷公镇、王义贞镇、孛畈镇、洑水镇、烟店镇、接官乡均可见。

【采收加工】7—9 月采收全株，切段，晒干。

【性味功能】味苦、辛，性微寒；清热解毒，破瘀排脓。

【主治用法】用于肠痈，肺痈，痢疾，带下，产后瘀滞腹痛，热毒痈肿。内服：煎汤，10～15 g。
外用：鲜品捣敷患处。

【附方】（1）治肠痈之为病其身甲错，腹皮急，按之濡如肿胀，腹无积聚，身无热，脉数，此为肠
内有痈脓：薏苡仁十分，附子二分，败酱五分。上三味，杵为末，取方寸匕，以水二升，煎减半，顿服，
小便当下。（《金匮要略》薏苡附子败酱散）

（2）治吐血衄血，因积热妄行者：败酱二两，黑山栀三钱，怀熟地五钱，灯心草一钱，水煎，徐
徐服。（《本草汇言》）

（3）治产后腹痛如锥刺者：败酱五两，水四升，煮二升，每服二合，日三服。（《卫生易简方》）

（4）治无名肿毒：鲜败酱全草 30～60 g，酒水各半煎服；渣捣烂敷患处。（《闽东本草》）

（5）治赤白痢疾：鲜败酱草 60 g，冰糖 15 g，开水炖服。（《闽东本草》）

（6）治蛇咬伤：败酱草 250 g，煎汤炖服。另用败酱草杵细外敷。（《闽东本草》）

八十四、桔梗科 Campanulaceae

248. 半边莲 *Lobelia chinensis* Lour.

【别名】野鱼香、野苏、火胡麻。

【基源】为桔梗科半边莲属植物半边莲 *Lobelia chinensis* Lour. 的干燥全草。

【形态特征】多年生草本。茎细弱，匍匐，节上生根，分枝直立，高 6～15 cm，无毛。叶互生，无柄或近无柄，椭圆状披针形至条形，长 8～25 cm，宽 2～6 cm，先端急尖，基部圆形至阔楔形，全缘或顶部有明显的锯齿，无毛。花通常 1 朵，生分枝的上部叶腋；花梗细，长 1.2～2.5（3.5）cm，基部有长约 1 mm 的小苞片 2 枚、1 枚或者没有，小苞片无毛；花萼筒倒长锥状，基部渐细而与花梗无明显区

分，长 3～5 mm，无毛，裂片披针形，约与萼筒等长，全缘或下部有 1 对小齿；花冠粉红色或白色，长 10～15 mm，背面裂至基部，喉部以下生白色柔毛，裂片全部平展于下方，呈一个平面，2 侧裂片披针形，较长，中间 3 枚裂片椭圆状披针形，较短；雄蕊长约 8 mm，花丝中部以上连合，花丝筒无毛，未连合部分的花丝侧面生柔毛，花药管长约 2 mm，背部无毛或疏生柔毛。蒴果倒锥状，长约 6 mm。种子椭圆状，稍扁压，近肉色。花果期 5—10 月。

【生境】生于田埂、草地、沟边、溪边潮湿处。

【分布】全县域均有分布。

【采收加工】夏季采收，除去杂质、泥沙，干燥。

【性味功能】味辛，性平；清热解毒，利尿消肿。

【主治用法】用于疮痈肿毒，蛇虫咬伤，腹胀水肿，湿疮湿疹。内服：煎汤，干品 10～15 g（鲜品 30～60 g）。外用：适量，捣敷。

249. 桔梗 *Platycodon grandiflorus*（Jacq.）A. DC.

【别名】白药、利如、梗草。

【基源】为桔梗科桔梗属植物桔梗 *Platycodon grandiflorus*（Jacq.）A. DC. 的干燥根。

【形态特征】多年生草本，高 30～120 cm。全株有白色乳汁。主根长纺锤形，少分枝。茎无毛，通常不分枝或上部稍分枝。叶 3～4 片轮生、对生或互生；无柄或有极短的柄；叶片卵形至披针形，长

2 ～ 7 cm，宽 0.5 ～ 3 cm，先端尖，基部楔形，边缘有尖锯齿，下面被白粉。花 1 朵至数朵单生于茎顶或集成疏总状花序；花萼钟状，裂片 5；花冠阔钟状，直径 4 ～ 6 cm，蓝色或蓝紫色，裂片 5，三角形；雄蕊 5，花丝基部变宽，密被细毛；子房下位，花柱 5 裂。蒴果倒卵圆形，熟时顶部 5 瓣裂。种子多数，褐色。花期 7—9 月，果期 8—10 月。

【生境】生于山地草坡、林缘，或有栽培。

【分布】分布于接官乡、赵棚镇、孛畈镇。

【采收加工】秋季采挖，除去须根，刮去外皮，放清水中浸 2 ～ 3 h，切片，晒干生用或炒用。

【性味功能】味苦、辛，性平；宣肺，祛痰，利咽，排脓。

【主治用法】用于咳嗽痰多，胸闷不畅，咽喉肿痛，失音，肺痈吐脓。内服：煎汤，3 ～ 10 g；或入丸、散。

250. 狭叶沙参 *Adenophora gmelinii*（Spreng.）Fisch.

【别名】沙参、南沙参。

【基源】为桔梗科沙参属植物狭叶沙参 *Adenophora gmelinii*（Spreng.）Fisch. 的根。

【形态特征】多年生草本，有白色乳汁。根胡萝卜状，根细长，长达 40 cm，皮灰黑色。茎单生或数支发自一条茎基上，不分枝，通常无毛，有时有短硬毛，高达 80 cm。基生叶多变，浅心形、三角形或菱状卵形，具粗圆齿；茎生叶多数为条形，少为披针形，无柄，全缘或具疏齿，无毛，长 4 ～ 9 cm，宽 2 ～ 13 mm。聚伞花序全为单花而组成假总状花序，或下部的有几朵花，短而几乎垂直向上，因而组成很狭窄的圆锥花序，有时甚至单花顶生于主茎上。花萼完全无毛，仅少数有瘤状突起，筒部倒卵状矩圆形，裂片条状披针形，长 4 ～ 10 mm，宽 1.5 ～ 2 mm；花冠宽钟状，蓝色或淡紫色，长 16 ～ 28 mm，裂片长，多为卵状三角形，长 6 ～ 8 mm，少近于正三角形，

长仅 4 mm；花盘筒状，长 1.3 ～ 3.5 mm，被疏毛或无毛；花柱稍短于花冠，极少近等长的。蒴果椭圆状，长 8 ～ 13 mm，直径 4 ～ 7 mm。种子椭圆状，黄棕色，有一条翅状棱，长 1.8 mm。花期 7—9 月，果期 8—10 月。

【生境】生于海拔 2600 m 以下的山坡草丛或灌丛下。

【分布】雷公镇、字畈镇、接官乡、赵棚镇、洑水镇有分布。

【采收加工】秋季挖取根部，除去茎叶及须根，洗净泥土，趁新鲜时用竹片刮去外皮，切片，晒干。

【性味功能】味甘、微苦，性微寒；养阴清热，润肺化痰，益胃生津。

【主治用法】用于阴虚久咳，痨嗽咯血，燥咳痰少，虚热喉痹，津伤口渴。内服：煎汤，10 ～ 15 g（鲜品 15 ～ 30 g）；或入丸、散。

251. 杏叶沙参 *Adenophora hunanensis* Nannf.

【别名】南沙参、泡参、山沙参、知母。

【基源】为桔梗科沙参属植物杏叶沙参 *Adenophora hunanensis* Nannf. 的根茎。

【形态特征】多年生草本。根圆柱形，茎高 60 ～ 120 cm，不分枝，无毛或稍有白色短硬毛。茎生叶至少下部的具柄，很少近无柄，叶片卵圆形、卵形至卵状披针形，基部常楔状渐尖，或近于截形而突然变窄，沿叶柄下延，顶端急尖至渐尖，边缘具疏齿，两面或疏或密地被短硬毛，较少被柔毛，也有全无毛的，长 3 ～ 10（15）cm，宽 2 ～ 4 cm。花序分枝长，几乎平展或弓曲向上，常组成大而疏散的圆锥花序，极少分枝很短或长而几乎直立因而组成窄的圆锥花序。花梗极短而粗壮，常仅 2 ～ 3 mm，极少达 5 mm，花序轴和花梗有短毛或近无毛；花萼常有或疏或密的白色短毛，有的无毛，筒部倒圆锥状，裂片卵形至长卵形，长 4 ～ 7 mm，宽 1.5 ～ 4 mm，基部通常彼此重叠；花冠钟状，蓝色、紫色或蓝紫色，长 1.5 ～ 2 cm，裂片三角状卵形，为花冠长的 1/3；花盘短筒状，长（0.5）1 ～ 2.5 mm，顶端被毛或无毛；花柱与花冠近等长。蒴果球状椭圆形，或近于卵状，长 6 ～ 8 mm，直径 4 ～ 6 mm。种子椭圆状，有一条棱，长 1 ～ 1.5 mm。花期 7—9 月。

【生境】生于山地草丛中。

【分布】雷公镇、字畈镇、接官乡、赵棚镇、洑水镇、烟店镇有分布。

【采收加工】秋季挖取根部，除去茎叶及须根，洗净泥土，趁新鲜时用竹片刮去外皮，切片，晒干。

【性味功能】味甘、微苦，性微寒；养阴清热，润肺化痰，益胃生津。

【主治用法】用于阴虚久咳，痨嗽咯血，燥咳痰少，虚热喉痹，津伤口渴。内服：煎汤，10 ～ 15 g（鲜品 15 ～ 30 g）；或入丸、散。

【附方】（1）治肺热咳嗽：南沙参半两，水煎服之。（《卫生易简方》）

（2）治慢性支气管炎，咳嗽，痰不易吐出，口干：南沙参 9 g，麦冬 9 g，生甘草 6 g，玉竹 9 g，水煎服。（《青岛中草药手册》）

（3）治诸虚之症：南沙参一两，嫩鸡一只去肠，放南沙参于鸡腹内，用砂锅水煎烂食之。（《滇南本草》）

（4）治赤白带下，皆因七情内伤，或下元虚冷：米饮调南沙参末服。（《证治要诀类方》）

（5）治产后无乳：杏叶沙参根 12 g，煮猪肉食。（《湖南药物志》）

八十五、菊科 Compositae

252. 香丝草 *Conyza bonariensis*（L.）Cronq.

【别名】牛尾蒿。

【基源】为菊科白酒草属植物香丝草 *Conyza bonariensis*（L.）Cronq. 的全草。

【形态特征】一年生或二年生草本，根纺锤状，常斜升，具纤维状根。茎直立或斜升，高 20 ～ 50 cm，稀更高，中部以上常分枝，常有斜上不育的侧枝，密被贴短毛，杂有开展的疏长毛。叶密集，基部叶花期常枯萎，下部叶倒披针形或长圆状披针形，长 3 ～ 5 cm，宽 0.3 ～ 1 cm，顶端尖或稍钝，基部渐狭成长柄，通常具粗齿或羽状浅裂，中部和上部叶具短柄或无柄，狭披针形或线形，长 3 ～ 7 cm，宽 0.3 ～ 0.5 cm，中部叶具齿，上部叶全缘，两面均密被贴糙毛。头状花序多数，直径 8 ～ 10 mm，在茎端排列成总状或总状圆锥花序，花序梗长 10 ～ 15 mm；总苞椭圆状卵形，长约 5 mm，宽约 8 mm，总苞片 2 ～ 3 层，线形，顶端尖，背面密被灰白色短糙毛，外层稍短或短于内层之半，内层长约 4 mm，宽 0.7 mm，具干膜质边缘。花托稍平，有明显的蜂窝孔，直径 3 ～ 4 mm；雌花多层，白色，花冠细管状，长 3 ～ 3.5 mm，无舌片或顶端仅有 3 ～ 4

个细齿；两性花淡黄色，花冠管状，长约 3 mm，管部上部被疏微毛，上端具 5 齿裂。瘦果线状披针形，长 1.5 mm，扁压，被疏短毛；冠毛 1 层，淡红褐色，长约 4 mm。花期 5—10 月。

【生境】常生于荒地、田边、路旁，为一种常见的杂草。

【分布】全县域均有分布。

【采收加工】春季开花时采收，去尽杂质，晒干，储藏于干燥处。

【性味功能】味辛、苦，性凉；疏风解表，行气止痛，祛风除湿。

【主治用法】用于风热感冒，脾胃气滞，风湿热痹。内服：煎汤，6 ～ 15 g。

253. 苍耳 *Xanthium sibiricum* Patrin ex Widder

【别名】苍子、羊负来、只刺。

【基源】苍耳子（中药名）。为菊科苍耳属植物苍耳 *Xanthium sibiricum* Patrin ex Widder 的成熟带总苞的果实。

【形态特征】一年生草本，高 20 ～ 90 cm。根纺锤状，分枝或不分枝。茎直立不分枝或少有分枝，下部圆柱形、上部有纵沟，被灰白色糙伏毛。叶互生；有长柄，长 3 ～ 11 cm；叶片三角状卵形或心形，长 4 ～ 9 cm，宽 5 ～ 10 cm，近全缘，或有 3 ～ 5 不明显浅裂，先端尖或钝，基出三脉，上面绿色，下面苍白色，被粗糙或短白伏毛。头状花序近于无柄，聚生，单性同株；雄花序球形。总苞片小，1 列，密生柔毛，花托柱状，托片倒披针形，小花管状，先端 5 齿裂，雄蕊 5，花药长圆状线形；雌花序卵形，总苞片 2 ～ 3 列，外列苞片小，内列苞片大，结成囊状，卵形，外面有倒刺毛，顶有 2 圆锥状的尖端，小花 2 朵，无花冠，子房在总苞内，每室有 1 花，花柱线形，突出在总苞外。成熟的具瘦果的总苞变坚硬，卵形或椭圆形，连同喙部长 12 ～ 15 mm，宽 4 ～ 7 mm，绿色、淡黄色或红褐色，外面疏生具钩的总苞刺，总苞刺细，长 1 ～ 1.5 mm，基部不增粗，喙长 1.5 ～ 2.5 mm；瘦果 2，倒卵形；瘦果内含 1 颗种子。花期 7—8 月，果期 9—10 月。

【生境】生于平原、丘陵、低山、荒野、路边、沟旁、田边、草地、村旁等处。

【分布】全县域均有分布。

【采收加工】9—10 月果实成熟，由青转黄，叶已大部分枯萎脱落时，选晴天，割下全株，脱粒，扬净，晒干。

【性味功能】味辛、苦，性温；发散风寒，通鼻窍，祛风湿，止痛。

【主治用法】用于风寒感冒，鼻渊，风湿痹痛，风疹瘙痒，疥癣麻风。内服：煎汤，3～10 g；或入丸、散。外用：捣敷；或煎水洗。

254. 茅苍术 *Atractylodes lancea*（Thunb.）DC.

【别名】山精、赤术、马蓟、青术。

【基源】苍术（中药名）。为菊科苍术属植物茅苍术 *Atractylodes lancea*（Thunb.）DC. 的干燥根茎。

【形态特征】多年生草本。根状茎横走，结节状。茎多纵棱，高 30～100 cm，不分枝或上部稍分枝。叶互生，革质；叶片卵状披针形至椭圆形，长 3～8 cm，宽 1～3 cm，先端渐尖，基部渐狭，中央裂片较大，卵形，边缘有刺状锯齿或重刺齿，上面深绿色，有光泽，下面淡绿色，叶脉隆起，无柄，不裂，或下部叶常 3 裂，裂片先端尖，先端裂片极大，卵形，两侧的较小，基部楔形，无柄或有柄。头状花序生于茎枝先端，叶状苞片 1 列，羽状深裂，裂片刺状；总苞圆柱形，总苞片 5～8 层，卵形至披针形，有纤毛；花多数，两性花或单性花多异株；花冠筒状，白色或稍带红色，长约 1 cm，上部略膨大，先端 5 裂，裂片条形；两性花有多数羽状分裂的冠毛；单性花一般为雌花，具 5 枚线状退化雄蕊，先端略卷曲。瘦果倒卵圆形，被稠密的黄白色柔毛。花期8—10 月，果期 9—12 月。

【生境】生于山坡灌丛、草丛中。

【分布】分布于洑水镇、孛畈镇、王义贞镇。

【采收加工】春、秋季采挖，晒干，切片，生用、麸炒或米泔水炒用。

【性味功能】味辛、苦，性温；燥湿健脾，祛风散寒。

【主治用法】用于湿阻中焦证，风湿痹证，风寒挟湿表证，夜盲症及眼目昏涩。内服：煎汤，5～10 g。

255. 大丁草 *Gerbera anandria*（L.）Sch. -Bip.

【别名】烧金草、豹子药、苦马菜。

【基源】为菊科大丁草属植物大丁草 *Gerbera anandria*（L.）Sch. -Bip. 的全草。

【形态特征】多年生草本。植株有二型：春型株矮小，高 8～20 cm。叶广卵形或椭圆状广卵形，长 2～6 cm，宽 1.5～5 cm，先端钝，基部心形或有时羽裂；头状花序紫红色；舌状花长 10～12 mm；

管状花长约 7 mm。秋型植株高大，高 30～60 cm；叶片倒披针状长椭圆形或椭圆状广卵形，长 5～6 cm，宽 3～5.5 cm，通常提琴状羽裂，先端裂片卵形，边缘有不规则同圆齿，基部常狭窄下延成柄；头状花序紫红色，全为管状花。瘦果长 4.5～6 mm，有纵条；冠毛长 4～5 mm，污白色或黄棕色。春花期 4—5 月，秋花期 8—11 月。

【生境】生于山坡路旁、林边、草地、沟边等阴湿处。

【分布】分布于赵棚镇、洑水镇。

【采收加工】7—9 月采收，鲜用或晒干。

【性味功能】味苦，性寒；清热利湿，解毒消肿。

【主治用法】用于肺热咳嗽、湿热泄泻，热淋，风湿关节痛，痈疖肿毒，臁疮，蛇虫咬伤，烧烫伤，外伤出血。内服：煎汤，15～30 g；或泡酒。外用：捣敷。

256. 一年蓬 *Erigeron annuus*（L.）Pers.

【别名】女菀、野蒿、牙肿消。

【基源】为菊科飞蓬属植物一年蓬 *Erigeron annuus*（L.）Pers. 的全草。

【形态特征】一年生或两年生草本，高 30～100 cm。茎直立，上部有分枝，全株被上曲的短硬毛。基生叶长圆形或宽卵形，长 4～17 cm，宽 1.5～4 cm，边缘有粗齿，基部渐狭成具翅的叶柄；中部和上部叶较小，长圆状披针形或披针形，长 1～9 cm，宽 0.2～2 cm，边缘有不规则的齿裂，具短叶柄或无叶柄；最上部的叶通常条形，全缘，具睫毛状毛。头状花序排成伞房状或圆锥状；总苞半球形；总苞片 3 层，草质，密被长的直节毛；舌状花 2 层，白色或淡蓝色，舌片条形；两性花筒状，黄色。瘦果披针形，压扁；冠毛异型，雌花的冠毛极短，膜片状连成小冠，两性花的冠毛 2 层，外层鳞片状，内层为 10～15 条长约 2 mm 的刚毛。花期 6—9 月。

【生境】生于山坡、路边及田野中。

【分布】全县域均有分布。

【采收加工】夏、秋季采收，洗净，鲜用或晒干。

【性味功能】味甘、苦，性凉；消食止泻，清热解毒，截疟。

【主治用法】用于消化不良，胃肠炎，疟疾，毒蛇咬伤。内服：煎汤，30～60 g。外用：适量，捣敷。

【附方】（1）治消化不良：一年蓬全草 15～18 g，水煎服。（《浙江民间常用草药》）

（2）治胃肠炎：一年蓬 60 g，黄连、木香各 6 g，煎服。（《安徽中草药》）

（3）治牙龈炎：鲜一年蓬捣烂绞汁涂患处，每日 2～3 次。（《安徽中草药》）

（4）治淋巴结炎：一年蓬基生叶 90～120 g，加黄酒 30～60 g，水煎服。（《浙江民间常用草药》）

（5）治尿血：鲜一年蓬、旱莲草各 30 g，水煎服。（《安徽中草药》）

（6）治疟疾：一年蓬 30 g，水蜈蚣 15 g，益母草 15 g，鸡蛋 1 个，水煎服，每日 1 剂。（《湖南药物志》）

（7）治蛇伤：一年蓬根捣烂，与雄黄调匀外敷。（《湖南药物志》）

257. 婆婆针 *Bidens bipinnata* L.

【别名】鬼针草、刺针草。

【基源】为菊科鬼针草属植物婆婆针 *Bidens bipinnata* L. 的全草。

【形态特征】茎直立，高 30～120 cm，下部略具 4 棱，无毛或上部被稀疏柔毛，基部直径 2～7 cm。叶对生，具柄，柄长 2～6 cm，背面微凸或扁平，腹面具沟槽，槽内及边缘具疏柔毛，叶片长 5～14 cm，二回羽状分裂，第一次分裂深达中肋，裂片再次羽状分裂，小裂片三角状或菱状披针形，具 1～2 对缺刻或深裂，顶生裂片狭，先端渐尖，边缘有稀疏不规整的粗齿，两面均被疏柔毛。头状花序直径 6～10 mm；花序梗长 1～5 cm（果时长 2～10 cm）。总苞杯形，基部有柔毛，外层苞片 5～7 枚，条形，开花时长 2.5 mm，果时长达 5 mm，草质，先端钝，被稍密的短柔毛，内层苞片膜质，椭圆形，长 3.5～4 mm，花后伸长为狭披针形，果时长 6～8 mm，背面褐色，被短柔毛，具黄色边缘；托片狭披针形，长约 5 mm，果时长可达 12 mm。舌状花通常 1～3 朵，不育，舌片黄色，椭圆形或倒卵状披针形，长 4～5 mm，宽 2.5～3.2 mm，先端全缘或具 2～3 齿，盘花筒状，黄色，长约 4.5 mm，冠檐 5 齿裂。瘦果条形，略扁，具 3～4 棱，长 12～18 mm，宽约 1 mm，具瘤状突起及小刚毛，顶端芒刺 3～4 枚，很少 2 枚的，长 3～4 mm，具倒刺毛。

【生境】生于山坡、旷野、路旁、田间，海拔 1500 m 以下。

【分布】全县域均有分布。

【采收加工】夏、秋季花盛开期，收割地上部分，拣去杂草，鲜用或晒干。

【性味功能】味苦，性微寒；清热解毒，祛风除湿，活血消肿。

【主治用法】用于咽喉肿痛，泄泻，痢疾，黄疸，肠痈，疔疮肿毒，蛇虫咬伤，风湿痹痛，跌打损伤。内服：煎汤，15～30 g，鲜品加倍；或捣汁。外用：适量，捣敷或取汁涂，或煎水熏洗。

【附方】（1）治急性胃肠炎：刺针草15～30 g，车前草9 g，水煎服。呕吐加生姜5片，腹痛加酒曲2个。（《全国中草药汇编》）

（2）治小儿单纯性消化不良：刺针草鲜草3～5株，水煎浓汁，连渣放在桶内，趁热熏洗患儿双脚，一般熏洗3～4次，每次熏洗约5 min。1～5岁熏洗脚心，6～15岁熏洗到脚面，腹泻严重者，熏洗部位可适当上升至腿。（《全国中草药汇编》）

（3）治急性黄疸型传染性肝炎：鬼针草100 g，连钱草60 g，水煎服。（《全国中草药汇编》）

（4）治疖肿：刺针草全草剪碎，加75%乙醇或白酒浸泡2～3天后，外搽局部。（《全国中草药汇编》）

258. 艾 *Artemisia argyi* Levl. et Van.

【别名】艾叶、艾蒿。

【基源】为菊科蒿属植物艾 *Artemisia argyi* Levl. et Van. 的地上部分。

【形态特征】多年生草本或略呈亚灌木状，植株有浓烈香气。茎高80～150 cm，分枝多；茎、枝均被灰色蛛丝状柔毛。叶厚纸质，茎中部叶卵形、三角状卵形或近菱形，长5～8 cm，宽4～7 cm，一至二回羽状深裂至半裂，裂片2～3对，卵形、卵状披针形或披针形，长2.5～5 cm，宽1.5～2 cm，不分裂或每侧有1～2枚缺齿，叶脉明显，在背面凸起，干时锈色；叶面被灰白色短柔毛，有白色腺点与小凹点，背面密被灰白色蛛丝状密茸毛；上部叶渐小。头状花序椭圆形，直径2.5～3（3.5）mm，在茎上通常组成狭窄、尖塔形的圆锥花序；总苞片背面密被灰白色蛛丝状绵毛，边缘膜质；雌花6～10朵；管状花8～12朵，结实。瘦果长卵形或长圆形。花果期7—10月。

【生境】生于低至中海拔地区的荒地、路旁、山坡。

【分布】全县域均有分布。

【采收加工】夏、秋季采收地上部分，晒干。

【性味功能】味苦、辛，性温；散寒除湿，温经止血。

【主治用法】用于功能性子宫出血，先兆流产，痛经，月经不调；外用治湿疹，皮肤瘙痒。内服：煎汤，3～6 g。外用：适量，煎水熏洗。

【附方】（1）治卒心痛：白艾成熟者三升，以水三升，煮取一升，去滓，顿服之。若为客气所中者，当吐出虫物。（《补缺肘后方》）

（2）治脾胃冷痛：白艾末煎汤服二钱。（《卫生易简方》）

（3）治肠炎，急性尿路感染，膀胱炎：艾叶二钱，辣蓼二钱，车前一两六钱，水煎服，每天一剂，早晚各服一次。（《单方验方新医疗法选编》）

（4）治气痢腹痛，睡卧不安：艾叶（炒）、陈橘皮（汤浸去白，焙）各等份。上二味捣罗为末，酒煮烂饭和丸，如梧桐子大。每服二十丸，空心。（《圣济总录》香艾丸）

（5）治湿冷下痢脓血，腹痛，妇人下血：干艾叶四两（炒焦存性），川白姜一两（炮）。上为末，醋煮面糊丸，如梧桐子大。每服三十丸，温米饮下。（《世医得效方》艾姜汤）

（6）治鼻血不止：艾灰吹之，亦可以艾叶煎服。（《太平圣惠方》）

（7）治粪后下血：艾叶、生姜各适量煎浓汁，服三合。（《备急千金要方》）

（8）治妇人崩中，连日不止：熟艾如鸡子大，阿胶（炒为末）半两，干姜一钱。水五盏，先煮艾、姜至二盏半，入胶烊化，分三服，空腹服，一日尽。（《养生必用方》）

（9）治功能性子宫出血，产后出血：艾叶炭一两，蒲黄、蒲公英各五钱。每日一剂，煎服二次。（《中草药新医疗法资料选编》）

（10）治妇人白带淋沥：艾叶（杵如绵，扬去尘末并梗，酒煮一周时）六两，白肃、苍术各三两（俱米泔水浸，晒干炒），当归身（酒炒）二两，砂仁一两。共为末，每早服三钱，白汤调下。（《本草汇言》）

（11）治产后腹痛欲死，因感寒起者：陈蕲艾二斤，焙干，捣铺脐上，以绢覆住，熨斗熨之，待口中艾气出，则痛自止。（《杨诚经验方》）

（12）治盗汗不止：熟艾二钱，白茯神三钱，乌梅三个。水一盅，煎八分，临卧温服。（《本草纲目》）

（13）治痈疽不合，疮口冷滞：以北艾煎汤洗后，白胶熏之。（《仁斋直指方论》）

（14）治湿疹：艾叶炭、枯矾、黄柏各等份，共研细末，用香油调膏，外敷。（《中草药新医疗法资料选编》）

259. 南艾蒿 *Artemisia verlotorum* Lamotte

【别名】艾蒿、艾叶。

【基源】为菊科蒿属植物南艾蒿 *Artemisia verlotorum* Lamotte 的叶。

【形态特征】多年生草本，植株有香气。主根稍明显，侧根多；根状茎短，常具匍匐茎，并有营养

枝。茎单生或少数，高 50～100 cm，具纵
棱，中上部分枝，枝长 5～6（8）cm，斜
向上贴向茎部；茎、枝初时微有短柔毛，
后脱落无毛。叶纸质，上面浓绿色，近无
毛，被白色腺点及小凹点，干后常成黑色，
背面除叶脉外密被灰白色绵毛；基生叶与
茎下部叶卵形或宽卵形，一至二回羽状全
裂，具柄，花期叶均萎谢；中部叶卵形或
宽卵形，长 5～10（13）cm，宽 3～8 cm，
一至二回羽状全裂，每侧有裂片 3～4 枚，

裂片披针形或线状披针形，稀线形，长 3～5 cm，宽 3～5 mm，先端锐尖，不分裂或偶有数枚浅裂齿，
边反卷，叶柄短或近无柄；上部叶 3～5 全裂或深裂；苞片叶不分裂，披针形或椭圆状披针形。头状花
序椭圆形或长圆形，直径 2～2.5 mm，无梗，直立，在分枝上排成密或疏松的穗状花序，而在茎上组成
狭而长或为中等开展的圆锥花序；总苞片 3 层，覆瓦状排列，外层总苞片略小，卵形，背面初时微有蛛
丝状柔毛，后脱落无毛，边缘狭膜质，中层、内层总苞片长卵形或椭圆状倒卵形，背面无毛，边缘宽膜
质或全为半膜质；雌花 3～6 朵，花冠狭管状，檐部具 2 裂齿，紫色，花柱长，伸出花冠外，先端 2 叉，
叉端尖；两性花 8～18 朵，花冠管状，檐部紫红色，花药线形，上端附属物尖，长三角形，基部钝，花
柱与花冠等长，先端 2 叉，叉端扁，扇形，有睫毛状毛。瘦果小，倒卵形或长圆形，稍压扁。花果期 7—
10 月。

【生境】生于低海拔至中海拔地区的山坡、路旁、田边等地。

【分布】全县域均有分布。

【采收加工】花未开时割取地上部分，摘取叶片，晒干。

【性味功能】味辛、苦，性温；温经止血，散寒止痛，祛湿止痒。

【主治用法】用于吐血，衄血，咯血，便血，崩漏，妊娠下血，月经不调，痛经，胎动不安，心腹冷痛，
泄泻久痢，带下，湿疹，疥癣，痔疮，痈疡。内服：煎汤，3～10 g；或入丸、散，或捣汁。外用：适量，
捣敷。

260. 黄花蒿 *Artemisia annua* L.

【别名】蒿、草蒿、臭蒿、香蒿、三庚草、青蒿、草蒿子。

【基源】青蒿（中药名）。为菊科蒿属植物黄花蒿 *Artemisia annua* L. 的干燥地上部分。

【形态特征】一年生草本；植株有香气。主根单一，垂直，侧根少。茎单生，高 30～150 cm，上
部多分枝，幼时绿色，有纵纹，下部稍木质化，纤细，无毛。叶两面青绿色或淡绿色，无毛；基生叶与
茎下部叶三回栉齿状羽状分裂，有长叶柄，花期叶凋谢；中部叶长圆形、长圆状卵形或椭圆形，长 5～15 cm，
宽 2～5.5 cm，二回栉齿状羽状分裂，第一回全裂，每侧有裂片 4～6 枚，裂片长圆形，基部楔形，每
裂片具多枚长三角形的栉齿或为细小、略呈线状披针形的小裂片，先端锐尖，两侧常有 1～3 枚小裂齿
或无裂齿，中轴与裂片羽轴常有小锯齿，叶柄长 0.5～1 cm，基部有小型半抱茎的假托叶；上部叶与苞

片叶一至二回栉齿状羽状分裂，无柄。头状花序半球形或近半球形，直径 3.5～4 mm，具短梗，下垂，基部有线形的小苞叶，在分枝上排成穗状花序式的总状花序，并在茎上组成中等开展的圆锥花序；总苞片 3～4 层，外层总苞片狭小，长卵形或卵状披针形，背面绿色，无毛，有细小白点，边缘宽膜质，中层总苞片稍大，宽卵形或长卵形，边宽膜质，内层总苞片半膜质或膜质，顶端圆；花序托球形；花淡黄色；雌花 10～20 朵，

花冠狭管状，檐部具 2 裂齿，花柱伸出花冠管外，先端 2 叉，叉端尖；两性花 30～40 朵，孕育或中间若干朵不孕育，花冠管状，花药线形，上端附属物尖，长三角形，基部圆钝，花柱与花冠等长或略长于花冠，顶端 2 叉，叉端截形，有睫毛状毛。瘦果长圆形至椭圆形。花果期 6—9 月。

【生境】常散生于低海拔、湿润的河岸边沙地、山谷、林缘、路旁等，也见于滨海地区。

【分布】全县域均有分布。

【采收加工】秋季花盛开时采割，除去老茎、杂质，阴干。

【性味功能】味苦、辛，性寒；清透虚热，凉血除蒸，解暑，截疟。

【主治用法】用于温邪伤阴，夜热早凉，阴虚发热，劳热骨蒸，暑热外感，发热口渴，疟疾寒热。内服：煎汤，6～12 g，不宜久煎；或鲜用绞汁服。

261. 茵陈蒿 *Artemisia capillaris* Thunb.

【别名】绵茵陈、茵陈、白蒿。

【基源】为菊科蒿属植物茵陈蒿 *Artemisia capillaris* Thunb. 的干燥地上部分。

【形态特征】半灌木状草本，高 40～100 cm。主根明显木质。茎直立，基部木质化，有纵条纹，紫色，多分枝，幼嫩枝被灰白色细柔毛，老则脱落。基生叶披散地上，有柄，较宽，二至三回羽状全裂，或掌状裂，小裂片线形或卵形，两面密被绢毛；下部叶花时凋落；茎生叶无柄，裂片细线形或毛管状，基部抱茎，叶脉宽，被淡褐色毛，枝端叶渐短小，常无毛。秋、冬季开花，头状花序球形，直径达 2 mm，多数集成圆锥状；总苞片外列较小，内列中央绿色较厚，围以膜质较宽边缘；花淡绿色，外层雌花 4～12 朵，常为 7 朵左右，能育，柱头 2 裂叉状；中部两性花 2～7 朵，不育，柱头头状不分裂。瘦果长圆形，无毛。

【生境】生于路旁、山坡、林下及草地，海拔 500～3600 m。

【分布】分布于字畈镇。

【采收加工】春季幼苗高6～10 cm时采收或秋季花蕾长成至花初开时采割，除去杂质和老茎，晒干。

【性味功能】味苦、辛，性微寒；清热利湿，利胆退黄。

【主治用法】用于黄疸尿少，湿温暑湿，湿疮瘙痒。内服：煎汤，6～15 g。外用：适量，煎汤熏洗。

262. 蓟 *Cirsium japonicum* Fisch. ex DC.

【别名】马蓟、虎蓟、刺蓟、山牛蒡。

【基源】大蓟（中药名）。为菊科蓟属植物蓟 *Cirsium japonicum* Fisch. ex DC. 的地上部分。

【形态特征】多年生草本。块根纺锤状或萝卜状，直径达7 mm。茎直立，高30～80 cm，茎枝有条棱，被长毛。基生叶有柄，叶片倒披针形或倒卵状椭圆形，长8～20 cm，宽2.5～8 cm，羽状深裂或几全裂，侧裂片6～12对，中部侧裂片较大，向上及向下的侧裂片渐小，边缘齿状，齿端具刺；自基部向上的叶渐小，与基生叶同型并等样分裂，但无柄，基部扩大半抱茎；全部茎叶两面同色，绿色，两面沿

脉有疏毛。头状花序直立，单一或数个生于枝端集成圆锥状；总苞钟状，直径3 cm；总苞片约6层，覆瓦状排列，向内层渐长，外层与中层卵状三角形至长三角形，先端有短刺，内层披针形或线状披针形，先端渐尖成软针刺状；花两性，全部为管状花，花冠紫色或紫红色，长1.5～2 cm，5裂，裂片较下面膨大部分短；雄蕊5，花药先端有附片，基部有尾。瘦果长椭圆形，稍扁，长约4 mm；冠毛羽状，暗灰色，稍短于花冠。花期5—8月，果期6—8月。

【生境】生于山坡、草地、路旁。

【分布】全县域均有分布。

【采收加工】花盛开时割取地上部分，鲜用或晒干。

【性味功能】味甘、苦，性凉；凉血止血，散瘀解毒消痈。

【主治用法】用于吐衄、咯血、崩漏等血热出血证，肠痈、肺痈等火热毒盛的痈肿疮毒。内服：煎汤，5～10 g；鲜品可用30～60 g。外用：捣敷。用于止血宜炒炭用。

263. 刺儿菜 *Cirsium setosum*（Willd.）MB.

【别名】猫蓟、青刺蓟、千针草。

【基源】小蓟（中药名）。为菊科蓟属植物刺儿菜 *Cirsium setosum*（Willd.）MB. 的地上部分。

【形态特征】多年生草本。茎直立，高30～80 cm，茎无毛或被蛛丝状毛。基生叶花期枯萎；下部叶和中部叶椭圆形或椭圆状披针形，长7～15 cm，宽1.5～10 cm，先端钝或圆形，基部楔形，通常无

叶柄，上部茎叶渐小，叶缘有细密的针刺
或刺齿，全部茎叶两面同色，无毛。头状
花序单生于茎端，雌雄异株；雄花序总苞
长约 18 mm，雌花序总苞长约 25 mm；总
苞片 6 层，外层甚短，长椭圆状披针形，
内层披针形，先端长尖，具刺；雄花花冠
长 17～20 mm，裂片长 9～10 mm，花药
紫红色，长约 6 mm；雌花花冠紫红色，长
约 26 mm，裂片长约 5 mm，退化花药长约
2 mm。瘦果椭圆形或长卵形，略扁平；冠
毛羽状。花期 5—6 月，果期 5—7 月。

【生境】生于山坡、河旁或荒地、田间。

【分布】全县域均有分布。

【采收加工】5—6 月盛花期割取全草，晒干或鲜用。可连续收获 3～4 年。

【性味功能】味甘、苦，性凉；凉血止血，散瘀解毒消痈。

【主治用法】用于血热迫血妄行所致的吐衄、尿血、崩漏等血热出血证，火热毒盛的痈肿疮毒。内服：
煎汤，5～10 g；鲜品可用 30～60 g；或捣汁。外用：捣敷。

264. 野菊 *Dendranthema indicum*（L.）Des Moul.

【别名】野菊花。

【基源】为菊科菊属植物野菊 *Dendranthema indicum*（L.）Des Moul. 的干燥头状花序。

【形态特征】一年生草本，高 0.25～1 m，有地下长或短匍匐茎。茎直立或铺散，分枝或仅在茎顶
有伞房状花序分枝。茎枝被稀疏的毛，上
部及花序枝上的毛稍多或较多。基生叶和
下部叶花期脱落。中部茎叶卵形、长卵形
或椭圆状卵形，长 3～7（10）cm，宽 2～4
（7）cm，羽状半裂、浅裂或分裂不明显而
边缘有浅锯齿。基部截形或稍心形或宽楔
形，叶柄长 1～2 cm，柄基无耳或有分裂
的叶耳。两面同色或几同色，淡绿色，或
干后两面呈橄榄绿，有稀疏的短柔毛，或
下面的毛稍多。头状花序直径 1.5～2.5 cm，

多数在茎枝顶端排成疏松的伞房圆锥花序或少数在茎顶排成伞房花序。总苞片约 5 层，外层卵形或卵状
三角形，长 2.5～3 mm，中层卵形，内层长椭圆形，长 11 mm。全部苞片边缘白色或褐色，宽膜质，顶
端钝或圆。舌状花黄色，舌片长 10～13 mm，顶端全缘或 2～3 齿。瘦果长 1.5～1.8 mm。花期 6—11 月。

【生境】生于山坡草地、灌丛、河边水湿地、海滨盐渍地及田边、路旁。

【分布】全县域均有分布。

【采收加工】秋、冬季花初开时采摘，干燥；或蒸后干燥。

【性味功能】味苦、辛，性寒；清热解毒。

【主治用法】用于痈疽疔疮，咽喉肿痛，目赤肿痛，头痛眩晕。内服：煎汤，10～15 g。外用：适量，捣敷。

265. 苦苣菜 *Sonchus oleraceus* L.

【别名】滇苦菜。

【基源】苦菜根（中药名）。为菊科苦苣菜属植物苦苣菜 *Sonchus oleraceus* L. 的根。

【形态特征】一年生或二年生草本。根圆锥状，垂直直伸，有多数纤维状的须根。茎直立，单生，高 40～150 cm，有纵条棱或条纹，不分枝或上部有短的伞房花序状或总状花序式分枝，全部茎枝光滑无毛，或上部花序分枝及花序梗被头状具柄的腺毛。基生叶羽状深裂，长椭圆形或倒披针形，或大头羽状深裂，倒披针形，或基生叶不裂，椭圆形、椭圆状戟形、三角形或三角状戟形，或圆形，全部基生叶基部渐狭成长或短翼柄；中下部茎叶羽状深裂或大头状羽状深裂，椭圆形或倒披针形，长 3～12 cm，宽 2～7 cm，基部急狭成翼柄，翼狭窄或宽大，向柄基且逐渐加宽，柄基圆耳状抱茎，顶裂片与侧裂片等大或较大或大，宽三角形、戟状宽三角形、卵状心形，侧生裂片 1～5 对，椭圆形，常下弯，全部裂片顶端急尖或渐尖，下部茎叶或接花序分枝下方的叶与中下部茎叶同型并等样分裂或不分裂而披针形或线状披针形，且顶端长渐尖，下部宽大，基部半抱茎；全部叶或裂片边缘及抱茎小耳边缘有大小不等的急尖锯齿或大锯齿或上部及接花序分

枝处的叶，边缘大部全缘或上半部边缘全缘，顶端急尖或渐尖，两面光滑无毛，质地薄。头状花序少数在茎枝顶端排紧密的伞房花序或总状花序或单生于茎枝顶端。总苞宽钟状，长 1.5 cm，宽 1 cm；总苞片 3～4 层，覆瓦状排列，向内层渐长；外层长披针形或长三角形，长 3～7 mm，宽 1～3 mm，中内层长披针形至线状披针形，长 8～11 mm，宽 1～2 mm；全部总苞片顶端长急尖，外面无毛或外层或中内层上部沿中脉有少数头状具柄的腺毛。舌状小花多数，黄色。瘦果褐色，长椭圆形或长椭圆状倒披针形，长 3 mm，宽不足 1 mm，压扁，每面各有 3 条细脉，肋间有横皱纹，顶端狭，无喙，冠毛白色，长 7 mm，单毛状，彼此缠绕。花果期 5—12 月。

【生境】生于田边、山野、路旁。

【分布】全县域均有分布。

【采收加工】夏、秋季挖根，洗净，晒干或鲜用。

【性味功能】味苦，性平；散瘀止血。

【主治用法】用于血淋，小便不利。内服：煎汤，鲜品 30～45 g。

266. 抱茎苦荬菜 *Ixeridium sonchifolium*（Maxim.）Shih

【别名】苦碟子、抱茎小苦荬、苦荬菜。

【基源】为菊科小苦荬属植物抱茎苦荬菜 *Ixeridium sonchifolium*（Maxim.）Shih 的全草。

【形态特征】多年生草本，具白色乳汁，光滑。根细圆锥状，长约 10 cm，淡黄色。茎高 30～60 cm，上部多分枝。基部叶具短柄，倒长圆形，长 3～7 cm，宽 1.5～2 cm，先端钝圆或急尖，基部楔形下延，边缘具齿或不整齐羽状深裂，叶脉羽状；中部叶无柄，中下部叶线状披针形，上部叶卵状长圆形，长 3～6 cm，宽 0.6～2 cm，先端渐狭成长尾尖，基部变宽成耳形抱茎，全缘，具齿或羽状深裂。

头状花序组成伞房状圆锥花序；总花序梗纤细，长 0.5～1.2 cm；总苞圆筒形，长 5～6 mm，宽 2～3 mm；外层总苞片 5，长约 0.8 mm，内层总苞片 8，披针形，长 5～6 mm，宽约 1 mm，先端钝。舌状花多数，黄色，舌片长 5～6 mm，宽约 1 mm，筒部长 1～2 mm；雄蕊 5，花药黄色；花柱长约 6 mm，上端具细茸毛，柱头裂瓣细长，卷曲。果实长约 2 mm，黑色，具细纵棱，两侧纵棱上部具刺状小突起，喙细，长约 0.5 mm，浅棕色；冠毛白色，1 层，长约 3 mm，刚毛状。花期 4—5 月，果期 5—6 月。

【生境】一般出现于荒野、路边、田间地头，常见于麦田。

【分布】全县域均有分布。

【采收加工】夏、秋季采收，除去杂质，洗净泥土，晒干，切段备用。

【性味功能】味苦、辛，性微寒；清热解毒，消肿止痛。

【主治用法】用于头痛，牙痛，吐血，衄血，痢疾，泄泻，肠痈，胸腹痛，痈疮肿毒，外伤肿痛。内服：10～30 g，水煎服。外用：适量，鲜品捣敷或煎水熏洗患处。

267. 马兰 *Kalimeris indica*（L.）Sch. -Bip.

【别名】紫菊、阶前菊、鸡儿肠。

【基源】为菊科马兰属植物马兰 *Kalimeris indica*（L.）Sch. -Bip. 的全草或根。

【形态特征】多年生草本，高 30～70 cm。根茎有匍匐枝。茎直立，上部有短毛，上部或从下部起有分枝。叶互生；基部渐狭成具翅的长柄；叶片倒披针形或倒卵状长圆形，长3～6 cm，稀达 10 cm，宽 0.8～2 cm，稀达 5 cm，先端钝或尖，边缘从中部以上具有小尖头的钝或尖齿，或有羽状裂片，两面或上面具疏微毛或近无毛，薄质；上面叶小，无柄，全缘。头状花序单生于枝端并排列成疏伞房状；总苞半球形，直径6～9 mm，长 4～5 mm；总苞片 2～3 层，覆瓦状排列，外层倒披针形，长约 2 mm，

内层倒披针状长圆形，长达 4 mm，先端钝或稍尖，上部草质，有疏短毛，边缘膜质，具缘毛；舌状花 1 层，15～20 个，管部长 1.5～1.7 mm；舌片浅紫色，长达 10 mm，宽 1.5～2 mm；管状花长 3.5 mm，管部长约 1.5 mm，被短毛。瘦果倒卵状长圆形，极扁，长 1.5～2 mm，宽约 1 mm，褐色，边缘浅色而有厚肋，上部被腺毛及短柔毛，冠毛长 0.1～0.8 mm，易脱落，不等长。花期 5—9 月，果期 8—10 月。

【生境】生于路边、田野、山坡上。

【分布】全县域均有分布。

【采收加工】夏、秋季采收，鲜用或晒干。

【性味功能】味辛，性凉；凉血止血，清热利湿，解毒消肿。

【主治用法】用于吐血、衄血、血痢、崩漏、创伤出血、黄疸、水肿、感冒、咳嗽、咽痛喉痹、痔疮、痈肿、丹毒、小儿疳积。内服：煎汤，10～30 g（鲜品 30～60 g）；或捣汁。外用；适量，捣敷；或煎水熏洗。

【附方】（1）治吐血：鲜白茅根四两（白嫩，去心），马兰头四两（连根），湘莲子四两，红枣四两。先将白茅根、马兰头洗净，同入锅内浓煎二三次，滤去渣，再加入湘莲子、红枣入锅内，用文火炖之。晚间临睡时取食一两。（《集成良方三百种》）

（2）治大便下血：马兰、荔枝草各 30 g，煎服。（《安徽中草药》）

（3）治紫癜：马兰、地锦草各 15 g，煎服。（《安徽中草药》）

（4）治传染性肝炎：鸡儿肠鲜全草 30 g，酢浆草、地耳草、兖州卷柏各 15～30 g，水煎服。（《福建中草药》）

（5）治小便淋痛：鲜马兰 30～60 g，金丝草 30 g，土丁桂、胖大海各 15 g，水煎服。（《福建药物志》）

（6）治咽喉肿痛：马兰根、水芹菜根各 30 g，加白糖少许，捣烂取汁服，连服 3～4 次。（《浙江药用植物志》）

（7）治口腔炎：海金沙全草、鸡儿肠各 30 g，水煎服。（《福建中草药处方》）

（8）治急性结膜炎：马兰鲜嫩叶 60 g，捣烂，拌茶油少许同服。（《常用青草药选编》）

268. 鳢肠 *Eclipta prostrata*（L.）L.

【别名】金陵草、莲子草、墨斗草、旱莲草。

【基源】墨旱莲（中药名）。为菊科鳢肠属植物鳢肠 *Eclipta prostrata*（L.）L. 的全草。

【形态特征】一年生草本，高 10～60 cm。全株被白色粗毛，折断后流出的汁液数分钟后即呈蓝黑色。茎直立或基部倾伏，着地生根，绿色或红褐色。叶对生；叶片线状椭圆形至披针形，长 3～10 cm，宽 0.5～2.5 cm，全缘或稍有细齿，两面均被白色粗毛。头状花序腋生或顶生，总苞钟状，总苞片 5～6 片，花托扁平，托上着生少数舌状花及多数管状花；舌状花雌性；花冠白色，发育或不发育；管状花两性，绿色，全发育。瘦果黄黑色，长约 3 mm，无冠毛。花期 7—9 月，果期 9—10 月。

【生境】生于路边、湿地、沟边或田间。

【分布】全县域均有分布。

【采收加工】夏、秋季割取全草，阴干或晒干。鲜用可随采随用。

【性味功能】味甘、酸，性寒；滋补肝肾，凉血止血，祛湿止痒。

【主治用法】用于头晕目眩，须发早白，肾虚齿痛，吐血，尿血，崩漏，阴痒，白浊，赤白带下等。内服：煎汤，9～30 g；或熬膏，或捣汁，或入丸、散。外用：捣敷；或捣绒塞鼻，或研末敷。

【附方】（1）治吐血成盆：旱莲草和童便、徽墨春汁各适量，藕节汤开服。（《生草药性备要》）

（2）治吐血：鲜旱莲草四两，捣烂冲童便服；或加生柏叶共同用尤效。（《岭南采药录》）

（3）治咳嗽咯血：鲜旱莲草二两，捣绞汁，开水冲服。（《江西民间草药验方》）

（4）治鼻衄：鲜旱莲草一握，洗净后捣烂绞汁，每次取五酒杯炖热，饭后温服，日服两次。（《福建民间草药》）

（5）治小便溺血：车前草叶、金陵草叶各适量。上二味，捣取自然汁一盏，空腹饮之。（《医学正传》）

（6）治肠风脏毒，下血不止：旱莲草子，瓦上焙，研末。每服二钱，米饮下。（《家藏经验方》）

（7）治热痢：旱莲草一两，水煎服。（《湖南药物志》）

（8）治刀伤出血：鲜旱莲草捣烂，敷伤处；干者研末，撒伤处。（《湖南药物志》）

（9）补腰膝，壮筋骨，强肾阴，乌髭发：冬青子（女贞实，冬至日采）不拘多少，阴干，蜜、酒拌蒸，过一夜，粗袋擦去皮，晒干为末，瓦瓶收贮，旱莲草（夏至日采）不拘多少，捣汁熬膏，和前药为丸。临卧服。（《医方集解》二至丸）

（10）治偏头痛：鳢肠汁滴鼻中。（《圣济总录》）

（11）治赤白带下：旱莲草一两，同鸡汤或肉汤煎服。（《江西民间草药验方》）

（12）治白浊：旱莲草五钱，车前子三钱，银花五钱，土茯苓五钱，水煎服。（《陆川本草》）

（13）治妇女阴道痒：墨斗草四两，水煎服；或另加钩藤根少许，并煎汁，加白矾少许外洗。（《重庆草药》）

（14）治肾虚齿疼：旱莲草，焙，为末，搽齿龈上。（《滇南本草》）

（15）治血淋：旱莲草、芭蕉根（细锉）各二两。上二味，粗捣筛。每服五钱匕。水一盏半，煎

至八分，去滓，温服，日二服。（《圣济总录》旱莲子汤）

（16）治白喉：旱莲草二至三两，捣烂，加盐少许，冲开水去渣服。服后吐出涎沫。（《岭南草药志》）

269. 蒲公英 *Taraxacum mongolicum* Hand. -Mazz.

【别名】华花郎、蒲公草、黄古头。

【基源】为菊科蒲公英属植物蒲公英 *Taraxacum mongolicum* Hand. -Mazz. 的干燥全草。

【形态特征】多年生草本，高 10～25 cm，全株含白色乳汁，被白色疏软毛。根深长，单一或分枝，直径通常 3～5 mm，外皮黄棕色。叶茎生，排列成莲座状；具叶柄，柄基部两侧扩大成鞘状；叶片线状披针形、倒披针形或倒卵形，长 6～15 cm，宽 2～3.5 cm，先端尖或钝，基部狭窄，下延，边缘浅裂或作不规则羽状分裂，裂片齿状或三角状，全缘或具疏齿，裂片间有细小锯齿，绿色或有时在边缘带淡紫色斑迹，被白色蛛丝状毛。花茎由叶丛中抽出，比叶片长或稍短，上部密被白色蛛丝状毛；头状花序单一，顶生，全为舌状花，两性；总苞片多层，外面数层较短，卵状披针形，内面一层线状披针形，边缘膜质，缘具蛛丝状毛，内、外苞片先端均有小角状突起；花托平坦；花冠黄色，先端平截，常裂；雄蕊 5，花药合生成筒状包于花柱外，花丝分离；雌蕊 1，子房下位，花柱细长，柱头 2 裂，有短毛。瘦果倒披针形，具纵棱，并有横纹相连，果上全部有刺状突起，果顶具长 8～10 mm 的喙；冠毛白色。花期 4—5 月，果期 6—7 月。

【生境】生于山坡草地、路旁、河岸沙地及田间。

【分布】全县域均有分布。

【采收加工】春、秋季花初开时采挖，除去杂质，干燥。

【性味功能】味苦、甘，性寒；清热解毒，消肿散结，利尿通淋。

【主治用法】用于痈肿疔毒，乳痈内痈，热淋涩痛，湿热黄疸，清肝明目。内服：煎汤，9～15 g。外用：鲜品适量，捣敷或煎汤熏洗患处。

270. 千里光 *Senecio scandens* Buch. -Ham. ex D. Don

【别名】九里明、九里光、黄花母。

【基源】为菊科千里光属植物千里光 *Senecio scandens* Buch. -Ham. ex D. Don 的全草。

【形态特征】多年生攀援草本，根状茎木质，粗，直径达 1.5 cm，高 1～5 m。茎伸长，弯曲，长 2～5 m，多分枝，被柔毛或无毛，老时变木质，皮淡色。叶具柄，叶片卵状披针形至长三角形，长 2.5～12 cm，宽 2～4.5 cm，顶端渐尖，基部宽楔形、截形、戟形，稀心形，通常具浅或深齿，稀全缘，有时具细裂或羽状浅裂，至少向基部具 1～3 对较小的侧裂片，两面被短柔毛至无毛；羽状脉，侧脉 7～9 对，弧状，叶脉明显；叶柄长 0.5～1（2）cm，具柔毛或近无毛，无耳或基部有小耳；上部叶变小，披针形或线状披针形，长渐尖。头状花序有舌状花，多数，在茎枝端排列成顶生复聚伞圆锥花序；分枝和花序梗被密至疏短柔毛；花序梗长 1～2 cm，具苞片，小苞片通常 1～10，线状钻形。总苞圆柱状钟形，长 5～8 mm，宽 3～6 mm，具外层苞片；苞片约 8，线状钻形，长 2～3 mm。总苞片 12～13，线状披针形，渐尖，上端和上部边缘有缘毛状短柔毛，草质，边缘宽干膜质，背面有短柔毛或无毛，具 3 脉。舌状花 8～10，管部长 4.5 mm；舌片黄色，长圆形，长 9～10 mm，宽 2 mm，钝，具 3 细齿，具 4 脉；管状花多数；花冠黄色，长 7.5 mm，管部长 3.5 mm，檐部漏斗状；裂片卵状长圆形，尖，上端有乳头状毛。花药长 2.3 mm，基部有钝耳；耳长约为花药颈部 1/7；附片卵状披针形；花药颈部伸长，向基略膨大；花柱分枝长 1.8 mm，顶端截形，有乳头状毛。瘦果圆柱形，长 3 mm，被柔毛；冠毛白色，长 7.5 mm。

【生境】生于山坡、疏林下、林边、路旁。

【分布】全县域均有分布。

【采收加工】夏、秋季生长茂盛，花开放时采割，除去杂质，干燥。

【性味功能】味苦，性寒；清热解毒，清肝明目。

【主治用法】用于痈肿疮毒，目赤肿痛，泄泻痢疾。内服：煎汤，9～15 g（鲜品 30 g）。外用：适量，捣敷。

271. 鼠曲草 *Gnaphalium affine* D. Don

【别名】鼠耳、无心、鼠耳草、佛耳草、清明蒿。

【基源】为菊科鼠曲草属植物鼠曲草 *Gnaphalium affine* D. Don 的全草。

【形态特征】二年生草本，高 10～50 cm。茎直立，簇生，不分枝或少有分枝，密被白色绵毛。叶互生；无柄；基部叶花期时枯萎，下部和中部叶片倒披针形或匙形，长 2～7 cm，宽 4～12 mm，先端具小尖，基部渐狭，下延，全缘，两面被灰白色绵毛。头状花序多数，通常在茎端密集成伞房状；总苞球状钟形，长约 3 mm，宽约 3.5 mm；总苞片 3 层，金黄色，干膜质，先端钝，外层总苞片较短，宽卵形，内层长圆形，花黄色，外围的雌花花冠丝状；中央的两性花花冠筒状，长约 2 mm，先端 5 裂。瘦果长圆形，长约 0.5 mm，有乳头状突起；冠毛黄白色。花期 4—6 月，果期 8—9 月。

【生境】生于田埂、荒地、路旁。

【分布】全县域均有分布。

【采收加工】春季开花时采收，去尽杂质，晒干，储藏于干燥处。鲜品随采随用。

【性味功能】味甘、微酸，性平；化痰止咳，祛风除湿，解毒。

【主治用法】用于咳喘痰多，风湿痹痛，泄泻，水肿，蚕豆病，赤白带下，痈肿疔疮，阴囊湿痒，荨麻疹，高血压。内服：煎汤，6～15 g；或研末，或浸酒。外用：适量，煎水洗；或捣敷。

【附方】（1）治一切痰嗽，壅滞胸膈痞满：雄黄、佛耳草、鹅管石、款冬花各等份。上为末。每服用药一钱，安在炉子上焚着，以开口吸烟在喉中。（《黄帝素问宣明论方》焚香透膈散）

（2）治一切咳嗽，不问新旧，喘顿不止，昼夜无时：款冬花二百枚，熟地黄（干）二两，佛耳草五十枚。上三味焙干，碾为粗末。每次二钱，装猛火于香炉中烧之，用纸作筒子，一头大，一头小，如粽样，安在炉上，以口吸烟尽为度，即以清茶咽下，有痰涎吐之。（《普济方》）

（3）预防肝炎：鲜鼠曲草 30 g，水煎，加红糖 15 g，于每年初春服。（《全国中草药汇编》）

（4）治支气管炎，哮喘：鼠曲草、款冬花各 60 g，胡桃肉、松子仁各 120 g，水煎混合浓缩，用白蜂蜜 50 g 作膏。每次服 1 食匙，每日 3 次。（《安徽中草药》）

（5）治支气管炎，寒喘：鼠曲草、黄荆子各 15 g，前胡、云雾草各 9 g，天竺子 12 g，荠根 30 g，水煎服，连服 5 天。一般需服 1 个月。（《浙江民间常用草药》）

（6）治筋骨痛，脚膝肿痛，跌打损伤：鼠曲草 30～60 g，水煎服。（《湖南药物志》）

（7）治脾虚浮肿：鲜鼠曲草 60 g，水煎服。（《福建中草药》）

（8）治赤白带下：①鼠曲草、凤尾草各 9 g，椿根白皮、鸡冠花各 15 g，白果 10 枚（杵碎），煎服。（《安徽中草药》）

②鼠曲草、凤尾草、灯心草各 15 g，土牛膝 9 g，水煎服。（《浙江民间常用草药》）

（9）治无名肿毒，对口疮：鲜鼠曲草 30 g，水煎服。另取鲜叶调米饭捣烂敷患处。（《福建中草药》）

272. 天名精 *Carpesium abrotanoides* L.

【别名】鹿活草、地菘、皱面草、鹤虱草。

【基源】为菊科天名精属植物天名精 *Carpesium abrotanoides* L. 的全草、干燥成熟果实。天名精（全草中药名），鹤虱（果实中药名）。

【形态特征】多年生草本，高50～100 cm。茎直立，上部多分枝，密生短柔毛，下部近无毛。叶互生；下部叶片宽椭圆形或长圆形，长10～15 cm，宽5～8 cm，先端尖或钝，基部狭成具翅的叶柄，边缘有不规则的锯齿或全缘，上面有贴生短毛，下面有短柔毛和腺点，上部叶片渐小，长圆形，无柄。头状花序多数，沿茎枝腋生，有短梗或近无梗，直径6～8 mm，平立或稍下垂；总苞钟状球形，总苞片3层，外层极短，卵形，先端尖，有短柔毛，中层和内层长圆形，先端圆钝，无毛；花黄色，外围的雌花花冠丝状，3～5齿裂，中央的两性花花冠筒状，先端5齿裂。瘦果条形，具细纵条，先端有短喙，有腺点，无冠毛。花期6—8月，果期9—10月。

【生境】生于山坡、路旁或草坪上。

【分布】全县域均有分布。

【采收加工】天名精：7—8月采收，洗净，鲜用或晒干。鹤虱：秋季果实成熟时采收果枝，干燥，打下果实，除去杂质，再干燥。

【性味功能】天名精：味苦、辛，性寒；清热，化痰，解毒，杀虫，破瘀，止血。

鹤虱：味苦、辛，性平；杀虫消积。

【主治用法】天名精：用于乳蛾，喉痹，急慢惊风，牙痛，疔疮肿毒，痔瘘，皮肤痒疹，毒蛇咬伤，虫积，吐血，衄血，血淋，创伤出血。内服：煎汤，9～15 g；或研末，3～6 g；或捣汁，或入丸、散。外用：适量，捣敷；或煎水熏洗及含漱。

鹤虱：用于虫积腹痛，小儿疳积。内服：煎汤，3～10 g；或入丸、散。外用：适量，捣敷。

【附方】（1）天名精：①治咽喉肿塞，痰涎壅滞，喉肿水不可下者：地菘捣汁，鹅翎扫入，去痰最妙。（《伤寒蕴要》）

②治缠喉风，不问阳闭、阴闭，如急病内外肿塞，辄至不救者：天名精（嫩者）半两，铜青二钱，大黄、猪牙皂各半两。上为细末，以白梅肥润者，取肉烂捣，一处捣匀，每两作十五丸。每用，以新绵裹。口中含化，咽津，有顽涎吐出。若病得两日后，难开。（《是斋百一选方》千两金丸）

③治骨鲠在喉：天名精、马鞭草各一握（去根），白梅（以盐淹成白霜梅）肉一个，白矾一钱。捣作弹丸，绵裹含咽，其骨自软而下也。（《食物本草》）

④治黄疸型肝炎：鲜天名精全草120 g，生姜3 g，水煎服。（《浙江药用植物志》）

⑤治疔疮肿毒：鹤虱草叶、浮酒糟各适量，同捣敷。（《集效方》）

⑥治发背初起：地菘杵汁一升，日再服，瘥乃止。（《伤寒类要》）

（2）鹤虱：①治虫痛发作有时，口吐清水等证，可与楝实、胡粉、白矾、槟榔等同用，如安虫散（《小儿药证直诀》）；治肠胃诸虫，可与苦楝根皮、槟榔、使君子、芜荑、胡粉、枯矾为末，酒煮面糊为丸，如化虫丸（《医方集解》）；治蛲虫病，可用鹤虱、百部各 6 g，苦楝皮 12 g，研末装胶囊，每晚塞入肛门 1 粒。

②治虫积所致四肢羸困、面色青黄、饮食虽进、不生肌肤等，与胡粉、槟榔、苦楝皮、白矾同用，如化虫丸（《太平惠民和剂局方》）。

273. 兔儿伞 *Syneilesis aconitifolia*（Bge.）Maxim.

【别名】七星麻、一把伞。

【基源】为菊科兔儿伞属植物兔儿伞 *Syneilesis aconitifolia*（Bge.）Maxim. 的根或全草。

【形态特征】多年生草本。根状茎短，横走，具多数须根，茎直立，高 70～120 cm，下部直径 2.5～6 mm，紫褐色，无毛，具纵肋，不分枝。叶通常 2，疏生；下部叶具长柄；叶片盾状圆形，直径 20～30 cm，掌状深裂；裂片 7～9，每裂片再次 2～3 浅裂；小裂片宽 4～8 mm，线状披针形，边缘具不等长的锐齿，顶端渐尖，初时反折成闭伞状，被密蛛丝状茸毛，后开展成伞状，变无毛，上面淡绿色，下面灰色；叶柄长 10～16 cm，无翅，无毛，基部抱茎；中部叶较小，直径 12～24 cm；裂片通常 4～5；叶柄长 2～6 cm。其余的叶呈苞片状，披针形，向上渐小，无柄或具短柄。头状花序多数，在茎端密集成复伞房状，干时宽 6～7 mm；花序梗长 5～16 mm，具数枚线形小苞片；总苞筒状，长 9～12 mm，宽 5～7 mm，基部有 3～4 小苞片；总苞片 1 层，长圆形，顶端钝，边缘膜质，外面无毛。

小花 8～10，花冠淡粉白色，长 10 mm，管部窄，长 3.5～4 mm，檐部窄钟状，5 裂；花药变紫色，基部短箭形；花柱分枝伸长，扁，顶端钝，被笔状微毛。瘦果圆柱形，长 5～6 mm，无毛，具肋；冠毛污白色或变红色，糙毛状，长 8～10 mm。花期 6—7 月，果期 8—10 月。

【生境】生于山坡荒地林缘或路旁，海拔 500～1800 m。

【分布】分布于王义贞镇同兴村。

【性味功能】味苦、辛，性温；温肺祛痰，祛风止痢，消肿杀虫。

【主治用法】用于外感风寒，腹泻，肠风下血，疗头疮，便毒初起，眉癣，疥疮。内服：煎汤，1.5～3 g；或入丸、散。外用：适量，鲜品捣敷；研末撒或调涂；或煎水洗，或取汁涂。

【附方】（1）治颈淋巴结结核：兔儿伞根、蛇莓各 30 g，香茶菜根 15 g，水煎服。另以鲜八角莲根捣烂，敷患处。（《浙江药用植物志》）

（2）治痔疮：兔儿伞适量，水煎熏洗患处；另用根茎磨汁或捣烂涂患处。（《福建药物志》）

274. 莴苣 *Lactuca sativa* L.

【别名】莴苣菜、生菜。

【基源】为菊科莴苣属植物莴苣 *Lactuca sativa* L. 的茎和叶。

【形态特征】一年生或二年生草本，高 25 ～ 100 cm。根垂直直伸。茎直立，单生，上部圆锥状花序分枝，全部茎枝白色。基生叶及下部茎叶大，不分裂，倒披针形、椭圆形或椭圆状倒披针形，长 6 ～ 15 cm，宽 1.5 ～ 6.5 cm，顶端急尖、短渐尖或圆形，无柄，基部心形或箭头状半抱茎，边缘波状或有细锯齿，向上的渐小，与基生叶及下部茎叶同型或披针形，圆锥花序分枝下部的叶及圆锥花序分枝上的叶极小，卵状心形，无柄，基部心形或箭头状抱茎，边缘全缘，全部叶两面无毛。头状花序多数或极多数，在茎枝顶端排成圆锥花序。总苞果期卵球形，长 1.1 cm，宽 6 mm；总苞片 5 层，最外层宽三角形，长约 1 mm，宽约 2 mm，外层三角形或披针形，长 5 ～ 7 mm，宽约 2 mm，中层披针形至卵状披针形，长 9 mm，宽 2 ～ 3 mm，内层线状长椭圆形，长 1 cm，宽约 2 mm，全部总苞片顶端急尖，外面无毛。舌状小花约 15 枚。瘦果倒披针形，长 4 mm，宽 1.3 mm，压扁，浅褐色，每面有 6 ～ 7 条细脉纹，顶端急尖成细喙，喙细丝状，长约 4 mm，与瘦果几等长。冠毛 2 层，纤细，微糙毛状。花果期 2—9 月。

【生境】生于菜园或田野。

【分布】全县域均有栽培。

【采收加工】春季嫩茎肥大时采收，多为鲜用。

【性味功能】味苦、甘，性凉；利尿，通乳，清热解毒。

【主治用法】用于小便不利，尿血，乳汁不通，蛇虫咬伤，肿毒。内服：煎汤，30 ～ 60 g。外用：适量，捣敷。

【附方】（1）治产后无乳：莴苣三枚，研作泥，好酒调开服。（《海上集验方》）

（2）治小便不利：莴苣捣成泥，作饼贴脐中。（《海上集验方》）

（3）治尿血：莴苣捣敷脐上。（《本草纲目》）

（4）治沙虱病，水毒：敷莴苣菜汁。（《肘后备急方》）

（5）治蚰蜒入耳：莴苣叶一分（干者），雄黄一分。捣罗为末，用面糊和丸，如皂角子大。以生油少许，化破 1 丸，倾在耳中，其虫自出。（《太平圣惠方》）

275. 向日葵 *Helianthus annuus* L.

【别名】太阳花、草天葵、转日莲、望日葵、朝阳花、葵花、向阳花。

【基源】向日葵（中药名）。为菊科向日葵属植物向日葵 *Helianthus annuus* L. 的果实、花托、花盘、茎髓、根、果壳、叶、花。

【形态特征】一年生高大草本。茎直立，高 1～3 m，粗壮，被白色粗硬毛，不分枝或有时上部分枝。叶互生，心状卵圆形或卵圆形，顶端急尖或渐尖，有三基出脉，边缘有粗锯齿，两面被短糙毛，有长柄。头状花序极大，直径 10～30 cm，单生于茎端或枝端，常下倾。总苞片多层，叶质，覆瓦状排列，卵形至卵状披针形，顶端尾状渐尖，被长硬毛或纤毛。花托平或稍凸，

有半膜质托片。舌状花多数，黄色，舌片开展，长圆状卵形或长圆形，不结实。管状花极多数，棕色或紫色，有披针形裂片，结果实。瘦果倒卵形或卵状长圆形，稍扁压，长 10～15 mm，有细肋，常被白色短柔毛，上端有 2 个膜片状早落的冠毛。花期 7—9 月，果期 8—9 月。

【生境】我国各地均有栽培。

【分布】全县域偶有栽培。

【采收加工】果实：秋季果实成熟后，割取花盘，晒干，打下果实，再晒干。花托：秋季采收，去净果实，鲜用或晒干。花盘：秋季采收，去净果实，鲜用或晒干。茎髓：秋季采收，鲜用或晒干。根：夏、秋季采挖，洗净，鲜用或晒干。果壳：全年剥取果仁，留壳用。叶：夏、秋季采收，鲜用或晒干。花：夏季开花时采摘，鲜用或晒干。

【性味功能】果实：味甘，性平；透疹，止痢，透痈脓。

花托：味甘，性温；清热利湿，止痛。

花盘：味甘，性寒；清热，平肝，止痛，止血。

茎髓：味甘，性平；清热，利尿，止咳。

根：味甘、淡，性微寒；清热利湿，行气止痛。

果壳：味苦，性平；清肝泻火。

叶：味淡、苦，性平；降压，截疟，解毒。

花：味苦，性平；祛风，平肝，利胆。

【主治用法】果实：用于疹发不透，血痢，慢性骨髓炎。内服：15～30 g，捣碎或开水炖。外用：适量，捣敷或榨油涂。

花托：用于头痛，目昏，牙痛，胃、腹痛，痛经，疮肿。内服：煎汤，15～30 g。

花盘：用于高血压，头痛，头晕，耳鸣，脘腹痛，痛经，子宫出血，疮疹。内服：煎汤，15～60 g。外用：适量，捣敷；或研粉敷。

茎髓：用于淋浊，带下，乳糜尿，百日咳，风疹。内服：煎汤，9～15 g。

根：用于淋浊，水肿，带下，疝气，脘腹胀痛，跌打损伤。内服：煎汤，9～15 g，鲜者加倍；或研末。外用：适量，捣敷。

果壳：用于肝火之上炎之耳鸣。内服：煎汤，9～15 g。

叶：用于高血压，疟疾，疔疮。内服：煎汤，25～30 g，鲜者加量。外用：适量，捣敷。

花：用于头晕，耳鸣，小便淋沥。内服：煎汤，15～30 g。

【附方】（1）果实：①治虚弱头风：黑色葵花子（去壳）30 g，蒸猪脑髓吃。（《贵州草药》）

②治小儿麻疹不透：向日葵种子1小酒杯，捣碎，开水冲服。（《浙江药用植物志》）

③治血痢：向日葵子30 g，冲开水炖1 h，加冰糖服。（《福建民间草药》）

④治慢性骨髓炎：向日葵子生熟各半，研粉调蜂蜜外敷。（《浙江药用植物志》）

（2）花盘：①治风热头痛：干向日葵花盘八钱至一两（或加鸡蛋一个），和水煎成半碗，饭后服，日两次。（《福建民间草药》）

②治牙痛：葵花盘一个，枸杞根适量，煎水，泡蛋服。（《草药手册》）

③治胃、腹痛：葵花盘一个，猪肚一个，煮服。（《草药手册》）

④治妇女经前或经期小腹痛：葵花盘一至二两，水煎，加红糖一两服。（《草药手册》）

⑤治背疽溃烂面积大，脓孔多：葵花盘烧存性，研末，麻油调搽。（《草药手册》）

⑥治头痛，头晕：鲜葵房（花盘）30～60 g，煎水冲鸡蛋2个服。（《草药手册》）

⑦治肾虚耳鸣：向日葵花盘15 g，首乌、熟地各9 g，水煎服。（《宁夏中草药手册》）

⑧治胃痛：葵花盘1个，猪肚1个，煮食。（《草药手册》）

⑨治功能性子宫出血：葵花盘1个，炒炭研末，每次3 g，每日3次，黄酒送服。（《中草药学》）

（3）茎髓：①治小便淋痛：葵花茎髓30 g，车前草、灯心草各15 g，淡竹叶9 g，煎服。（《安徽中草药》）

②治尿闭（非梗阻性）：葵花茎髓15 g，麦秆30 g，煎服。（《安徽中草药》）

③治乳糜尿：葵花茎髓9 g，水煎，分2次早晚空腹服。（《甘肃中草药手册》）

④治带下：向日葵茎髓15～30 g，水煎加糖服。或瓦上焙焦研末，每次4.5 g，加白糖，开水冲服。（《甘肃中草药手册》）

⑤治尿道炎，尿路结石：向日葵茎髓15 g，江南星蕨9 g，水煎服。（《浙江药用植物志》）

（4）根：①治淋病阴茎涩痛：向日葵根30 g，水煎数沸服（不宜久煎）。（《战备草药手册》）

②治浮肿：葵花根、冬瓜皮或叶各等份，炕干研末，米酒为丸。每日3次，每次10 g，连服5天。（《贵州草药》）

③治带下：向日葵根60 g，苍耳根30 g，酒炒，水炖服。（《福建药物志》）

④治胃痛：向日葵根15 g，小茴香9 g，水煎服。（《甘肃中草药手册》）

⑤治胃胀胸痛：向日葵根、芫荽子、小茴香各9 g，水煎服。（《宁夏中草药手册》）

⑥治疝气：鲜葵花根30 g，加红糖水煎服。（《草药手册》）

⑦治脚转筋：鲜向日葵根60 g，伸筋草30 g，炖猪蹄服。（《草药手册》）

（5）果壳：治经常耳鸣，向日葵壳15 g，水煎饮，久服能见效。（《饮食治疗指南》）

（6）叶：①治高血压：向日葵叶31 g，土牛膝31 g，水煎服。（《中草药学》）

②治疟疾：葵花叶30 g，煨水服（每次发疟前1 h）；并取葵花叶垫枕头睡。（《贵州草药》）

③治疔疮：向日葵鲜叶榨取白汁（乳状白汁）滴涂患处。（《泉州本草》）

（7）花：①治肝肾虚头晕：鲜向日葵花30 g，炖鸡服。（《宁夏中草药手册》）

②治小便淋沥：葵花1握，水煎五七沸饮之。（《急救良方》）

③治一切疮：葵花、栀子、黄连、黄柏各等份，为末，冷水调，贴痛处。（《赤水玄珠》葵花散）

276. 毛梗豨莶 *Siegesbeckia glabrescens*（Makino）Makino

【别名】豨莶草、光豨莶、少毛豨莶。

【基源】为菊科豨莶属植物毛梗豨莶 *Siegesbeckia glabrescens*（Makino）Makino 的地上部分。

【形态特征】一年生草本。茎直立，较细弱，高 30 ～ 80 cm，通常上部分枝，被平伏短柔毛，有时上部毛较密。基部叶花期枯萎；中部叶卵圆形、三角状卵圆形或卵状披针形，长 2.5 ～ 11 cm，宽 1.5 ～ 7 cm，基部宽楔形或钝圆形，有时下延成具翼的长 0.5 ～ 6 cm 的柄，顶端渐尖，边缘有规则的齿；上部叶渐小，卵状披针形，长 1 cm，宽 0.5 cm，边缘有疏齿或全缘，有短柄或无柄；全部叶两面被柔毛，基出三脉，叶脉在叶下面稍突起。头状花序直径 10 ～ 18 mm，多数头状花序在枝端排列成疏散的圆锥花序；花梗纤细，疏生平伏短柔毛。总苞钟状；总苞片 2 层，叶质，背面密被紫褐色头状有柄的腺毛；外层苞片 5 枚，线状匙形，长 6 ～ 9 mm，内层苞片倒卵状长圆形，长 3 mm。托片倒卵状长圆形，背面疏被头状具柄腺毛。雌花花冠的管部长约 0.8 mm，两性花花冠上部钟状，顶端 4 ～ 5 齿裂。

瘦果倒卵形，4 棱，长约 2.5 mm，有灰褐色环状突起。花期 4—9 月，果期 6—11 月。

【生境】生于海拔 200 ～ 1000 m 的山坡、路旁、草地及灌丛中。

【分布】分布于王义贞镇、孛畈镇。

【采收加工】夏季开花前或花期均可采收。割取地上部分，晒至半干时，放置干燥通风处，晾干。

【性味功能】味苦、辛，性寒；祛风湿，通经络，清热解毒。

【主治用法】用于风湿痹痛，筋骨不利，腰膝无力，半身不遂，高血压，疟疾，黄疸，痈肿，疮毒，风疹湿疮，虫兽咬伤。内服：煎汤，9 ～ 12 g，大剂量 30 ～ 60 g；捣汁或入丸、散。外用：适量，捣敷；或研末撒，或煎水熏洗。

【附方】（1）治高血压：豨莶草、臭梧桐、夏枯草各 9 g，水煎服，每日 1 次。（《青岛中草药手册》）

（2）治慢性肾炎：豨莶草 30 g，地耳草 15 g，水煎冲红糖服。（《浙江药用植物志》）

（3）治神经衰弱：豨莶草、丹参各 15 g，煎服。（《安徽中草药》）

277. 豨莶 *Sigesbeckia orientalis* L.

【别名】火莶、猪膏莓、虎膏、狗膏。

【基源】为菊科豨莶属植物豨莶 *Sigesbeckia orientalis* L. 的地上部分。

【形态特征】一年生草本。茎直立，高 30 ～ 100 cm，分枝斜升，上部的分枝常成复二歧状；全部分枝被灰白色短柔毛。基部叶花期枯萎；中部叶三角状卵圆形或卵状披针形，长4～10 cm，宽1.8～6.5 cm，基部阔楔形，下延成具翼的柄，顶端渐尖，边缘有规则的浅裂或粗齿，纸质，上面绿色，下面淡绿色，具腺点，两面被毛，三出基脉，侧脉及网脉明显；上部叶渐小，卵状长圆形，边缘浅波状或全缘，近无柄。头状花序直径15～20 mm，多数聚生于枝端，排列成具叶的圆锥花序；花梗长1.5～4 cm，

密生短柔毛；总苞阔钟状；总苞片2层，叶质，背面被紫褐色头状具柄的腺毛；外层苞片5～6枚，线状匙形或匙形，开展，长8～11 mm，宽约1.2 mm；内层苞片卵状长圆形或卵圆形，长约5 mm，宽1.5～2.2 mm。外层托片长圆形，内弯，内层托片倒卵状长圆形。花黄色；雌花花冠的管部长0.7 mm；两性管状花上部钟状，上端有4～5卵圆形裂片。瘦果倒卵圆形，有4棱，顶端有灰褐色环状突起，长3～3.5 mm，宽1～1.5 mm。花期4—9月，果期6—11月。

【生境】生于海拔100～2700 m的山野、荒草地、灌丛及林下。

【分布】全县域均有分布。

【采收加工】夏季开花前或花期均可采收。割取地上部分，晒至半干时，放置干燥通风处，晾干。

【性味功能】味苦、辛，性寒；祛风湿，通经络，清热解毒。

【主治用法】用于风湿痹痛，筋骨不利，腰膝无力，半身不遂，高血压，疟疾，黄疸，痈肿，疮毒，风疹湿疮，虫兽咬伤。内服：煎汤，9～12 g，大剂量30～60 g；捣汁或入丸、散。外用：适量，捣敷；或研末撒，或煎水熏洗。

【附方】（1）治高血压：豨莶草、臭梧桐、夏枯草各9 g，水煎服，每日1次。（《青岛中草药手册》）

（2）治慢性肾炎：豨莶草30 g，地耳草15 g，水煎冲红糖服。（《浙江药用植物志》）

（3）治神经衰弱：豨莶草、丹参各15 g，煎服。（《安徽中草药》）

278. 三脉紫菀 *Aster ageratoides* Turcz.

【别名】山白菊、野白菊、山马兰、消食花、红管药。

【基源】为菊科紫菀属植物三脉紫菀 *Aster ageratoides* Turcz. 的全草或根。

【形态特征】多年生草本，根状茎粗壮。茎直立，高40～100 cm，细或粗壮，有棱及沟，被柔毛或粗毛，上部有时曲折，有上升或开展的分枝。下部叶在花期枯落，叶片宽卵圆形，急狭成长柄；中部叶椭圆形或长圆状披针形，长5～15 cm，宽1～5 cm，中部以上急狭成楔形具宽翅的柄，顶端渐尖，边缘有3～7对浅或深锯齿；上部叶渐小，有浅齿或全缘，全部叶纸质，上面被短糙毛，下面浅色被短柔毛常有腺点，或两面被短茸毛而下面沿脉有粗毛，有离基（有时长达7 cm）三出脉，侧脉3～4对，网脉常显明。头状花序直径1.5～2 cm，排列成伞房或圆锥伞房状，花序梗长0.5～3 cm。总苞倒锥状或半球状，直径4～10 mm，长3～7 mm；总苞片3层，覆瓦状排列，线状长圆形，下部近革质或干膜质，

上部绿色或紫褐色，外层长达 2 mm，内层长约 4 mm，有短缘毛。舌状花约 10 个，管部长 2 mm，舌片线状长圆形，长达 11 mm，宽 2 mm，紫色、红色或白色，管状花黄色，长 4.5～5.5 mm，管部长 1.5 mm，裂片长 1～2 mm；花柱附片长达 1 mm。冠毛浅红褐色或污白色，长 3～4 mm。瘦果倒卵状长圆形，

灰褐色，长 2～2.5 mm，有边肋，一面常有肋，被短粗毛。花果期 7—12 月。

【生境】生于林下、林缘、灌丛及山谷湿地，海拔 100～3350 m。

【分布】分布于字畈镇、王义贞镇、烟店镇。

【采收加工】秋季采收，切段，鲜用或晒干。

【性味功能】味苦、辛，性凉；清热解毒，祛痰凉血。

【主治用法】用于无名肿毒，风热感冒。内服：煎汤，10～30 g（鲜品 30～60 g）；或捣汁。外用：适量，捣敷；或煎水熏洗。

279. 钻叶紫菀 *Aster subulatus* Michx.

【别名】白菊花、土柴胡、九龙箭。

【基源】瑞连草（中药名）。为菊科紫菀属植物钻叶紫菀 *Aster subulatus* Michx. 的全草。

【形态特征】一年生草本，高 25～80 cm。茎基部略带红色，上部有分枝。叶互生，无柄；基部叶倒披针形，花期凋落；中部叶线状披针形，长 6～10 cm，宽 0.5～1 cm，先端尖或钝，全缘，上部叶渐狭线形。头状花序顶生，排成圆锥花序；总苞钟状；总苞片 3～4 层，外层较短，内层较长，线状钻形，无毛，背面绿色，先端略带红色；舌状花细狭、小，红色；管状花多数，短于冠毛。瘦果略有毛。花期 9—11 月。

【生境】生于潮湿含盐的土壤。

【分布】全县域均有分布。

【采收加工】秋季采收，切段，鲜用或晒干。

【性味功能】味苦、酸，性凉；清热解毒。

【主治用法】用于痈肿，湿疹。内服：煎汤，10～30 g。外用：适量，捣敷。

【附方】（1）治肿毒：钻叶紫菀全草捣烂，敷患处。（《湖南药物志》）

（2）治湿疹：钻叶紫菀全草 30 g，水煎服。（《湖南药物志》）

单子叶植物纲 Monocotyledoneae

八十六、百部科 Stemonaceae

280. 直立百部 *Stemona sessilifolia*（Miq.）Miq

【别名】药虱药、一窝虎。

【基源】为百部科百部属植物直立百部 *Stemona sessilifolia*（Miq.）Miq 的块根。

【形态特征】多年生草本，高 30 ～ 60 cm。茎直立，不分枝。叶常 3 ～ 4 片轮生，卵形或椭圆形，长 4 ～ 6 cm，宽 2 ～ 4 cm，先端渐尖，主脉 3 ～ 5；叶柄短或近无柄。花小，多生于茎下部鳞状叶腋间，有细长花梗，直立或向上斜生；花被片 4，淡绿色；雄蕊 4，药隔膨大并突出而有披针形附属物；子房卵形，无花柱。蒴果扁卵形。花期 4—5 月，果期 7 月。

【生境】生于山坡灌丛或竹林下。

【分布】雷公镇、赵棚镇偶见。

【采收加工】移栽 2 ～ 3 年后采挖。于冬季地上部分枯萎后或春季萌芽前，挖出块根，除去细根、泥土，在沸水中刚煮透时，取出晒干或烘干；也可鲜用。

【性味功能】味甘、苦，性微温；润肺下气止咳，杀虫。

【主治用法】新久咳嗽，肺痨咳嗽，百日咳；外用于头虱，体虱，阴痒。内服：煎汤，3 ～ 10 g。外用：煎水洗；或研末外敷，或浸酒涂擦。

八十七、百合科 Liliaceae

281. 黑果菝葜 *Smilax glaucochina* Warb.

【别名】菝葜、金刚骨。

【基源】为百合科菝葜属植物黑果菝葜 *Smilax glaucochina* Warb. 的干燥根茎。

【形态特征】攀援灌木，具粗短的根状茎。茎长 0.5～4 m，通常疏生刺。叶厚纸质，通常椭圆形，长 5～8（20）cm，宽 2.5～5（14）cm，先端微凸，基部圆形或宽楔形，下面苍白色，多少可以抹掉；叶柄长 7～15（25）mm，约占全长的一半具鞘，有卷须，脱落点位于上部。伞形花序通常生于叶稍幼嫩的小枝上，具几朵或 10 余朵花；总花梗长 1～3 cm；花序托稍膨大，具小苞片；花绿黄色；雄花花被片长 5～6 mm，宽 2.5～3 mm，内花被片宽 1～1.5 mm；雌花与雄花大小相似，具 3 枚退化雄蕊。浆果直径 7～8 mm，熟时黑色，具粉霜。花期 3—5 月，果期 10—11 月。

【生境】生于海拔 1600 m 以下的林下、灌丛中或山坡上。

【分布】全县域均有分布。

【采收加工】全年可采，除去杂质，洗净，润透，切片，干燥。

【性味功能】味甘、微苦、涩，性平；利湿去浊，祛风除痹，解毒散瘀。

【主治用法】用于小便淋浊，带下，风湿痹痛，疔疮痈肿。内服：煎汤，10～15 g。

【附方】（1）治筋骨麻木：菝葜浸酒服。（《南京民间药草》）

（2）治消渴，饮水无休：菝葜（锉，炒），汤瓶内碱各一两，乌梅二个（并核捶碎，焙干）。上粗捣筛。每服二钱，水一盏，瓦器煎七分，去滓，稍热细呷。（《普济方》菝葜饮）

（3）治小便多，滑数不禁：金刚骨为末，以好酒调三钱，服之。（《儒门事亲》）

（4）治赤白下痢：金刚骨根和好腊茶各等份，为末，白梅肉丸如鸡头大。每服五至七丸，小儿三丸。赤痢甘草汤下，白痢乌梅汤下，赤白痢乌梅甘草汤下。（《履巉岩本草》）

（5）治砂石淋：菝葜二两，捣罗为细散。每服一钱匕，米饮调下。服毕用地椒煎汤浴，连腰浸。（《圣济总录》菝葜散）

282. 薤白 *Allium macrostemon* Bunge

【别名】小根蒜。

【基源】为百合科葱属植物薤白 *Allium macrostemon* Bunge 的干燥鳞茎。

【形态特征】多年生草本，高 30～60 cm。鳞茎近球形，直径 0.7～1.5 cm，旁侧常有 1～3 个小鳞茎附着，外有白色膜质鳞被，后变黑色。叶互生；叶苍绿色，半圆柱状狭线形，中空，长 20～40 cm，宽 2～4 mm，先端渐尖，基部鞘状抱茎。花茎单一，直立，高 30～70 cm，伞形花序顶生，球状，下有膜质苞片，卵形，先端长尖；花梗长 1～2 cm，有的花序只有很少的小花，而间以许多的肉质小珠芽；花被片 6，粉红色或玫瑰色；雄蕊 6，比花被长，花丝细长，下部略扩大；子房上位，球形。蒴果倒卵形，先端凹入。花期 5—6 月，果期 8—9 月。

【生境】生于海拔 1500 m 以下的山坡、丘陵、山谷或草地。

【分布】全县域均有分布。

【采收加工】栽后第 2 年 5—6 月采收，将鳞茎挖起，除去叶苗和须根，洗去泥土，略蒸一下，晒干或炕干。

【性味功能】味辛、苦，性温；通阳散结，行气导滞。

【主治用法】用于胸痹心痛，脘腹痞满胀痛，泄泻里急后重。内服：煎汤，5～10 g（鲜品 30～60 g）；或入丸、散，亦可煮粥食。外用：捣敷；或捣汁涂。

283. 韭 *Allium tuberosum* Rottl. ex Spreng.

【别名】丰本、草钟乳、起阳草、韭菜。

【基源】为百合科葱属植物韭 *Allium tuberosum* Rottl. ex Spreng. 的叶、种子、根。

【形态特征】多年生草本，具特殊强烈气味。根茎横卧，鳞茎狭圆锥形，簇生；鳞茎外皮黄褐色，网状纤维质。叶基生，条形，扁平，长 15～30 cm，宽 1.5～7 mm。花茎自叶丛中抽出，高 25～60 cm，总苞 2 裂，白色，膜质，宿存；伞形花序簇生状或球状，多花；花梗为花被的 2～4 倍长；具苞片；花白色或微带红色；花被片 6，狭卵形至长圆状披针形，长 4.5～7 mm；花丝基部合生并与花被贴生，长为花被片的 4/5，狭三角状锥形；子房外壁具细的疣状突起。蒴果具倒心形的果瓣。花果期 7—9 月。

【生境】多为栽培。

【分布】全县域均有栽培。

【采收加工】叶：4 叶心即可收割第一刀，经养根施肥后，当植株长到 5 片叶收割第二刀。根据需要也可连续收割 5～6 刀，鲜用。韭菜子：秋季果实成熟时采收果序，晒干，搓出种子，除去杂质。根：全年均可采挖，洗净，鲜用或晒干。

【性味功能】叶：味辛，性温；补肾，温中，散瘀，解毒。

韭菜子：味辛、甘，性温；补肝肾，暖腰膝，助阳，固精。

根：味辛，性温；温中，行气，散瘀，解毒。

【主治用法】叶：用于肾虚阳痿，里寒腹痛，噎膈反胃，胸痹疼痛，气喘，衄血，吐血，尿血，痢疾，痔疮，乳痈，痈疮肿毒，疥疮，漆疮，跌打损伤。内服：捣汁，60～120 g；或煮粥、炒熟、做羹。外用：捣敷；煎水熏洗，或热熨。

韭菜子：用于阳痿，遗精，遗尿，小便频数，腰膝酸软，冷痛，白带过多。内服：煎汤，3～9 g；或入丸、散。

根：用于里寒腹痛，食积腹胀，胸痹疼痛，赤白带下，衄血，吐血，漆疮，疮癣，跌打损伤。内服：煎汤，鲜者30～60 g；或捣汁。外用：适量，捣敷；或温熨，或研末调敷。

【附方】（1）叶：①治阳虚肾冷，阳道不振，或腰膝冷疼，遗精梦泄：韭菜白八两，胡桃肉（去皮）二两，同脂麻油炒熟，日食之，服一月。（《方氏脉症正宗》）

②治霍乱上吐下泻：韭菜捣汁一盏，重汤煮熟，热服之，立止。（《寿世保元》）

③治一切翻胃噎膈：韭汁二两，牛乳一盏，生姜半两（取汁），竹沥半两，童便一盏。上五味和匀，顿暖服，或加入煎剂内，尤为至效。（《古今医鉴》）

④治食郁久，胃脘有瘀血作痛者：生韭菜捣自然汁一盏，加温酒一二杯服。或先嚼桃仁十余粒，用韭汁送下亦佳。（《不知医必要》）

⑤治胸痹，心中急痛如锥刺，不得俯仰，自汗出，或痛彻背上，不治或至死：生韭或根五斤（洗），捣汁。灌少许，即吐胸中恶血。（《必效方》）

⑥治吐血，呕血，衄血，血淋，尿血及一切血证：韭菜十斤，捣汁，生地黄五斤（切碎）浸韭菜汁内，烈日下晒干，以生地黄黑烂，韭菜汁干为度；入石臼内，捣数千下，如烂膏无渣者，为丸，弹子大。每早晚各服二丸，白萝卜煎汤化下。（《方氏脉症正宗》）

⑦治痔疮：韭菜不以多少，先烧热汤，以盆盛汤在内，盆上用器具盖之，留一窍，却以韭菜于汤内泡之，以谷道坐窍上，令气蒸熏；候温，用韭菜轻轻洗疮数次。（《袖珍方》）

⑧治脱肛不缩：生韭一斤，细切，以酥拌炒令熟，分为两处，以软帛裹，更互熨之，冷即再易，以入为度。（《太平圣惠方》）

⑨治荨麻疹：韭菜、甘草各15 g，煎服，或用韭菜炒食。（《中草药手册》）

⑩治跌打损伤，瘀血不散积聚：韭菜捣汁，令渐呷服之，约尽五斤而散。（《杏苑生春》）

⑪治金疮出血：韭汁和风化石灰，日干，每用为末，敷之。（《李时珍濒湖集简方》）

⑫治成人盗汗，肺或淋巴结核：韭菜或韭黄同蚬肉（猪肝或羊肝亦可）一起煮食喝汤。（《食物中药与便方》）

⑬治小儿聤耳：研韭汁点之，日二三度用之。（《普济方》）

⑭治产后血晕：韭菜（切）入瓶内，注热醋，以瓶口对鼻。（《妇人良方》）

⑮治中风失音：用韭菜汁灌之。（《寿世保元》）

（2）韭菜子：①治虚劳溺精：新韭菜子二升（十月霜后采之），好酒八合渍一宿。以晴明日，童子

向南捣一万杵。平旦温酒服方寸匕，日再服之。（《外台秘要》）

②治泄精：韭菜子二两炒为末，食前酒下二钱。（《众妙仙方》）

③催乳：生韭菜子黑者炒为末，黄酒冲服五钱。（《良朋汇集》）

（3）根：①治中恶，心神烦闷，腹胁刺痛：韭根一把，乌梅七颗，吴茱萸一分（汤浸七遍，焙干微炒）。以水一大盏，煎至七分，去滓，不计时候分温二服。（《太平圣惠方》）

②治脘腹胀满：韭根汁和猪脂煎，细细服之。（《备急千金要方》）

③治蛔虫腹痛：韭菜根 60 g，鸡蛋 1 个，加醋少许，煨水服。（《贵州草药》）

④治诸痛：韭菜根捣烂，醋拌炒，绢包熨痛处。（《古今医鉴》）

⑤治赤白带下：韭根捣汁，和童尿露一夜，空心温服。（《海上仙方》）

⑥治鼻衄：韭根、葱根同捣，枣大。纳鼻中，少时更著。（《备急千金要方》）

⑦治小儿黄疸：韭根汁滴少许入鼻中，出黄水即瘥。（《圣济总录》）

⑧治血晕昏迷欲死者：急取韭菜根一大握，切细，放在小口瓶内，用滚热酸醋泡在瓶中，将瓶口冲病人鼻口，使韭气直冲透经络，血行即活，再用后方。（《医便》）

⑨治盗汗及汗无时：韭根四十九枚，水二升，煮一升，顿服。（《备急千金要方》）

284. 蒜 *Allium sativum* L.

【别名】胡蒜、独头蒜、大蒜、独蒜。

【基源】为百合科葱属植物蒜 *Allium sativum* L. 的鳞茎。

【形态特征】越年生草本，具强烈蒜臭气。鳞茎大型，球状至扁球状，通常由多数肉质、瓣状的小鳞茎紧密地排列而成，外面被数层白色至带紫色的膜质外皮。叶基生；叶片，宽条形至条状披针形，扁平，先端长渐尖，比花葶短，宽可达 2.5 cm，基部鞘状。花葶实心，圆柱状，高达 60 cm，中部以下被叶鞘；总苞具长 7 ~ 20 cm 的长喙；伞形花序密具珠芽，间有数花；小花梗纤细；小苞片大，卵形，膜质；具短尖；花常为淡红色；花被片披针形至卵状披针形，长 3 ~ 4 mm，内轮的较短，花丝比花被短，基部合生并与花被片贴生，内轮的基部扩大，扩大部分每侧各具 1 齿，齿端呈长丝状，长超过花被片，外轮的锥形；子房球状；花柱不伸出花被外。花期 7 月。

【生境】全国各地均有栽培。

【分布】全县域均有栽培。

【采收加工】在蒜薹采收后 20 ~ 30 天即可采挖蒜头。采收的蒜头，除去残茎及泥土，置通风处晾至外皮干燥。

【性味功能】味辛，性温；解毒消肿，杀虫，止痢，行气消滞，暖胃健脾。

【主治用法】用于痈肿疮毒，癣疮瘙痒，痢疾，泄泻，肺痨，顿咳，钩虫病，蛲虫病。内服：煎汤，5～10 g；生食或煮食，或捣烂为丸。煮食、煨食，宜较大量；生食，宜较小量。外用：适量，捣敷，作栓剂，取汁涂或切片灸。

【附方】（1）治冷症腹痛夜啼：大蒜一枚（煨，研，日干），加乳香半钱。研细捣丸，如芥子大。每服七丸，乳汁下。（《小儿卫生总微论方》）

（2）治休息痢：大蒜（剥去皮）二颗，鸡子二枚。上先将蒜放铛中，取鸡子打破沃蒜上，以盏子盖，候蒜熟，空腹食之，下过再服。（《普济方》）

（3）治小儿百日咳：大蒜 15 g，红糖 6 g，生姜少许，水煎服，每日数次。（《贵州省中医验方秘方》）

（4）治瘰疬结聚不散，硬如石：大蒜（捣烂）三枚，麝香（研）半钱匕。上二味和匀，敷于帛上贴之，一日二易，旋捣最好。（《圣济总录》大蒜膏方）

（5）治牛皮癣：独头蒜 1 个，红胶泥 1 块，共捣如泥，外敷患处，每敷 1 天，隔日 1 次，3 次可效。（《河南中医》）

（6）治背疽漫肿无头者：大蒜十颗，淡豉半合，乳香钱许，研烂置疮上，铺艾灸之，痛者灸令不痛，不痛者灸之令痛。（《外科精要》）

（7）治咽喉忽觉气塞，喘息不通：独蒜一枚削去两头，塞鼻中，左患塞右，右患塞左，俟口中血出愈。（《圣济总录》）

（8）治关格胀满大小便不通：独蒜烧熟，去皮，绵裹纳下部气立通。（《外台秘要》）

（9）治痔漏：独蒜一个，捣如泥，以软帛包裹，捺入谷道中，坐定觉疼，良久愈。（《卫生易简方》）

（10）治脑漏鼻渊：大蒜切片，贴足心，取效止。（《摘玄方》）

（11）治鼻衄不止，服药不应：蒜一枚，去皮研如泥，作钱大饼子，厚一豆许。左鼻出血，贴左足心；右鼻出血，贴右足心，两鼻俱出，俱贴之。血止急以温水洗足心，令去蒜气。（《简要济众方》）

（12）治耳聋：大蒜一瓣，一头剜一坑子，以好巴豆粒，去皮，慢火炮令极熟，入在蒜内，以新棉裹定塞耳中。（《景岳全书》）

（13）治头痛不可忍：蒜一颗，去皮，研取自然汁，令病人仰卧垂头，以铜勺点少许，沥入鼻中，急令搐人脑，眼中泪出瘥。（《太平圣惠方》）

285. 细香葱 *Allium ascalonicum* L.

【别名】冻葱、冬葱、慈葱、太官葱。

【基源】为百合科葱属植物细香葱 *Allium ascalonicum* L. 的全草。

【形态特征】植株高 30～44 cm。鳞茎聚生，矩圆状卵形、狭卵形或卵状圆柱形；鳞茎外皮红褐色、紫红色、黄红色至黄白色，膜质或薄革质，不破裂。叶为中空的圆筒状，向顶端渐尖，深绿色，常略带白粉。栽培条件下不抽薹开花，用鳞茎分株繁殖。但在野生条件下是能够开花结实的。

【生境】我国南方地区广为栽培。

【分布】全县域均有栽培。

【采收加工】四季均可采收，鲜用。

【性味功能】味辛，性温；解表，通阳，解毒。

【主治用法】用于风寒感冒，阴寒腹痛，小便不通，痈疽肿毒，跌打肿痛。内服：煎汤，5～10 g。外用：适量，捣敷；或炒熨。

【附方】（1）治感冒头痛，流涕，咳嗽：细香葱头60 g，僵蚕30 g，泡酒用。(《重庆草药》)

（2）治小孩风寒感冒：细香葱2～3根，老姜1片，五匹风（嫩尖）3～7个，水煎热服。(《重庆草药》)

（3）治无名肿毒：细香葱头90 g，和蜂蜜共捣绒，包敷。(《重庆草药》)

（4）治关节炎，扭伤：细香葱头120 g，老姜30 g，捣烂外敷(红肿加酒炒,夏天不炒)。(《重庆草药》)

286. 粉条儿菜 *Aletris spicata*（Thunb.）Franch.

【别名】筋草、小肺筋草。

【基源】为百合科肺筋草（粉条儿菜）属植物粉条儿菜 *Aletris spicata*（Thunb.）Franch. 的根及全草。

【形态特征】植株具多数须根，根毛局部膨大；膨大部分长 3～6 mm，宽 0.5～0.7 mm，白色。叶簇生，纸质，条形，有时下弯，长 10～25 cm，宽 3～4 mm，先端渐尖。花葶高 40～70 cm，有棱，密生柔毛，中下部有几枚长 1.5～6.5 cm 的苞片状叶；总状花序长 6～30 cm，疏生多花；苞片 2 枚，窄条形，位于花梗的基部，长 5～8 mm，短于花；花梗极短，有毛；花被黄绿色，上端粉红色，外面有柔毛，长 6～7 mm，分裂部分占 1/3～1/2；裂片条状披针形，长 3～3.5 mm，宽 0.8～1.2 mm；雄蕊着生于花被裂片的基部，花丝短，花药椭圆形；子房卵形，花柱长 1.5 mm。蒴果倒卵形或矩圆状倒卵形，有

棱角，长 3 ～ 4 mm，宽 2.5 ～ 3 mm，密生柔毛。花期 4—5 月，果期 6—7 月。

【生境】生于山坡上、路边、灌丛边或草地上，海拔 350 ～ 2500 m。

【分布】孛畈镇、赵棚镇、王义贞镇偶见。

【采收加工】四季可采全草，洗净，晒干或鲜用；夏、秋季挖根，洗净，晒干。

【性味功能】味甘，性平；润肺止咳，养心安神，消积驱蛔。

【主治用法】用于支气管炎，百日咳，神经官能症，小儿疳积，蛔虫病，腮腺炎。内服：煎汤，9 ～ 30 g。

287. 绵枣儿 *Scilla scilloides*（Lindl.）Druce

【别名】石枣儿、天蒜、地枣。

【基源】为百合科绵枣儿属植物绵枣儿 *Scilla scilloides*（Lindl.）Druce 的鳞茎或全草。

【形态特征】多年生草本。鳞茎卵形或近球形，高 2 ～ 5 cm，宽 1 ～ 3 cm，鳞茎皮黑褐色。基生叶 2 ～ 5 枚；叶片狭带状，长 15 ～ 40 cm，宽 2 ～ 9 mm，平滑。花葶通常比叶长，总状花序长 2 ～ 20 cm；花小，直径 4 ～ 5 mm，紫红色、粉红色至白色，在花梗顶端脱落；花梗长 5 ～ 12 mm，基部有 1 ～ 2 枚较小苞片；花被片 6，近椭圆形，长 2.5 ～ 4 mm，宽约 1.2 mm，基部稍合生而成盘状；雄蕊 6，稍短于花被，花丝近披针形，边缘和背面常具小乳突，基部稍合生，子房卵状球形，基部有短柄，表面有小乳突，3 室，花柱长约为子房的一半。蒴果近倒卵形，长 3 ～ 6 mm，宽 2 ～ 4 mm。种子 1 ～ 3 颗，黑色，长圆状狭倒卵形，长 2.5 ～ 5 mm。花果期 7—11 月。

【生境】生于山坡、草地、路旁或林缘。

【分布】孛畈镇、赵棚镇、雷公镇、接官乡偶见。

【采收加工】6—7 月采收，洗净，鲜用或晒干。

【性味功能】味苦、甘，性寒；活血止痛，解毒消肿，强心利尿。

【主治用法】用于跌打损伤，筋骨疼痛，疮痈肿痛，乳痈，心源性水肿。内服：煎汤，3 ～ 9 g。外用：适量，捣敷。

【附方】（1）治无名肿毒：绵枣儿适量，捣烂外敷。（《秦岭巴山天然药物志》）

（2）治乳腺炎：绵枣儿鲜鳞茎捣烂外敷。（《秦岭巴山天然药物志》）

（3）治腰腿痛：绵枣儿全草 9 g，水煎服。（《秦岭巴山天然药物志》）

288. 湖北麦冬 *Liriope spicata*（Thunb.）Lour.

【别名】山麦冬。

【基源】为百合科山麦冬属植物湖北麦冬 *Liriope spicata*（Thunb.）Lour. 的块根。

【形态特征】植株有时丛生；根稍粗，直径 1～2 mm，有时分枝多，近末端处常膨大成矩圆形、椭圆形或纺锤形的肉质小块根；根状茎短，木质，具地下走茎。叶长 25～60 cm，宽 4～6（8）mm，先端急尖或钝，基部常包以褐色的叶鞘，上面深绿色，背面粉绿色，具 5 条脉，中脉比较明显，边缘具细锯齿。花葶通常长于或几等长于叶，少数稍短于叶，长 25～65 cm；总状花序长 6～15（20）cm，具多数花；花通

常（2）3～5 朵簇生于苞片腋内；苞片小，披针形，最下面的长 4～5 mm，干膜质；花梗长约 4 mm，关节位于中部以上或近顶端；花被片矩圆形、矩圆状披针形，长 4～5 mm，先端钝圆，淡紫色或淡蓝色；花丝长约 2 mm；花药狭矩圆形，长约 2 mm；子房近球形，花柱长约 2 mm，稍弯，柱头不明显。种子近球形，直径约 5 mm。花期 5—7 月，果期 8—10 月。

【生境】生于海拔 50～1400 m 的山坡、山谷林下、路旁或湿地；为常见栽培的观赏植物。

【分布】各县域均有分布。

【采收加工】夏季采挖，洗净，反复暴晒、堆置至七八成干，除去须根，干燥。

【性味功能】味甘、微苦，性微寒；养阴润肺，益胃生津，清心除烦。

【主治用法】用于肺燥干咳，阴虚痨嗽，喉痹咽痛，津伤口渴，内热消渴，心烦失眠，肠燥便秘。内服：煎汤，6～15 g；或入丸、散、膏。外用：适量，研末调敷；煎汤涂，或鲜品捣汁搽。

289. 天门冬 *Asparagus cochinchinensis*（Lour.）Merr.

【别名】天冬。

【基源】为百合科天门冬属植物天门冬 *Asparagus cochinchinensis*（Lour.）Merr. 的干燥块根。

【形态特征】攀援植物。根在中部或近末端成纺锤状膨大，膨大部分长 3～5 cm，粗 1～2 cm。茎平滑，常弯曲或扭曲，长可达 1～2 m，分枝具棱或狭翅。叶状枝通常每 3 枚成簇，扁平或由于中脉龙骨状而略呈锐三棱形，稍镰刀状，长 0.5～8 cm，宽 1～2 mm；茎上的鳞片状叶基部延伸为长 2.5～3.5 mm 的硬刺，在分枝上的刺较短或不明显。花通常每 2 朵腋生，淡绿色；花梗长 2～6 mm，关节一般位于中部，有时位置有变化；雄花花被长 2.5～3 mm；花丝不贴生于花被片上；雌花大小和雄花相似。浆果直径 6～7 mm，熟时红色，有 1 颗种子。花期 5—6 月，果期 8—10 月。

【生境】生于海拔 1750 m 以下的山坡、路旁、疏林下、山谷或荒地上。

【分布】孛畈镇、王义贞镇偶见。

【采收加工】秋、冬季采挖，洗净，除去茎基和须根，置沸水中煮或蒸至透心，趁热除去外皮，洗净，干燥，切片或段，生用。

【性味功能】味甘、苦，性寒；养阴润燥，清肺生津。

【主治用法】用于肺阴虚证，肾阴虚证，热病伤津之食欲不振、口渴及肠燥便秘。内服：煎汤，6 ～ 12 g。

八十八、石蒜科 Amaryllidaceae

290. 石蒜 *Lycoris radiata*（L'Her.）Herb.

【别名】彼岸花、曼珠沙华、老鸦蒜、乌蒜。

【基源】为石蒜科石蒜属植物石蒜 *Lycoris radiata*（L'Her.）Herb. 的鳞茎。

【形态特征】鳞茎近球形，直径 1 ～ 3 cm。秋季出叶，叶狭带状，长约 15 cm，宽约 0.5 cm，顶端钝，深绿色，中间有粉绿色带。花茎高约 30 cm；总苞片 2 枚，披针形，长约 35 cm，宽约 0.5 cm；伞形花序有花 4 ～ 7 朵，花鲜红色；花被裂片狭倒披针形，长约 3 cm，宽约 0.5 cm，强度皱缩和反卷，花被筒绿色，长约 0.5 cm；雄蕊显著伸出于花被外，比花被长 1 倍左右。花期 8—9 月，果期 10 月。

【生境】生于山地阴湿处或林缘、溪边、路旁，庭园亦有栽培。

【分布】安陆太白湖公园有栽培。

【采收加工】秋季将鳞茎挖出，选大者洗净，晒干入药，小者作种。野生者四季均可采挖，鲜用或洗净晒干。

【性味功能】味辛、甘，性温；祛痰

催吐，解毒散结。

【主治用法】用于喉风，痰涎壅塞，食物中毒，胸腹积水，恶疮肿毒，痰核瘰疬，痔漏，跌打损伤，风湿关节痛，顽癣，烫火伤，蛇咬伤。内服：煎汤，1.5～3 g；或捣汁。外用：适量，捣敷；或绞汁涂，或煎水熏洗。

【附方】（1）治食物中毒，痰涎壅塞：鲜石蒜1.5～3 g，煎服催吐。（《上海常用中草药》）

（2）治水肿：鲜石蒜8个，蓖麻子（去皮）80粒，共捣烂罨涌泉穴1昼夜，如未愈再罨1次。（《浙江民间常用草药》）

（3）治黄疸：鲜石蒜鳞茎1个，蓖麻子7个（去皮），捣烂敷足心，每日1次。（《南京地区常用中草药》）

（4）治癫痫：石蒜3～9 g，煎服。（《红安中草药》）

（5）治风湿关节痛：石蒜、生姜、葱各适量，共捣烂敷患处。（《全国中草药汇编》）

八十九、薯蓣科 Dioscoreaceae

291. 薯蓣 *Dioscorea opposita* Thunb.

【别名】山药、淮山。

【基源】为薯蓣科薯蓣属植物薯蓣 *Dioscorea opposita* Thunb. 的根茎。

【形态特征】缠绕草质藤本。块茎长圆柱形，垂直生长，长可达1 m，新鲜时断面白色，富黏性，干后白色粉质。茎通常带紫红色，右旋，无毛。单叶，在茎下部的互生，中部以上的对生，很少3叶轮生；叶片变异大，卵状三角形至宽卵状戟形，长3～9 cm，宽2～7 cm，先端渐尖，基部深心形、宽心形或戟形至近截形，边缘常3浅裂至3深裂，中裂片卵状椭圆形至披针形，侧裂片耳状，圆形、近方形至长圆形，两侧裂片与中间裂片相接处可连成不同的弧线，叶形的变异即使在同一植株上也常出现。幼苗时一般叶片为宽卵形或卵圆形，基部深心形。叶腋内常有珠芽（零余子）。雌雄异株。雄花序为穗状花序，长2～8 cm，近直立；2～8个着生于叶腋，偶呈圆锥状排列；花序轴明显地呈"之"字形曲折；苞片和花被片有紫褐色斑点；

雄花的外轮花被片宽卵形，内轮卵形；雄蕊 6。雌花序为穗状花序，1 ～ 3 个着生于叶腋。蒴果不反折，三棱状扁圆形或三棱状圆形，长 1.2 ～ 2 cm，宽 1.5 ～ 3 cm，外面有白粉。种子着生于每室中轴中部，四周有膜质翅。花期 6—9 月，果期 7—11 月。

【生境】生于山坡、山谷林下、溪边、路旁的灌丛或杂草中；或为栽培。

【分布】字畈镇陈河村偶见。

【采收加工】霜降后叶变为黄色时采挖，洗净泥土，用竹刀或碗片刮去外皮，晒干或烘干。

【性味功能】味甘，性平；益气养阴，补脾益肾，固精止带。

【主治用法】用于脾虚食少，倦怠乏力，便溏泄泻，肺虚喘咳，肾虚遗精，带下尿频，内热消渴。内服：煎汤，15 ～ 30 g，大剂量 60 ～ 250 g；或入丸、散。外用：适量，捣敷。补阴宜生用，健脾止泻宜炒黄用。

【附方】（1）治脾胃虚弱，不思进饮食：山药、白术各一两，人参三分。上三味，捣罗为细末，煮白面糊为丸，如小豆大，每服三十丸，空心食前温米饮下。（《圣济总录》山芋丸）

（2）治湿热虚泻：山药、苍术各等份，饭丸，米饮服。（《李时珍濒湖集简方》）

（3）治噤口痢：干山药一半炒黄色，半生用，研为细末，米饮调下。（《是斋百一选方》）

（4）治痰气喘急：生山药捣烂半碗，入甘蔗汁半碗，和匀，顿热饮之。（《简便单方俗论》）

（5）治下焦虚冷，小便数，瘦损无力：生薯蓣半斤，刮去皮，以刀切碎，研令细烂于铛中煮酒，酒沸下薯蓣，不得搅，待熟，着少盐、葱白，更添酒，空腹饮二三杯妙。（《食医心镜》）

九十、灯心草科 Juncaceae

292. 野灯心草 *Juncus setchuensis* Buchen.

【别名】灯心草。

【基源】为灯心草科灯心草属植物野灯心草 *Juncus setchuensis* Buchen. 的干燥茎髓。

【形态特征】多年生草本，高 25 ～ 65 cm；根状茎短而横走，具黄褐色稍粗的须根。茎丛生，直立，圆柱形，有较深而明显的纵沟，直径 1 ～ 1.5 mm，茎内充满白色髓心。叶全部为低出叶，呈鞘状或鳞片状，包围在茎的基部，长 1 ～ 9.5 cm，基部红褐色至棕褐色；叶片退化为刺芒状。聚伞花序假侧生；花多朵排列紧密或疏散；总苞片生于顶端，圆柱形，似茎的延伸，长 5 ～ 15 cm，顶端锐尖；小苞片 2 枚，

三角状卵形，膜质，长 1 ～ 1.2 mm，宽约 0.9 mm；花淡绿色；花被片卵状披针形，长 2 ～ 3 mm，宽约 0.9 mm，顶端锐尖，边缘宽膜质，内轮与外轮者等长；雄蕊 3 枚，比花被片稍短；花药长圆形，黄色，长约 0.8 mm，比花丝短；子房 1 室（三隔膜发育不完全），侧膜胎座呈半月形；花柱极短；柱头 3 分叉，长约 0.8 mm。蒴果通常卵形，比花被片长，顶端钝，成熟时黄褐色至棕褐色。种子斜倒卵形，长 0.5 ～ 0.7 mm，棕褐色。花期 5—7 月，果期 6—9 月。

【生境】生于海拔 800 ～ 1700 m 的山沟、林下阴湿地，溪旁、道旁的浅水处。

【分布】全县域均有分布。

【采收加工】夏末至秋季割取茎，取出茎髓，剪段，晒干，生用或制用。

【性味功能】味甘、淡，性微寒；利尿通淋，清心降火。

【主治用法】用于淋证，心烦失眠，口舌生疮。内服：煎汤，1 ～ 3 g，外用：适量。

九十一、鸢尾科 Iridaceae

293. 射干 *Belamcanda chinensis*（L.）DC.

【别名】乌扇、乌蒲、黄远、乌薏。

【基源】为鸢尾科射干属植物射干 *Belamcanda chinensis*（L.）DC. 的干燥根茎。

【形态特征】叶互生，嵌迭状排列，剑形，长 20 ～ 60 cm，宽 2 ～ 4 cm，基部鞘状抱茎，顶端渐尖，无中脉。花序顶生，叉状分枝，每分枝的顶端聚生数朵花；花梗细，长约 1.5 cm；花梗及花序的分枝处均包有膜质的苞片，苞片披针形或卵圆形；花橙红色，散生紫褐色的斑点，直径 4 ～ 5 cm；花被裂片 6，2 轮排列，外轮花被裂片倒卵形或长椭圆形，长 2.5 cm，宽约 1 cm，顶端钝圆或微凹，基部楔形，

内轮较外轮花被裂片略短而狭；雄蕊 3，长 1.8 ～ 2 cm，着生于外花被裂片的基部，花药条形，外向开裂，花丝近圆柱形，基部稍扁而宽；花柱上部稍扁，顶端 3 裂，裂片边缘略向外卷，有细而短的毛，子房下位，倒卵形，3 室，中轴胎座，胚珠多数。蒴果倒卵形或长椭圆形，黄绿色，长 2.5 ～ 3 cm，直径 1.5 ～ 2.5 cm，顶端无喙，常残存有凋萎的花被，成熟时室背开裂，果瓣外翻，中央有直立的果轴；种子圆球形，黑紫色，有光泽，直径约 5 mm，着生在果轴上。花期 6—8 月，果期 7—9 月。

【生境】生于林缘或山坡草地，大部分生于海拔较低的地方。

【分布】烟店镇、赵棚镇偶见。

【采收加工】秋末春初采挖，除去须根、泥沙，干燥。

【性味功能】味苦，性寒；清热解毒，消痰，利咽。

【主治用法】用于咽喉肿痛，痰盛咳喘。内服：煎汤，3～9 g。

九十二、鸭跖草科 Commelinaceae

294. 鸭跖草 *Commelina communis* L.

【别名】鸡舌草、碧竹子。

【基源】为鸭跖草科鸭跖草属植物鸭跖草 *Commelina communis* L. 的干燥地上部分。

【形态特征】一年生草本，植株高 15～60 cm，多有须根。茎多分枝，具纵棱，基部匍匐，上部直立，仅叶鞘及茎上部被短毛。单叶互生，无柄或近无柄；叶片卵圆状披针形或披针形，长 4～10 cm，宽 1～3 cm。先端渐尖，基部下延成膜质鞘，抱茎，有白色缘毛，全缘。总苞片佛焰苞状，有 1.5～4 cm 长的柄，与叶对生，心形，稍镰刀状弯曲，先端短急尖，长 1.5～2.4 cm，边缘常有硬毛。聚伞花序

生于枝上部者。花 3～4 朵，具短梗，生于枝最下部者，有花 1 朵，梗长约 8 mm；萼片 3，卵形，长约 5 mm，宽约 3 mm，膜质；花瓣 3，深蓝色，较小的 1 片卵形，长约 9 mm，较大的 2 片近圆形，有长爪，长约 15 mm；雄蕊 6 枚，能育者 3 枚，花丝长约 13 mm，不育 3 枚，花丝较短，无毛，先端蝴蝶状；雌蕊 1 枚，子房上位，卵形，花柱丝状而长。蒴果椭圆形，长 5～7 mm，2 室，2 瓣裂，每室有种子 2 颗。种子长 2～3 mm，表面凹凸不平，具白色小点。花期 7—9 月，果期 9—10 月。

【生境】生于海拔 100～2400 m 的湿润阴处，在沟边、路边、田埂、荒地、宅旁墙角、山坡及林缘草丛中均常见。

【分布】全县域均有分布。

【采收加工】夏、秋季采割，除去杂质，干燥。

【性味功能】味甘、淡，性寒；清热泻火，解毒，利水消肿。

【主治用法】用于风热感冒，高热烦渴，咽喉肿痛，痈疮疔毒，水肿尿少，热淋涩痛。内服：煎汤，15～30 g（鲜品 60～90 g）。

九十三、禾本科 Gramineae

295. 芒稷 *Echinochloa colonum*（L.）Link

【别名】光头稗、扒草、穆草。

【基源】为禾本科稗属植物芒稷 *Echinochloa colonum*（L.）Link 的根。

【形态特征】一年生草本。秆直立，高 10 ～ 60 cm。叶鞘压扁而背具脊，无毛；叶舌缺；叶片扁平，线形，长 3 ～ 20 cm，宽 3 ～ 7 mm，无毛，边缘稍粗糙。圆锥花序狭窄，长 5 ～ 10 cm；主轴具棱，通常无疣基长毛，边缘稍粗糙。花序分枝长 1 ～ 2 cm，排列稀疏，直立上升或贴向主轴，穗轴无疣基长毛或仅基部被 1 ～ 2 根疣基长毛；小穗卵圆形，长 2 ～ 2.5 mm，具小硬毛，无芒，较规则地成四行排列于穗轴的一侧；第一颖三角形，长约为小穗的 1/2，具 3 脉，第二颖与第一外稃等长而同型，顶端具小尖头，具 5 ～ 7 脉；第一小花常中性，其外稃具 7 脉，内稃膜质，稍短于外稃，脊上被短纤毛，第二外稃椭圆形，平滑，光亮，边缘内卷，包着同质的内稃；鳞被 2，膜质。花果期夏、秋季。

【生境】生于田野湿地、路旁。

【分布】全县域均有分布。

【采收加工】夏、秋季挖根，除去地上部分，洗净，鲜用或晒干。

【性味功能】味微苦，性平；利水消肿，止血。

【主治用法】用于水肿，腹水，咯血。内服：煎汤，30 ～ 120 g，大剂量可用至 180 g。

【附方】（1）治水肿，腹水：光头稗鲜根 120 ～ 180 g，瞿麦 9 g，红枣 60 ～ 120 g，红糖适量。水煎，分 2 ～ 3 次服。（《浙江药用植物志》）

（2）治咯血：光头稗根 30 g，鸭跖草 15 g，水煎服。（《浙江药用植物志》）

296. 白茅 *Imperata cylindrica* var. *major*（Nees）C. E. Hubb.

【别名】茅根、兰根、茹根、地菅。

【基源】为禾本科白茅属植物白茅 *Imperata cylindrica* var. *major*（Nees）C. E. Hubb. 的根茎。

【形态特征】多年生草本，高 20 ～ 100 cm。根茎白色，匍匐横走，密被鳞片。秆丛生，直立，圆柱形，光滑无毛，基部被多数老叶及残留的叶鞘。叶线形或线状披针形；根出叶长几与植株相等；茎生叶较短，宽 3 ～ 8 mm，叶鞘褐色，无毛，或上部及边缘和鞘口具纤毛，具短叶舌。圆锥花序紧缩成

穗状，顶生，圆筒状，长 5 ～ 20 cm，宽
1 ～ 2.5 cm；小穗披针形或长圆形，成对排
列在花序轴上，其中一小穗具较长的梗，
另一小穗的梗较短；花两性，每小穗具 1 花，
基部被白色丝状柔毛；两颖相等或第一颖
稍短而狭，具 3 ～ 4 脉，第二颖较宽，具 4 ～ 6
脉；稃膜质，无毛，第一外稃卵状长圆形，
内稃短，第二外稃披针形，与内稃等长；
雄蕊 2，花药黄色，长约 3 mm；雌蕊 1，
具较长的花柱，柱头羽毛状。颖果椭圆形，

暗褐色，成熟的果序被白色长柔毛。花期 5—6 月，果期 6—7 月。

【生境】生于路旁向阳干草地或山坡上。

【分布】全县域均有分布。

【采收加工】春、秋季采挖，除去地上部分和鳞片状的叶鞘，鲜用或扎把晒干。

【性味功能】味甘，性寒；凉血止血，清热利尿，清肺胃热。

【主治用法】用于血热鼻衄、咯血、尿血、血淋等出血证，热毒淋证，水肿，湿热黄疸，胃热呕吐，
肺热咳喘。内服：煎汤，10 ～ 30 g（鲜品 30 ～ 60 g）；或捣汁。外用：鲜品捣汁涂。

297. 大麦 *Hordeum vulgare* L.

【别名】稞麦、牟麦、饭麦、赤膊麦。

【基源】为禾本科大麦属植物大麦 *Hordeum vulgare* L. 的颖果。

【形态特征】一年生草本。秆粗壮，光滑无毛，直立，高 50 ～ 100 cm。叶鞘松弛抱茎；两侧有较
大的叶耳；叶舌膜质，长 1 ～ 2 mm；叶片扁平，长 9 ～ 20 cm，宽 6 ～ 20 mm。穗状花序长 3 ～ 8 cm（芒
除外），直径约 1.5 cm，小穗稠密，每节着生 3 枚发育的小穗，小穗通常无柄，长 1 ～ 1.5 cm（芒除外）；
颖线状披针形，微具短柔毛，先端延伸成 8 ～ 14 mm 的芒；外稃背部无毛，有 5 脉，顶端延伸成芒，芒
长 8 ～ 15 cm，边棱具细刺，内稃与外稃等长。颖果腹面有纵沟或内陷，先端有短柔毛，成熟时与外稃黏
着，不易分离，但某些栽培品种容易分离。
花期 3—4 月，果期 4—5 月。

【生境】大麦适应性强，分布很广，
寒冷和温暖的气候均能生长。疏松、肥沃
的微碱性土壤适合栽培，酸性强的红壤不
宜栽培。

【分布】全县域均有分布。

【采收加工】4—5 月果实成熟时采收，
晒干。

【性味功能】味甘，性凉；健脾和胃，

宽肠，利水。

【主治用法】用于腹胀，食滞泄泻，小便不利。内服：煎汤，30～60 g；或研末。外用：炒研调敷；或煎水洗。

【附方】（1）治食饱烦胀，但欲卧者：大麦面熬微香，每白汤服方寸匕。（《肘后备急方》）

（2）治卒小便淋涩痛：大麦三两，水二大盏，煎取一盏三分，去滓，入生姜汁半合，蜜半合，相和，食前分为三服服之。（《太平圣惠方》）

（3）治水火烫伤：大麦炒黑，研末，油调搽之。（《本草纲目》）

298. 稻 *Oryza sativa* L.

【别名】稌、嘉蔬、杭。

【基源】为禾本科稻属植物稻 *Oryza sativa* L. 的成熟果实经发芽干燥的炮制加工品，茎叶，细芒刺。中药名为稻芽、稻草、稻谷芒。

【形态特征】一年生栽培植物。秆直立，丛生，高约 1 m。叶鞘无毛，下部者长于节间；叶舌膜质而较硬，披针形，基部两侧下延与叶鞘边缘相结合，长 5～25 mm，幼时具明显的叶耳；叶片扁平，披针形至条状披针形，长 30～60 cm，宽 6～15 mm。圆锥花序疏松，成熟时向下弯曲，分枝具角棱，常粗糙；小穗长圆形，两侧压扁，长 6～8 mm，含 3 小花，下方两小花退化仅存极小的外稃而位于 1 两性小花之下；颖极退化，在小穗柄之顶端留下半月形的痕迹；退化外稃长 3～4 mm，两性小花外稃有 5 脉，常具细毛，有芒或无芒，内稃 3 脉，亦被细毛；鳞被 2，卵圆形，长 1 mm；雄蕊 6；花药长 2 mm；花柱 2 枚，筒短，柱头帚刷状，自小花两侧伸出。颖果平滑。花果期 6—10 月。

糯稻：一年生草本，高 1 m 左右。秆直立，圆柱状。叶鞘与节间等长，下部者长过节间；叶舌膜质而较硬，狭长披针形，基部两侧下延与叶鞘边缘相结合；叶片扁平披针形，长 25～60 cm，宽 5～15 mm，幼时具明显叶耳。圆锥花序疏松，颖片常粗糙；小穗长圆形，通常带褐紫色；退化外稃锥刺状，能育外稃具 5 脉，被细毛，有芒或无芒；内稃 3 脉，被细毛；鳞被 2，卵圆形；雄蕊 6；花柱 2，柱头帚刷状，自小花两侧伸出。颖果平滑，粒饱满，稍圆，色较白，煮熟后黏性较大。花果期 7—8 月。

【生境】为我国广泛栽培品。

【分布】全县域均有栽培。

【采收加工】稻芽：成熟果实发芽后干燥。稻草：收获稻谷时，收集脱粒的稻秆，晒干。稻

谷芒：脱粒、晒谷或扬谷时收集，晒干。

【性味功能】稻芽：味甘，性温；消食和中，健脾开胃。

稻草：味辛，性温；宽中，下气，消食，解毒。

稻谷芒：味甘，性凉；利湿退黄。

【主治用法】稻芽：用于食积不消，腹胀口臭，脾胃虚弱，不饥食少。炒稻芽利于消食，用于不饥食少。焦稻芽善化积滞，用于积滞不消。内服：煎汤，9～15 g。

稻草：用于噎膈，反胃，食滞，腹痛，泄泻，消渴，黄疸，喉痹，痔疮，烫火伤。内服：煎汤，50～150 g；或烧灰淋汁澄清。外用：适量，煎水浸洗。

稻谷芒：用于黄疸。内服：适量，炒黄研末酒冲。

【附方】（1）治小儿消化不良，面黄肌瘦：稻芽9 g，甘草3 g，砂仁3 g，白术6 g，水煎服。（《青岛中草药手册》）

（2）治小儿腹泻：炒稻芽9 g，木香6 g，诃子肉5 g，葛根5 g，通草2 g。上药水煎，日分2次服。对症加味；挟热加白芍、黄芩；体虚加沙参、白术；溢奶或吐清水加丁香、柿蒂。（《中国社区医师》）

299. 甘蔗 *Saccharum sinensis* Roxb.

【别名】薯蔗、干蔗、接肠草。

【基源】为禾本科甘蔗属植物甘蔗 *Saccharum sinensis* Roxb. 的茎秆。

【形态特征】多年生草本。秆高约3 m，粗2～5 cm，绿色或棕红色，秆在花序以下有白色丝状毛。叶鞘长于节间，无毛，仅鞘口有毛；叶舌膜质，截平，长约2 mm；叶片扁平，两面无毛，具白色肥厚的主脉，长40～80 cm，宽约20 mm。花序大型，长达60 cm，主轴具白色丝状毛；穗轴节间长7～12 mm，边缘疏生长纤毛；无柄小穗披针形，长4.5～5 mm，基盘有长于小穗2～3倍的丝状毛；颖的上部膜质，边缘有小纤毛，第一颖先端稍钝，具2脊，4脉，第二颖舟形，具3脉，先端锐尖；第一外稃长圆状披针形，有1脉，先端尖，第二外稃狭窄成线形，长约3 mm，第二内稃披针形，长约2 mm。有柄小穗和无柄小穗相似；小穗柄长3～4 mm，无毛，先端稍膨大。花果期秋季。

【生境】为我国南方各地常见栽培植物。

【分布】全县域偶有栽培。

【采收加工】秋、冬季采收，除去叶、根，鲜用。

【性味功能】味甘，性寒；清热生津，润燥和中，解毒。

【主治用法】用于烦热，消渴，呕哕反胃，虚热咳嗽，大便燥结，痈疽疮肿。内服：适量，30～90 g；或榨汁饮。外用：适量，捣敷。

【附方】（1）治发热口干，小便涩：甘蔗，去皮尽令吃之，咽汁，若口痛，捣取汁服之。（《外台秘要》）

（2）治胃反，朝食暮吐，暮食朝吐，旋旋吐者：甘蔗汁七升，生姜汁一升。二味相和，分为三服。（《梅师集验方》）

（3）治卒干呕不息：蔗汁，温令热，服一升，日三。（《肘后备急方》）

（4）治虚热咳嗽，口干涕唾：甘蔗汁一升半，青粱米四合，煮粥，日食二次，极润心肺。（《本草纲目》）

（5）治气淋：甘蔗上青梢一两，陈温煮服。（《吉人集验方》）

300. 高粱 *Sorghum vulgare* Pers.

【别名】木稷、荻粱、蜀黍、蜀秫。

【基源】为禾本科高粱属植物高粱 *Sorghum vulgare* Pers. 的种仁。

【形态特征】一年生栽培作物。秆高随栽培条件及品种而异，节上通常无白髯毛。叶鞘无毛或被白粉；叶舌硬纸质，先端圆，边缘有纤毛；叶片狭长披针形，长达50 cm，宽约4 cm。圆锥花序有轮生、互生或对生的分枝；无柄小穗卵状椭圆形，长5～6 mm，颖片成熟时下部硬革质，光滑无毛，上部及边缘具短柔毛，两性，有柄小穗雄性或中性；穗轴节间及小穗柄为线形，边缘均具纤毛，但无纵沟；第一颖

背部突起或扁平，成熟时变硬而光亮，有狭窄内卷的边缘，向先端渐内折，第二颖舟形，有脊；第一外稃透明膜质，第二外稃长圆形或线形，先端2裂，从裂齿间伸出芒，或全缘而无芒。颖果倒卵形，成熟后露出颖外。花果期秋季。

【生境】喜温暖湿润环境，耐旱。宜选疏松、肥沃、富含腐殖质的壤土栽培。

【分布】全县域偶有栽培。

【采收加工】秋季种子成熟后采收，晒干。

【性味功能】味甘、涩，性温；健脾止泻，化痰安神。

【主治用法】用于脾虚泄泻，霍乱，消化不良，痰湿咳嗽，失眠多梦。内服：煎汤，30～60 g；或研末。

【附方】治小儿消化不良：红高粱30 g，大枣10个。大枣去核炒焦，高粱炒黄，共研细末。2岁小孩每服6 g；3～5岁小孩每服9 g，每日服2次。（《中草药新医疗法资料选编》）

301. 大狗尾草 *Setaria faberii* Herrm.

【别名】谷莠子、狗尾巴。

【基源】为禾本科狗尾草属植物大狗尾草 *Setaria faberii* Herrm. 的全草或根。

【形态特征】一年生草本，通常具支柱根。秆粗壮而高大，直立或基部膝曲，高 50～120 cm，直径达 6 mm，光滑无毛。叶鞘松弛，边缘具细纤毛，部分基部叶鞘边缘膜质无毛；叶舌具密集的长 1～2 mm 的纤毛；叶片线状披针形，长 10～40 cm，宽 5～20 mm，边缘为细锯齿。圆锥花序紧缩成圆柱状，长 5～24 cm，宽 6～13 mm（芒除外），下垂；小穗椭圆形，长约 3 mm，下有 1～3 枚较粗而直的刚毛，刚

毛通常绿色，粗糙，长 5～15 mm；第一颖长为小穗的 1/3～1/2，宽卵形，先端尖，具 3 脉，第二颖长为小穗的 3/4 或稍短，少数长为小穗的 1/2，具 5～7 脉；第一外稃与小穗等长，具 5 脉，其内稃膜质，长为其 1/3～1/2，第二外稃与第一外稃等长，具细横皱纹，成熟后背部隆起；鳞被楔形；花柱基部分离。颖果椭圆形。花果期 7—10 月。

【生境】生于山坡、路旁、田野和荒野。

【分布】各县域均有分布。

【采收加工】春、夏、秋季均可采收，晒干或鲜用。

【性味功能】味甘，性平；清热消疳，祛风止痛。

【主治用法】用于小儿疳积，风疹，牙痛。内服：煎汤，10～30 g。

【附方】（1）治小儿疳积：大狗尾草 9～21 g，猪肝 60 g，水炖，服汤食肝。（《江西草药》）

（2）治风疹：大狗尾草穗 21 g，水煎，甜酒少许兑服。（《江西草药》）

（3）治牙痛：大狗尾草根 30 g，水煎去渣，加入鸡蛋 2 个煮熟，服汤食蛋。（《江西草药》）

302. 狗尾草 *Setaria viridis*（L.）Beauv.

【别名】莠、莠草子、莠草、光明草。

【基源】为禾本科狗尾草属植物狗尾草 *Setaria viridis*（L.）Beauv. 的全草。

【形态特征】一年生草本。秆直立或基部膝曲。叶鞘松弛，边缘具较长的密绵毛状纤毛；叶舌极短，边缘有纤毛；叶片扁平，长三角状狭披针形或线状披针形，先端长渐尖，基部钝圆形，几呈截状或渐窄，通常无毛或疏具疣毛，边缘粗糙。圆锥花序紧密成圆柱状或基部稍疏离，直立或稍弯垂，主轴被较长柔毛，粗糙，直立或稍扭曲，通常绿色或褐黄色到紫红色或紫色；小穗 2～5 个簇生于主轴上或更多的小穗着生在短小枝上，椭圆形，先端钝，浅绿色；第一颖卵形，长约为小穗的 1/3，具 3 脉，第二颖几与小穗等长，椭圆形，具 5～7 脉；第一外稃与小穗等长，具 5～7 脉，先端钝，其内稃短小狭窄；第二外稃椭圆形，

具细点状皱纹，边缘内卷，狭窄；鳞被楔形，先端微凹；花柱基部分离。颖果灰白色。花果期5—10月。

【生境】生于荒野、道旁。

【分布】全县域均有分布。

【采收加工】6—9月采收，晒干或鲜用。

【性味功能】味甘、淡，性凉；清热利湿，祛风明目，解毒，杀虫。

【主治用法】用于风热感冒，黄疸，小儿疳积，痢疾，小便涩痛，目赤肿痛，痈肿，寻常疣，疮癣。内服：煎汤，6～12 g，鲜品可用至30～60 g。外用：煎水洗或捣敷。

【附方】（1）治小儿肝热：鲜狗尾草15～30 g，绿萼梅6 g，冰糖15 g，水煎服。（《福建药物志》）

（2）治小儿疳积：狗尾草全草9～21 g，猪肝100 g，水炖，服汤食肝。（《中草药学》）

（3）治百日咳：狗尾草30 g，黄独9 g，连钱草15 g，水煎服。（《福建药物志》）

（4）治热淋：狗尾草全草30 g，米泔水煎服。（《浙江药用植物志》）

（5）治目赤肿痛，畏光：狗尾草31 g，天胡荽31 g，水煎服。（《中草药学》）

（6）治牙痛：狗尾草根30 g，水煎去渣，加入鸡蛋2个煮熟，食蛋服汤。（《浙江药用植物志》）

（7）治疣：取狗尾草花序轴，先端剪成斜尖，乙醇消毒后，以"十"字形刺透疣基底，剪去暴露疣外面的花序轴，以胶布固定，7天后即可脱落。（《福建药物志》）

303. 狗牙根 *Cynodon dactylon*（L.）Pers.

【别名】铁线草、绊根草、堑头草、马挽手、行仪芝、牛马根、马根子草、铺地草、铜丝金、铁丝草。

【基源】为禾本科狗牙根属植物狗牙根 *Cynodon dactylon*（L.）Pers. 的全草。

【形态特征】多年生草本。须根细韧，具横走根茎和匍匐茎，有节，随地生根。秆直立。叶鞘有脊，鞘口通常具柔毛；叶片线形，互生，在下部者因节间短缩似对生。穗状花序3～6枚指状排列于茎顶，小穗灰绿色或带紫色，小穗两侧压扁，通常为1小花，无柄，双行覆瓦状排列于穗轴的一侧，颖近等长，1脉成脊，短于外稃；外稃具3脉；花药黄色或紫色。花果期5—10月。

【生境】生于旷野、路边及草地。

【分布】全县域均有分布。

【采收加工】7—9月采收，晒干。

【性味功能】味苦、微甘，性凉；祛风活络，凉血止血，解毒。

【主治用法】用于风湿痹痛，半身不遂，痨伤吐血，鼻衄，便血，跌打损伤，疮疡肿毒。内服：煎汤，30～60 g；或浸酒。外用：适量，捣敷。

【附方】（1）治筋骨疼痛：铁线草、小白淑气花晒干，秦归、牛膝、桂枝，共入内泡酒，文武火煮一炷香，埋土内一夜去火，次日取出，临卧服三杯。（《滇南本草》）

（2）治臁疮长期不愈：铁线草嫩尖捣绒敷。（《四川中药志》）

（3）治跌打损伤，疮痛：铁线草、苎麻根各适量，捣烂外敷。（《秦岭巴山天然药物志》）

（4）治糖尿病：铁线草30 g，水煎加冰糖服。（《秦岭巴山天然药物志》）

（5）治月经不调：铁线草、益母草、小茴香根各30 g，水煎服。（《秦岭巴山天然药物志》）

（6）治牙痛：狗牙根、南竹根、沙参各9 g，炖猪精肉服。（《草药手册》）

（7）治水肿：鲜铁线草全草250 g，水煎，去渣，加猪肉炖熟，食肉服汤。（《浙江药用植物志》）

304. 桂竹 *Phyllostachys bambusoides* Sieb. et Zucc.

【别名】斑竹、箭竹、尖竹。

【基源】刚竹（中药名）。为禾本科刚竹属植物桂竹 *Phyllostachys bambusoides* Sieb. et Zucc. 的根茎及根。

【形态特征】大型丛生竹，竿高8～22 m，直径3.5～8 cm，竹竿金黄色，节间带有绿色条纹，圆筒形，在具芽的一侧有狭长的纵沟竿环和箨环，均甚隆起。最后小枝单生，顶端具叶3～6枚，叶片长椭圆状披针形，长5～20 cm，宽1.5～2.5 cm，先端渐尖，基部楔形，上面灰绿色，下面淡绿色。小穗1至数个顶生或腋生于小枝上；小穗基部4～10枚佛焰苞；雄蕊3；子房柱头3裂。笋期4—7月。

【生境】生于山间或栽培于庭院。

【分布】全县域均有栽培。

【采收加工】9—10月挖取根茎及根，洗净泥土，晒干。

【性味功能】味淡，性寒；祛风除湿。

【主治用法】用于急性风湿性关节炎，感冒咳嗽等。内服：15～30 g，水煎服。

305. 荩草 *Arthraxon hispidus*（Thunb.）Makino

【别名】荩竹、王刍、菉草、黄草、马耳草。

【基源】为禾本科荩草属植物荩草 *Arthraxon hispidus*（Thunb.）Makino 的全草。

【形态特征】一年生草本。秆细弱无毛，基部倾斜，高30～45 cm，分枝多节。叶鞘短于节间，有短硬疣毛；叶舌膜质，边缘具纤毛；叶片卵状披针形，长2～4 cm，宽8～15 mm，除下部边缘生纤毛外，余均无毛。总状花序细弱，长1.5～3 cm，2～10个成指状排列或簇生于秆顶，穗轴节间无毛，长为小穗的2/3～3/4，小穗孪生，有柄小穗退化成0.2～1 mm的柄；无柄小穗长4～4.5 mm，卵状披针形，灰绿色或带紫色；第一颖边缘带膜质，有7～9脉，脉上粗糙，先端钝；第二颖近膜质，与第一颖等长，舟形，具3脉，侧脉不明显，先端尖；第一外稃，长圆形，先端尖，长约为第一颖的2/3，第二外稃与第一外稃等长，近基部伸出1膝曲的芒，芒长6～9 mm，下部扭转；雄蕊2；花黄色或紫色，长0.7～1 mm。颖果长圆形，与稃体几等长。花果期8—11月。

【生境】生于山坡、草地和阴湿处。

【分布】全县域均有分布。

【采收加工】7—9月割取全草，晒干。

【性味功能】味苦，性平；止咳定喘，解毒杀虫。

【主治用法】用于久咳气喘，肝炎，咽喉炎，口腔炎，鼻炎，淋巴结炎，乳腺炎，疮疡疥癣。内服：煎汤，6～15 g。外用：适量，煎水洗或捣敷。

【附方】（1）治气喘：马耳草12 g，水煎，日服2次。（《吉林中草药》）

（2）治疥癣，皮肤瘙痒，痈疽：荩草60 g，水煎外洗。（《全国中草药汇编》）

306. 芦苇 *Phragmites communis* Trin.

【别名】芦茅根、苇根、顺江龙、芦头。

【基源】为禾本科芦苇属植物芦苇 *Phragmites communis* Trin.的新鲜或干燥根茎。

【形态特征】多年生高大草本，高1～3 m。地下茎粗壮，横走，节间中空，节上有芽。茎直立，中空。叶2列，互生；叶鞘圆筒状，叶舌有毛；叶片扁平，长15～45 cm，宽1～3.5 cm，边缘粗糙。

穗状花序排列成大型圆锥花序，顶生，长 20 ～ 40 cm，微下垂，下部梗腋间具白色柔毛；小穗通常有 4 ～ 7 花，长 10 ～ 16 cm，第一花通常为雄花，颖片披针形，不等长，第一颖片长为第二颖片之半或更短；外稃长于内稃，光滑开展；两性花，雄蕊 3，雌蕊 1，花柱 2，柱头羽状。颖果椭圆形至长圆形，与内稃分离。花果期 7—10 月。

【生境】生于河流、池沼岸边浅水中。

【分布】全县域均有分布。

【采收加工】全年可采挖，除去芽、须根及膜状叶，干燥，或鲜用。

【性味功能】味甘，性寒；清热泻火，生津止渴，除烦，止呕，利尿。

【主治用法】用于热病烦渴，胃热呕哕，肺热咳嗽，肺痈吐脓，热淋涩痛。内服：煎汤，干品 15 ～ 30 g，鲜品加倍；或捣汁用。

307. 芒 *Miscanthus sinensis* Anderss.

【别名】大巴尔生、马二杆、笆茅。

【基源】为禾本科芒属植物芒 *Miscanthus sinensis* Anderss. 的根状茎、茎、花序、幼茎。

【形态特征】宿根多年生草本，高 1 ～ 2 m。无毛或在花序以下疏具柔毛。叶鞘均长于节间，除鞘口有长柔毛外，余均无毛；叶舌钝圆，长 1 ～ 2 mm，先端具纤毛；叶片线形，长 20 ～ 50 cm，宽 6 ～ 10 mm，无毛，或下面疏具柔毛并被白粉。圆锥花序扇形，长 15 ～ 40 cm，分枝较强壮而直立，每节具 1 短柄和 1 长柄小穗；穗轴节间长 4 ～ 8 mm，无毛；短柄长 1.5 ～ 2（3）mm，长柄向外开展，长 4 ～ 6 mm；小穗披针形，长 4.5 ～ 5 mm，基盘具白色至黄褐色之丝状毛；第一颖先端渐尖，具 2 脊，背部全部无毛，具 3 脉，第二颖舟形，先端渐尖，背部无毛，边缘具小纤毛；第一外稃长圆状披针形，先端钝；第二外稃较狭，在先端 1/3 处以上具 2 齿，齿间具 1 芒，芒长 8 ～ 10 mm，膝曲，芒柱稍扭曲，内稃微小，先端不规则地齿裂。花果期 7—11 月。

【生境】生于山坡草地或河边湿地。

【分布】全县域均有分布。

【采收加工】芒根：8—11 月采收，晒干。芒茎：7—10 月采收，切段，鲜用或晒干。芒花：9—11 月采收。芒气笋子：6—8 月采收，晒干。

【性味功能】味甘，性平。芒根：止咳，利尿，止渴，活血。芒茎：清热利尿，解毒，散血。芒花：活血通经。芒气笋子：调气，补肾，生津。

【主治用法】芒根：用于咳嗽，小便不利，热病口渴，干血痨，带下。内服：煎汤，60～90 g。

芒茎：用于小便不利，虫兽咬伤。内服：煎汤，3～6 g。

芒花：用于月经不调，经闭，产后恶露不净，半身不遂。内服：煎汤，30～60 g。

芒气笋子：用于妊娠呕吐，精枯阳痿。内服：煎汤，5～10 g；或研末。

【附方】（1）治半身不遂：芒花序60～90 g，瘪桃干30 g，水煎，冲烧酒服，早晚各1次。（《浙江药用植物志》）

（2）治肾虚阳痿：芒气笋子5～7个，水煎服；或烧存性，开水冲服。（《浙江药用植物志》）

（3）治妊娠呕吐：芒气笋子5～7个，猪肉适量，同煮熟，食肉服汤。（《浙江药用植物志》）

308. 千金子 *Leptochloa chinensis*（L.）Nees

【别名】油麻、油草。

【基源】为禾本科千金子属植物千金子 *Leptochloa chinensis*（L.）Nees 的全草。

【形态特征】一年生草本，根须状。秆丛生，直立，基部膝曲或倾斜，着土后节易生根，高30～90 cm，平滑无毛，具3～6节。叶鞘无毛，大都短于节间；叶舌膜质，长1～2 mm，多撕裂，具小纤毛；叶片扁平或多少卷折，先端渐尖，微粗糙或下面平滑，长5～25 cm，宽2～6 mm。圆锥花序长10～30 cm，分枝及主轴均微粗糙，前者长达9 cm；小穗多带紫色，长2～4 mm，含3～7小花；颖具1脉，脊上粗糙，第一颖较短而狭窄，长1～1.5 mm，第二颖长1.2～1.8 mm；外稃先端钝，具3脉，无毛或下部被微毛，第一外稃长约1.5 mm；花药长0.5 mm；颖果长圆形，长约1 mm。花果期8—11月。

【生境】生于潮湿土地。

【分布】全县域均有分布。

【采收加工】夏、秋季采收全草，晒干。

【性味功能】味辛、淡，性平；行水破血，化痰散结。

【主治用法】用于癥瘕积聚，久热不退。内服：煎汤，9～15 g。

【附方】（1）治癥瘕积聚：千金子全草15 g，水煎服。（《湖南药物志》）

（2）治久热不退：千金子9 g，路边荆9 g，水煎服。（《湖南药物志》）

309. 雀麦 *Bromus japonicus* Thunb. ex Murr.

【别名】爵麦、燕麦、杜姥草。

【基源】为禾本科雀麦属植物雀麦 *Bromus japonicus* Thunb. ex Murr. 的全草。

【形态特征】一年生或二年生草本。茎秆直立，高 30～100 cm。叶鞘紧密贴生于秆，外被柔毛；叶舌长 1.5～2 mm，先端有不规则的裂齿；叶片长 5～70 cm，宽 2～8 mm，两面被毛或背面无毛。圆锥花序开展，下垂，长达 30 cm，每节有 3～7 分枝；小穗幼时圆筒状，成熟后压扁，长 17～34 mm（包括芒），有 7～14 朵花；

颖披针形，边缘膜质，第一颖长 5～6 mm，有 3～5 脉，第二颖长 7～9 mm，有 7～9 脉；外稃卵圆形，边缘膜质，有 7～9 脉，先端微 2 裂，其下约 2 mm 处生芒，芒长 5～10 mm，第一外稃长 8～11 mm；内稃短于外稃，脊上疏具刺毛；雄蕊 3，子房先端有毛。颖果线状长圆形，压扁，腹面具沟槽，成熟后紧贴于内外稃。花果期 4—6 月。

【生境】生于山野、荒坡、道旁。

【分布】全县域均有分布。

【采收加工】4—6 月采收，晒干。

【性味功能】味甘，性平；止汗，催产。

【主治用法】用于汗出不止，难产。内服：煎汤，15～30 g。

【附方】（1）治汗出不止：雀麦全草 30 g，水煎服；或加米糠 15 g，水煎服。（《湖南药物志》）

（2）治妊娠胎死腹中，苦胞衣不下，上抢心：雀麦一把，水五升，煮二升，汁服。（《子母秘录》）

310. 牛筋草 *Eleusine indica*（L.）Gaertn.

【别名】千金草、千千踏、忝仔草。

【基源】为禾本科䅟属植物牛筋草 *Eleusine indica*（L.）Gaertn. 的根或全草。

【形态特征】一年生草本。根系极发达。秆丛生，基部倾斜，高 15～90 cm。叶鞘压扁，有脊，无毛或疏生疣毛，鞘口具柔毛；叶舌长约 1 mm；叶片平展，线形，长 10～15 cm，宽 3～5 mm，无毛或上面常具有疣基的柔毛。穗状花序 2～7 个，指状着生于秆顶，长 3～10 cm，宽 3～5 mm；小穗有 3～6 小花，长 4～7 mm，宽 2～3 mm；颖披针形，具脊，脊上粗糙；第一颖长 1.5～2 mm，第二颖长 2～3 mm；第一外稃长 3～4 mm，卵形，膜质，具脊，脊上有狭翼，内稃短于外稃，具 2 脊，脊上具狭翼。

囊果卵形，长约 1.5 mm，基部下凹，具明显的波状皱纹，鳞被 2，折叠，具 5 脉。花果期 6—10 月。

【生境】生于荒芜之地及道路旁。

【分布】各县域均有分布。

【采收加工】8—9 月采挖，去或不去茎叶，洗净，鲜用或晒干。

【性味功能】味甘、淡，性凉；清热利湿，凉血解毒。

【主治用法】用于伤暑发热，小儿惊风，乙型脑炎，黄疸，淋证，小便不利，痢疾，便血，疮疡肿痛，跌打损伤。内服：煎汤，9～15 g（鲜品 30～90 g）。

【附方】（1）治高热，抽筋神昏：鲜牛筋草 120 g，水 3 碗，炖 1 碗，食盐少许，12 h 内服尽。（《闽东本草》）

（2）治乙型脑炎：牛筋草 30 g，大青叶 9 g，鲜芦根 15 g，水煎取汁，日服 1 次，连服 3～5 天为 1 个疗程。（《湖北中草药志》）

（3）治湿热黄疸：鲜牛筋草 60 g，山芝麻 30 g，水煎服。（《草药手册》）

（4）治淋浊：牛筋草、金丝草、狗尾草各 15 g，水煎服。（《福建药物志》）

（5）治痢疾：鲜牛筋草 60～90 g，三叶鬼针草 45 g，水煎服。（《福建药物志》）

（6）治风湿性关节炎：牛筋草 30 g，当归 9 g，威灵仙 9 g，水煎服。（《青岛中草药手册》）

311. 小麦 *Triticum aestivum* L.

【别名】冬小麦。

【基源】为禾本科小麦属植物小麦 *Triticum aestivum* L. 的种子或小麦面粉。

【形态特征】一年生或越年生草本，高 60～100 cm。秆直立，通常 6～9 节。叶鞘光滑，常较节间为短；叶舌膜质短小；叶片扁平，长披针形，长 15～40 cm，宽 8～14 mm，先端渐尖，基部方圆形。穗状花序直立，长 3～10 cm；小穗两侧扁平，长约 12 mm，在穗轴上平行排列或近于平行，每小穗具 3～9 花，仅下部的花结实；颖短，第一颖较第二颖为宽，两者背面均具有锐利的脊，有时延伸成芒；外稃膜质，

微裂成三齿状，中央的齿常延伸成芒，内稃与外稃等长或略短，脊上具鳞毛状的窄翼；雄蕊 3；子房卵形。颖果长圆形或近卵形，长约 6 mm，浅褐色。花期 4—5 月，果期 5—6 月。

【生境】多见于栽培。

【分布】全县域均有栽培。

【采收加工】成熟时采收，脱粒晒干，或磨成小麦面粉。

【性味功能】味甘，性凉；养心，益肾，除热，止渴。

【主治用法】用于脏躁，烦热，消渴，泄泻，痈肿，外伤出血，烫伤。内服：小麦煎汤，50～100 g；

或煮粥；小麦面炒黄，温水调服。外用：适量，小麦炒黑，研末调敷；小麦面干撒或炒黄调敷。

312. 玉蜀黍 *Zea mays* L.

【别名】玉高粱、番麦、御麦、西番麦、
玉米、玉蜀秫、红须麦、薏米苞、珍珠芦粟、
苞芦、鹿角黍、御米、包谷、陆谷、玉黍、
西天麦、珍珠米、粟米、苞粟、苞麦米、
苞米。

【基源】为禾本科玉蜀黍属植物玉蜀
黍 *Zea mays* L. 的种子、花柱和柱头。

【形态特征】高大的一年生栽培植物。
秆粗壮，直立，高 1 ～ 4 m，通常不分枝，
基部节处常有气生根。叶片宽大，线状披

针形，边缘呈波状皱褶，具强壮之中脉。在秆顶着生雄性开展的圆锥花序；雄花序的分枝三棱状，每节
有 2 雄小穗，1 无柄，1 有短柄；每雄小穗含 2 小花；颖片膜质，先端尖；外稃及内稃均透明膜质；在叶
腋内抽出圆柱状的雌花序，雌花序外包有多数鞘状苞片，雌小穗密集成纵行排列于粗壮的穗轴上，颖片
宽阔，先端圆形或微凹，外稃膜质透明。花果期 7—9 月。

【生境】多见于栽培

【分布】全县域均有栽培。

【采收加工】种子：于成熟时采收玉米棒，脱下种子，晒干。玉米须：秋后剥取玉米时收集，除去
杂质，鲜用或晒干生用。

【性味功能】种子：味甘，性平；开胃，利尿。

玉米须：味甘，性平；利水消肿，利湿退黄。

【主治用法】种子：用于食欲不振，小便不利，水肿，消渴，尿路结石。内服：煎汤，30 ～ 60 g；
煮食或磨成细粉作饼。

玉米须：用于水肿，黄疸。内服：煎汤，15 ～ 30 g。外用：适量，烧烟吸入。

九十四、棕榈科 Palmae

313. 棕榈 *Trachycarpus fortunei*（Hook.）H. Wendl.

【别名】扇子树、棕树。

【基源】为棕榈科棕榈属植物棕榈 *Trachycarpus fortunei*（Hook.）H. Wendl. 的干燥叶柄及根、叶、

花、果实。

【形态特征】乔木状，高 3 ～ 10 m 或更高，树干圆柱形，被不易脱落的老叶柄基部和密集的网状纤维，除非人工剥除，否则不能自行脱落，裸露树干直径 10 ～ 15 cm 甚至更粗。叶片呈 3/4 圆形或者近圆形，深裂成 30 ～ 50 片具皱褶的线状剑形裂片，宽 2.5 ～ 4 cm，长 60 ～ 70 cm，裂片先端具短 2 裂或 2 齿，硬挺甚至顶端下垂；叶柄长 75 ～ 80 cm 或更长，两侧具细圆齿，顶端有明显的戟突。花序粗壮，多次分枝，从叶腋抽出，通常是雌雄异株。雄花序长约 40 cm，具 2 ～ 3 个分枝花序，下部的分枝花序长 15 ～ 17 cm，一般只二回分枝；雄花无梗，每 2 ～ 3 朵密集着生于小穗轴上，也有单生的；黄绿色，卵球形，钝三棱；花萼 3 片，卵状急尖，几分离，花冠约 2 倍长于花萼，花瓣阔卵形，雄蕊 6 枚，花药卵状箭头形；雌花序长 80 ～ 90 cm，花序梗长约 40 cm，其上有 3 个佛焰苞包着，具 4 ～ 5 个圆锥状的分枝花序，下部

的分枝花序长约 35 cm，二至三回分枝；雌花淡绿色，通常 2 ～ 3 朵聚生；花无梗，球形，着生于短瘤突上，萼片阔卵形，3 裂，基部合生，花瓣卵状近圆形，长于萼片 1/3，退化雄蕊 6 枚，心皮被银色毛。果实阔肾形，有脐，宽 11 ～ 12 mm，高 7 ～ 9 mm，成熟时由黄色变为淡蓝色，有白粉，柱头残留在侧面附近。种子胚乳均匀，角质，胚侧生。花期 4 月，果期 12 月。

【生境】栽培或野生；生于村边、庭园、田边、丘陵或山地。

【分布】全县域均有分布。

【采收加工】叶柄：全年均可采收，一般多于 9—10 月采收其剥下的纤维状鞘片，除去残皮，晒干。

根：全年均可采挖，洗净，切段晒干或鲜用。

叶：全年均可采收，晒干或鲜用。

花：4 5 月花将开或刚开放时连序采收，晒干。

果实：霜降前后，待果皮变淡蓝色时采收，晒干。

【性味功能】叶柄：味苦、涩，性平；收敛止血。

根：味苦、涩，性凉；收敛止血，涩肠止痢，除湿，消肿，解毒。

叶：味苦、涩，性平；收敛止血，降血压。

花：味苦、涩，性平；止血，止泻，活血，散结。

果实：味苦、甘、涩，性平；止血，涩肠，固精。

【主治用法】叶柄：用于吐血、衄血、尿血、便血、崩漏。内服：煎汤，3 ～ 9 g，一般炮制后用。

根：用于吐血，便血，崩漏，带下，痢疾，淋浊，水肿，关节疼痛，瘰疬，跌打肿痛。内服：煎汤，

15～30 g。外用：适量，煎水洗；或捣敷。

叶：用于吐血，劳伤，高血压。内服：煎汤，6～12 g；或泡茶。

花：用于血崩，带下，肠风，泄泻，瘰疬。内服：煎汤，3～10 g；或研末，3～6 g。外用：适量，煎水洗。

果实：用于肠风，崩漏，带下，泄泻，遗精。内服：煎汤，10～15 g；或研末，6～9 g。

【附方】（1）根：①治膏淋七八日后：棕树根单剂，不拘多少，煎，点水酒服。（《滇南本草》）

②治水肿：棕榈根 60 g，腹水草 15～30 g，薏苡根 15～30 g，水煎服。（《湖南药物志》）

③治四肢关节痛：棕榈根 15 g，白果 6 g，水煎服。（《湖南药物志》）

（2）花：①治痔漏浓血不止：棕榈花晒干为末，空心米饮调下三钱。（《古今医统大全》）

②避孕：月经期内取（棕榈）花 6～10 g，水煎服。（《青岛中草药手册》）

（3）果实：①治血崩：棕榈子、乌梅肉、干姜俱烧存性为末，各二两。每服二钱，空心乌梅汤调服。（《古今医统大全》）

②治肠炎：棕榈子 9～15 g，水煎服。（《浙江药用植物志》）

③治高血压：棕榈子、筋草、海州常山、牛膝、决明子各 9 g，水煎服。（《浙江药用植物志》）

九十五、天南星科 Araceae

314. 半夏 *Pinellia ternata*（Thunb.）Breit.

【别名】水玉、地文、和姑、示姑、地珠半夏、麻芋果、三步跳、泛石子、老和尚头、老鸹头、地巴豆、无心菜根、老鸹眼、地雷公、狗芋头。

【基源】为天南星科半夏属植物半夏 *Pinellia ternata*（Thunb.）Breit. 的块茎。

【形态特征】多年生草本，高 15～30 cm。块茎球形，直径 0.5～1.5 cm。叶 2～5，幼时单叶，2～3 年后为三出复叶；叶柄长达 20 cm，近基部内侧和复叶基部生有珠芽；叶片卵圆形至窄披针形，中间小叶较大，长 5～8 cm，两侧小叶较大，先端锐尖，两面光滑，全缘。花序柄与叶柄近等长或更长；佛焰苞卷合成弧曲形管状，绿色，上部内面常为深紫红色；肉穗花序顶生；其雌花序轴与佛焰苞贴生，绿色，长 6～7 cm；雄花序长 2～6 cm；附属器长鞭状。浆果卵圆形，绿白色。花期 5—7 月，果期 8 月。南方 1 年出苗 2～3 次，故 9—10 月仍可见到花果。

【生境】生于山地、农田、溪边或林下。

【分布】分布于木梓乡、棠棣镇、苧畈镇、雷公镇。

【采收加工】夏、秋季茎叶茂盛时采挖，除去外皮及须根，晒干，为生半夏；一般用姜汁、明矾制过入煎剂。

【性味功能】味辛，性温；燥湿化痰，降逆止呕，消痞散结；外用消肿止痛。

【主治用法】用于湿痰、寒痰证，呕吐，心下痞，结胸，梅核气，瘿瘤，痰核，痈疽肿毒，毒蛇咬伤。

内服：煎汤，3～10 g，一般宜制过用。炮制品中有姜半夏、法半夏等，其中姜半夏长于降逆止呕，法半夏长于燥湿且温性较弱，半夏曲则有化痰消食之功，竹沥半夏能清化热痰，主治热痰、风痰之证。外用：适量，研末调敷。

315. 石菖蒲 *Acorus tatarinowii* Schott

【别名】剑草、苦菖蒲、粉菖。

【基源】为天南星科菖蒲属植物石菖蒲 *Acorus tatarinowii* Schott 的干燥根茎。

【形态特征】多年生草本。根茎横卧，芳香，粗 5～8 mm，外皮黄褐色，节间长 3～5 mm，根肉质，具多数须根，根茎上部分枝甚密，因而植株呈丛生状，分枝常被纤维状宿存叶基。叶片薄，线形，基部对折，中部以上平展，宽 7～13 mm，先端渐狭，基部两侧膜质，叶鞘宽可达 5 mm，上延几达叶片中部，暗绿色，无中脉，平行脉多数，稍隆起。花序柄腋生，长 4～15 cm，三棱形。叶状佛焰苞长 13～25 cm，肉穗花序

圆柱状，长 2.5～8.5 cm，粗 4～7 mm，上部渐尖。花白色。成熟果穗长 7～8 cm，黄绿色或黄白色。花果期 2—6 月。

【生境】生于海拔 20～2600 m 的密林下湿地或溪涧旁石上。

【分布】全县域均有分布。

【采收加工】早春或冬末挖出根茎，剪去叶片和须根，洗净晒干，撞去毛须即成。

【性味功能】味辛、苦，性温；开窍醒神、化湿和胃，宁神益志。

【主治用法】用于痰蒙清窍，神志昏迷，湿阻中焦，脘腹痞满，胀闷疼痛，噤口痢，健忘，失眠，耳鸣，耳聋。内服：煎汤，3～6 g，鲜品加倍；或入丸、散。外用：煎水洗；或研末调敷。

九十六、浮萍科 Lemnaceae

316. 紫萍 *Spirodela polyrrhiza*（L.）Schleid.

【别名】青萍、田萍、浮萍草、水浮萍。

【基源】为浮萍科紫萍属植物紫萍 *Spirodela polyrrhiza*（L.）Schleid. 的干燥全草。

【形态特征】叶状体扁平，阔倒卵形，长 5～8 mm，宽 4～6 mm，先端钝圆，表面绿色，背面紫色，具掌状脉 5～11 条，背面中央生 5～11 条根，根长 3～5 cm，白绿色，根冠尖，脱落；根基附近的一侧囊内形成圆形新芽，萌发后，幼小叶状体渐从囊内浮出，由一细弱的柄与母体相连。花未见，据记载，肉穗花序有 2 个雄花和 1 个雌花。

【生境】生于池沼、稻田、水塘及静水的河面。

【分布】全县域均有分布。

【采收加工】6—9 月采收，除去杂质，干燥。

【性味功能】味辛，性寒；发汗解表，透疹止痒，利尿消肿。

【主治用法】用于风热感冒，麻疹不透，风疹瘙痒，水肿尿少。内服：煎汤，3～9 g。外用：适量，煎汤浸洗。

九十七、香蒲科 Typhaceae

317. 水烛 *Typha angustifolia* L.

【别名】香蒲、蒲黄。

【基源】为香蒲科香蒲属植物水烛 *Typha angustifolia* L. 的全草。

【形态特征】多年生草本，高 1.5～3 m。根茎匍匐，须根多。叶狭线形，宽 5～8 mm。花小，单性，雌雄同株；穗状花序长圆柱形，褐色；雌雄花序离生，雄花序在上部，长 20～30 cm，雌花序在下部，长 9～28 cm，具叶状苞片，早落；雄花具雄蕊 2～3，基生毛较花药长，先端单一或 2～3 分叉，花粉粒单生；雌花具小苞片，匙形，较柱头短，茸毛早落，柱头线形或线状长圆形。果穗直径 10～15 mm，坚果细小，无槽，不开裂，外果皮不分离。花期 6—7 月，果期 7—8 月。

【生境】生于海拔 50 ～ 2800 m 的地区，常生长在湿地、河边、水边、沟边草丛、溪边等。

【分布】全县域均有分布。

【采收加工】春、夏季植株生长旺盛时割取全草，切段晒干。

【性味功能】味淡，性凉；利尿通便，消痈。

【主治用法】用于关格，大小便不利，乳痈。内服：煎汤，3 ～ 9 g；研末或烧灰入丸、散。外用：捣敷。

九十八、莎草科 Cyperaceae

318. 荸荠 *Eleocharis dulcis*（Burm. f.）Trin. ex Henschel

【别名】马蹄。

【基源】为莎草科荸荠属植物荸荠 *Eleocharis dulcis*（Burm. f.）Trin. ex Henschel 的球茎及地上部分。

【形态特征】多年生水生草本。地下匍匐茎末端膨大成球状扁圆形，直径约 4 cm，黑褐色；地上茎圆柱形，高达 75 cm，直径约 9 mm，丛生，直立，不分枝，中空，具横隔，表面平滑，色绿。叶片退化，叶鞘薄膜质，上部斜截形。穗状花序 1 个，顶生，直立，线状圆柱形，淡绿色，上部锐尖，基部与茎等粗，长 2.5 ～ 4 cm，宽 2 ～ 4 mm；花数朵或多数；鳞片宽倒卵形，螺旋式或覆瓦状排列，背部有细密纵直条纹。刚毛 6 个。上具倒生钩毛，与小坚果等长或较长；雄蕊 2，花丝细长，花药长椭圆形；子房上位，柱头 2 裂或 3 裂，深褐色。小坚果呈双凸镜形，长约 2.5 mm。花期秋季。

【生境】生于池沼、滩涂等低洼地带。

【分布】分布于李店镇、雷公镇。

【采收加工】10—12 月挖取，洗净，风干或鲜用。

【性味功能】味甘，性寒；清热，化痰，消积。

【主治用法】用于消渴，黄疸，热淋，痞积，目赤，咽喉肿痛，赘疣。内服：煎汤，60 ～ 120 g；或嚼食，或捣汁，或浸酒，或澄粉。外用：适量，煅存性研末撒；或澄粉点目，或生用涂擦。

【附方】（1）治太阴温病，口渴甚，吐白沫黏滞不快者：荸荠汁、梨汁、鲜苇根汁、麦冬汁、藕汁（或用蔗浆）各适量，临时斟酌多少，和匀凉服，不甚喜凉者，重汤炖温服。（《温病条辨》五汁饮）

（2）治湿热黄疸，小便不利：荸荠打碎，煎汤代茶，每次四两。（《泉州本草》）

（3）治赤白下痢：取完好荸荠，洗净拭干，勿令损破，于瓶内入好烧酒浸之，黄泥密封收贮。遇有患者，取二枚细嚼，空心用原酒送下。（《唐瑶经验方》）

（4）治痞积：荸荠于三伏时以火酒浸晒，每日空腹细嚼七枚，痞积渐消。（《本经逢原》）

（5）治腹满胀大：荸荠去皮，填入雄猪肚内，线缝，砂器煮糜食之，勿入盐。（《神农本草经疏》）

（6）治大便下血：荸荠捣汁大半盅，好酒半盅，空心温服。（《神秘方》）

（7）治咽喉肿痛：荸荠绞汁冷服，每次四两。（《泉州本草》）

（8）治小儿口疮：荸荠烧存性，研末掺之。（《简便单方》）

319. 莎草 *Cyperus rotundus* L.

【别名】雀头香、莎草根、香附子。

【基源】香附（中药名）。为莎草科莎草属植物莎草 *Cyperus rotundus* L. 的干燥根茎。

【形态特征】多年生草本，高 15 ～ 95 cm。茎直立，三棱形；根状茎匍匐延长，部分膨大，有时数个相连。叶丛生于茎基部，叶鞘闭合包于茎上；叶片线形，长 20 ～ 60 cm，宽 2 ～ 5 mm，先端尖，全缘，具平行脉，主脉于背面隆起。花序复穗状，3 ～ 6 个在茎顶排成伞状，每个花序具 3 ～ 10 个小穗，线形，长 1 ～ 3 cm，宽约 1.5 mm；颖 2 列，紧密排列，卵形至长圆形，长约 3 mm，膜质，两侧紫红色，有数脉。基部有叶片状的总苞 2 ～ 4 片，与花序等长或过之；每颖着生 1 花，雄蕊 3；柱头 3，丝状。小坚果长圆状倒卵形，三棱状。花期 5—8 月，果期 7—11 月。

【生境】生于山坡草地、耕地、路旁水边潮湿处。

【分布】全县域均有分布。

【采收加工】春、秋季采挖根茎，用火燎去须根，晒干。

【性味功能】味辛、微苦、微甘，性平；疏肝解郁，调经止痛，理气调中。

【主治用法】用于肝郁气滞胁痛，腹痛，月经不调，痛经，乳房胀痛，气滞腹痛。内服：煎汤，5～10 g；或入丸、散。外用：研末撒，调敷。

九十九、美人蕉科 Cannaceae

320. 美人蕉 *Canna indica* L.

【别名】凤尾花、小芭蕉、五筋草。

【基源】为美人蕉科美人蕉属植物美人蕉 *Canna indica* L. 的根状茎和花。

【形态特征】多年生草本，高可达 1.5 m，全株绿色无毛，被蜡质白粉，具块状根茎。地上枝丛生。

单叶互生；具鞘状的叶柄；叶片卵状长圆形，长 10～30 cm，先端尖，全缘或微波状，基部阔楔形至圆形。总状花序，花单生或对生；每花具 1 苞片，苞片卵形，长约 1.2 cm；萼片 3，绿白色，先端带红色，长约 1 cm；花冠大多红色，管长约 1 cm，花冠裂片披针形，长约 3 cm；外轮退化雄蕊 2～3 枚，鲜红色，倒披针形，长约 4 cm；唇瓣披针形，长约 3 cm，弯曲；发育雄蕊花药和花丝连接处稍弯曲；子房下

位，3 室，花柱 1。蒴果，长卵形，绿色，具柔软刺状物，长 1.2～1.8 cm。花果期 3—12 月。

【生境】全国各地普遍栽植，亦有野生于湿润草地。

【分布】全县域均有栽培。

【采收加工】四季可采，鲜用或晒干。

【性味功能】味甘、淡，性凉；清热利湿，安神降压。

【主治用法】用于急性黄疸型肝炎，神经官能症，高血压，红崩，带下；外用治跌打损伤，疮疡肿毒。内服：煎汤，鲜根 60～120 g。外用：鲜根适量，捣烂敷患处。

【附方】治急性黄疸型肝炎：美人蕉 90 g，陆英根、铁马鞭各 30 g，水煎分 3 次服。服药期间忌鱼、虾，辛辣食物，荤菜，荤油等。（《全国中草药汇编》）

中文名索引

拉丁名索引

参 考 文 献

[1] 国家药典委员会. 中华人民共和国药典：一部 [M]. 北京：中国医药科技出版社，2015.

[2] 国家中医药管理局《中华本草》编委会. 中华本草 [M]. 上海：上海科学技术出版社，1998.

[3]《全国中草药汇编》编写组. 全国中草药汇编 [M]. 北京：人民卫生出版社，1975.

[4] 中国科学院中国植物志编辑委员会. 中国植物志 [M]. 北京：科学出版社，1999.

[5] 中国科学院植物研究所. 中国高等植物图鉴 [M]. 北京：科学出版社，1972.

[6] 叶华谷，曾飞燕，叶育石. 中国药用植物 [M]. 武汉：华中科技大学出版社，2013.